"十二五"普通高等教育本科国家级规划教材
国 家 精 品 课 程 配 套 教 材
国家级精品资源共享课程配套教材

21世纪大学本科计算机专业系列教材

丛书主编 李晓明

程序设计基础
（C语言）(第3版)

蔺永政 潘玉奇 主编

刘明军 袁 宁 张 玲 蒋 彦 赵亚欧 编著

清華大学出版社
北京

内 容 简 介

本书以培养编程能力为出发点,以实用性为目标,全面系统地介绍C语言程序设计的基本知识和程序设计的基本方法。全书共10章,第1章是对程序设计相关知识的概述,第2章介绍C语言的语法基础,第3章讲解C语言程序设计的控制结构,第4章讲解C语言数组的用法,第5章讲解C语言函数的定义与调用,第6章讲解C语言指针的概念及用法,第7章讲解C语言中的结构体与链表,第8章讲解C语言中文件的概念及用法,第9章讲解C语言的位运算,第10章给出了3个利用C语言设计的综合程序实例。本书实例均采用VS 2013编程环境实现,并对大多数题目的设计思路进行详细的解析,以满足不同层次读者的需要。

本书是作者多年来从事C语言教学的经验积累,适合作为高等学校"C语言程序设计"课程的教材,也可作为C语言程序设计爱好者的自学用书。

图书在版编目(CIP)数据

程序设计基础:C语言/蔺永政,潘玉奇主编.—3版.—北京:清华大学出版社,2023.6
21世纪大学本科计算机专业系列教材
ISBN 978-7-302-63619-9

Ⅰ.①程…　Ⅱ.①蔺…　②潘…　Ⅲ.①C语言－程序设计－高等学校－教材　Ⅳ.①TP312.8

中国国家版本馆CIP数据核字(2023)第090023号

责任编辑:张瑞庆
封面设计:常雪影
责任校对:申晓焕
责任印制:沈　露

出版发行:清华大学出版社
　　　　　网　　　址:http://www.tup.com.cn, http://www.wqbook.com
　　　　　地　　　址:北京清华大学学研大厦A座　　　　　　邮　　编:100084
　　　　　社 总 机:010-83470000　　　　　　　　　　　　邮　　购:010-62786544
　　　　　投稿与读者服务:010-62776969, c-service@tup.tsinghua.edu.cn
　　　　　质量反馈:010-62772015, zhiliang@tup.tsinghua.edu.cn
　　　　　课件下载:http://www.tup.com.cn,010-83470236
印 装 者:三河市铭诚印务有限公司
经　　销:全国新华书店
开　　本:185mm×260mm　　　　　印　　张:24　　　　　字　　数:584千字
版　　次:2010年9月第1版　2023年6月第3版　　　印　　次:2023年6月第1次印刷
定　　价:69.90元

产品编号:094274-01

前　言

FOREWORD

　　C语言是计算机程序设计语言的主流语种。三十多年来,C语言经过不断地发展和完善,逐步成为国内外公认的优秀程序设计语言,有着其他程序设计语言不可比拟的优点。

　　目前的C语言教材主要分为两类。第一类是以C语法为中心的教材,在介绍语法的基础上,结合程序设计巩固C语言的语法知识。强调的是语法教学、C语言知识的掌握,而不是C语言程序设计能力。第二类是案例教材,通过案例学习,兼顾语法教学,通过模仿学习程序设计。与第一类教材相比,案例教材的语法教学相对欠缺系统性。本教材是在总结我们建设"C语言程序设计"国家精品课程过程中的经验,认真研究该课程的特点,分析当前出版的C语言程序设计教材的基础上编写完成的。

　　我们认为,程序设计教材应该重点培养学生的编程能力,同时培养学生扎实的语法知识。学生创新能力的培养是潜移默化的,作为教材,应该在学生创新能力方面加以引导,培养学生发现问题、分析问题、解决问题的能力。

　　本书的主要特点如下。

　　(1) 强化程序设计能力培养。

　　从实际问题需求出发引出理论,从个体到一般,以点带面。根据程序设计的需要引出相关的知识点,将知识学习和使用密切结合,也避免了枯燥的学用分离的语法学习,使学生明确为什么要引出这些知识点,强化了知识点在程序设计中的应用。

　　(2) 注重学生创新思维的培养。

　　贯穿了提出需要解决的问题、分析问题、引出概念、讲解知识点、程序实现的编写思路。通过给出实际问题,分析问题的特点,引导学生思考,然后给出解决的思路。潜移默化地培养学生的创新思维和分析问题、解决问题的能力。

　　(3) 突出实用性和趣味性。

　　在例题的选择上,力求实用性和趣味性,以提高应用程序设计的能力和学习兴趣。内容的组织编排强化实践教学,突出编程能力培养。所有例题不是简单地给出程序,而是首先分析问题,提出解题思路,再给出解决方案。将算法和数据结构结合起来,培养学生的编程能力。

　　(4) 强调学用结合和规范化编程。

　　学习的目的是为了使用。因此,知识点的学习紧密结合使用,知识点基本采用学了即用的原则。一方面加强了学生知识点的理解和巩固,另一方面也使他们知道这些知识点在什么地方用和如何用。避免为了学习而学习,以及学而不用的问题。努力引导学生养成良好的编程习惯,编写风格优美、可读性好、易于维护的程序代码。

(5) 融入思政教育。

积极贯彻思想政治元素"进入课堂、融入课程"的教育方针,每章后面增设"拓展阅读"环节,精心挑选了对我国及世界计算机科学与技术的发展做出卓越贡献的科学家的光荣事迹,旨在弘扬伟大建党精神,引导和激励广大学习者自信自强、守正创新、踔厉奋发、勇毅前行,进一步培养和提升爱国意识、家国情怀、团结协作、精益求精、刻苦求学、潜心研究的优秀品质和优良作风,明确"为谁培养人""培养什么样的人"的教育导向。

(6) 扫码听课。

为便于学生快速学习和熟练掌握,针对课程每一章节的主要知识点及关键示例,编写组专门录制知识点精讲视频共计86段,总计时长约660分钟,以二维码的形式分布于课程关键知识点附近,便于学生随时扫码观看,轻松学习。

编写一本精品教材绝非易事,尽管我们力图贯彻突出程序设计能力的培养和启迪创新思维的思想,但是由于水平有限,本书还有许多不尽人意的地方。另外,在编写过程中,由于时间紧迫,难免存在问题和不足,敬请同行和广大读者提出宝贵意见,以便我们在以后的版本中改进。

本书由济南大学C语言课程组组织编写,参加编写的有蔺永政、潘玉奇、刘明军、袁宁、张玲、蒋彦和赵亚欧。董吉文教授及课程组的其他老师在教材编写过程中提出了很好的建议,在此表示感谢。

北京大学李晓明教授审阅了全书,提出了非常中肯和宝贵的意见,对全书的定稿给了很大帮助,在此表示感谢。

本书配备完整的教学课件和案例源代码,需要的读者可与作者(ise_linyz@ujn.edu.cn)联系,也可到清华大学出版社官网(http://www.tup.com.cn)下载。

作　者

2023年1月于济南

目 录

CONTENTS

第 1 章

程序设计概述

程序(Program)是对计算任务的处理对象和处理规则的描述。任何以计算机为处理工具的任务都是计算任务。处理对象是数据(如数字、文字、图形、图像、声音等)或信息(数据及有关的含义)。处理规则一般指处理动作和步骤。程序设计(Programming)是设计、编制和调试程序的方法与过程。程序设计是软件构造活动中的重要组成部分,程序设计往往以某种程序设计语言为工具,给出这种语言下的程序。程序设计是一项创造性的工作,是伴随着计算机应用和程序设计语言的发展而发展起来的一门学科。对于不同的计算机语言,程序设计的基本方法大致相同。本书以 C 语言程序设计为主线,介绍程序设计的基本概念和基本方法。

1.1 计算机软件

计算机软件(Computer Software)是计算机系统中的程序及其文档。程序是对计算任务的处理对象和处理规则的描述,文档是为了便于了解程序所需要的简明资料。

1.1.1 程序设计语言

软件语言(Software Language)是用于书写计算机软件的语言,主要包括需求定义语言、功能性语言、设计性语言、实现性语言以及文档语言等。

程序设计语言(Programming Language)是用于书写计算机程序的语言。程序设计语言的基础是一组记号和一组规则,根据规则由记号构成的记号串的总体就是程序设计语言。程序设计语言的基本成分如下。

(1) 数据成分:用于描述程序涉及的数据。

(2) 运算成分:用于描述程序中包含的运算。

(3) 控制成分:用于表达程序中的控制构造。

(4) 传输成分:用于表达程序中数据的传输。

按照语言与硬件的关联程度不同,程序设计语言有低级语言和高级语言之分。计算机程序设计语言的发展经历了从机器语言、汇编语言到高级语言的历程,大量的应用程序开发通常采用高级语言,而机器语言和汇编语言通常用于与机器硬件关联密切的程序设计。

1. 机器语言

机器语言(Machine Language)是用二进制代码表示的计算机能直接识别和执行的一种

机器指令的集合。它是计算机的设计者通过计算机的硬件结构赋予计算机的操作功能。机器语言具有灵活、直接执行和速度快等特点。不同型号的计算机，其机器语言是不相通的，按照一种计算机的机器指令编制的程序，一般不能在另一种计算机上执行。

用机器语言编写程序，编程人员要首先熟记所用计算机的全部指令代码和代码的含义，需要自己处理每条指令和每个数据的存储分配和输入输出，记住编程过程中每一步所使用的工作单元处在何种状态。机器语言程序全是由 0 和 1 组成的指令代码，程序的编写、调试和修改非常复杂。

2. 汇编语言

汇编语言（Assembly Language）是面向机器的程序设计语言。在汇编语言中，用助记符代替操作码，用地址符号或标号代替地址码，方便记忆和使用。用汇编语言编写的程序，机器不能直接识别，需要将汇编语言翻译成机器语言，这个翻译过程称为汇编，而这种起翻译作用的程序称为汇编程序。

汇编语言是面向机器的低级语言，保持了机器语言的优点，具有直接和简捷的特点，可以有效地访问、控制计算机的各种硬件设备，目标代码简短，占用内存少，执行速度快。

3. 高级语言

高级语言（High-level Programming Language）是一种更接近于自然语言的计算机程序设计语言，具有很强的描述能力，高级语言不直接依赖于具体的计算机硬件。使用高级语言编写的程序不能直接运行，需要将其转换为机器语言才能运行，通常的转换方式有解释和编译两种。

在计算机的发展历史上，先后出现过几百种高级语言。其中，影响较大、使用较普遍的高级语言有 FORTRAN、ALGOL、COBOL、BASIC、LISP、Pascal、C、PROLOG、Ada、C++、Visual C++、Visual Basic、Java、Python 等。

1.1.2 程序设计

程序设计是根据计算机要完成的任务提出相应的要求，在此基础上设计数据结构和算法，然后再编写相应的程序代码，并测试该代码运行的正确性，直到能够得到正确的运行结果为止。

由于程序是软件的本体，软件的质量主要通过程序的质量来体现。在软件研究中，程序设计的工作非常重要，内容涉及有关的基本概念、工具、方法及方法学等。程序设计一般分为以下 5 个步骤。

（1）方案确定。

程序将以数据处理的方式解决客观世界中的问题，因此进行程序设计首先需要将实际问题用数学语言描述出来，形成一个抽象的、具有一般性的数学问题，即建立问题的抽象数学模型，然后制定解决该数学问题的算法。利用数学模型和算法的结合得到问题的解决方案。

（2）算法描述。

确定具体的解决方案后，需要对所采用的算法进行描述。算法描述应简单明确，能够明显地展示程序设计思想。算法描述可以采用自然语言、程序流程图、N-S 图、伪代码等方法。

（3）数据描述。

根据程序设计的目标及对数据的处理要求确定所处理数据的表示方式，即数据结构。

算法和数据结构密切相关,两者应相互结合。

(4)编写程序。

使用计算机系统提供的某种程序设计语言,根据上述算法描述和数据结构,将已设计好的算法表达出来。使得非形式化的算法转变为形式化的、由程序设计语言表达的算法,这个过程称为程序编制(编码)。程序的编写过程需要反复调试才能得到可以运行且结果正确的程序。

(5)程序测试。

程序编写完成后,必须经过科学的、严格的测试,才能最大限度地保证程序的正确性。同时,通过测试可以对程序的性能做出评估。

程序设计是很讲究方法的,一个良好的设计思想方法能够大大提高程序的效率、合理性。程序设计是软件开发的重要部分,而软件开发是工程性的工作,所以要有规范。

1.1.3 数据结构

数据结构(Data Structure)是计算机存储、组织数据的方式。数据结构是指相互之间存在一种或多种特定关系的数据元素的集合。通常情况下,精心选择的数据结构可以带来更高的运行或存储效率。数据结构一般包括以下3方面。

(1)数据的逻辑结构(Logical Structure):是从逻辑关系上描述数据,与数据的存储无关,是独立于计算机的。数据的逻辑结构可以看作从具体问题抽象出来的数学模型。

(2)数据的存储结构(Storage Structure):是数据元素及其关系在计算机存储器内的表示,是逻辑结构用计算机语言的实现(又称映像)。它依赖于计算机语言,对机器语言而言,存储结构是具体的。一般只在高级语言的层次上讨论存储结构。

(3)数据的运算:是对数据施加的操作。数据的运算定义在数据的逻辑结构上,每种逻辑结构都有一个运算的集合。最常用的检索、插入、删除、更新、排序等运算,实际上只是在抽象的数据上所施加的一系列抽象的操作。所谓抽象的操作,是指人们只需知道这些操作是"做什么",而无须考虑"如何做"。

1.1.4 算法

在客观世界中,做任何事情都有一定的方法和步骤。例如,要得到某门课程的学分,就包括选课、听课、完成作业、参加考试等环节,这就是获得课程学分的方法步骤。用计算机解决问题也是按照相应的步骤一步一步完成的。这些方法和步骤都可以称为算法(Algorithm)。广义上讲,算法是为解决问题而采取的方法和步骤。

1. 算法的概念

在程序设计中,算法是一系列解决问题的清晰指令,能够对一定规范的输入,在有限时间内获得所要求的输出。算法可以理解为由基本运算及规定的运算顺序所构成的完整的解题步骤。不同的问题有不同的算法,不同的算法可能用不同的时间、空间或效率来完成同样的任务。一个算法的优劣可以用空间复杂度与时间复杂度来衡量。

2. 算法的特征

一个算法应该具有以下5个重要的特征。

(1)有穷性:一个算法必须保证执行有限步之后结束。

(2) 确切性:算法的每一步骤必须有确切的定义。

(3) 可行性:算法原则上能够精确地运行,而且人们用笔和纸做有限次运算后即可完成。

(4) 输入:一个算法有 0 个或多个输入,以刻画运算对象的初始情况,所谓 0 个输入,是指算法本身定出了初始条件。

(5) 输出:一个算法有 1 个或多个输出,以反映对输入数据加工后的结果。没有输出的算法是毫无意义的。

计算机科学家尼克劳斯·沃思曾写过一本著名的书《数据结构+算法=程序》,可见算法在计算机科学界与计算机应用界的地位之重要。

【例 1.1】 对给定有序数列{3,5,11,17,21,23,28,30,32,50},查找关键字值为 30 的数据元素。

算法 1:将 30 按顺序与给定数列逐一比较,直到找到为止。这种算法在最坏的情况下可能需要比较整个序列。

算法 2:查找过程中采用跳跃式方式查找,先以有序数列的中间元素为比较对象,如果要找的元素值小于该中间元素,则将待查序列缩小为左半部分,否则为右半部分。通过一次比较,将查找区间缩小一半。经 $\log_2 n$ 次比较就可以完成查找过程。但是这种算法的缺点也很明显,要求查找数列必须有序,而对所有数据按大小排序是非常费时的操作。

可见,不同算法的效率有很大的差别,不同的算法适合的场合也不同。

3. 算法设计与分析的常用方法

常用的算法设计与分析方法如下。

(1) 穷举法:是将问题所有可能的候选解逐一列举出来,然后根据条件从中找出那些符合要求的候选解作为问题的解。

(2) 贪心法:是一种不追求最优解,只希望得到较为满意解的方法。贪心法并不是从整体最优考虑,它所做出的选择只是在某种意义上的局部最优,一般可以快速得到较满意的解。

(3) 分治法:是把一个复杂的原问题分解为若干个规模较小、相互独立、与原问题形式相同的子问题,如果子问题还是比较复杂,就继续把子问题分成更小的子问题……直到最后的子问题可以直接求解。最后将子问题的解逐层合并构成原问题的解。

(4) 动态规划法:是一种用于求解包含重叠子问题的最优化问题的方法。其基本思想是将原问题分解为若干子问题,然后自底向上,先求解规模最小的子问题,并将结果保存在表格里,再求解规模较大的子问题,直至最后求出原问题的解。

(5) 回溯法:是一种系统地搜索问题的解的方法。其基本思想是从一条路往前走,能进则进,不能进则退回来,换一条路再试。用回溯算法解决问题一般是从初始状态出发,按照深度优先搜索的方式,根据产生子结点的条件约束,搜索问题的解,当发现当前结点不满足求解条件时,就回溯尝试其他的路径,继续搜索。

(6) 分支限界法:是以广度优先或者以最小耗费(最大效益)优先的方式搜索问题的解空间树的方法。该方法按照广度优先搜索策略,对当前的扩展结点一次性产生其所有的孩子结点,然后根据约束函数和限界函数判定孩子结点是舍弃还是保留。保留的孩子结点被加入到活结点表中,此后从活结点表中取下一个结点成为当前扩展结点,并重复上述结点扩展过程。这个过程一直持续到找到所需的解或活结点表为空时为止。

目前有许多论述算法的书籍,其中最著名的是《计算机程序设计艺术》(*The Art of Computer Programming*)以及《算法导论》(*Introduction to Algorithms*)。

数据结构与算法密不可分,一个良好的数据结构将使算法简单化,只有明确了问题的算法才能较好地设计数据结构,两者是相辅相成的。许多时候,确定了数据结构后,算法就容易得到了。有时事情会反过来,我们会根据特定算法来选择数据结构与之适应。对同一个问题的求解,算法并不是唯一的,允许有不同的算法,也允许有不同的数据结构。但是,不同的算法或数据结构编写的程序代码,其执行效率也会不一样。

1.2 算法的表示方法

为什么要对算法进行表示?思考下面这个问题。

【例 1.2】 对于一个大于 1 的正整数,判断它是不是素数。素数是指除了 1 和该数本身之外,不能被其他任何整数整除的数。注意,最小的素数是 2,大于 2 的素数都是奇数,2 是素数中唯一的偶数。

分析:根据素数定义,对于一个大于 1 的正整数 n,如果 n 只能被 1 和 n 整除,那么 n 是素数。也就是素数必须满足以下 2 个条件。

(1) 素数必须是大于 1 的正整数。

(2) 素数只能被 1 和自身整除,不能被其他 2~(n−1)的正整数整除(全部不能整除)。反过来理解:任何大于 1 的正整数 n(2 除外),如果能够被 2~(n−1)的任何一个正整数整除,那么它一定不是素数。

假设给定的正整数 n,根据题意,判断一个正整数是否为素数,可以用 n 作为被除数,分别将 2,3,…,n−1 各个正整数作为除数,如果有任何一个可以整除,那么 n 不是素数,如果全部都不能整除,那么 n 是素数。

以上分析对问题的解决步骤还不够具体,如何将问题的解决步骤更具体地描述出来,让人一看就明白呢?这就涉及算法的描述问题,即算法的表示。

算法的表示有很多种方法,一般有自然语言表示法、传统流程图、N-S 流程图、伪代码等。

1.2.1 自然语言表示法

算法是可以用自然语言描述的。自然语言就是人们日常使用的语言,可以是汉语、英语或其他语言。

判断素数的自然语言表示的算法如下。

step1:输入一个整数 n。

step2:变量 i 赋初始值为 2。

step3:n 被 i 除得到余数 r。

step4:若 r=0,表示 n 能被 i 整除,则输出“n 不是素数”,算法结束;否则执行 step5。

step5:变量 i 的值加 1。

step6:如果 i≤n−1,则返回执行 step3;否则输出“n 是素数”,算法结束。

实际上，n 不必被 2～（n−1）的整数整除，只需被 2～$\sqrt{n}$ 的整数整除即可（数学上已证明）。

这种用自然语言表示的算法通俗易懂，但文字冗长，容易出现歧义。自然语言表示的含义往往不太严格，要根据上下文才能准确判断其含义。此外，用自然语言描述分支和循环的算法不是很直观。因此，除了简单问题，一般不采用自然语言描述算法。

1.2.2　流程图表示法

流程图表示算法采用一些图框来表示各种操作，用箭头来表示算法流程。用图形表示算法直观形象，易于理解。

美国国家标准化学会（American National Standards Institute，ANSI）规定了一些常用的流程图符号，如图 1.1 所示，这些符号已被世界各国的程序工作者普遍采用。流程图包括：表示相应操作的框，带箭头的流程线，框内、框外必要的文字说明。

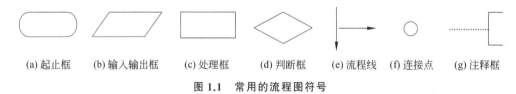

(a) 起止框　(b) 输入输出框　(c) 处理框　(d) 判断框　(e) 流程线　(f) 连接点　(g) 注释框

图 1.1　常用的流程图符号

（1）起止框：表示算法的开始和结束。一般内部只写"开始"或"结束"。

（2）输入输出框：表示算法请求输入输出需要的数据或者算法将某些结果输出。一般内部常常填写"输入……""打印/显示……"等。

（3）处理框：表示算法的某个处理步骤，一般内部常常填写赋值操作。

（4）判断框：主要是对一个给定条件进行判断，根据给定的条件是否成立来决定如何执行其后的操作。它有一个入口、两个出口。

（5）流程线：表示流程执行的先后顺序，注意流程线一定不要忘记箭头。

（6）连接点：用于将画在不同地方的流程线连接起来。同一个编号的点是相互连接在一起的，实际上同一编号的点是同一个点，只是画不下才分开画。使用连接点，还可以避免流程线的交叉或过长，使流程图更加清晰。

（7）注释框：注释框不是流程图中必需的部分，并不反映流程和操作，它只是对流程图中某些框的操作进行必要的补充说明，以帮助阅读流程图的人更好地理解流程图的作用。

传统流程图用流程线指出各框的执行顺序，对流程线的使用并没有严格的限制。因此，使用者可以不受限制地使流程转来转去，使流程图变得毫无规律。人们对这种流程图进行改进，规定了 3 种基本的结构，如图 1.2 所示。由这些基本结构按一定规律组成算法结构，整个算法结构是由上而下地将各个基本结构顺序排列起来，这样可以在一定程度上提高算法的质量。

3 种基本结构有以下共同点。

- 只有一个入口，不得从结构外随意转入结构中某点。
- 只有一个出口，不得从结构内某个位置随意跳出。
- 结构中的每一部分都有机会被执行到，即没有"死语句"。

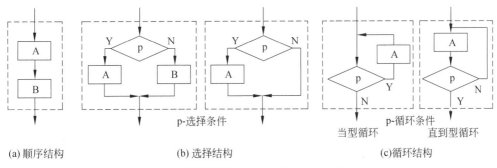

(a) 顺序结构　　　　　　(b) 选择结构　　　　　　(c) 循环结构

图 1.2　用流程图表示的 3 种基本程序结构

- 结构内不存在"死循环"(无终止的循环)。

已经证明,由 3 种基本结构顺序组成的算法结构可以解决任何复杂问题。由基本结构组成的算法属于"结构化"算法。

用流程图表示的算法直观形象,比较清楚地显示出各个框之间的逻辑关系,因此得到广泛使用。每一个程序员都应当熟练掌握流程图,会看、会画。

1.2.3　N-S 图表示法

既然基本结构的顺序组合可以表示任何复杂的算法结构,那么基本结构之间的流程线就属于多余的了。美国学者 I. Nassi 和 B. Shneiderman 提出一种新的 N-S 流程图,这种流程图完全去掉了带箭头的流程线,每种结构用一个矩形框表示,如图 1.3 所示。

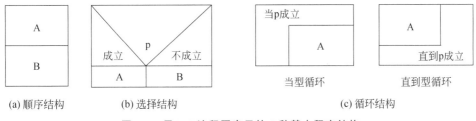

(a) 顺序结构　　　(b) 选择结构　　　　　　　　(c) 循环结构

图 1.3　用 N-S 流程图表示的 3 种基本程序结构

(1) 顺序结构:先执行 A 操作时,再执行 B 操作。

(2) 选择结构:当 p 条件成立时,执行 A 操作;当 p 条件不成立时,执行 B 操作。A 和 B 操作允许空操作,即什么都不做。注意,选择结构是一个整体,代表一个基本结构。

(3) 循环结构:分为当型循环和直到型循环两种。

① 当型循环:先判断条件 p 是否成立,再决定是否执行循环体,所以在条件 p 一次都不满足时,循环体 A 可能一次都不执行。当条件 p 成立时,反复执行 A 操作,直到 p 条件不成立为止。

② 直到型循环:当条件 p 不成立时,反复执行 A 操作,直到 p 条件成立为止。直到型循环先执行循环体 A,然后再判断条件 p,所以循环体至少执行一次。

一般情况下,循环结构既能用当型循环实现,也能用直到型循环实现。循环结构也是一个整体,同样也代表一个基本结构。

注意:3 种结构中的 A、B 框既可以是一个简单操作,也可以是 3 种基本结构之一,即基本结构可以嵌套。

N-S 流程图表示算法的优点如下。

- 比文字描述更加直观、形象,易于理解。
- 废除流程线,比传统的流程图紧凑、易画。
- 算法结构是由各个基本结构按顺序组成,N-S 流程图的上下顺序就是执行的顺序。

1.2.4 伪代码表示法

用传统流程图或 N-S 图表示算法,直观易懂,但是在设计算法时可能需要反复修改流程图,因此比较麻烦。为了设计算法时方便,常使用伪代码来表示算法。

伪代码是用介于自然语言和计算机语言之间的文字和符号来描述算法。伪代码是一种比较灵活的混合语言。也就是说,计算机语言中提供的相关语句、关键字等可以采用计算机语言描述,控制过程以及限定条件的描述则可以采用自然语言描述。虽然伪代码程序不能在计算机上直接运行,但是严谨的伪代码程序可以很容易地转换为相应的编程语言程序。

【例 1.3】 一个小球从 10m 高度自由落下,每次落地后反弹回原高度的一半再落下,求它在第 3 次落地时,经过的路程共多少米? 第 3 次反弹的高度为多少米?

分析:如图 1.4 所示,设初始高度 Height0 = 10m,则第 1 次反弹高度 Height1 = Height0/2,第 2 次反弹高度 Height2 = Height1/2,第 3 次反弹高度 Height3 = Height2/2。小球第 1 次落地的路程为 Journey0 = 10m,第 2 次落地的总路程为 Journey1 = Journey0 + 2Height1,第 3 次落地的总路程为 Journey2 = Journey1 + 2Height2。

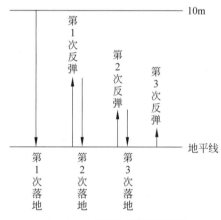

图 1.4 小球落地反弹示意图

程序中并不需要使用上述那么多的变量,反弹高度可以用一个变量 Height 表示,路程用变量 Journey 表示,用伪代码描述算法如下。

step1:设定路程的初值 Journey = 10,设定第 1 次反弹高度初值 Height = Journey/2。

step2:设置一个计数器,初值为 n = 1。

step3:计算第 n 次落地的路程,Journey = Journey + 2 × Height。

step4:计算第 n 次反弹的高度,Height = Height/2。

step5:计数器加 1,即 n = n + 1。

step6：当 n＜3 时，重复 step3～step5；当 n＝3 时，结束，输出计算结果。

伪代码描述算法的优点是书写方便、格式紧凑，而且便于向计算机程序过渡。伪代码的缺点是不如流程图直观形象。

1.3 程序设计方法

从 1946 年世界上第一台电子计算机(Electronic Numerical Integrator And Calculator，ENIAC)问世以来，电子计算机硬件的发展突飞猛进，程序设计的方法也随之不断进步。20 世纪 70 年代前，程序设计方法主要采用流程图。20 世纪 70 年代后，结构化程序设计(Structure Programming，SP)思想日趋成熟。20 世纪 80 年代，SP 是主要的程序设计方法。然而，随着信息系统的加速发展，应用程序日趋复杂化和大型化。传统的软件开发技术难以满足发展的新要求。20 世纪 80 年代后，面向对象程序设计(Object Orient Programming，OOP)技术日趋成熟，并逐渐地为计算机界所理解和接受。面向对象程序设计方法和技术是目前软件研究和应用开发中最活跃的一个领域。

1.3.1 结构化程序设计

结构化程序设计是一种自上而下的设计方法，设计者用一个 main 函数(主函数)概括出整个应用程序需要做的事情，main 函数由一系列子函数的调用组成。对于 main 函数中调用的每一个子函数，又都可以再被精练成更小的函数。重复这个过程，就可以完成一个过程式的设计。其特征是以函数为中心，用函数作为划分程序的基本单位，数据在过程式设计中往往处于从属的位置。

结构化程序设计方法主张使用顺序、选择、循环 3 种基本结构，嵌套连接成具有复杂层次的"结构化程序"，严格控制 goto 语句(无条件转移语句)的使用。

(1) 顺序结构：是一种线性有序的结构，它依次执行各语句模块。

(2) 选择结构：是根据条件成立与否选择程序执行的通路。

(3) 循环结构：是重复执行一个或几个模块，直到满足某一条件为止。

用这样的方法编出的程序在结构上具有以下效果。

(1) 以控制结构为单位，只有一个入口，一个出口，所以能独立地理解这一部分。

(2) 能够以控制结构为单位，从上到下顺序地阅读程序文本。

(3) 由于程序的静态描述与执行时的控制流程容易对应，所以能够方便正确地理解程序的动作。

结构化程序设计的思想是"**自顶而下，逐步求精**"，"独立功能，单出、入口"的模块仅用 3 种基本控制结构(顺序、选择、循环)的编码原则。"自顶而下，逐步求精"的出发点是从问题的总体目标开始，抽象低层的细节，先专心构造高层的结构，然后再一层一层地分解和细化。这使设计者能把握主题，高屋建瓴，避免一开始就陷入复杂的细节中，使复杂的设计过程变得简单明了，过程的结果也容易做到正确可靠。"独立功能，单出、入口"的模块结构减少了模块的相互联系，使模块可作为插件或积木使用，降低程序的复杂性，提高可靠性。程序编写时，所有模块的功能通过相应的子程序(函数或过程)的代码来实现。程序的主体是子程序层次库，它与功能模块的抽象层次相对应，编码原则使得程序流程简洁、清晰，增强可读性。

在结构化程序设计中，划分模块不能随心所欲地把整个程序简单地分解成一个个程序段，而必须按照一定的方法进行。模块的根本特征是"相对独立，功能单一"。换言之，一个好的模块必须具有高度的独立性和相对较强的功能。模块的好坏，通常用"耦合度"和"内聚度"两个指标从不同侧面而加以度量。耦合度是模块之间相互依赖性大小的度量，耦合度越小，模块的相对独立性越大。内聚度是模块内各成分之间相互依赖性大小的度量，内聚度越大，模块各成分之间联系越紧密，其功能越强。因此，在模块划分应当做到"耦合度尽量小，内聚度尽量大"。

1.3.2　面向对象程序设计

面向对象程序设计方法是程序设计的一种新方法，立意于创建软件重用代码，具备更好地模拟现实世界环境的能力。面向对象程序设计是将数据以及对数据的操作方法放在一起，作为一个相互依存、不可分割的整体——对象。对同类型对象抽取其共性，形成类。类中的大多数数据，只能用本类的方法进行处理。类是通过一个简单的外部接口与外界发生关系，对象与对象之间通过消息进行通信。面向对象的编程语言使得复杂的工作条理清晰、编写容易。C++ 语言就是面向对象的程序设计语言。

所有面向对象的程序设计语言一般都含有 3 方面的语法机制：对象和类、多态性、继承性。面向对象是一种运用对象、类、继承、封装、聚合、消息传递、多态性等概念来构造系统的软件开发方法。面向对象这种方法具有封装性、继承性和多态性 3 种特性。

1.4　本章小结

本章首先介绍了计算机语言的种类及其特点，概述了程序设计的基本概念，讨论了算法和数据结构对程序设计的影响。算法是程序设计的灵魂，合适的数据结构是构建算法的基础。然后重点介绍了算法的表示方法，准确地描述算法是编写程序的前提。最后简单介绍了面向过程的结构化程序设计和面向对象程序设计。

通过本章的学习，读者应该对程序设计的概念有初步的认识，对程序设计的方法有大致的了解，随着学习的深入会逐渐加深对程序设计的理解。

1.5　扩展阅读

计算机概述

计算机是一种用于高速运算的电子设备，它可以进行数值计算和逻辑计算，并具有存储功能。计算机是 20 世纪人类最伟大的科技发明之一，是现代科技史上最辉煌的成果之一，它的出现标志着人类文明进入了一个崭新的历史阶段。

1. 计算机的起源与发展

计算工具的演化经历了由简单到复杂、从低级到高级的不同阶段。从原始人的"结绳计数"，到后来出现的算筹、算盘、计算尺、机械计算机等都是不同时期的计算工具，都对现代电子计算机的研制发挥了各自的历史作用。

世界上第一台真正意义上的电子计算机 ENIAC 于 1946 年 2 月 14 日在美国宾夕法尼亚大学问世,标志着电子计算机时代的到来,把人类社会推向了第三次产业革命的新纪元。人们根据计算机采用的主要元器件不同,通常将计算机的发展划分如下。

(1) 第一代:电子管计算机(1946—1957)。其主要逻辑元件采用真空电子管,外存储器是磁带。软件为机器语言和汇编语言。应用领域以军事和科学计算为主。第一代计算机的缺点是体积大、功耗高、可靠性差、速度慢、价格昂贵。

(2) 第二代:晶体管计算机(1958—1964)。用晶体管代替电子管,使计算机的体积缩小,能耗降低,可靠性、运算速度和性能都有所提高。出现了 COBOL 和 FORTRAN 等编程语言,使计算机编程更容易,新的职业(如程序员、分析员和计算机系统专家)和整个软件产业由此诞生。

(3) 第三代:集成电路计算机(1965—1970)。采用中小规模集成电路来构成计算机的主要功能部件,运算速度和可靠性显著提高。分时操作系统以及结构化程序设计方法随之出现,计算机开始应用到文字、图形图像处理等领域。

(4) 第四代:超大规模集成电路计算机(1971 年至今)。其逻辑部件主要采用大规模集成电路或超大规模集成电路。数据库管理系统、网络管理系统和面向对象程序设计语言等逐渐出现,应用领域从科学计算、事务管理、过程控制逐步走向家庭。

(5) 新一代计算机,又称第五代计算机,是为适应未来社会信息化的要求而提出的,与前四代计算机有着质的区别,如量子计算机、光子计算机、分子计算机、纳米计算机、DNA 计算机等。它又是计算机发展史上的一次重大变革,将广泛应用于未来社会生活的各个方面。

2. 计算机的工作原理

计算机能够自动完成运算或处理过程的基础是"存储程序"工作原理,该原理是由美籍匈牙利数学家冯·诺依曼于 1945 年提出来的,其基本思想是程序与数据一样存储,按程序编排的顺序,一步一步地取出指令,自动地完成指令规定的操作。

计算机在运行时,先从内存中取出第一条指令,通过控制器的译码,按指令的要求,从存储器中取出数据,进行指定的运算和逻辑操作等加工,然后再按地址把结果送回到内存中去。再取出第二条指令,在控制器的指挥下完成规定操作。以此进行下去,直至遇到停止指令。

3. 计算机的主要特点

(1) 运算速度快:计算机可以高速准确地完成各种算术运算。

(2) 计算精度高:计算机内部采用二进制数,可以有几十位有效数字,计算精度可达百万分之几。

(3) 逻辑判断能力:计算机能进行逻辑运算,做出逻辑判断。

(4) 存储容量大:计算机内部的存储器具有记忆特性,可以存储大量的信息。

4. 计算机的主要应用领域

计算机的应用已经渗透到社会的各个领域,正在改变传统的工作、学习和生活方式,推动社会的发展。计算机的主要应用领域包括以下方面。

(1) 科学计算:如工程设计、气象预报、火箭发射等都需要由计算机承担庞大而复杂的计算工作。

(2) 信息管理:是以数据库管理系统为基础,辅助管理者提高决策水平,改善运营策略的计算机技术。信息管理已广泛应用于办公自动化、情报检索、图书管理、电影动画设计与制作、会计电算化等行业。

(3) 过程控制:是利用计算机实时采集数据、分析数据,按最优值迅速地对控制对象进行自动调节或自动控制。计算机过程控制在机械、冶金、石油、化工、电力等部门得到广泛应用。

(4) 计算机网络:是由一些独立的和具备信息交换能力的计算机互联构成,以实现资源共享的系统。现在计算机网络已经成为人类建立信息社会的物质基础,如在 Internet 上进行浏览、检索信息、收发电子邮件、阅读书报、选购商品和远程医疗服务等。

5. 计算机的发展趋势

(1) 巨型化:是指为了适应尖端科学技术的需要,发展高速度、大存储容量和功能强大的超级计算机。

（2）微型化：近年来计算机的体积不断缩小，台式计算机、笔记本计算机、掌上计算机、平板计算机、可穿戴设备等体积逐步微型化，为人们提供更加便捷的服务。

（3）网络化：人们通过互联网进行沟通、交流，教育资源共享、信息查阅共享，未来计算机将会进一步向网络化方面发展。

（4）人工智能化：计算机人工智能化是未来发展的必然趋势。

第 2 章

C 语言基础

C 语言是国际上流行的、应用面最广的高级程序设计语言之一。C 语言是一种结构化程序设计语言,用它编写的程序层次清晰,便于按模块化方式组织,易于调试和维护。C 语言不仅具有丰富的运算符和数据类型,便于实现各类复杂的数据结构,还可以直接访问内存的物理地址。C 语言既可用于系统软件的开发,也适合应用软件的开发。此外,C 语言程序还具有风格优美、执行效率高、可移植性强等特点。

2.1 C 语言的发展历程

C 语言的前身是 ALGOL 语言。1960 年 ALGOL60 推出后,深受程序设计人员的欢迎。用 ALGOL60 来描述算法非常方便,但是它离计算机硬件系统很远,不宜用来编写系统程序。1963 年,英国剑桥大学在 ALGOL 语言基础上增添了处理硬件的能力,并命名为复合程序设计语言(CPL)。由于 CPL 规模大,学习和掌握困难,没有流行开来。1967年,剑桥大学的马丁·理查德对 CPL 语言进行了简化,推出基本复合程序设计语言(BCPL)。1970 年,美国贝尔实验室的肯·汤普逊对 BCPL 进一步简化,突出了硬件处理能力,并取 BCPL 的第一个字母 B 作为新语言的名称,同时用 B 语言编写了 UNIX 操作系统程序。

C 语言是在 20 世纪 70 年代初伴随着 UNIX 操作系统的诞生而问世的。1972 年,贝尔实验室的布莱恩·克尼汉和丹尼斯·里奇对 B 语言进行了完善和扩充,在保留 B 语言强大硬件处理能力的基础上扩充了数据类型,恢复了通用性,并取 BCPL 的第二个字母 C 作为新语言的名称。此后,两人合作重写了 UNIX 操作系统。1978 年,美国电话电报公司(AT&T)的贝尔实验室正式发表了 C 语言,同时由 Brian W. Kernighan 和 Dennis M. Ritchie 合著了著名的 *The C Programming Language* 一书。该书首次全面系统地讲述了 C 语言的特性以及程序设计的基本方法,成为 C 语言发展史上的一本经典著作。但在此书中并没有定义一个完整的 C 语言标准规范,后来美国国家标准学会,在此基础上制定了一个 C 语言标准(ANSI C),并于 1983 年发表。在此之后,ANSI C 标准经历了几次重要的修订与扩展,随后被 ISO 采纳,成为国际标准(ISO C)。目前,最新的 C 语言标准是 C17。

在计算机发展的历史上,还没有哪一种程序设计语言像 C 语言的应用如此广泛。自 C 语言问世以来,几乎覆盖了从系统软件到应用软件的所有软件开发领域,以其优良的特性改变了程序设计语言发展的轨迹,成为程序设计语言发展过程中的一个重要里程碑。

目前在微机上使用的 C 编译程序有 msvc(微软开发的编译器)、gcc(Linux 操作系统使用的编译器)、clang(苹果公司开发的编译器)。

2.2 C 程序的特点及开发环境

2.2.1 C 程序的组成及特点

1. 语言特点

C 语言之所以能够被世界计算机界广泛接受,是由于它比其他高级语言更接近硬件,比低级语言更接近算法,程序易编、易读、易查、易改,兼有高级语言和低级语言的优点。

C 语言是一种结构化程序设计语言,提供了丰富的运算符和数据类型,尤其引入了指针概念,可使程序效率更高。C 语言兼具高级语言的特点和低级语言的一些功能,它允许直接访问地址,能执行位运算,能实现汇编语言的大部分功能,可以直接对硬件进行操作。C 语言生成的代码质量高。实验表明,C 语言代码效率只比汇编语言代码效率低 10%～20%,C 语言是描述系统软件和应用软件比较理想的工具。C 语言程序的适应范围广,C 语言程序本身不依赖于机器硬件系统,适合于多种操作系统,如 Windows、DOS、UNIX 等,也适用于多种机型,从而便于在硬件结构不同的机种间和各种操作系统中实现程序的移植。

C 语言的优点很多,但由于其专业性很强,语法不做严格的限制,程序设计时自由度大,所以使用时必须清楚自己的设计目标,否则容易出现错误。程序员应当仔细检查程序,保证其正确性,而不要过分依赖 C 语言编译程序去查错。

总之,C 语言既是一个成功的系统设计语言,又是一个实用的程序设计语言;既能用来编写不依赖计算机硬件的应用程序,又能用来编写各种系统程序,是一个受欢迎的、应用广泛的程序设计语言。

2. 结构特点

C 语言是一门以函数为核心的语言,也可以认为 C 程序就是由一系列函数构成的。一个 C 程序至少应包含一个 main 函数(即主函数)和若干其他函数。函数是 C 程序的基本单位,在程序中用函数来实现某种特定功能。不同的 C 语言开发环境均提供了不同数量的预先编译好的函数,称为库函数,这些库函数的说明在一系列的头文件中提供。例如,标准输入输出库函数、基本的数学函数库函数等。库函数已成为 ANSI C 的一个组成部分。

应用程序的开发者也可以编写自己的函数库,并编写相应的函数说明放在头文件中供其他开发者使用。这些函数和系统提供的库函数一起完成程序的全部功能。C 语言的这种特点使得它更容易实现程序的模块化,并且在不同的开发者之间通过函数的共享来完成合作开发。

任何一种 C 语言编译系统,除支持基本的 C 语言编译之外,还提供了大量的预先设计好的库函数,用于完成输入输出、数学计算、图形处理等功能,并提供同操作系统之间的应用接口(API)。一个实用的 C 程序往往由多个头文件(*.h)和源程序文件(*.c)构成,原因如下。

（1）实用程序一般需要多个程序员分工合作，不同的程序员会编写不同的说明文件和源程序文件。

（2）实用程序利用多个源程序文件来强调程序的逻辑结构。

（3）编译程序的基本处理单元是源程序文件，其编译开销与源程序文件的大小相关，为节省编译，应将实用程序组织成多个源程序文件。

（4）实用程序以多个源程序文件进行组织可避免小范围的修改引起大范围的重新编译。

C 语言的源程序不论由多少个文件组成，都有一个且只能有一个 main 函数，main 函数是整个程序的入口，也是程序正常终止的出口。

2.2.2 C 程序的风格

C 语言是一种专业性的程序设计语言，它假定程序员清楚地知道自己要干什么。一方面，C 语言的语法规则十分灵活，不对数据类型和操作进行仔细的检查和限制，从而提供强大的能力和接近汇编语言的执行效率。因此，C 程序的设计者在编写源程序时要养成良好的习惯，努力编写出风格优美、可读性好、易于维护的"专业化"程序代码。另一方面，现代的大型软件一般都是由一个团队协作开发完成的，格式规范的源程序可以让团队协作者、后继者和程序员自己一目了然，在短时间内看清程序的结构，理解设计的思路，提高代码的可读性、可重用性、可移植性和可维护性，从而减少出错的概率，保证程序的健壮性。

1. 源程序的编写风格

（1）严格采用阶梯层次组织程序代码。

程序中的语句一般有着不同的层次，在 C 语言源程序中，不同层次的语句应采用缩进格式来编排。通常每层次缩进为 4 格（或一个 Tab 键），大括号一般位于下一行，且要求相匹配的大括号在同一列。

例如，一个用于计算整数 1～10 的和以及平均值的程序可以写成下列形式。

```
#include <stdio.h>              //包含标准输入输出头文件
int main()
{
    int iSum=0;                 //声明整型变量，用来存储 10 个整数的和，初值设置为零
    float fAvg;                 //声明单精度实型变量，用来存储 10 个整数的平均值
    for( int i=1; i<=10; i++)   //for 循环，用来求和
    {   iSum=iSum+i;            //循环体内缩进 4 格，使程序层次更加清晰
        ...                     //如果有其他语句，在同一级循环体内按同样缩进量对齐
    }                           //表示循环体结束，同上一个大括号在同一列
    fAvg=iSum/10.0;             //计算平均值，循环体外取消缩进
    printf("%f\n", fAvg);       //输出计算结果
    return 0;
}
```

（2）对复杂的条件判断，应尽量使用括号。

尽管 C 语言的语法对于运算优先级有着明确的规定，但为了保证程序的可读性，仍然提倡在源程序中使用括号来明确给出运算关系的先后。养成这样一种程序编写风格，也有助于程序员减少失误。例如：

```
if (((szFileName!=NULL) && (lCount>=0)) || (bIsReaded==TRUE))
{
    ...
}
```

(3) 变量的定义,尽量位于函数的开始位置。

一个 C 函数除了形式参数外,一般都有着多个内部变量,这些变量可能有不同的类型及属性。为了程序的可读性和错误查找的方便,应将这些变量的定义统一放在函数代码的开始位置,并加上必要的注释。

(4) 采用规范的格式定义和设计各种函数。

函数的设计是 C 程序设计的重要环节,一个函数应有明确的调用格式和参数定义。通常一个函数实现部分的源代码以不超过 25 行为宜,复杂的功能应分成更多的函数去实现。这样做的好处是使程序更加清晰易懂,同时也便于代码的复用和共享。

(5) 尽量不使用 goto 语句。

在 C 语言程序中尽量不用 goto 语句,因为它破坏了程序的结构化特征,并影响了可读性。对一定要用 goto 语句的地方,最好只用于函数内部或只向后转移。

(6) 尽量减少全局变量的使用。

C 语言是一种函数式语言,大量的变量位于函数内部,是"局部的"。这种局部变量的运用有效限制了变量的作用域,减少了函数之间的相互影响,并降低了出错概率。但有时为了提高运行速度和多个函数间共享数据的需要,可以定义一定数量的全局变量。由于这类全局变量可以由不同的函数进行访问并修改,容易产生错误。因此,一个优秀的程序员应尽量减少不必要的全局变量,并将必须采用的全局变量在源程序文件的开始部分进行明确定义,并加上相关注释。

2. 变量的命名规则

变量的命名规则一般采用匈牙利命名法(Hungarian Notation)。匈牙利命名法是由一名匈牙利程序员发明的,他在微软公司工作了多年,因此这种命名法通过微软的相关产品和文档流传很广。多数有经验的程序员,不管他们用的是哪种程序设计语言,都或多或少地在使用这种变量命名法。这种命名法的基本原则是:

变量名=属性+类型+对象描述

一个变量名是由 3 部分信息组成:①变量的属性(如全局变量、静态变量等);②变量的数据类型;③用变量的英文意思或其英文意思的缩写来描述,一般要求英文单词的第一个字母应大写。这样,程序员很容易理解变量的类型、用途,而且便于记忆。对于相对简单的程序,变量的命名也可以只使用上述规则的后两个组成部分。另外,提倡变量在定义时应尽量加入注释说明,并且一般应放在函数的开始处。

例如,一个 4 字节的 IPv4 网络地址,可以表达为一个 32 位的无符号整数,同时 IP 地址又有源地址、目标地址之分。于是,基于上述命名规则,可以定义两个变量:

```
unsigned int g_uSrcIP, g_uDstIP;
```

说明:g_ 表示全局变量,u 表示 32 位无符号整数,SrcIP、DstIP 分别表示信源、信宿 IP 地址。显然,这种命名方法对于变量的类型及含义均有所体现,从而提高了程序的可读性。

匈牙利命名法是当今 Windows 环境下 C 语言程序设计最流行的变量命名法则,有关细节可参见相关资料。

3. C 程序的注释

程序中注释的运用对于提高程序的可读性、可维护性十分重要。因此,一个优秀的 C 语言程序员应养成一种按规范格式使用注释的良好习惯。下面从几个不同的方面分别给出程序注释的使用建议。

1)函数头的注释

对于函数,一般应该从功能、参数、返回值、主要思路、调用方法和日期 6 方面采用如下格式的注释。

```
//===============================================================
//功能:从一个字符串中删除另一个子字符串
//参数:strByDelete, strToDelete
//(入口):strByDelete:被删除的字符串(原来的字符串)
//(出口):strToDelete:要从上个字符串中删除的字符串
//返回值:找到并删除返回 1,否则返回 0。(对返回值有错误编码的要求返回错误码)
//主要思路:本算法主要采用循环比较的方法来从 strByDelete 中找到 strToDelete
//调用方法:传地址调用
//日期:起始日期。例如,编写:2021/5/12,修改:2021/10/16
//===============================================================
int  m_DelString(char * strByDelete, char * strToDelete);
```

2)变量的注释

变量的注释用于说明变量在函数或程序中的作用及意义。一个良好的程序设计习惯是对每个变量尽量给出注释,但对于意义很明显的变量(如 i、j 等循环变量)可以不注释。例如:

```
long lBytesCount;              //字节数的计数,长整型
```

3)文件的注释

C 程序是由一个或多个源程序文件组成的。为了更好地理解不同文件中所包含的函数的共性属性及功能含义,在每一个源文件的开头部分应加入注释来说明该文件的用途。例如:

```
/////////////////////////////////////////////////////////////////
//工程:文件所在的项目名
//作者:**,修改者:**
//描述:说明文件的功能
//主要函数:……
//版本:说明文件的版本,完成日期
//修改:说明对文件的修改内容、修改原因以及修改日期
//参考文献:****
/////////////////////////////////////////////////////////////////
```

4)其他注释

在函数内一般无须注释每一行语句。但应在各功能模块的主要部分前添加成块的注释,在循环、选择分支等处尽可能加以注释,以增强程序可读性,便于修改和重复使用。

4. C 程序的可移植性

C 语言源程序可以通过编译转换为适用于不同计算机的二进制可执行程序，从而具有较好的可移植性。但是，由于计算机硬件及所用操作系统的不同，这种可移植性也是有条件的。一个高质量的源代码设计要求能够体现 C 语言的可移植特点，具备跨硬件平台的能力，以适应计算机技术不断发展的需要。因此，在源程序编写过程中应考虑到对不同硬件平台及操作系统的支持，充分考虑程序代码的兼容性，除了底层的系统程序设计外，应尽量避免使用嵌入式汇编、内存地址读写等与硬件密切相关的语句，以提高程序的可移植性。

2.2.3 C 程序的开发环境

C 语言在其发展过程中，曾被广泛地移植到各种不同类型的计算机和操作系统环境中，从而形成了许多版本的 C 语言开发与编译系统。最初的 C 语言程序设计及开发工具是命令行形式的，程序设计者使用文本编辑软件编写 C 语言的源程序文件（由一个或多个 *.h 和 *.c 文件组成），C 语言编译器用来对这些源程序进行编译并生成目标码文件（*.obj 文件），再通过连接工具将生成的目标码和需要的库（*.lib 文件）连接成最终的可执行程序。

随着技术的发展，后来出现了集成开发工具，使用图形化界面和下拉式菜单，将文本编辑、程序编译、连接以及程序运行、调试一体化，并加入调试过程中的变量监视等功能，形成了程序的集成开发环境（Integrated Development Environment，IDE），大大方便了程序的开发。

不论是 C 语言的学习者还是 C 语言程序的开发者，通常都会面临集成开发环境的选择问题。C 语言编译器可以分为 C 和 C++ 两大类，其中 C++ 是 C 的超集，均向下支持 C。

目前，常用的 C 语言集成开发环境有 Microsoft Visual C++、Dev-C++、Watcom C++、C-Free、Microsoft Visual Studio、CodeBlocks、QtCreator 等。

对于一个使用 Windows 操作系统的 C 语言学习者，Microsoft Visual Studio 是一个比较好的集成开发工具，它界面友好、功能强大且调试也很方便。因此，推荐使用 Microsoft Visual Studio 集成开发环境来完成 C 语言的学习。

2.3 输入输出简单的数据信息

输入输出是指程序与环境或用户之间进行的数据或信息交换，程序离不开输入和输出，用户通过输入提供程序的初始化数据，控制程序按所希望的模式运行；程序通过输出运行结果，并对环境产生影响。

2.3.1 输出文本信息

首先来看一个最简单的 C 程序，在计算机屏幕上显示"Hello world!"。这是一个大多数高级语言编程教材都会使用的"网红"例题。

【例 2.1】 在计算机屏幕上输出"Hello world!"，输出结果如图 2.1 所示。

```
1.  #include<stdio.h>
2.  int main()
3.  {
```

```
4.      printf("Hello world!");
5.      return 0;
6. }
```

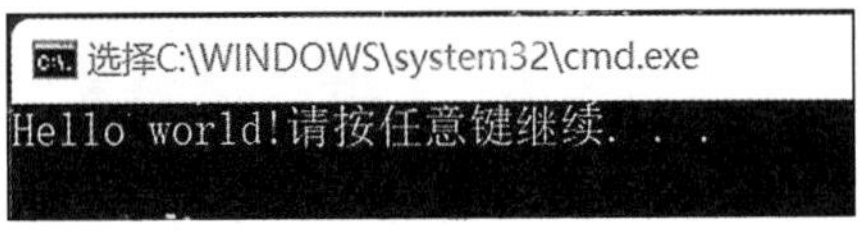

图 2.1   输出"Hello world!"

说明：代码前面的行号是为了讲解方便，实际并不输入。

第 1 行，表示文件包含，将标准输入输出库函数包含到用户源文件中。

第 2 行，main()表示主函数。main 是函数名，int 表示该函数的返回值为整型数据。

第 3～6 行，用花括号"{ }"括起来的部分是 main 函数的函数体，所有的语句都写在这一对花括号之间，每条语句末尾用分号结束。

第 4 行，printf 是 C 语言的标准输出函数，功能是在计算机显示器上输出数据。

第 5 行，return 0；表示 main 函数执行完后正常返回到操作系统。

学习编程的第一步是模仿，请编写一个程序，输出"I am in love with China!"。

看看下面的程序是否正确？

```
1. #include<stdio.h>
2. int main()
3. {
4.      printf("I am in love with China!");
5.      return 0;
6. }
```

只要把原来双引号中的"Hello world!"替换成"I am in love with China!"，这个程序就完成了。因此，把想要输出的信息放在 printf 函数的双引号里即可。

除了输出英文，也可以输出中文，下面尝试输出一首古诗。

【例 2.2】 输出古诗《静夜思》，输出结果如图 2.2 所示。

```
1.  #include<stdio.h>
2.  int main()
3.  {
4.      printf("  静夜思 \n");
5.      printf("\n");
6.      printf("床前明月光,\n");
7.      printf("疑是地上霜。\n");
8.      printf("举头望明月,\n");
9.      printf("低头思故乡。\n");
10.     return 0;
11. }
```

说明：这个程序中在双引号里出现了新的符号\n，通过图 2.2 显示的输出结果，可以明显看出\n 的作用是换行，在 printf 中只写一个\n 时会输出一个空行。

图 2.2　输出古诗《静夜思》

【练习 2.1】　请编程分别输出以下图形。

```
******          *                   *                *
******          **                 ***              ***
******          ***               *****            *****
******          ****             *******            ***
******          *****           *********            *
```

2.3.2　输出整数

现在需要计算机输出"x＝3"，程序该怎么写呢？

```c
1.  #include<stdio.h>
2.  int main()
3.  {
4.      printf("x=3");
5.      return 0;
6.  }
```

说明：第 4 行的 printf 函数语句还可以写成另一种形式：printf("x＝%d"，3)；，这里圆括号内的内容不一样了，除了有双引号括起来的内容，还有不带双引号的内容。双引号中的 x＝会原样输出到屏幕上，而等号后面的%d 是指这个位置要输出一个整数，具体的整数是什么要看输出项写的是什么，在这里输出项就是逗号后面的整数 3。实际上，printf 函数里的内容就是分为两部分的，一部分是双引号括起来的，另一部分是输出项，这两部分之间用逗号分隔。

计算机最重要的一个功能就是计算，现在让计算机实现两个整数的加、减、乘、除，假设这两个数是 6 和 3，编程输出 6 和 3 的和、差、积、商。

【例 2.3】　计算两个整数的和、差、积、商，并输出计算结果，输出结果如图 2.3 所示。

```c
1.  #include<stdio.h>
2.  int main()
3.  {
4.    printf("6+3=%d\n", 6+3);
5.    printf("6-3=%d\n", 6-3);
6.    printf("6 * 3=%d\n", 6 * 3);
7.    printf("6/3=%d\n", 6/3);
8.    return 0;
9.  }
```

说明：第 4 行双引号中的 6＋3＝会原样输出到屏幕上，等号后面%d 这个位置输出一

图 2.3　输出两个整数的计算结果

个整数,由于这里的输出项是一个整数表达式 6+3,输出时则输出这个表达式的计算结果 9。

2.3.3　格式化输出函数

2-1 简单
printf

格式化输出函数 printf 的一般形式:

printf(格式控制字符串,输出项列表);

说明:该函数的功能是按照用户指定的格式向系统默认的输出设备(显示器)输出若干个数据。格式控制字符串是用一对双引号括起来的字符串,也称"转换控制字符串",用来指定输出数据项的类型和格式,它包括普通字符和格式说明两部分。

(1)普通字符:即需要原样输出的字符,包括转义字符。例如:

```
printf ("Welcome! \n");
```

在屏幕上输出"Welcome!",并把光标定位在下一行开始的位置。

(2)格式说明:由%和格式字符组成,如%d用来输出整数,%f用来输出单精度实数。格式说明的作用是将数据项按指定的格式输出。例如:

```
printf("6+3=%d\n", 6+3);
```

例 2.3 的程序只能计算 6 和 3 的和、差、积、商,如果要计算 20 和 4 的和、差、积、商呢? 只要把 6 和 3 换成 20 和 4 就可以了。如果每换两个数就要修改源代码,这个程序未免也写得太低级了。最好是每次执行程序都可以输入任意两个数进行计算。为了实现这个目的,还需要学习输入函数,还需要知道什么是常量,什么是变量。

【例 2.4】　从键盘输入两个整数,计算这两个数的和、差、积、商,输出结果如图 2.4 所示。

```
1.   #include<stdio.h>
2.   int main()
3.   {
4.       int a, b;                    //定义两个整型变量
5.       scanf("%d%d", &a, &b);       //输入函数,从键盘输入两个整数
6.       printf("a+b=%d\n", a+b);
7.       printf("a-b=%d\n", a-b);
8.       printf("a * b=%d\n", a * b);
9.       printf("a/b=%d\n", a/b);
10.      printf("%d+%d=%d\n", a, b, a+b);
11.      printf("%d-%d=%d\n", a, b, a-b);
12.      printf("%d * %d=%d\n", a, b, a * b);
```

```
13.     printf("%d/%d=%d\n", a, b, a/b);
14.     return 0;
15. }
```

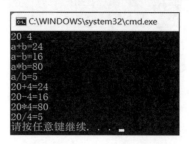

图 2.4　例 2.4 的输出结果

说明：① 第 4 行是一个变量声明,声明了两个整型变量 a 和 b。

② 第 5 行是输入函数,实现从键盘输入两个整数,分别存放到 a 和 b 两个变量中,即变量 a 中的值为 20,变量 b 中的值为 4。

③ 第 6~9 行是输出函数,可与例 2.3 中的第 4~7 行代码进行对比,看看有什么区别。

④ 第 10~13 行,这里输出函数换了一种形式来写,请仔细看看它与第 6~9 行的输出函数的区别。

还可以换一种方法来编写例 2.4,代码如下。

```
1.  #include<stdio.h>
2.  int main()
3.  {
4.      int a, b;                //定义两个整型变量
5.      int r1, r2, r3, r4;      //r1~r4 分别对应两个整数和、差、积、商的计算结果
6.      scanf("%d%d", &a, &b);   //从键盘输入 a 和 b
7.      r1=a+b;                  //先计算 a+b,再将结果赋给变量 r1(即结果存到 r1 中)
8.      r2=a-b;
9.      r3=a * b;
10.     r4=a/b;
11.     printf("%d+%d=%d\n", a, b, r1);
12.     printf("%d-%d=%d\n", a, b, r2);
13.     printf("%d * %d=%d\n", a, b, r3);
14.     printf("%d/%d=%d\n", a, b, r4);
15.     return 0;
16. }
```

说明：在上面的代码中多定义了 4 个变量 r1~r4,第 7~10 行代码是将两个整数和、差、积、商的计算结果分别赋值给 r1~r4。

2.3.4　常量和变量

2-2 常量
和变量

1. 常量

在程序执行期间,值不发生变化的量称为常量(constant)。

例如,printf("6＋3＝%d\n", 6＋3);输出项 6＋3 中的 6 和 3 都是整型常量。

1）直接常量

直接常量包括：

（1）整型常量。例如，15、0、−6。

（2）实型常量。例如，2.4、0.0、−3.78。

（3）字符常量。例如，'a'、'B'、'#'、'*'、'\n'。

2）符号常量

符号常量是指用标识符代表一个常量，习惯上符号常量的标识符用大写字母表示。符号常量的定义实际上是一种宏定义（关于宏定义的内容将在 2.10.2 节中详细讲解）。

符号常量的定义格式：

#define 标识符 常数

【例 2.5】 输入圆的半径，编程计算圆的周长和面积，并输出结果。

```
1.  #include <stdio.h>
2.  #define  PI  3.1415926              //定义 PI 为符号常量
3.  int main()
4.  {
5.      float r, c, s;                  //变量定义,声明 r、c、s 为单精度实型变量
6.      scanf("%f", &r);               //输入函数,从键盘输入一个半径值
7.      c=2 * PI * r;                  //计算圆的周长,将结果赋值给变量 c
8.      s=PI * r * r;                  //计算圆的面积,将结果赋值给变量 s
9.      printf("%f  %f\n", c, s);      //输出计算结果
10.     return 0;
11. }
```

使用符号常量的优点：

- 含义清楚，一般给符号常量命名时尽量做到"见名知意"。
- 修改方便，程序中可能多次使用符号常量，如果想修改符号常量的值，只需在定义符号的位置修改一次即可。

3）定义常量

用关键字 const 定义一个常量。用此方法实现例 2.5，代码如下。

```
1.  #include <stdio.h>
2.  int main()
3.  {
4.      const float PI=3.1415926;          //定义 PI 为常量
5.      float r, c, s;
6.      scanf("%f", &r);
7.      c=2 * PI * r;
8.      s=PI * r * r;
9.      printf("%f  %f\n", c, s);
10.     return 0;
11. }
```

2. 变量

在程序执行期间，值可以变化的量称为变量（variable）。

变量的定义形式：

> **数据类型　　变量名列表;**

例如:

```
int a;
a=20;
```

说明:① 进行变量声明后,计算机系统会为变量分配存储空间,用以存放数据。

② 变量的存储空间可能由一个或多个字节组成,内存中的每个字节都有自己的地址,变量名实际上是一个符号地址,在程序中对变量的赋值和取值操作实际上是通过变量名找到相应的内存地址,然后从对应的存储空间中读取数据,如图 2.5 所示。

变量名——a　20　——变量的值
　　　　　用矩形框表示变量在
　　　　　内存中的存储空间

图 2.5　变量存储示意图

③ C 语言中的变量必须"先定义,后使用"。

④ 变量的初始化,在定义变量的同时,给变量一个初始数据。未初始化变量的值是不确定的,赋值之前请不要使用未初始化的变量进行计算。例如:

```
int a=3, b, c;          //变量 a 进行了初始化,但 b 和 c 没有初始化
c=b+1;                  //无法确定 c 的值,因为不知道 b 的值是多少
c=a+1;                  //c 的值为 4
```

2-3 简单
scanf

2.3.5　格式化输入函数

格式化输入函数 scanf 的一般形式:

> **scanf(格式控制字符串,地址列表);**

说明:scanf 函数的功能是按照用户指定的格式,由系统默认的输入设备(如键盘)输入若干数据。

① 格式控制字符串的含义与 printf 类似,它指定输入数据项的类型和格式。例如:

```
int a, b;
scanf("%d%d", &a, &b);        //输入整型变量用%d
float r, c, s;
scanf("%f", &r);              //输入单精度实型变量用%f
```

② 地址列表是由若干地址组成的列表,可以是变量的地址(& 变量名,C 语言中 & 称为地址运算符)或者字符串的首地址(将在第 4 章字符数组中介绍),其作用将输入的数据存放到对应变量的存储区。例如:

```
int a, b;
scanf("%d%d", &a, &b);
```

scanf 函数用来读取来自标准输入设备(通常是键盘)的输入数据。上例中 scanf 函数中的"%d%d"即格式控制字符串,指示用户输入数据的类型,格式字符 d 说明应该输入一个整数。地址列表中有两个变量的地址,即 &a 和 &b,其作用是把变量 a 和 b 的内存地址告诉 scanf 函数,系统就会把输入的数据存储在对应的变量中。

计算机在执行 scanf 函数时会等待用户输入数据,用户通过输入两个整数并按下回车

键响应请求。注意,输入是有先后顺序的,第 1 个%d 对应变量 a,第 2 个%d 对应变量 b,假设从键盘依次输入两个整数:20 4↙(注:用↙表示回车符),则 20 存放在变量 a 的存储空间中,4 存放在变量 b 的存储空间中。完成输入操作后,以后对 a 的引用就会使用 20 这个数据。输入输出函数提高了用户与计算机之间的交互性。

2.3.6 简单程序设计

学会了基本的输入和输出,知道了什么是常量和变量,你是不是已经迫不及待地想编写程序了呢?试着编写程序解决下面两个问题。

【练习 2.2】 输入 3 个整数,计算并输出它们的和与积。输出结果分 2 行,第 1 行为 3 个数的和,第 2 行为 3 个数的积。测试数据如下。

```
输入:3 4 5↙
输出:12
    60
```

【练习 2.3】 小明今天想吃水果,他准备买 2 斤苹果、3 斤桃子,从键盘输入 1 斤苹果和 1 斤桃子的价格,计算并输出小明买水果的开销。测试数据如下。

```
输入:6 4↙
输出:24
```

2.4 C 语言的运算符

2-4 赋值
运算符

2.4.1 简单赋值运算符

在前面讲过的代码中其实已经用到了赋值运算符,如例 2.4 中的 r1＝a＋b;和例 2.5 中的 c＝2 * PI * r;,猜到谁是赋值运算符了吗?

在数学中符号＝是等号,但在 C 语言中,它其实是赋值运算符(C 语言中的等号是＝＝,第 3 章会详细说明)。

1. 赋值运算符的优先级

赋值运算符的优先级很低(倒数第二),仅高于逗号运算符。运算符优先级参见附录 B。

2. 赋值运算符的结合性

赋值运算符是右结合性,是将赋值运算符右侧的值赋给左侧的变量。

注意:赋值运算符的左侧必须是变量。

例如:

```
int a=1, b=2, c=3, d;
a=b=c;
```

按右结合性,先执行 b＝c,即将 c 的值 3 赋给 b,再执行 a＝b,即将 b 的值 3 赋值给 a,最后变量 a、b、c 的值都是 3。

3. 赋值运算的规则

先计算赋值运算符"＝"右边表达式的值,然后将该值赋给左边的变量。例如:

```
int a, b;
a=2;              //将常数 2 赋给变量 a
b=a*5;            //先计算表达式 a*5,然后将计算结果 10 赋给变量 b
```

4. 变量赋值的特点

(1) 变量必须先定义,后使用。例如:

```
int x;            //定义一个整型变量 x
x=8;              //将 8 赋给变量 x
y=x+5;            //因未定义 y,编译时会显示错误信息为 error C2065: "y":未声明的标识符
```

(2) 变量未被赋值前,值不确定。例如:

```
int x, y;
y=x+5;            //因未给变量 x 赋值,所以 x 的值不确定,再进行 x+5 的计算也无实际意义
```

(3) 对变量赋值的过程是"覆盖"过程,用新值去替换旧值。例如:

```
int x;
x=8;              //将 8 赋给变量 x
x=20;             //将 20 赋给变量 x,用 20 覆盖 x 中原来的 8(即 8 消失了)
```

(4) 计算表达式时,只是读取变量的值用于计算,所有变量都保持原来的值不变。例如:

```
int x, y;
x=8;
y=x*x;            //读取 x 的值 8,计算 8*8,结果 64 赋给变量 y,赋值后变量 x 的值还是 8
```

【**练习 2.4**】 已知 a=135,b=256,试交换两个变量的值。

提示:交换两个变量的值,就好像有两个瓶子,a 瓶装酱油,b 瓶装醋,将酱油和醋互换,即 a 瓶装醋,b 瓶装酱油。

2.4.2 基本算术运算符

基本算术运算符包括:加(+)、减(-)、乘(*)、除(/)、取余(%)。它们都是双目运算符,左结合性。由于加、减、乘比较简单,这里仅对除法运算和取余运算进行说明。

1. 除法运算

如果两个运算对象都是整型数据,则结果也是整型数据(即取整,舍去小数部分)。若想结果是实型数据,则两个运算对象中必须有一个是实型数据。

例如,1/4=0,5/2=2,1/5.0=0.2,2.0/4=0.5。

【**例 2.6**】 输入三角形的底和高,计算三角形面积并输出。

三角形面积公式:$area = \frac{1}{2} \times 底 \times 高$。

看看下面的程序是否正确。

```
1.  #include<stdio.h>
2.  int main()
3.  {
```

2-5 算术
运算符

```
4.      float a, h, area;              //变量 a 表示底,变量 h 表示高,变量 area 表示面积
5.      scanf("%f%f", &a, &h);         //输入底和高
6.      area=1/2 * a * h;              //计算三角形面积
7.      printf("%f\n", area);          //输出面积
8.      return 0;
9.  }
```

运行这个程序会发现,不管输入的底和高的数据是什么,输出结果都是 0.000000,为什么会这样呢?

问题出现在第 6 行代码,area=1/2 * a * h;这里的 1/2 结果不是我们以为的 0.5,而是 0。因为 1 和 2 是两个整型常量,这里的除法是整除,结果是只取商的整数部分,而不要小数部分。所以要特别注意除法运算,两个整数相除时结果一定也是整数,想要结果是实数,则两个运算对象中必须有一个是实数。

将上面的程序稍加修改就能得到正确的输出结果。

```
1.  #include<stdio.h>
2.  int main()
3.  {
4.      float a, h, area;
5.      scanf("%f%f", &a, &h);
6.      area=1.0/2 * a * h;            //将 1/2 改为 1.0/2 或 1/2.0
7.      printf("%f\n", area);
8.      return 0;
9.  }
```

2. 取余运算

取余运算要求两个运算对象都必须是整型数据,结果也是整型数据,且余数的符号与被除数的符号相同。例如,$12\%5=2,3\%5=3,12\%(-5)=2,(-12)\%5=-2$。

取余运算是经常会用到的,比如说输入一个整数,要求把这个数控制在一个确定的范围内。

【例 2.7】 输入一个大于 100 的整数,对这个数进行处理,输出一个表示月份的整数。

分析:假设整数为 x,用 $x\%12$ 对不对?还是应该用 $x\%13$?如果用 $x\%12$,能得到的数的范围是 $0\sim11$,多了一个 0,少了一个 12。如果用 $x\%13$,能得到的数的范围是 $0\sim12$,也是多了一个 0,所以需要把算式稍加修改如下。

```
1.  #include<stdio.h>
2.  int main()
3.  {
4.      int x;
5.      scanf("%d", &x);
6.      x=x%12+1;
7.      printf("%d\n", x);
8.      return 0;
9.  }
```

2.4.3 复合算术赋值运算符

在赋值运算符"="前加上算术运算符,可以构成复合算术赋值运算符,包括:+=、-

＝、＊＝、/＝、%＝。例如：

```
int a=1, b=2, c=3;
a+=3;                        //相当于计算 a=a+3;
b*=a;                        //相当于计算 b=b*a;
c/=a+b;                      //相当于计算 c=c/(a+b);,注意右侧表达式是一个整体
```

2.4.4 自加、自减运算符

自加运算符(＋＋)、自减运算符(－－)是怎么产生的呢？前面刚讲了复合算术赋值运算符,其中有＋＝、－＝。例如：

```
int a, b;
a=1;
a+=1;                        //等价于 a=a+1;,用复合算术赋值运算符可以少写一个 a
b=10;
b-=1;                        //等价于 b=b-1;
```

为了使代码少一点、再少一点,可以将 a＋＝1；简写成 a＋＋；或 ＋＋a；。同理可知,b－＝1；可简写成 b－－;或－－b；。

自加运算符和自减运算符都是单目运算符,右结合性,其运算对象只能是变量,不能是常量或表达式。例如：

```
int a, b;
a=1;
b=2;
a++;                         //正确,变量可以进行自加、自减
(a+b)++;                     //错误,表达式不能进行自加、自减
2++;                         //错误,常量不能进行自加、自减
```

自加、自减运算分为前缀和后缀两种形式,当自加、自减运算符单独使用时(强烈推荐单独使用),前缀、后缀形式并没有什么区别,都是变量的值自加 1 或自减 1(注意只能是加 1 或减 1,没有办法实现加 2 减 2,加 5 减 5 之类的运算)。例如：

```
int a=1, b=1;
a++;                         //后缀形式,执行 a+1 运算,之后 a 的值为 2
++b;                         //前缀形式,执行 b+1 运算,之后 b 的值为 2
```

当自加、自减运算符出现在表达式中,前缀和后缀形式的计算结果就完全不同了。前缀形式是先对变量进行加 1 或减 1 运算,再使用变量加 1 或减 1 后的值参与表达式的计算；后缀形式是先用变量的原值参与表达式的计算,再对变量进行加 1 或减 1 运算。

【例 2.8】 自加、自减运算的应用。

```
1.  #include<stdio.h>
2.  int main()
3.  {
4.     int a=1, b=1, c, d, x, y;
5.     c=++a;                    //前缀形式,a 先加 1,其值变为 2,再将 2 赋给变量 c
6.     d=b++;                    //后缀形式,先将 b 的原值 1 赋给变量 d,b 再加 1,其值变为 2
```

```
7.      printf("c=%d, d=%d\n", c, d);
8.      printf("a=%d, b=%d\n", a, b);
9.      x=(a++)+(a++);
10.     printf("x=%d, a=%d\n", x, a);
11.     y=(++b)+(++b);
12.     printf("y=%d, b=%d\n", y, b);
13.     printf("%d, %d\n", x++, ++y);
14.     printf("x=%d, y=%d\n", x, y);
15.     return 0;
16. }
```

程序运行结果：

```
c=2, d=1
a=2, b=2
x=4, a=4
y=8, b=4
4, 9
x=5, y=9
```

说明：① 第 9 行，x＝(a++)+(a++)；的计算过程为：因 a++ 是后缀形式,先将 a 的原值 2 取出进行 a+a 加法计算,得到结果 4 赋给变量 x,然后 a 再进行 2 次加 1 的计算,最后 a 的值为 4。

② 第 11 行,y＝(++b)+(++b)；的计算过程为：因 ++b 是前缀形式,变量 b 先进行 2 次加 1 计算,b 的值变为 4,然后再计算 b+b,即 4+4＝8,最后将结果 8 赋给变量 y。

③ 第 13 行,printf("%d, %d\n", x++, ++y)；的执行过程为：因 x 原值为 4,y 原值为 8,输出时先输出 x 的原值 4,然后 x 再自加 1 变为 5,而 y 要先加 1 变为 9,再输出 y 的值 9。

如果没有完全理解前缀和后缀的区别,真的不建议写这样的代码,还是写简单点比较好,这样不容易出错,所以单纯地写 a++；或 ++a；比较好,这样就不存在前缀和后缀执行结果不一样的问题了。

2.4.5 逗号运算符

逗号运算符","也称为顺序求值运算符,其优先级是最低的,左结合性。逗号表达式的一般形式：

2-6 逗号
运算符

表达式 1,表达式 2,…,表达式 n

逗号表达式的计算过程：从左至右依次计算各表达式的值,最后一个表达式 n 的值即为逗号式的值。例如：

```
int a, b, c, x, y;      //这里的逗号是分隔符,不是逗号运算符
a=1, b=2, c=3;          //逗号表达式,给变量 a、b、c 依次赋值,逗号表达式的值为 3
a++, b+4, c-2;          //逗号表达式的值为 1,注意计算后 a 值为 2,b 值还是 2,c 值还是 3
x=a=3, 6 * 3;           //逗号表达式的值为 18,注意计算后 x 的值为 3
x=(a=3, 6 * 3);         //注意这是赋值语句,赋值号右侧小括号括起来的是一个逗号表达式,
                        //逗号表达式的值为 18,然后将 18 赋给变量 x
```

2-7 运算符
和表达式

2.4.6 C语言的运算符和表达式

目前已经学习了算术运算符、赋值运算符、自加/自减运算符和逗号运算符，其实 C 语言还有很多运算符，运算符由一个或多个字符组成，表示各种运算。根据参与运算的操作数的个数，运算符可分为单目、双目、三目运算符。

C 语言的运算符主要分为以下几类。

（1）算术运算符：用于各类数值运算，包括加（＋）、减（－）、乘（＊）、除（/）、取余（％）、自加（＋＋）、自减（－－），共 7 种。

（2）关系运算符：用于比较运算，包括大于（＞）、小于（＜）、等于（＝＝）、大于或等于（＞＝）、小于或等于（＜＝）和不等于（!＝），共 6 种。

（3）逻辑运算符：用于逻辑运算，包括与（＆＆）、或（||）、非（!），共 3 种。

（4）位操作运算符：参与运算的量，按二进制位进行运算，包括位与（＆）、位或（|）、位非（～）、位异或（^）、左移（＜＜）、右移（＞＞），共 6 种。

（5）赋值运算符：用于赋值运算，分为简单赋值运算符（＝）、复合算术赋值运算符（＋＝、－＝、＊＝、/＝、％＝）和复合位运算赋值运算符（＆＝、|＝、^＝、＞＞＝、＜＜＝）3 类，共 11 种。

（6）条件运算符（?:）：是唯一的一个三目运算符，用于条件求值。

（7）逗号运算符（,）：用于把若干表达式组合成一个表达式。

（8）指针运算符：用于取内容（＊）和取地址（＆）两种运算。

（9）求字节数运算符：用于计算数据类型所占的字节数（sizeof）。

（10）特殊运算符：包括圆括号"（ ）"、下标"[ ]"、成员运算符（.,->）以及强制类型转换运算符等。

C 语言的表达式是由常量、变量、函数等通过运算符连接起来而形成的一个有意义的算式。实际上一个常量、一个变量、一个函数都可以视为一个表达式。一个表达式代表着一个具有特定数据类型的具体值。

C 语言提供了多种表达式类型：

（1）算术表达式。例如，3＋4＊5。

（2）赋值表达式。例如，a＝3。

（3）关系表达式。例如，a＞b 或 x!＝y。

（4）逻辑表达式。例如，x!＝y＆＆a＞b。

（5）条件表达式。例如，a＞b? a：b。

（6）逗号表达式。例如，a＝3,b＝4,c＝5。

（7）位表达式。例如，a＜＜2。

（8）指针表达式。例如，＊p。

表达式的求值计算过程实际上是一个数据加工的过程，通过各种不同的运算符可以实现不同的数据加工。表达式代表了一个具体的值，在计算这个值时，要根据表达式中各个运算符的优先级和结合性，按照优先级的高低级别从高到低地进行表达式的运算，对同级的优先级，则要按照该运算符的结合方向按从左向右或从右向左的顺序计算，否则很容易得到错误的结果。同时，为了改变运算次序，可以采用加圆括号的方式，因为圆括号的优先级最高，以此提升某个运算次序。

2.5 C 语言的数据类型

在前面的程序中用到的数据有整数、实数和字符,说明 C 语言可以处理的数据的类型是很丰富的。

对于整数类型,想想你目前都掌握了哪些内容。

① 可以直接在程序中使用整数常量,还可以直接用整数表达式。例如,6+3。

② 如果程序中需要用整型变量,可以用 int 声明。例如,int a,b;。

③ 输入输出整数或整型变量时,在格式字符串中要用%d。例如,printf("%d\n",6+3);。

④ 两个整数做除法时,结果是整数。例如,5/2=2, 1/2=0。

⑤ 两个整数做取余运算,余数的符号与被除数的符号相同。例如,5%2=1,(−5)%3=−2。

⑥ 整型变量可以做自加自减运算。例如,int a=1;a++;。

整数除了最常用的十进制数,还有二进制、八进制、十六进制等表示方法,不同进制的整数是如何相互转换的? 整数在计算机内是如何存储的? 正整数怎么存储? 负整数又怎么存储? int 型整数能表示的范围大小是多少? 除了 int 型,还有其他的整数类型吗? 下面就来逐一解决这些问题。

2.5.1 整数类型

2-8 整数
类型

1. 整型常量

C 语言中的整型(integer)常量即整常数,通常采用十进制、八进制和十六进制表示。

(1) 十进制整常数:数码取值范围为 0~9。

例如,237,−568,0,65535。

(2) 八进制整常数:数码取值范围为 0~7,八进制整数的前缀为 **0**。

例如,**0**15(十进制为 13),**0**101(十进制为 65)。

非法的八进制数:256(无前缀 0),03A2(包含非法的字母 A)。

(3) 十六进制整常数:数码取值范围为 0~9 以及 A~F 或 a~f(分别对应 10~15),十六进制整数的前缀为 **0X** 或 **0x**,注意是数字 0,不是英文字母 O。

例如,**0X**2A(十进制为 42),**0X**A0(十进制为 160),**0X**FFFF(十进制为 65535)。

非法的十六进制整常数:5A (无前缀 0X),0X3H (含有非法的字母 H)。

实际上计算机中存储的数据都是二进制数,由数字 0 和 1 构成,其特点是逢二进一。

C 语言中除了输出十进制整数,也可以输出八进制或十六进制的整数。

【例 2.9】 用不同的进制形式输出一个整数。

```
1.  #include<stdio.h>
2.  int main()
3.  {
4.      int a;
```

```
5.      a=100;
6.      printf("a=%d\n", a);
7.      printf("a=%o\n", a);
8.      printf("a=%x\n", a);
9.      return 0;
10. }
```

程序运行结果：

```
a=100
a=144
a=64
```

说明：平时输出十进制整数用格式字符%d,d 实际上是十进制的英文 decimal 的缩写。想输出八进制形式，其实就是将格式字符换成%o(字母 o 是八进制 octal 的缩写)，输出十六进制则用%x(字母 x 是十六进制 hexadecimal 的缩写)，是不是很简单。需要进行整数进制转换时，可以不用自己亲自计算，直接用 printf 函数就能搞定。

【例 2.10】 程序中直接使用八进制和十六进制整数。

```
1.  #include<stdio.h>
2.  int main()
3.  {
4.      int a, b;
5.      a=0100;
6.      printf("a=%d\n", a);
7.      printf("a=%o\n", a);
8.      printf("a=%x\n", a);
9.      b=0x100;
10.     printf("b=%d\n", b);
11.     printf("b=%o\n", b);
12.     printf("b=%x\n", b);
13.     return 0;
14. }
```

程序运行结果：

```
a=64
a=100
a=40
b=256
b=400
b=100
```

说明：由这个程序可以看出，代码中使用八进制整数，需要在数字前加一个 0(零)，使用十六进制整数，需要在数字前加一个 0x 或 0X(零x)。注意，printf 输出八进制和十六进制数据时是没有前缀的。

2. 不同进制整数的转换方法

虽然用不同的格式字符可以输出不同进制的整数，但是作为计算机的专业人士，还是应该知道不同进制的整数究竟是如何互相转换的。

（1）二进制、八进制、十六进制整数转换为十进制整数的方法：按权展开逐个相加的方法。例如：

$$(1011)_2 = 1 \times 2^3 + 0 \times 2^2 + 1 \times 2^1 + 1 \times 2^0 = 8 + 2 + 1 = (11)_{10}$$

$$(01234)_8 = 1 \times 8^3 + 2 \times 8^2 + 3 \times 8^1 + 4 \times 8^0 = 512 + 128 + 24 + 4 = (668)_{10}$$

$$(0x12B)_{16} = 1 \times 16^2 + 2 \times 16^1 + 11 \times 16^0 = 256 + 32 + 11 = (299)_{10}$$

（2）十进制整数转换为二进制整数的方法：除 2 取余法。

具体方法：用 2 整除十进制整数，得到一个商和余数；再用 2 去除商，又得到一个商和余数，重复进行，直到商为 0 时为止，然后把先得到的余数作为二进制数的低位，后得到的余数作为二进制数的高位，依次排列起来。

图 2.6　十进制数转二进制数

例如，$(25)_{10} = (11001)_2$，具体计算过程如图 2.6 所示。

类似地，十进制整数转换为八进制的方法是除 8 取余，十进制整数转换为十六进制的方法是除 16 取余。

常用数制整数之间的对应关系如表 2.1 所示。

表 2.1　常用数制整数之间的对应关系

十进制	八进制	十六进制	二进制	十进制	八进制	十六进制	二进制
0	00	0x0	00000000	9	011	0x9	00001001
1	01	0x1	00000001	10	012	0xA	00001010
2	02	0x2	00000010	11	013	0xB	00001011
3	03	0x3	00000011	12	014	0xC	00001100
4	04	0x4	00000100	13	015	0xD	00001101
5	05	0x5	00000101	14	016	0xE	00001110
6	06	0x6	00000110	15	017	0xF	00001111
7	07	0x7	00000111	16	020	0x10	00010000
8	010	0x8	00001000				

3. 整型变量及其内存存储

数据在计算机的内存中是以二进制形式存储的。内存的基本单位是字节，1 字节（byte）包含 8 位（bit），每位的取值为 0 或 1。各类整型变量在内存中所占用的字节数、位数及数值范围如表 2.2 所示。

表 2.2　ANSI C 标准定义的整数类型

类　　型	类型说明符	字节数	位数	数　值　范　围	
短整型	short	2	16	$-32768 \sim 32767$	即 $-2^{15} \sim (2^{15}-1)$
基本整型	int	4	32	$-2147483648 \sim 2147483647$	即 $-2^{31} \sim (2^{31}-1)$
长整型	long	4	32	$-2147483648 \sim 2147483647$	即 $-2^{31} \sim (2^{31}-1)$

类　　型	类型说明符	字节数	位数	数 值 范 围	
超长整型	long long	8	64	−9223372036854775808 ~9223372036854775807	即 $-2^{63} \sim (2^{63}-1)$
无符号短整型	unsigned short	2	16	0~65535	即 $0 \sim (2^{16}-1)$
无符号基本整型	unsigned	4	32	0~4294967295	即 $0 \sim (2^{32}-1)$
无符号长整型	unsigned long	4	32	0~4294967295	即 $0 \sim (2^{32}-1)$
无符号超长整型	unsigned long long	8	64	0~18446744073709551615	即 $0 \sim (2^{64}-1)$

说明：相比于 C++ 89 标准，C++ 99 标准中整型的最大改变就是多了 long long，标准要求 long long 整型可以在不同平台上有不同的长度，但至少有 64 位。

4. 整数的编码方式

计算机中的数据都是二进制数，数值用 0 和 1 表示，数据的正、负也用 0 和 1 来表示。通常把一个数的最高位作为符号位，用 0 表示正，用 1 表示负。数值位的位数决定了数据的取值范围大小。数值数据在计算机内的二进制表示形式称为机器数，机器数常采用编码方式有原码、反码和补码。

2-9 整数的编码方式

1) 原码

整数 X 的原码：符号位的 0 或 1 表示 X 的正或负，数值位是 X 绝对值的二进制数。

例如，假设用 8 位存放一个整数，则十进制整数 12 的原码的存放形式如图 2.7 所示。

十进制整数−12 的原码的存放形式为

图 2.7　整数 12 的原码的存放形式

| 1 | 0 | 0 | 0 | 1 | 1 | 0 | 0 |

注意：由于 0 的原码是 0000 0000，而−0 的原码是 1000 0000，所以数 0 的原码是不唯一的，会有"正零"和"负零"之分。

2) 反码

整数 X 的反码：正数的表示方法与原码相同，负数的反码是把其原码除符号位以外的各数值位按位取反(即 0 变 1，1 变 0)。

例如，十进制整数 12 的反码是 0000 1100，而−12 的反码是 1111 0011。

注意：0 的反码是 0000 0000，−0 的反码是 1111 1111，正零和负零的问题依然存在。

3) 补码

整数 X 的补码：正数的表示方法与原码相同，负数的补码是在其反码的最低位上加 1。

例如，十进制整数 12 的补码是 0000 1100，而−12 的补码是 1111 0100。

注意：0 的补码是 0000 0000，而−0 的反码是 1111 1111，该反码在最低位加 1，则为 1 0000 0000，固只有 8 位，所以最左边位上的 1 无效，即−0 的补码是 0000 0000，所以 0 的补码是唯一的。

在计算机中整数是采用补码形式进行存储的。而且采用补码之后，计算机所有减法可以转换为补码加法,不需要额外制造减法器,只需用加法器即可,节省了计算元件。

想一想:给出一个补码,如何计算出它对应的十进制整数?

基于以上的知识,可以容易地计算出各整数类型的取值范围。下面以短整型为例进行说明,short 型数据占用 2 字节(16 位),对有符号位的整数来说,正数的最大值表示为

0	1	1	1	1	1	1	1	1	1	1	1	1	1	1	1

将该二进制数转换为十进制,即为 32767($2^{14}+2^{13}+2^{12}+\cdots+2^{1}+2^{0}$)。而负数的最小值对应的十进制数是 -32768,其二进制存储方式为

1	0	0	0	0	0	0	0	0	0	0	0	0	0	0	0

无符号整数没有符号位,所有的位都是数值位。如无符号短整型(unsigned short)的最小值是 0000 0000 0000 0000(即 0),最大值是 1111 1111 1111 1111(即 65535)。

这些关于补码的知识你是否掌握了?请完成以下练习题。

【练习 2.5】 补码计算。

(1)在 8 位二进制表示中,十进制数 -103 的补码是_____。

(2)用 16 位机器码 1110 0010 1000 0000 表示整数(最高位为符号位),当它是原码时表示的十进制数为 -25216;当它是补码时表示的十进制数是_____。

(3)已知 x 的原码表示为 1111 0111,则 x 的补码表示为_____。

5. 整型数据的溢出

由于整数在内存里所占用的位数是固定长度的,因此它能存储的最大值也是固定的,当要存储的数据大于这个最大值时,将会导致整数的溢出。

2-10 整数
溢出

【例 2.11】 整型数据的溢出。

```
1.  #include<stdio.h>
2.  int main()
3.  {
4.      short a, b, c;
5.      unsigned short x, y, z;
6.      a=32767;
7.      b=a+1;
8.      c=b+3;
9.      printf("a=%d, b=%d, c=%d\n", a, b, c);
10.     x=65535;
11.     y=x+1;
12.     z=y+3;
13.     printf("x=%d, y=%d, z=%d\n", x, y, z);
14.     return 0;
15. }
```

程序运行结果:

```
a=32767, b= -32768, c= -32765
x=65535, y=0, z=3
```

说明：short 型数据占用 16 位，a＝32767；a 在内存中的存放形式为

0	1	1	1	1	1	1	1	1	1	1	1	1	1	1	1

第 7 行 b＝a＋1；是用 a 的二进制数加 1，结果如下，所以 b＝ −32768。

1	0	0	0	0	0	0	0	0	0	0	0	0	0	0	0

第 8 行 c＝b＋3；是用 b 的二进制数加 3(3 的二进制是 11)，结果如下，所以 c＝−32765。

1	0	0	0	0	0	0	0	0	0	0	0	0	0	1	1

unsigned short 型数据占 16 位，x＝65535；在内存中的存放形式为

1	1	1	1	1	1	1	1	1	1	1	1	1	1	1	1

第 11 行 y＝x＋1；是用 x 的二进制数加 1，结果为

1	0	0	0	0	0	0	0	0	0	0	0	0	0	0	0

注意：这里最高位的 1 是无效的，因存储空间就 16 位，所以 y＝0。

第 12 行 z＝y＋3；是用 y 的二进制数加 3，所以 z＝3，存放形式为

0	0	0	0	0	0	0	0	0	0	0	0	0	0	1	1

【例 2.12】 输入一个整数 a，分别计算 a 的 2 次幂和 3 次幂，并输出结果。

```
1.   #include<stdio.h>
2.   int main()
3.   {
4.       short a, b, c;
5.       int x, y;
6.       scanf("%d", &a);
7.       b=a*a;                    //计算 a 的 2 次幂,结果赋值给 short 型变量 b
8.       c=a*a*a;                  //计算 a 的 3 次幂,结果赋值给 short 型变量 c
9.       printf("b=%d, c=%d\n", b, c);
10.      x=a*a;                    //计算 a 的 2 次幂,结果赋值给 int 型变量 x
11.      y=a*a*a;                  //计算 a 的 3 次幂,结果赋值给 int 型变量 y
12.      printf("x=%d, y=%d\n", x, y);
13.      return 0;
14.  }
```

分别输入 35 和 1350 来测试程序，运行结果如下。

测试数据 1	测试数据 2
输入：	输入：
35	1350
输出：	输出：
b=1225, c=-22661	b=-12508, c=22488
x=1225, y=42875	x=1822500, y=-1834592296

说明：① 对于测试数据 1，输入 35 时，发现只有 c 的结果是错的。为什么 35 的 3 次幂是负数？一般来说，在确定结果是正数的情况下结果却出现了负数，说明出现了整数溢出的情况。$35^3 = 42875$，由于变量 c 是 short 型，它能表示的最大正整数是 32767，显然 $42875 > 32767$，所以这里会出现溢出。为什么 c＝－22661 呢？可以计算一下：$42875 - 32767 = 10108$，$32768 + 10108 - 1 = -22661$，如果用 int 型变量 y 来存放 35^3 的结果就没有问题了。

② 对于测试数据 2，输入 1350 时，发现只有 x 的结果是对的，$1350^2 = 1822500$，该值大于 32767，所以 b 的结果肯定是错的。而 $1350^3 = 2460375000$，该数值远远大于 short 型表示的最大正整数 32767，也大于 int 型表示的最大正整数 2147483647，所以 c 和 y 的结果也都是错的。

想一想：怎样才能正确输出 1350^3 的结果？

计算机最初的基本功能就是计算，如果只能对整数进行计算，那计算机就弱爆了。事实上，平时的工作生活中都离不开实数的应用，所以下面介绍实数类型，看看实数在计算机中是如何表示和存储的。

2.5.2 实数类型

2-11 实型数据

1. 实型常量

C 语言中的实型（real）也称浮点型（floating-point），实数主要有以下两种表示形式。

（1）十进制小数形式：由数码 0～9 和小数点组成。

例如，0.0，5.789，.13，5.，－26.83。

注意：小数点必须有。

（2）指数形式：由十进制小数（即尾数），加字母 e 或 E 及指数（阶码）组成。（E 是 exponent 的缩写，表示以 10 为底的指数）。

例如，1.23e2（即 1.23×10^2），－5.78E3（即 -5.78×10^3），0.23E－2（即 0.23×10^{-2}）。

注意：E（或 e）的前、后必须有数字，且 E 后面的指数只能是整数。

以下为非法的实数：

25（无小数点），E3（E 前无数字），2.7E（E 后无数字），1.6E2.4（指数部分不是整数）。

注意：一个实数的指数形式是不唯一的。

例如，实数 3.14 的指数形式有 3.14E0、0.314E1、0.0314E2、31.4E－1 等。

【例 2.13】 实数分别以小数和指数形式输出。

```
1.  #include<stdio.h>
2.  int main()
3.  {
4.      float a=36.428;
5.      printf("a=%f\n",a);
6.      printf("a=%e\n",a);
7.      printf("a=%E\n",a);
8.      return 0;
9.  }
```

程序运行结果：

```
a=36.428001                                  //这里为什么不是 36.428000？
a=3.642800e+001
a=3.642800E+001
```

说明：使用格式字符％f 是以小数形式输出 float 型数据，并且小数点后为 6 位；用格式字符％e 或％E 则是以指数形式输出，二者的区别就是输出时字母 e 大小写不同。

2. 实型变量及其内存存储

实型变量分为单精度型、双精度型和长双精度型，实型变量在内存中所占用的字节数、位数及数值范围如表 2.3 所示。

表 2.3　ISO C 标准定义的实数类型

类型	类型说明符	字节数	位数	有效数字	数值范围
单精度型	float	4	32	6～7	$-3.4\times10^{+38} \sim 3.4\times10^{+38}$
双精度型	double	8	64	15～16	$-1.7\times10^{+308} \sim 1.7\times10^{+308}$
长双精度型	long double	8	64	15～16	$-1.7\times10^{+308} \sim 1.7\times10^{+308}$

说明：① ISO C 标准规定了 double 型的存储空间是 64 位(8B)，但并未规定 long double 的确切精度，所以对于不同平台 long double 的存储空间大小也可能不同，可能是 8B、10B、12B 或 16B，在 VS 2013 中 long double 是 8B。

② 实型数据在计算机中是以指数形式存放的。float 型数据在内存中占 32 位，其中符号位占 1 位，指数部分占 8 位，尾数部分占 23 位，如图 2.8 所示。double 型数据在内存中占 64 位，其中符号位占 1 位，指数部分占 11 位，尾数部分占 52 位。

③ float 型的尾数部分占 23 位，$2^{23}=8388608$，一共有 7 位数字，这意味着最多能有 7 位有效数字，但绝对能保证的为 6 位有效数字，即 float 的精度为 6～7 位有效数字；double 型的尾数部分占 52 位，$2^{52}=4503599627370496$，一共 16 位有效数字，同理，double 的精度为 15～16 位有效数字。所以，浮点数交给计算机存储时，可能会有精度丢失问题。

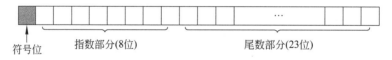

符号位　　指数部分(8位)　　尾数部分(23位)

图 2.8　float 型数据的内存存储形式

1) 十进制浮点数转换为二进制数

将十进制浮点数转换为二进制数，其实是以小数点为界，对整数部分和小数部分分别进行转换。整数部分的转换方法是"除 2 取余法"，小数部分的转换方法为"乘 2 取整法"。

具体方法：小数部分乘 2，得到的乘积如果其整数部分是 0，就对应取 0；如果整数部分是 1，就对应取 1。然后取乘积的小数部分继续做乘 2 的操作，直到小数部分为 0 时停止。但很多时候不会出现小数部分为 0，即出现无限循环或无限不循环的情况，这时就只能取二进制序列的前面若干位。例如，将实数 0.25 和 6.875 转换成二进制数，具体转换过程如图 2.9 所示。

0.25 由于整数部分是 0，所以直接把小数部分 0.25 转换就行了，即 $(0.25)_{10}=(0.01)_2$。

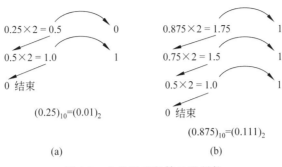

图 2.9　十进制实数转二进制数

6.875 的整数部分是 6,转换成二进制是 110;小数部分是 0.875,转换成二进制是 0.111。所以,把这两部分组合起来,即 $(6.875)_{10}=(110.111)_2$。

2)实数的二进制存储方式

现在把 0.25 和 6.875 的二进制形式统一用"尾数+阶码"的表示出来。

$(0.25)_{10}=(0.01)_2=1.0\times2^{-2}$

$(6.875)_{10}=(110.111)_2=1.10111\times2^2$

以 float 型为例,具体这两个数的存储形式如表 2.4 所示。

表 2.4　实数的二进制存储

实　　数	符号位(1 位)	阶码(8 位)	尾数部分(23 位)
$(0.25)_{10}=1.0\times2^{-2}$	0	$127+(-2)=125$ 二进制表示为 0111 1101	0000 0000 0000 0000 0000 000
$(6.875)_{10}=1.10111\times2^2$	0	$127+2=129$ 二进制表示为 1000 0001	1011 1000 0000 0000 0000 000

0.25 在计算机中的存储形式为 0011 1110 1000 0000 0000 0000 0000 0000。

6.875 在计算机中的存储形式为 0100 0000 1101 1100 0000 0000 0000 0000。

3. 实型数据的误差

将十进制的小数转换为二进制形式时,多数情况下得到的是一个无限循环的二进制序列,前面的例子中的实数 0.25 和 6.875 的小数部分"乘 2 取整",最后小数部分都能到 0 结束。但是,很多时候小数部分做"乘 2 取整"操作时,却永远不能得到 0,即得到的二进制序列有无限位。由实型数据的存储方式可知,尾数部分的位数是固定大小的,因此只能存储这个无限二进制序列前面的若干位。把实数从二进制再转换成十进制时,就会出现一定的误差,所以说实数在计算机内部的存储是不精确的。

【例 2.14】 实型数据的有效数字问题。

```
1.  #include<stdio.h>
2.  int main()
3.  {
4.    float a;
5.    double b;
6.    a=34567.333333;
```

```
7.    b=123456789123.66666666;
8.    printf("a=%f\nb=%lf\n", a, b);
9.    return 0;
10. }
```

程序运行结果：

```
a=34567.332031
b=123456789123.666670
```

说明：因 float 型最多提供 7 位有效数字，变量 a 的整数部分已占 5 位，故小数点后只有前 2 位是有效数字，后 4 位均为无效数字。double 型最多提供 16 位有效数字，变量 b 的整数部分占 12 位，所以小数点后只有前 4 位是有效数字。

有关 float 和 double 型的有效数字位数问题比较复杂，具体内容可参见参考文献[9]，在此就不详细论述了。

【练习 2.6】 输入圆柱体的半径和高，编程计算圆柱体的表面积。测试数据如下。

```
输入:2 3
输出:area=62.799999
```

提示：圆柱体的表面积＝2×底面积＋侧面积，可利用数学公式，按照以下步骤进行计算。

step1：设圆柱体的高为 h，半径为 r，表面积为 area。

step2：输入 r、h 的值。

step3：按公式计算表面积 $area=2\pi r^2+2\pi rh$。

step4：输出 area 的值。

【练习 2.7】 输入一个华氏温度 F，计算对应的摄氏温度 C 并输出。温度转换公式为

$$C=\frac{5}{9}(F-32)$$

测试数据如下。

```
输入:100
输出:37.777779
```

【练习 2.8】 输入一个摄氏温度 C，计算对应的华氏温度 F，并输出。测试数据如下。

```
输入:28
输出:82.400002
```

【练习 2.9】 实数的进制转换问题。

（1）二进制数 111.11 转换成十进制数是＿＿＿＿＿＿。

（2）十进制数 100.625 转换成二进制数是＿＿＿＿＿＿。

（3）十进制数 17.5625 相对应的八进制数是＿＿＿＿＿＿。

只有整型和实型数据就够用了吗？现在从键盘输入一个小写字母，需输出它对应的大写字母。这个问题该如何解决？这里整型和实型数据完全是"英雄无用武之地"，所以在 C 语言中还需要一种数据类型能处理字母、标点符号等字符。

2.5.3　字符类型

2-12 字符
类型

在工作和生活中,计算机经常需要处理一些文本数据,也就是字符类型的数据。例如,大写字母 A～Z,小写字母 a～z,数字 0～9,其他符号如＋、－、＊、╱、＜、＞,等等。在计算机内部,这些符号也用二进制代码表示。

目前,应用比较广泛的是美国信息交换标准代码(American Standard Code for Information Interchange,ASCII 码),标准的 ASCII 码中共有 128 个字符(见附录 A)。

为了编写程序,通常需要记住以下常用字符的 ASCII 码(十进制数)。ASCII 码表中,数字字符和字母字符都是连续的,数字字符 0～9 对应的 ASCII 码是 48～57,大写字母字符 A～Z 对应的 ASCII 码是 65～90,小写字母字符 a～z 对应的 ASCII 码是 97～122,另外空格字符的 ASCII 码是 32。

1. 字符常量

字符常量是用单引号括起来的一个字符,或用单引号括起来的由反斜杠引导的转义字符。例如'a'、'A'、'♯'、':'、'\n'。常用的转义字符如表 2.5 所示。

表 2.5　常用的转义字符及其含义

转义字符	含　义	ASCII 值
\0	字符串结束标志符	0　(00000000)
\n	换行,将当前位置移到下一行开头	10　(00001010)
\t	水平制表(跳到下个 Tab 的位置)	9　(00001001)
\b	左退一格	8　(00001000)
\r	回车,将当前位置移到本行开头	13　(00001101)
\a	响铃	7　(00000111)
\'	单引号	39　(00100111)
\"	双引号	34　(00100010)
\\	反斜杠 \	92　(01011100)
\ddd	1～3 位八进制数代表的字符	
\xhh	1～2 位十六进制所代表的字符	

【例 2.15】　转义字符的应用。

```
1.  #include<stdio.h>
2.  int main()
3.  {
4.    printf("abcd\n123456789\n");   //第 1 行输出 abcd 后换行,第 2 行输出 123456789
5.    printf("A\tB\n");              //输出 A 后到下个制表位输出 B,一个制表位占 8 列
6.    printf("ABCD\bXYZ\n");         //输出 ABCD 后左退一格再输出 XYZ,注意 X 覆盖了 D
7.    printf("abcde\rAB\n");         //输出 abcde 后回到本行的开头再输出 AB,AB 覆盖了 ab
8.    printf("\101\"H\"\x4b\n");     //\101 对应输出 A,\" 对应输出 ",\x4b 对应输出 K
9.    return 0;
10. }
```

程序运行结果：

```
abcd
123456789
A        B
ABCXYZ
ABcde
A"H"K
```

说明：为什么\101 对应输出 A？\x4b 对应输出 K？这里的 101 是一个八进制数，可以把它转换成十进制整数，$(101)_8 = 8^2 + 8^0 = (65)_{10}$，ASCII 码表中十进制数 65 对应的是大写字母 A。同理，对于\x4b，4b 是一个十六进制数，$(4b)_{16} = 4 \times 16^1 + 11 \times 16^0 = (75)_{10}$，ASCII 码表中十进制数 75 对应的是大写字母 K。不做转换，直接查附录 A 也可以。

2. 字符变量

C 语言中字符数据的类型说明符为 **char**（即 character 的前 4 个字母），字符变量用来存放一个字符，每个字符在内存中占用 1 字节（8 位）的存储空间，内存中实际存放的是字符对应的 ASCII 码。

注意：在 VS 2013 中，char 型是有符号的，取值范围是 $-128 \sim 127$。也可以定义无符号的字符类型，即 unsigned char，这样取值范围就是 $0 \sim 255$。

有了字符型和字符变量，就可以编程实现小写字母变大写字母的问题了。

【例 2.16】 从键盘输入一个小写字母，输出它对应的大写字母。

```
1.   #include<stdio.h>
2.   int main()
3.   {
4.       char ch;                        //定义一个字符变量
5.       scanf("%c", &ch);               //输入字符数据对应的格式字符是%c
6.       ch=ch-32;
7.       printf("%c", ch);
8.       return 0;
9.   }
```

说明：第 6 行代码，由于字符在内存中存放的是其 ASCII 码（即一个整数），所以字符数据可以和整数进行计算，通过"加 32"或者"减 32"，可以实现大、小写字母字符的转换。

【例 2.17】 字符变量的应用。

```
1.   #include<stdio.h>
2.   int main()
3.   {
4.       char ch1,ch2;                              //定义两个字符变量
5.       int n;
6.       ch1='A';                                   //字符变量 ch1 赋值为字符 A
7.       printf("ch1=%c, ASCII: %d\n",ch1,ch1);    //分别以字符形式和整数形式输出 ch1
8.       ch2='0';                                   //字符变量 ch3 赋值为字符 0
9.       printf("ch2=%c, ASCII: %d\n", ch2, ch2);
10.      n='9'-'0';                                 //字符 9 的 ASCII 码减字符 0 的 ASCII 码,结果为整数 9
11.      printf("n=%d\n", n);
```

```
12.    return 0;
13. }
```

程序运行结果：

```
ch1=A, ASCII: 65
ch2=0, ASCII: 48
n=9
```

说明：第 7 行和第 9 行代码，输出字符变量除了可以用字符形式输出外，也可以用整数形式输出（即输出字符对应的 ASCII 码值）。

第 10 行代码，如果用一个数字字符减去字符"0"，则得到该数字字符对应的整数数值。

3. 字符数据的输出

除了用 printf("%c", ch); 这种形式输出字符外，C 语言还有专门的字符输出函数 putchar。

字符输出函数的一般形式：

putchar(参数);

putchar 函数功能：在显示器上输出单个字符，该函数有且仅有一个参数。其中，参数可以是字符型或整型的常量或变量。例如：

```
char x='#';
putchar('A');            //参数为字符常量，输出大写字母 A
putchar(x);              //参数为字符变量，输出字符变量 x 的值，即输出#
putchar('\n');           //参数为字符常量(转义字符)，输出换行
putchar(97);            //参数为整型常量，输出 97 对应的小写字母 a
```

4. 字符数据的输入

字符输入函数的一般形式：

getchar();

getchar 函数功能：从键盘输入一个字符，该函数没有参数。如果需要使用输入的字符数据，应该把输入的字符赋给一个字符型变量。例如：

```
char ch;ch=getchar();    //输入的数据赋给字符变量 ch
putchar(ch);            //输出变量 ch 中的字符
getchar();              //输入的数据不赋给任何变量
```

5. 字符串常量

其实字符串常量是我们最早遇见的，那个经典得不能再经典的程序，输出"Hello world!"中的"Hello world!"就是一个字符串常量。

程序中，字符串常量是由一对双引号括起来的由 0 个或多个字符组成的字符序列。例如，"ABC"、"program"、" "（空串，引号内部没有任何字符）。

2-13 字符串常量

C 语言中在每个字符串的末尾系统会自动加一个字符串结束标志'\0'，因此，字符串常量在内存中占用的字节数是字符串中的字符个数加 1。

字符串常量和字符常量的区别：

（1）字符常量用一对单引号括起来，字符串常量用一对双引号括起来。

注意：字符'A'和字符串"A"不同,'A'在内存中仅占用 1 字节,而"A"则需要占用 2 字节。

（2）字符常量只能是单个字符,字符串常量则可以是 0 个或多个字符,允许有空串。

注意：空串也需占用 1 字节的存储空间。

2.5.4　C 语言的数据类型

除了上面讲的整型、实型、字符型之外,C 语言中还有其他数据类型,它们的存在都是为了更好地解决实际问题,ISO C 语言的数据类型如图 2.10 所示。

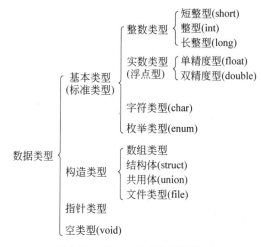

图 2.10　ISO C 语言的数据类型

（1）基本类型：该类型的特点是其值不可以再分解为其他类型。

（2）构造类型：该类型是根据已定义的一个或多个数据类型用构造的方法来定义的。即一个构造类型的值可以分解成若干"成员"或"元素"。每个"成员"都是一个基本数据类型或又是一个构造类型。

（3）指针类型：一种特殊的数据类型,用来表示某个变量在内存中的地址。

（4）空类型：一种特殊的数据类型,用于表示函数无返回值,或指针所指向的数据无类型,在使用时需要根据情况将空类型指针强制转换为其他类型的指针。

2.6　类 型 转 换

2-14 自动
类型转换

2.6.1　赋值运算中的自动类型转换

先来看一个例题,想想程序的输出结果为什么会这样。

【例 2.18】　赋值转换。

```
1.  #include<stdio.h>
2.  int main()
3.  {
4.      int a, b;   float x, y;
5.      a=6.8/2;
```

```
6.      b=3.14 * 2 * 2;
7.      x=10/2;
8.      y=3.14 * 2 * 2;
9.      printf("a=%d, b=%d\n", a, b);
10.     printf("x=%f, y=%f\n", x, y);
11.     return 0;
12. }
```

程序运行结果：

```
a=3, b=12
x=5.000000, y=12.560000
```

说明：从这个例题发现，在赋值运算中，当赋值号两侧的数据类型不同时，系统会自动将赋值号右侧的类型转换为左侧变量的类型。具体可分为以下几种情况。

1. 整型数据和实型数据之间的转换

（1）将实型数据赋给整型变量时，截取整数部分，舍弃小数部分。例如：

```
float x=24.78;
double y=3.654321e4, z=3.654321e9;
int a, b, c;
a=x;                //24.78 取整后为 24,赋给变量 a
b=y;                //y 的值为 36543.21,取整后为 36543,赋给变量 b
c=z;                //z 的值为 3654321000,已经超过了 int 型的取值范围,会出现数据溢出
printf("a=%d, b=%d, c=%d\n", a, b, c);
```

输出：

```
a=24, b=36543, c= - 2147483648        //变量 c 的值是错的
```

（2）将整型数据赋给实型变量时，数值不变，只是以浮点数形式存储到实型变量中。例如：

```
int a=245;
float x;
x=a;                                  //x 的值为 245.0
```

（3）将 double 型数据赋给 float 型变量时，截取其前面的 7 位有效数字。例如：

```
double x;
float m;
x=987.333333;
m=x;
printf("x=%lf\n", x);
printf("m=%f\n", m);
```

输出：

```
x=987.333333
m=987.333313
```

m 的数据前 7 位为有效数字，后面的数字就不准确了。因为将 double 型数据转换为 float 型时可能会丢失数据，通常编译时会出现警告信息：warning C4244：'='：从"double"

转换到"float",可能丢失数据。

2. 不同类型的整型数据间的转换(包括字符型)

转换的基本规则是按照数据在内存中的存储形式直接传送。

(1) 将 short、int 型数据赋给 char 型变量时,内存中即将低 8 位的二进制序列直接原封不动地传送给 char 型变量,高 8 位数据无效,且符号位的值可能发生改变,转换后的数据有可能出错。例如:

```
short a=289;
char ch;
ch=a;
printf("%d", ch);
```

输出:

```
33
```

类似地,将 int 型数据赋给 short 型变量时,是将低 16 位原样传送,高 16 位数据无效,且符号位的值可能发生改变,转换后的数据有可能出错。例如:

```
int a, b;
short c, d;
a=1234;   c=a;
b=56789;  d=b;
printf("a=%d, c=%d\n", a, c);
printf("b=%d, d=%d\n", b, d);
```

输出:

```
a=1234, c=1234
b=56789, d= -8747
```

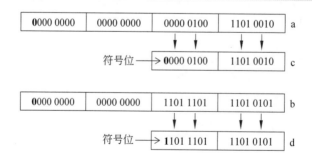

(2) 带符号的 char、short 型数据赋给 int 型变量时,需要进行符号位扩展(即原数据的符号位是 0,则高位补 0,原数据的符号位是 1,则高位补 1)。将无符号的数据赋给带符号的整型变量时,不存在符号位扩展的问题,只需将高位补 0 即可。例如:

```
char ch='a';
short a= -32768;
int x, y;
x=ch;
y=a;
printf("x=%d, y=%d\n", x, y);
```

输出:

```
x= 97, y= -32768
```

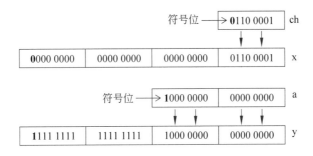

2.6.2 表达式运算中的自动类型转换 ////////

　　计算表达式时要注意运算符的优先级和结合性。另外,如果表达式中运算对象的数据类型不同,系统会先对数据类型进行自动转换,然后再进行计算。

　　数据类型自动转换规则如图 2.11 所示。注意,横向箭头表示必然的转换,纵向箭头表示不同类型的转换方向。

　　(1) char 型和 short 型数据参与运算时,会先转换成 int 型,这种转换称为整型提升。

　　例如,计算表达式 'A'+32,必须先将字符'A'转换为 int 型,再进行加法计算,最后结果为 int 型。

```
float ——→ double
         ↑
        long
         ↑
      unsigned
         ↑
char,short ——→ int
```

图 2.11　数据类型自动转换规则

　　(2) 类型转换按数据长度增加的方向进行,以保证数据精度不降低。

　　(3) 表达式中的运算对象类型不同时,先转换成同一类型,然后进行运算。

　　例如,计算表达式 20+6.4,先将 int 型的 20 转换为 double 型数据 20.0(注意是 int 型直接转换为 double 型,并不是 int 型先转换成 unsigned 型,再转换成 long 型,最后再转换成 double 型),再与 6.4 相加(实型常量在计算机内部是 double 型),表达式计算结果为 double 型。

　　赋值转换和表达式中的类型转换都是系统自动完成的,所以是无法控制的。作为计算机专业人士要能控制数据类型转换才行,这样在编程时才能"随心所欲",通过强制类型转换运算符可以实现"类型转换自由"。

2.6.3 强制类型转换 ////////

　　强制类型转换是通过类型转换运算符来实现的,其功能是把表达式的运算结果强制转换成类型说明符所表示的类型。

2-15 强制类型转换

48

1. 强制类型转换的一般形式

强制类型转换的一般形式：

(类型说明符) (表达式)

例如：

```
int a=3,b;
float x=1.5, y=7.9,z;
z=(float) a;              //将变量 a 的值转换为实型数据
b=(int)(x+y);            //将 x+y 的结果转换为整型数据
z=(int)(x)+y;            //将 x 转换为整型数据,然后与 y 相加,最终表达式的结果还是 float 型
```

2. 使用强制转换应注意的问题

（1）类型说明符和表达式都必须加括号（若是单个变量可以不加括号）。例如：

```
(float) (5/2)           //先计算 5/2,结果为 2,然后将整数 2 转换为实数 2.0
(float) 5/2             //先将整数 5 转换为实数 5.0,再计算 5.0/2,结果为 2.5
```

（2）无论是强制转换或是自动转换，都只是为了本次运算的需要而对变量进行的临时转换，但是并不会改变变量本身的数据类型。例如：

```
float x=3.76;
printf("%d\n",(int)x);   //将 x 的值 3.76 强制转换成整数,即取整
printf("%f\n", x);       //x 本身的 float 类型并不改变
```

输出：

```
3
3.760000
```

2.7 C 语言的基本标识

2-16 字符集

2.7.1 C 语言字符集

字符是 C 语言的最基本的元素，C 语言字符集由字母、数字、空白、标点和特殊字符组成（在字符串常量和注释中还能使用汉字等其他图形符号）。由字符集中的字符可以构成 C 语言进一步的语法成分（如标识符、关键词、运算符等）。

（1）字母：A～Z,a～z。

（2）数字：0～9。

（3）空白符：空格、制表符（跳格）、换行符的总称。空白符除了在字符、字符串中有意义外，编译系统忽略其他位置的空白。空白符在程序中只起间隔作用。在程序的恰当位置使用空白将使程序更加清晰，增强程序的可读性。

（4）标点符号、特殊字符：常用的标点符号和特殊字符如表 2.6 所示。

表 2.6 ISO C 标准定义的标点符号和特殊字符

!	#	%	^	&	+	－	*	/	=	~	<	>	\
|	.	,	;	:	?	'	"	(	)	[	]	{	}

2.7.2 标识符

标识符(identifier)是一个名字,在 C 语言中标识符就是常量、变量、类型、语句、标号及函数的名称。程序设计语言中的标识符均有其命名规则。C 语言中标识符有 3 类:关键字、系统预定义标识符和用户标识符。

1. 关键字

已被 C 系统所使用的标识符称为关键字,每个关键字在 C 程序中都有其特定的作用,关键字不能作为用户标识符。由 ISO C 标准定义的共 32 个关键字,如表 2.7 所示。

表 2.7 ISO C 标准定义的关键字

auto	break	case	char	const	continue
default	do	double	else	enum	extem
float	for	goto	if	int	long
register	return	short	signed	sizeof	static
struct	switch	typedef	union	unsigned	void
volatile	while				

2. 系统预定义标识符

C 语言系统提供的库函数名和编译预处理命令等构成了系统预定义标识符。在程序中若使用了库文件包含,就把相应的系统预定义标识符定义在程序中了,程序设计时就可以使用这些预定义标识符。

如果程序中没有相应的库文件包含,用户可以定义标识符与系统预定义标识符一样的名称,但应尽量避免这样做,因为 C 语言系统已经规定了预定义标识符的特定含义,用户再定义与之相同的名字,便强行改变了系统原来赋予该标识符的意义,导致使用上的混淆。

例如,若程序中没有 ♯include ＜stdio.h＞(相应的库文件包含),用户就可以定义 putchar 作为用户的函数名,但这与系统原有的预定义标识符 putchar 同名,调用该函数时,常常不清楚是调用系统的函数 putchar,还是调用用户定义的函数 putchar。因此,应尽量避免使用预定义标识符作为用户标识符。

3. 用户标识符

用户可以根据需要对程序中用到的变量、符号常量、用户函数、标号等进行命名,这些都称为用户标识符。用户标识符一般满足以下规则。

(1)标识符只能由字母、数字和下画线 3 种字符组成,且第一个字符必须为字母或下画线。

合法的标识符:sum,average,_total,Class,day,stu_name,p405。

不合法的标识符:M.D.John,$123,♯33,3D64,a＞b。

(2)大小写敏感。

例如,sum 不同于 Sum,BOOK 不同于 book。

(3)ISO C 没有限制标识符长度,但各个编译系统都有自己的规定和限制。

(4)标识符不能与关键字同名,也不与系统预先定义的标准标识符同名。

（5）在同一函数的不同复合语句中，最好不要定义相同的标识符作为变量名。

表 2.8 举例说明了标识符的命名是否正确。

表 2.8　标识符举例

正确的标识符名	不正确的标识符名	不正确的原因
test_123	3a	数字开头
_1abel_100	interger!	包含！字符
rectangle_area	chinese word	包含空格
circle_radius_r	for	是关键字
students	printf	与输出函数同名

4. 分隔符

分隔符包括逗号、空格、回车等，主要起分隔、间隔作用。

5. 注释符

/ * 和 * /构成一组注释符。编译系统将/ * … * /之间的所有内容看作注释，编译时编译系统将忽略注释。

在 C++ 中常用双斜杠注释符//，它的注释范围为当前行，如果注释分几行，在每一行的前面都需要加上//。

（1）注释在程序中起提示、解释作用。注释与软件的文档同等重要，要养成使用注释的良好习惯，这对软件的维护相当重要。记住：程序是要给别人看的，自己也许还会看自己几年前编写的程序（相当于别人看你的程序），清晰的注释有助于他人理解程序、算法的思路。

（2）在软件开发过程中，还可以将注释用于程序的调试（暂时屏蔽一些语句）。例如，在调式程序时暂时不需要运行某段语句，而又不希望立即从程序中删除它们，可以使用注释符将这段程序框起来，暂时屏蔽这段程序，以后可以方便地恢复。

2.8　格式化输入输出函数完整版

2-17 printf 1

2.8.1　格式化输出函数

格式化输出函数 printf 的一般形式：

```
printf(格式控制字符串,输出项列表);
```

（1）格式控制字符串：用双引号括起来的字符串，用来指定输出数据项的类型和格式，它包括两部分：

① 普通字符：即需要原样输出的字符，包括转义字符。如 printf（"Welcome! \n"）；。

② 格式说明：由"%"和格式字符组成。格式说明总是由"%"开始，到格式字符终止，其作用是将数据项按指定的格式输出。

格式说明的完整形式：

```
%  -  0  m.n  1或11或h  格式字符
```

说明：① ％：表示格式说明的起始符号，不可缺少。

② 一：有负号表示左对齐输出，如省略负号则表示右对齐输出。

③ 0：有 0 表示指定空位填 0，如省略 0 则表示指定空位不填。

④ m.n：m 用来控制域宽，即输出项在输出设备上所占的列数。n 用来控制精度，即控制输出的实型数据的小数位数，未指定 n 时，默认精度为小数点后 6 位。注意，输出整数时只能指定 m。

⑤ l：对整型指 long 型，对实型指 double 型。

⑥ ll：对应 long long 型。

⑦ h：用于将整型格式修正为 short 型。

printf 函数中常用的格式字符如表 2.9 所示。

表 2.9　printf 函数中常用的格式字符

格 式 字 符	含　义
c	以字符形式输出一个字符
s	输出字符串
d 或 i	以十进制形式输出带符号整数（正数不输出符号）
u	以十进制形式输出无符号整数
o	以八进制形式输出无符号整数（不输出前缀 0）
x(X)	以十六进制形式输出无符号整数（不输出前缀 0x）
f	以小数形式输出 float 型数据，默认输出小数点后 6 位
e(E)	以指数形式输出 float、double 型数据
g(G)	自动选取 f 或 e 格式中输出宽度较短的一种格式输出 float、double 型数据

（2）输出项列表：需要输出的一些数据项，可以是常量、变量、表达式或函数调用。例如：

```
int x=10;
printf("x=%d\n", x);                    //屏幕输出 x=10
```

说明："x＝％d\n"是格式控制字符串。其中，x＝为普通字符，原样输出；％d 是格式说明，其作用是以十进制整数的形式输出变量 x 的值，输出项为变量 x。

【例 2.19】　整型数据的输出。

```
1.  #include<stdio.h>
2.  int main()
3.  {
4.      int a=32768, b=-1;
5.      printf("%d,%i\n", a, b);              //以十进制形式输出变量 a 和 b 的值
6.      printf("a=%d(十进制),a=%o(八进制),a=%x(十六进制)\n", a, a, a);
7.      printf("b=%d(十进制),b=%o(八进制),b=%x(十六进制)\n", b, b, b);
8.      printf("%3d,%8d,%08d,%-8d,%hd\n", a, a, a, a, a);
9.      return 0;
10. }
```

程序运行结果（以下用□表示空格）：

```
32768, -1
a=32768(十进制),a=100000(八进制),a=8000(十六进制)
b=-1(十进制),b=37777777777(八进制),b=ffffffff(十六进制)
32768,□□□32768,00032768,32768□□□, -32768
```

说明：① 变量 b 的值为−1，其在内存中的二进制形式为 1111 1111 1111 1111 1111 1111 1111 1111，按无符号八进制和十六进制形式输出时，是将最左端符号位的 1 当作数值位来处理的。

② 第 8 行，第 1 个格式说明％3d，对应输出第 1 个 32768，当定义的域宽小于数据的实际位数时，会突破域宽的限制，按实际位数输出数据。第 2 个格式说明％8d，对应输出第 2 个 32768，注意这里数据是右对齐方式，在数据前面有 3 个空格，因为定义域宽为 8 位，数据为 5 位数，缺少的 3 位输出空格。第 3 个格式说明％08d，对应输出第 3 个 00032768，缺少的空位补 0。第 4 个格式说明％−8d，对应输出第 4 个 32768，注意在数字 8 后面有 3 个空格，因为负号控制输出数据时左对齐。第 5 个格式说明％hd，对应输出最后一个数−32768，因为 h 用于将整型格式修正为 short 型，short 型数据的范围为−32768～32767，32768 发生了溢出，所以输出变成了−32768。

【例 2.20】 实型数据的输出。

2-18 printf 2

```
1.  #include<stdio.h>
2.  int main()
3.  {
4.      float x=6.8345;
5.      double y=365.47289;
6.      printf("x=%f,y=%lf\n", x, y);        //注意输出 y 的格式说明为％lf,f 前加字母 l
7.      printf("x=%4.2f,y=%7.3lf\n", x, y);
8.      printf("x=%-10.5f,y=%4lf\n", x, y);
9.      printf("x=%12.8f,y=%012.4lf\n", x, y);
10.     printf("x=%e,x=%12.2E,x=%g\n", x, x, x);
11. }
```

程序运行结果：

```
x=6.834500,y=365.472890
x=6.83,y=365.473
x=6.83450□□□,y=365.472890
x=□□6.83449984,y=0000365.4729
x=6.834500e+000,x=□□□6.83E+000,x=6.8345
```

说明：① 第 6 行，分别输出 x 和 y 的值，不加域宽限制时，默认输出小数点后 6 位。

② 第 7 行，用％4.2f 对应输出 6.83，其中输出数据整体占 4 位，小数部分占 2 位（x 的小数部分有 4 位，此时按四舍五入保留 2 位），注意小数点也占 1 位，所以输出为 6.83。类似地，用％7.3lf 对应输出 365.473，数据整体占 7 位，小数部分 3 位。

③ 第 8 行，用％−10.5f 对应输出 x=6.83450□□□，注意 0 后面有 3 个空格，负号控制输出数据为左对齐方式，数据只有 7 位，不足的 3 位补空格。用％4lf 控制输出 y 时，因域宽定义的太小，所以突破域宽的限制，按数据实际位数输出，且小数点后默认输出 6 位。

④ 第 9 行，%12.8f 对应输出 x 时，因小数部分占 8 位，数据需要 10 位，不足的 2 位在数据前面补空格（右对齐方式），另外需要注意小数部分是有误差的。用%012.4lf 对应输出 y 时，同样是右对齐方式，不足的 4 位在数据前面补 0。

⑤ 第 10 行，用%e 对应输出 x 的指数形式 6.834500e+000，没加域宽限制，默认小数点后输出 6 位，指数部分的位数固定是 4 位（带符号位），用%12.2E 输出 x 时，小数部分占 2 位，数据一共需要 9 位，不足的 3 位在数据前面补空格，注意这里的 E 是大写，输出时也是大写 E，用%g 输出 x，是选择小数形式或指数形式中输出宽度较短的一种形式输出数据，所以这里输出为 6.8345，注意此时不输出无意义的 0。

【例 2.21】 字符型数据和字符串的输出。

```
1.  #include<stdio.h>
2.  int main()
3.  {
4.      char ch='A';
5.      printf("ch=%c,ch=%-3c,ch=%3c,ch=%03c\n",ch,ch,ch,ch);
6.      printf("%s*\n","ABCDE");        //*是原样输出的,本例用*表示字符串输出结束
7.      printf("%8s*\n","ABCDE");
8.      printf("%-8s*\n","ABCDE");
9.      printf("%5.2s*\n","ABCDE");
10.     printf("%-5.2s*\n","ABCDE");
11. }
```

程序运行结果：

```
ch=A,ch=A□□,ch=□□A,ch=00A
ABCDE*
□□□ABCDE*
ABCDE□□□*
□□□AB*
AB□□□*
```

说明：① 输出结果的第 3 行，A 前有 3 个空格，因用%8s 控制输出字符串，但 ABCDE 只有 5 个字符，不足的 3 位在前面补空格。

② 输出结果的第 4 行，E 和 * 之间有 3 个空格，负号控制输出数据采用左对齐方式。

③ 输出结果的第 5～6 行，采用了%m.ns 的方式输出字符串，此时输出占 m 列，但只取字符串左端的前 n 个字符输出，不加负号为右对齐方式，字符左侧补空格，加负号为左对齐方式，字符右侧补空格。

（3）使用 printf 函数的注意事项如下。

① 格式说明与输出项的数据类型不一致时，系统不会提示错误，但输出结果是错误的。例如：

```
int x=97;
float y=24.78;
char c=65;
printf("x=%f\n", x);
printf("y=%d\n", y);
printf("c=%c,c=%d\n", c, c);
```

输出：

```
x=0.000000
y=536870912
c=A,c=65
```

因 x 是 int 型变量，用"%f"输出是错的，所以输出了 0.000000。因 y 是 float 型，不能用%d 输出，所以输出结果也是错的。只有第 3 行输出是对的，因为字符型数据即可用%c 输出，也可用%d 输出字符的 ASCII 码值。

② 一般要求输出项列表中的每个输出项都对应一个格式说明。如果输出项的个数比格式说明的个数少，则多出来的格式说明在 VS 2013 环境下将输出一个不确定的值（具体输出的数据与所用的开发环境有关，在 Dev-C++ 5.11 环境下第 3 项会输出一个 0）；如果输出项的个数比格式说明的个数多，则多余的输出项不会被输出。总的来说，输出数据的个数是由格式说明的个数决定的。例如：

```
int x=3, y=8;
printf("%d,%d,%d\n", x, y);
printf("%d\n", x, y);
```

输出：

```
3,8,不确定值
3
```

③ 如果想输出字符%，则应该在格式控制字符串中用连续的两个%表示。例如：

```
printf("%f%%", 1.0/3);
```

输出：

```
0.333333%
```

2.8.2 格式化输入函数

2-19 scanf 1

格式化输入函数 scanf 的一般形式：

scanf(格式控制字符串,地址列表);

scanf 函数的功能：按照用户指定的格式，由系统默认的输入设备（键盘）输入若干数据。

（1）格式控制字符串：其含义与 printf 类似，它指定输入数据项的类型和格式。

格式说明的完整格式：

| % | * | m | l 或 ll 或 h | 格式字符 |

说明：① *：用来表示跳过它对应的数据。

② m：用来指定输入数据的域宽，系统会按它自动截取数据（注意只有 m，而非 m.n）。

③ l 或 ll：l 对整型指 long 型，对实型指 double 型，ll 指 long long 整型。

④ h：h 用于将整型 格式修正为 short 型。

⑤ 格式字符：与 printf 函数中的基本相同，常用的有 c、s、d、o、x(X)、f、e(E)，但是注意

没有 u 和 g。

（2）地址列表：由若干地址组成的列表，可以是变量的地址或字符串的首地址，其作用是将输入的数据存放到对应变量的存储区。

计算机在执行 scanf 语句时会等待用户输入数据，如 scanf("%d",&a)；用户通过输入一个整数并按下回车键响应请求，计算机把用户输入的数据存放到变量 a 中。完成操作后，对 a 的引用就会使用这个数据。函数 printf 和 scanf 提高了用户与计算机之间的交互性。

【例 2.22】 数值型数据的输入。

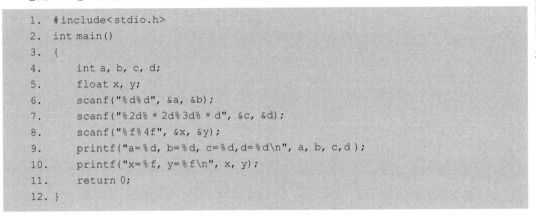

2-20 scanf 2

```
1.  #include<stdio.h>
2.  int main()
3.  {
4.      int a, b, c, d;
5.      float x, y;
6.      scanf("%d%d", &a, &b);
7.      scanf("%2d%*2d%3d%*d", &c, &d);
8.      scanf("%f%4f", &x, &y);
9.      printf("a=%d, b=%d, c=%d,d=%d\n", a, b, c,d);
10.     printf("x=%f, y=%f\n", x, y);
11.     return 0;
12. }
```

输入数据格式：

```
12□256↙          //输入数据第 1 行，□表示空格，↙表示回车
987654321↙       //输入数据第 2 行
2.45678↙         //输入数据第 3 行
4.3591↙          //输入数据第 4 行
```

程序运行输出：

```
a=12, b=256, c=98, d=543
x=2.456780, y=4.350000
```

说明：① 输入数据第 1 行的 12 与 256 之间用空格作为分隔符，于是第 1 个整数 12 存入变量 a 中，第 2 个整数 256 存入变量 b 中。

② 输入数据第 2 行未使用任何分隔符，9 个数字连在一起，但在代码第 7 行的 scanf 函数中定义了域宽，所以计算机系统自动截取数据。"%2d%*2d%3d%*d"中，第 1 个%2d，系统自动截取 2 列数据，即 98，将其存入变量 C 中；第 2 个%*2d，因有 * 号，所以跳过 2 列数据 76；第 3 个%3d，系统自动截取 3 列数据，即将 543 存入变量 d 中；第 4 个% * d 用来跳过最后剩余的数据。

③ 输入数据第 3、4 行输入了两个实数，即用回车符作为这两个实数的分隔符。scanf 中用的是"%f%4f"，第 1 个是%f，未加域宽限制，所以变量 x 得到数据 2.45678；第 2 个%4f，限制域宽为 4 列，所以变量 y 得到数据 4.35（小数点占 1 列）。

【例 2.23】 字符数据的输入。

```
1.  #include<stdio.h>
2.  int main()
```

```
3.  {
4.      char ch1,ch2,ch3,ch4;
5.      scanf("%c%c", &ch1, &ch2);
6.      scanf("%2c%3c", &ch3, &ch4);
7.      printf("ch1=%c,ch2=%c,ch3=%c,ch4=%c\n",ch1,ch2,ch3,ch4);
8.      return 0;
9.  }
```

假设分别采用以下 3 种不同的输入数据格式,则变量会得到不同的数据。

输入数据格式 1:

abcdefg↙

程序运行输出:

ch1=a,ch2=b,ch3=c,ch4=e   //%2c 控制域宽为 2 列,但字符变量只能存放一个字符,
                           //所以变量 ch3 只得到前一个字符 c,而变量 ch4 得到字符 e

输入数据格式 2:

a□b□c□d□e□f□g↙

程序运行输出:

ch1=a,ch2=□,ch3=b,ch4=c   //空格也是一个有效字符,所以变量 ch2 得到空格字符

输入数据格式 3:

a↙
b↙
c↙
d↙

程序运行输出:

ch1=a,ch2=   //变量 ch2 得到一个回车符,所以输出时会换行,而逗号显示到下一行
,ch3=b,ch4=c

说明:用"%c"格式输入字符时,空格、回车符和转义字符都可以作为有效字符输入,因此不能用它们作为字符数据的分隔符。

(3) 使用 scanf 函数的注意事项如下。

① 输入实型数据时不能规定小数点后的精度。例如:

```
float x, y;
scanf("%3f%5.2f", &x, &y);
```

输入数据格式:

123456789↙

程序运行输出:

x=123.000000,y=-107374176.000000   //变量 y 的值是错误的,即不能控制输入实数的精度

② 如果在格式控制字符串中除了格式说明以外还有其他字符,则在输入数据时必须原

样输入这些字符。例如：

```
int a, b;
float x, y;
scanf("a=%d b=%d", &a, &b);
scanf("%f,%f", &x, &y);
```

输入数据格式：

```
a=3 b=4↙     //注意必须输入 a= 和 b=,若只输入 3 4↙,则会出错
1.5,6.89↙    //注意两个实数之间的逗号是必须输入的,不输入逗号或输入其他符号都会出错
```

③ scanf 函数中的地址列表必须是变量的地址,即地址运算符"&"加变量名,只写变量名在编译时不会提示错误,但在运行程序时会出错。例如：

```
int a, b;
scanf("%d%d", a, b);                //应将 a 和 b 分别改为 &a 和 &b
```

④ 输入数据未用分隔符进行分隔时,系统将根据格式字符自动获取数据,当输入数据的类型与格式字符要求不符时,就认为这一输入项结束。例如：

```
int a;
char b;
float c;
scanf("%d%c%f", &a, &b, &c);
```

输入数据格式：

```
1234r1234.567↙
```

说明：接收数据时发现 r 不是数字,与整型不匹配,认为第 1 个输入项结束,于是整型变量 a 得到数据 1234,而字符变量 b 得到一个字符 r,最后单精度实型变量 c 得到数据 1234.567。

2.9　C 语言的程序结构

2.9.1　C 语句

C 语言的语句是最基本的可执行单元,用来向计算机系统发出操作指令,一条语句经过编译将产生若干机器指令,计算机系统通过执行这些机器指令来完成相应的操作任务。C 语句可分为控制语句、表达式语句、函数调用语句、空语句和复合语句。

1. 控制语句

控制语句用于控制程序的流程,C 语言有 9 种控制语句,可分成以下 3 类控制语句。

(1) 条件语句：包括 if 语句、switch 语句。

(2) 循环语句：包括 while 语句、do-while 语句、for 语句。

(3) 转向语句：包括 break 语句、continue 语句、return 语句、goto 语句。

2. 表达式语句

表达式语句是在表达式最后加上一个西文分号";"组成。一个表达式语句必须在最后

出现分号,分号是表达式语句不可缺少的一部分。

表达式语句的一般形式:

> **表达式;**

表达式语句示例如表 2.10 所示。

表 2.10　表达式语句示例

表　达　式	表达式语句	说　　明
a＝3(赋值表达式)	a＝3;(赋值语句)	将 3 赋给变量 a
x＋y(算术表达式)	x＋y;(算术表达式语句)	x＋y;是一个语句,其作用是完成 x＋y 操作,是合法的,但是并不将结果赋给另外的变量,所以并无实际意义
i＋＋(自增表达式)	i＋＋;(自增表达式语句)	表示 i 的值加 1

3. 函数调用语句

由函数调用加一个分号构成函数调用语句。例如:

```
printf("This is a C statement. ");        //输出函数调用语句
```

4. 空语句

空语句是只有一个分号的语句,它什么也不做。有时在循环结构中使用,表示空循环。例如:

```
for(i=1; i<=5; i++)
    ;                                      //这个分号即空语句
```

5. 复合语句

用一对花括号"{}"将多条语句组合在一起,在语法上就相当于一个整体,称为复合语句。在分支结构和循环结构里会经常使用复合语句。例如:

```
int a=5, b=8;
if (a<b)                                   //如果 a<b,则执行下面的复合语句
{   int t;                                 //变量 t 只在复合语句里有效
    t=a;
    a=b;
    b=t;
}                                          //注意右花括号后不能有分号
```

2.9.2　C 程序结构

为了说明 C 语言完整的程序结构,先来看一个包含有用户自定义函数的程序。有关函数的内容会在第 5 章详细讲解。

【例 2.24】　输入两个整数,计算两者较大的数并输出。

```
1.  #include <stdio.h>                     //文件包含命令,包含 C 系统提供的头文件
2.  int g_x, g_y;                          //声明全局变量
3.  int max(void);                         //用户自定义函数声明
```

```
4.  int main()                         //定义主函数
5.  {
6.      int c;                         //声明部分,定义变量
7.      scanf("%d,%d",&g_x, &g_y);     //输入变量值
8.      c=max();                       //调用 max 函数,将调用结果赋给 c
9.      printf("max=%d",c);
10.     return 0;
11. }
12. int max(void)                      //用户自定义函数,计算两数中较大的数
13. {
14.     int z;                         //声明部分,定义变量
15.     if(g_x>g_y)  z=g_x;            //如果 g_x>g_y 则将 g_x 的值赋给 z
16.     else    z=g_y;                 //否则 将 g_y 的值赋给 z
17.     return z;                      //将 z 值返回,回到调用处第 9 行
18. }
```

说明:① 本程序包括两个函数。其中 main 函数是整个程序执行的起点,max 函数计算两个整数中较大的数。

② main 函数先调用 scanf 函数获得两个整数,存入 g_x 和 g_y 两个变量,然后调用 max 函数获得两个数字中较大的数,并赋给变量 c,最后输出变量 c 的结果。

③ int max(void)是函数 max 的函数头,int 表示返回一个整数值。

④ max 函数同样也用花括号"{ }"将函数体括起来。max 的函数体具体实现计算两个整数中较大的数,计算后得到结果 z,然后将 z 返回到 main 函数。

⑤ 本例还表明函数除了调用库函数外,还可以调用用户自己定义的函数。

通过上面这个例子,对 C 语言程序的基本组成和程序结构有了初步了解。C 语言程序常用的结构是:

```
预处理命令
全局变量的定义
函数声明
int main()
{
    声明部分
    执行部分
}
其他函数定义
{
    声明部分
    执行部分
}
```

(1) C 程序由函数构成。

C 语言是函数式的语言,函数是 C 程序的基本单位。

① 一个 C 源程序必须包含一个且只能一个 main 函数,之外可以包含零个或多个其他函数和说明文件。

② 被调用的函数可以是系统提供的库函数,也可以是用户根据需要自己编写设计的函数。C 是函数式的语言,程序的全部工作都由各个函数完成。编写 C 程序就是编写一个个

函数。

③ C 函数库非常丰富。例如，ISO C 提供了 100 多个库函数。

（2）main 函数是每个程序执行的起点。

一个 C 程序总是从 main 函数开始执行的，也是从 main 终止的，不论 main 函数在程序中的位置。可以将 main 函数放在整个程序的最前面，也可以放在整个程序的最后，或者放在其他函数之间。

（3）一个函数由函数首部和函数体两部分组成。

① 函数首部：一个函数的第一行。其具体形式：

返回值类型 函数名（ [参数类型 参数名1]，…，[参数类型，参数名 n] ）

注意：函数可以没有参数，但是后面的一对圆括号"（ ）"不能省略，这是格式的规定。

② 函数体：函数首部下用一对花括号"｛ ｝"括起来的部分。如果函数体内有多个花括号，则最外层是函数体的范围。函数体一般包括声明部分和执行部分。

声明的作用：定义本函数所使用的变量。为变量分配内存单元，变量名作为内存单元的符号地址，这是在程序编译连接时完成的。

执行部分：由若干语句组成的命令序列（可以在其中调用其他函数）。

（4）C 程序书写格式自由，但建议养成良好的书写习惯。

一行可以写几个语句，一个语句也可以写在多行上。每条语句的最后必须有一个分号"；"表示语句的结束。

（5）C 语言本身并不提供输入输出语句，输入输出操作是通过调用库函数（如 scanf、printf）完成的。

输入输出操作涉及具体计算机硬件，把输入输出操作放在函数中处理，可以简化 C 语言和 C 的编译系统，便于 C 语言在各种计算机上实现。不同的计算机系统需要对函数库中的函数做不同的处理，以便实现同样或类似的功能。

不同的计算机系统除了提供函数库中的标准函数外，还按照硬件的情况提供一些专门的函数。因此不同计算机系统提供的函数数量、功能会有一定差异。

（6）预处理命令能够改进程序设计环境，提高编程效率。

C 语言的预处理功能主要包括宏定义、文件包含、条件编译，分别用宏定义命令（＃define）、文件包含命令（＃include）、条件编译（＃ifdef、＃else、＃endif）实现，为了与一般语句区别这些命令以井号"＃"开头。

2.9.3 顺序结构程序设计

程序设计时，通常采用 3 种不同的程序结构，即顺序结构、选择结构和循环结构。其中，顺序结构是最基本、最简单的程序结构，即程序按从上到下的顺序依次执行每条语句。其实前面所有例题的程序代码都是顺序结构的。

【练习 2.10】 输入一个 3 位整数，分解出它的个位、十位、百位，然后按个位、十位、百位的顺序输出。提示：用整除和取余运算实现，测试数据如下。

输入：365
输出：5，6，3

【练习 2.11】 懒羊羊是只很懒的羊,如果要计算 1234+69,它只会计算 4+9,对于答案也只记录 3。简单地说,它只会对个位数进行加法计算,结果也只要个位数。输入两个整数,请按懒羊羊的方法输出计算结果。测试数据如下。

```
输入:36 55
输出:1
```

【练习 2.12】 输入两个整数 a 和 b,计算 a/b,求它的浮点数值,用双精度浮点类型 double 定义变量,保留小数点后 8 位。测试数据如下。

```
输入:5 7
输出:0.71428571
```

2.10　编译预处理命令

编译程序读取源程序,对其进行词法和语法分析,将高级语言语句转换为功能等效的汇编代码,再由汇编程序转换为机器语言,并按照操作系统对可执行文件格式的要求连接生成可执行程序,这就是编译与连接的过程。任何一种编译型高级语言,在由源程序产生可执行程序的过程中都必须经历这个过程。

不同操作系统环境下的目标文件和可执行文件格式不同,其文件名后缀也不一样。一般来讲,一个 C 程序的编译、连接过程如下。

C 源程序(*.c)→编译预处理(*.c)→编译优化程序(*.s、*.asm)→汇编程序(*.obj、*.o、*.a)→连接程序(*.lib、*.exe、*.elf、*.axf)。

为了优化代码,提高编译、连接过程生成的目标代码和可执行代码的效率及适应性,C语言提供了丰富的编译预处理命令,供程序员对编译过程中的某些环节进行选择或优化控制。在编译过程的初期,编译器读取 C 源程序,首先对其中的伪指令(以＃开头的指令)特殊符号进行处理,然后再进行程序语句的编译。

C 语言主要包括以下伪指令。

(1) 头文件包含指令。例如,＃include "FileName" 或者 ＃include ＜FileName＞。

(2) 宏定义指令。例如,＃define Name TokenString,＃undef。

(3) 条件编译指令。例如,＃ifdef、＃ifndef、＃else、＃elif、＃endif。

另外,在 C 语言源程序中,有些特殊符号可以被预编译程序识别用来实现不同的功能。对于在源程序中出现的这些特殊符号,预编译程序将用合适的值进行替换。

由此可见,预编译程序所完成的实际上是对源程序中部分内容的"替代"工作。经过替代生成一个没有宏定义、没有条件编译指令、没有特殊符号的输出文件。这个文件的含义与没有经过编译预处理的源文件相同,但内容有所不同。这个输出文件下一步将由编译程序进一步处理,从而将 C 语言源程序翻译成为机器指令。

2.10.1　文件包含

文件包含命令的功能是把指定的"头文件"插入该命令行位置来取代该命令行,从而把指定的"头文件"和当前的源程序文件连成一个源文件。

头文件是一种特殊的文件,它是共享性信息的承载体。例如,有些公用的符号常量或宏定义等可单独组成一个头文件,在其他文件的开头用包含命令包含该头文件即可使用这些符号常量或宏。这样,可以避免在每个文件开头都要书写这些公用量,从而节省时间,减少出错。

引入头文件的目的主要是为了使这些定义可以供多个不同的 C 源程序使用。在头文件中,用伪指令♯define 定义了大量的宏,同时包含有各种外部符号及各种函数的声明。有了头文件,在需要用到这些定义的 C 源程序中只需加上一条♯include 语句,将所需的头文件包含进来即可,而不必在此文件中重复这些定义。预编译程序把头文件中的定义统统都加入它所产生的输出文件中,供编译程序进行处理,如图 2.12 所示。

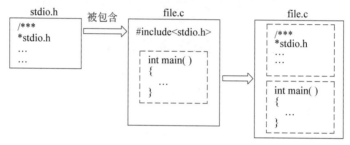

图 2.12　文件包含

头文件一般分为两类:标准库头文件和用户自定义头文件。

标准库头文件是标准库提供的一组头文件。例如,前面经常使用的 stdio.h 和 math.h。

用户自定义头文件是用户自己定义的头文件,其中存放另外一些供各个源程序文件共享的信息等。

1. 文件包含命令的一般形式

文件包含命令一般具有以下两种形式:

> **♯include<头文件名>**

或

> **♯include"头文件名"**

说明:包含命令中的文件名可以用双引号括起来,也可以用尖括号括起来。但是,这两种形式是有区别的:使用尖括号,表示在默认的包含文件目录(文件夹)中去查找头文件(包含目录是由用户在设置环境时设置的),而不在源文件目录中查找头文件;使用双引号,则表示首先在当前的源文件目录中查找头文件,若未找到才到默认的包含文件目录中去查找。用户编程时,可根据自己文件所在的目录来选择某一种命令形式。

例如,若将 VS 2013 安装在 C:\Program Files 目录下,在源文件中遇到♯include<stdio.h>命令时,是在 C:\Program Files\Microsoft Visual Studio 12.0\VC\include 目录下查找 stdio.h 文件。

若一个源程序文件 file1.c 保存在文件夹 c:\vc_program\file1 目录下,在 file1.c 中有包含命令♯include "myfile.h",则会先在 c:\vc_program\file1 目录下查找 myfile.h 文件,若找不到再到包含目录中去查找。

2. 文件包含的特点

（1）一个 include 命令只能指定一个被包含文件。若有多个文件要包含，则需用多个 include 命令，且一个命令应单独占一行。例如：

```
#include<stdio.h>          //包含 scanf、printf 函数所在的头文件 stdio.h
#include<math.h>           //包含 sqrt 函数所在的头文件 math.h
int main( )
{
    double x, y;
    scanf("%lf", &x);
    y=sqrt(x);
    printf("y=%lf\n", y);
    return 0;
}
```

（2）文件包含允许嵌套，即在一个被包含的文件中又可以包含另一个文件。例如：
文件 file1.c 的内容：

```
#include<stdio.h>
#include "file2.h"         //包含文件 file2.h
int main()
{
    double x, y, z;
    scanf("%lf%lf", &x, &y);
    z=Sumfun (x, y);
    printf("z=%.2lf\n", z);
    return 0;
}
```

文件 file2.h 的内容：

```
#include<math.h>
double Sumfun(double a, double b)
{
    double c;
    c=sqrt(a)+sqrt(b);
    return(c);
}
```

说明：在文件 file1.c 中包含标准库头文件 stdio.h 和用户自定义头文件 file2.h，在文件 file2.h 中又包含标准库头文件 math.h 文件，这样就构成了文件的嵌套包含。

（3）使用文件包含时，在被包含文件中绝对不能含有 main 函数。

（4）若文件 file1.c 包含 file2.h，被包含文件（file2.h）中的全局变量在其所在的源文件（file1.c）中有效。即使将 file2.h 中的全局变量声明为 static（全局变量和 static 将在第 5 章中介绍），在 file1.c 中也可以使用，因为在编译预处理后，这两个文件已成为一个文件了。例如：
文件 file1.c 的内容：

```
#include<stdio.h>
#include"file2.h"
int main( )
```

```
{
    int x, y, z;
    printf("输入 x 和 y:\n");
    scanf("%d%d", &x, &y);
    z=Maxfun(x, y);
    printf("z=%d\n", z);
    g_max=x>y? 1:0;          //文件 file1.c 也能使用文件 file2.h 中定义的全局变量 g_max
    printf("max=%d\n", g_max);
    return 0;
}
```

文件 file2.h 的内容:

```
static int g_max;
int Maxfun(int a, int b)
{
    g_max=a>b? a:b;
    return(g_max);
}
```

2.10.2　宏定义

1. 不带参数的宏定义

不带参数的宏定义形式:

#define　标识符　字符串

说明: ① #表示这是一条预处理命令。

② 标识符为所定义的宏名,宏名一般习惯上用大写字母表示,以便于变量名相区别,但也允许用小写字母。

③ 字符串可以是常数、表达式、格式串等。

【例 2.25】 输入半径,计算圆的周长和面积。

```
1.  #include<stdio.h>
2.  #define  PI  3.1415926                //字符串为一个常数
3.  int main()
4.  {
5.      double r, len, fArea;
6.      printf("input a radius: ");
7.      scanf("%lf", &r);
8.      len=2.0 * PI * r;
9.      fArea=PI * r * r;
10.     printf("len=%.2lf,area=%.2lf\n", len, fArea);
11.     return 0;
12. }
```

说明: 程序中首先进行宏定义,定义 PI 代表常量 3.1415926,在主函数 main 中计算 len 和 fArea 时两次使用了 PI,在预处理时,宏展开后这两个赋值语句变为

```
len=2.0 * 3.1415926 * r;
fArea =3.1415926 * r * r;
```

对于宏定义还需要补充说明以下几点。

① 宏定义不是语句,在行末不必加分号,如加上分号则连分号一起置换。

② 宏定义一般写在函数外面,其作用域为宏定义命令起到本源程序文件结束。若要终止其作用域可使用 ♯ undef 命令。例如:

```
#define  PI  3.1415926
int main( )
{
    ...              ⎱PI 在 main 函数中有效
}
#undef PI                            //终止 PI 的作用域
void fun( )
{
    ...              ⎱PI 在 fun 函数中无效
}
```

③ 宏定义用宏名来表示一个字符串,在宏展开时又以该字符串取代宏名,这只是一种简单的代换,字符串中可以含有任何字符,预处理程序对它不做任何检查。如有错误,只能在编译已被宏展开后的源程序时发现。例如:

```
#define  N  2o               //将数字 0 输成了小写字母 o
int main( )
{
    int x=5, y;
    y=x+N;                   //宏展开后为 y=x+2o;此时会出现语法错误
    printf("y=%d\n", y);
    return 0;
}
```

④ 宏名在源程序中若用双引号括起来,则预处理程序不对其进行宏展开。例如:

```
#define  OK  100
int main( )
{
    printf("OK");           //不会进行宏展开,程序运行后输出字符串"OK"
    printf("%d", OK);       //宏展开后为 printf("%d",100);,程序运行后输出 100
    return 0;
}
```

⑤ 宏定义是预处理命令的一个专用名词,它与变量定义不同,它不进行内存分配,只是做字符替换。例如:

```
#define  R  3.0            //宏定义,R 不占用内存空间
float r=3.0;              //变量定义,r 会占用 4 字节的内存空间
```

注意:宏定义允许嵌套,在宏定义的字符串中可以使用已经定义的宏名。在宏展开时由预处理程序层层替换。

【例 2.26】 用宏定义的嵌套形式改写例 2.25。

```
1.  #include<stdio.h>
2.  #define  PI  3.1415926
```

```
3.  #define  R   3.0
4.  #define  L   2.0 * PI * R          //PI 和 R 是已定义的宏名
5.  #define  S   PI * R * R
6.  int main( )
7.  {
8.      double len, fArea;
9.      len=L;                          //宏展开为 len=2.0 * 3.1415926 * 3.0;
10.     fArea=S;                        //宏展开为 fArea=3.1415926 * 3.0 * 3.0;
11.     printf("len=%.2lf, area=%.2lf\n", len, fArea);
12.     return 0;
13. }
```

2. 带参数的宏定义

带参数的宏定义形式：

#define 宏名(形参表) 字符串

【例 2.27】 用带参数的宏定义改写例 2.25。

```
1.  #include<stdio.h>
2.  #define  PI   3.1415926
3.  #define  L(r)   2.0 * PI * r       //r 是形参
4.  #define  S(r)   PI * r * r
5.  int main( )
6.  {
7.      double x, len, fArea;
8.      scanf("%lf", &x);
9.      len=L(x);                       //x 是实参,宏展开为 len=2.0 * 3.1415926 * x;
10.     fArea=S(x);                     //x 是实参,宏展开为 fArea=3.1415926 * x * x;
11.     printf("len=%.2lf, area=%.2lf\n",len,fArea);
12.     return 0;
13. }
```

说明：宏定义中的形参只是一个符号代表,它是不需要说明数据类型的。宏定义可以用来定义多条语句,在使用宏时,把这些语句替换到源程序内。

【例 2.28】 用包含多条语句的宏定义改写例 2.25。

```
1.  #include<stdio.h>
2.  #define  PI   3.1415926
3.  #define  CIRCLE(R, L, S)   L= 2.0 * PI * R;   S=PI * R * R
4.  int main( )
5.  {
6.      double r, len, fArea;
7.      printf("input a radius: ");
8.      scanf("%lf", &r);
9.      CIRCLE(r, len, fArea);          //宏展开为 len=2.0 * 3.1415926 * r;
                                        //fArea=3.1415926 * r * r;
10.     printf("len=%.2lf, area=%.2lf\n", len, fArea);
11.     return 0;
12. }
```

使用带参数的宏定义的注意事项如下。

① 带参数的宏定义中,宏名和形参表之间不能出现空格;若有空格,则将空格后的所有字符作为要替换的字符串。例如:

```
#define  S  (r) PI * r * r          //这样写认为 S 是宏名,而(r) PI * r * r 是字符串
```

程序中的赋值语句 area＝S(x);将被展开为 area＝(r) PI * r * r(x);,这显然是错的。

② 带参数的宏定义中,通常将字符串内的形参用圆括号括起来,另外还应将整个字符串用圆括号括起来,这样才能保证在宏展开时表达式不出现错误。

【例 2.29】 宏定义中形参和字符串加圆括号的情况。

```
1.  #include<stdio.h>
2.  #define SQA(x)  x * x
3.  #define SQB(x)  (x) * (x)
4.  #define SQC(x)  ((x) * (x))
5.  int main( )
6.  {
7.      double n,y1,y2,y3;
8.      n=3.0;
9.      y1=SQA(n);       //宏展开为 y1=n * n; 即 y1=3.0 * 3.0;
10.     y2=SQB(n);       //宏展开为 y2=(n) * (n); 即 y2=(3.0) * (3.0);
11.     y3=SQC(n);       //宏展开为 y3=((n) * (n)); 即 y3=((3.0) * (3.0));
12.     printf("y1=%.2lf, y2=%.2lf, y3=%.2lf\n", y1, y2, y3);
13.     n=2.0;
14.     y1=SQA(n+1);     //宏展开为 y1=n+1 * n+1; 即 y1=2.0+1 * 2.0+1;
15.     y2=SQB(n+1);     //宏展开为 y2=(n+1) * (n+1); 即 y2=(2.0+1) * (2.0+1);
16.     y3=SQC(n+1);     //宏展开为 y3=((n+1) * (n+1)); 即 y3=((2.0+1) * (2.0+1));
17.     printf("y1=%.2lf, y2=%.2lf, y3=%.2lf\n", y1, y2, y3);
18.     n=1.0;
19.     y1=2/SQA(n+1); //宏展开为 y1=2/n+1 * n+1; 即 y1=2/1.0+1 * 1.0+1;
20.     y2=2/SQB(n+1); //宏展开为 y2=2/(n+1) * (n+1); 即 y2=2/(1.0+1) * (1.0+1);
21.     y3=2/SQC(n+1); //宏展开为 y3=2/((n+1) * (n+1)); 即 y3=2/((1.0+1) * (1.0+1));
22.     printf("y1=%.2lf, y2=%.2lf, y3=%.2lf\n", y1, y2, y3);
23.     return 0;
24. }
```

程序运行输出:

```
y1=9.00, y2=9.00, y3=9.00
y1=5.00, y2=9.00, y3=9.00
y1=4.00, y2=2.00, y3=0.50
```

说明:在上例中分别定义了 3 个宏,其作用都是计算一个数的平方,宏 SQA(x)后的字符串没加圆括号,宏 SQB(x)后的形参 x 加了圆括号,而宏 SQC(x)后的形参和字符串都加了圆括号,当参数和表达式不同时,它们的计算结果是不同的。

当 n＝3.0 时,y1、y2、y3 的结果是一样的,都能正确计算出 3.0 的平方。

当 n＝2.0 时,程序的目的是求(n+1)的平方,但由于宏 SQA(x)的形参 x 没加圆括号,实际计算的是 y1＝2.0+1 * 2.0+1,结果 y1＝5.0,出现错误;而 y2 和 y3 的结果是正确的。

当 n＝1.0 时,程序的目的是求 $2/(n+1)^2$,使用宏 SQA(x)的结果肯定是错的;虽然宏 SQB(x)的形参 x 加了圆括号,但整个字符串没加圆括号,所以计算的是 y2＝2/(1.0+1) *

（1.0＋1），得到 y2＝2.0，结果也是错的；只有 y3 的结果是正确的。

2.10.3 条件编译

通常情况下，编译是对源程序的所有代码进行编译。如果希望程序中的某一部分代码只在满足一定条件时才进行编译，这就是"条件编译"。预处理程序提供了条件编译的功能，使用户可以按不同的条件去编译不同的程序部分，从而产生不同的目标代码文件。这对于程序的移植和调试是很有用的。

1. 条件编译命令的一般形式

条件编译主要有以下 3 种形式。

（1）第一种形式：

```
# ifdef   标识符
  程序段 1
# else
  程序段 2
# endif
```

第一种形式的功能是，如果标识符已被 ♯define 命令定义过，则对程序段 1 进行编译；否则，对程序段 2 进行编译。

如果没有程序段 2，如本格式中的 ♯else 可以没有，即可以写为以下形式。

```
# ifdef   标识符
  程序段
# endif
```

在调试程序时，有时需要输出一些中间的计算结果，从而判断计算过程的正确性，但是在程序调试完成后这些中间结果就不需要再输出了，对于这种情况采用条件编译会十分方便，不用去一一删除那些不需要的输出语句。

（2）第二种形式：

```
# ifndef 标识符
  程序段 1
# else
  程序段 2
# endif
```

这种形式与第一种形式的区别是将 ifdef 改成了 ifndef。它的功能与第一种形式的功能是相反的。如果标识符未被 ♯define 命令定义过，则对程序段 1 进行编译；否则，对程序段 2 进行编译。

第一形式与第二种形式的用法是类似的，可根据需要任选一种使用。

（3）第三种形式：

```
# if 常量表达式
  程序段 1
# else
  程序段 2
# endif
```

第三种形式的功能是,若常量表达式的值为真(非 0),则对程序段 1 进行编译;否则,对程序段 2 进行编译。因此,可以使程序在不同条件下,完成不同的功能。

2. 条件编译的应用

【例 2.30】 用条件编译实现在一组整数中找最大数或最小数。

```
1.  #include <stdio.h>
2.  #define  N  10                       //定义一组整数的数量 N
3.  #define  MAX  1                       //定义 MAX
4.  int main( )
5.  {
6.      int i, m, x;
7.      printf("请输入%d 个整数:", N);
8.      scanf("%d", &m);                  //输入第 1 个整数,存放在变量 m 中
9.      for(i=1; i<N; i++)
10.     {  scanf("%d", &x);               //输入整数存放在变量 x 中
11.         #ifdef  MAX                   //若定义过 MAX,则找最大数
12.             if(x>m)   m=x;            //若 x 的值大于 m 的值,则将 x 的值赋给 m
13.         #else                         //若没定义 MAX,则找最小数
14.             if(x<m)   m=x;            //若 x 的值小于 m 的值,则将 x 的值赋给 m
15.         #endif
16.     }
17.     printf("m=%d\n", m);
18.     return 0;
19. }
```

说明:程序根据 MAX 是否被定义过,决定是编译找最大数的 if 语句,还是编译找最小数 if 语句。因程序的第 3 行已对 MAX 做过宏定义,所以上面的程序在运行时是寻找最大数。如果想寻找最小数,则应删除程序的第 3 行,或者将其作为注释。

【例 2.31】 输入一个实数 n,利用条件编译,或者计算以 n 为半径的圆的面积,或者计算以 n 为边长的正方形的面积。

```
1.  #include<stdio.h>
2.  #define  ROUND  1
3.  int main( )
4.  {
5.      double n, r, s;
6.      printf ("input a number:  ");
7.      scanf("%lf", &n);
8.      #if  ROUND
9.          r=3.14159*n*n;
10.         printf("圆面积为: %.2lf\n", r);
11.     #else
12.         s=n*n;
13.         printf("正方形面积为: %.2lf\n", s);
14.     #endif
15.     return 0;
16. }
```

说明:在第 2 行的宏定义中,定义 ROUND 为 1,因在条件编译时常量表达式 ROUND

的值为真,所以计算并输出圆的面积。若将 ROUND 定义为 0,则会计算并输出正方形的面积。

上面介绍的条件编译也可以用条件语句来实现,但是用条件语句将会对整个源程序进行编译,生成的目标代码程序很长;而采用条件编译,则根据条件只编译其中的程序段 1 或程序段 2,生成的目标程序较短。如果条件选择的程序段很长,则采用条件编译是十分必要的。

2.10.4　编译优化

高级语言的编译,是将预处理之后的源程序通过词法分析和语法分析,在确认所有的指令都符合语法规则之后,将其翻译成等价的中间代码或汇编代码的过程。源程序在经过编译之后,还需要一个优化环节,编译系统一般会提供可选的代码优化选项,这些选项可以通过 make 文件或者在集成环境中利用编译选项菜单来确定。

优化处理是编译系统中一项比较复杂的技术,它不仅涉及编译技术本身,而且同目标机器的硬件及操作系统环境也有很大的关系。优化一般分为两类:第一类优化是对中间代码的优化,主要的工作是删除公共表达式、删除无用赋值以及对循环的优化等,这种优化不依赖于具体的计算机;第二类优化则主要是针对目标代码的生成进行优化,这种优化同机器的硬件结构密切相关,如如何充分利用 CPU 的硬件寄存器来存放常用变量的值,以减少对内存的访问次数。另外,如何根据机器硬件执行指令的特点(如流水线、RISC、CISC 等)来对代码进行一些优化调整,使生成的目标代码比较短小且执行效率较高,这也是编译系统需要研究的重要问题。

2.11　汇编与链接

2.11.1　汇编

C 语言编译器除了生成中间代码或目标代码之外,还可以生成经过优化的汇编语言代码,汇编代码经过汇编过程转换成相应的机器指令后再生成目标代码。除此之外,这些汇编代码也可用于汇编语言层面的人工优化或者用于辅助调试。

汇编过程实际上是把汇编语言代码翻译成机器指令的过程,这个过程生成同所用的计算机硬件和操作系统相适应的目标代码文件(∗.obj)。对于被编译系统处理过的每一个 C 语言源程序,都要经过汇编过程才能得到相应的目标文件,目标文件中存放的就是与源程序对应的机器语言代码。这个过程可以是隐含的,特别是在集成开发环境中,一般不产生汇编代码而是直接产生目标代码。

目标文件由不同的段组成,通常一个目标文件中至少有两个段:代码段和数据段。其中,代码段包含的主要是程序的指令,这个段一般是可读、可执行的,但一般却是不可写的;数据段主要存放程序中要用到的各种全局变量或静态的数据,一般数据段都是可读、可写的。

2.11.2　链接

由汇编程序生成的目标文件并不能立即被执行,其中还有一些没有解决的问题。例如,某个源文件中的函数可能引用了另一个源文件中定义的某个符号(如变量或函数调用),在程序中可能调用了某个库文件中的函数,等等。所有的这些问题,都需要经链接程序的处理才能得以解决。

链接程序的主要工作就是将有关的目标文件彼此连接起来,而且将一个文件中引用的符号同该符号在另外一个文件中的定义关联起来并在可执行代码中实现重定位,使得所有的这些目标文件成为一个能够被操作系统装入执行的统一整体。

根据开发人员指定的同库函数链接方式的不同,链接处理可分为以下两种。

1. 静态链接

在静态链接方式下,函数的代码将从其所在的静态链接库中被复制到最终的可执行程序中。这样该程序在被执行时这些代码将被同时装入该进程的虚拟地址空间中。静态链接库实际上是一个目标文件的集合,其中的每个文件含有库中的一个或一组相关函数的代码。库中所有的函数均在相应的头文件(* .h)中定义并在源程序中引用。

2. 动态链接

在动态链接方式下,动态链接函数的代码不被放到可执行程序中,而是位于被称为"动态链接库"的某个目标文件(* .dll)中。链接程序此时所做的只是在最终的可执行程序中记录下共享对象的名字以及其他少量的登记信息。在可执行文件被执行时,相应动态链接库的内容将被装载到特定的虚拟地址空间,由动态链接程序根据可执行程序中记录的信息找到该空间中相应的函数代码。使用动态链接能够使最终的可执行文件比较短小,并且由于在内存中只需保存一份共享对象的代码,从而当共享对象被多个进程使用时能够有效地节约内存空间。

静态链接和动态链接技术均是当今软件开发中的常用技术,同静态链接技术相比,动态链接技术有效减少了可执行文件的大小,有助于库函数的共享应用,但在一定程度上降低了程序运行的效率。在具体的程序设计中两种链接技术可视情况选用,一般小型程序推荐使用静态链接,大型程序或需要函数库比较多的程序推荐使用动态链接。当今的 C 语言开发环境对这两种链接技术都提供了很好的支持。

2.12　本 章 小 结

本章首先介绍了 C 语言的产生和发展历程,以及 C 语言的特点,然后介绍 C 语言的语法成分、表达式、数据类型、结构特点;介绍程序设计使用最多的格式输入和格式输出函数;结合简单实例学习如何编写简单的 C 语言程序;最后介绍 C 语言的宏定义、文件包含和条件编译。这些基础知识有助于在后续章节的学习中更好地掌握 C 语言的变量类型、存储类别、指针、函数调用等内容,并在思考、实践的过程中更好地学习 C 语言程序设计。

了解 C 语言的编译过程对于深入理解 C 语言的内涵、掌握大型应用程序的编写技术有着重要意义。一般情况下,C 语言源程序要经过编译和链接两个阶段才能生成可执行程序,其中编译阶段将源程序文件(* .c)转换为目标代码文件(* .obj),链接阶段把目标代码文件(* .obj)与程序中调用的库函数代码(位于 * .lib 文件中)连接起来形成可执行文件(* .exe)。

在程序的编写中需要注意,禁止使用关键字作为用户的标识符;尽量避免使用预定义标识符作为用户标识符;标识符中不能出现全角字符、空格,不要把下画线"_"写成减号"—";

标识符必须先定义后使用,使用未经定义的标识符将出现编译错误;使用的标识符最好做到见名知义,以增加源程序的易读性和易维护性。在同一函数或不同的复合语句中,最好不要定义相同的标识符作为变量名。自增、自减运算符在变量前和变量后,运算效果可能不同。C语言的输入输出函数对格式的要求非常严格,尤其是输入函数,一定要按照语句规定的格式输入数据。

2.13 扩展阅读

共和国计算机技术的奠基者和引路人——华罗庚院士

华罗庚,男,1910年11月出生于江苏常州,数学家,全国政协原副主席,中国科学院院士,中国科学院数学研究所研究员。

1931年华罗庚调入清华大学数学系工作,1936年赴英国剑桥大学访问,1938年被聘为清华大学教授,1948年当选为中央研究院院士,1950年春满怀爱国热情的华罗庚回国担任清华大学数学系主任,1951年当选为中国数学会理事长,同年被任命为即将成立的数学研究所所长,1955年当选为中国科学院学部委员(院士)。

在清华大学任教期间,华罗庚在电机系物色了闵乃大、夏培肃和王传英,成立了中国第一个计算机的科研小组,中国计算机的历史就此开始。1956年,计算机技术被列入国家制定的科学十二年的远景规划系列,华罗庚担任计算技术规划组组长。作为共和国计算机技术的奠基者和引路人,在华罗庚的号召下,一批批科学家踊跃投身于计算机研究事业,对中国计算机技术的发展做出了巨大贡献。

华罗庚主要从事解析数论、矩阵几何学、自守函数论、多复变函数论、偏微分方程、高维数值积分等领域的研究,并解决了高斯完整三角和的估计难题、华林和塔里问题改进、一维射影几何基本定理证明、近代数论方法应用研究等,国际上以华氏命名的数学科研成果有"华氏定理""华氏不等式""华—王方法"等。

第 3 章

程序的控制结构

在第 2 章中介绍如何编写最基本的 C 语言程序,所编程求解的问题一般是按顺序逐步执行的,这种程序结构称为顺序结构,顺序结构就像一条流水线,将程序的语句逐一执行。计算机的程序也可以判断特定的条件,根据判断的结果,决定下一步要执行的命令,即程序产生了分支;还有一些工作需要重复很多次才能完成,需要对某条语句或某段程序重复执行多次。若实现这两类问题,就要用到本章介绍的分支结构和循环结构。

3.1 关系运算与逻辑运算

人们在工作生活中经常需要进行判断"某个事件是否发生"。用计算机程序进行"某个事件是否发生"的判断就是所谓的关系运算,也就是比较运算。某个事件是否发生,可能只有一个条件,也可能有多个条件。对于某一条件,有时需要采用其成立(或不成立)的反过程,也就是对条件"求反"。对于多个条件,有时要求多个条件只要成立一个即可,是一种"或"的连接关系;有时要求其同时成立,是一种"并且"的连接关系。这种"求反"和对多个条件"或""并且"进行连接的运算称为逻辑运算。掌握关系运算和逻辑运算对于正确编写分支程序和循环程序是非常重要的。

3.1.1 关系运算

3-1 关系运算

【问题描述 3.1】 猜数字游戏,事先给出一个确定的数字(如 123),让游戏者从键盘输入他猜想的数字,如果游戏者猜对了则显示 Right,如果猜错了则显示 Wrong。

分析:本问题的关键是将游戏者猜的数字与给出的数字进行比较。在计算机程序中进行这种比较需要将事件符号化。假设程序设定的数字为 123,所猜的数字放入变量 guess,判断猜测的数字是否正确,就是比较 guess 的值是否等于 123,这就是所谓关系运算。关系运算是对两个表达式进行比较,并产生运算结果。

1. 关系运算符

C 语言提供的关系运算符有 6 种,如表 3.1 所示。

表 3.1　C 语言中的关系运算符

运　算　符	含　　义	运　算　符	含　　义
＞	大于	＜＝	小于或等于
＞＝	大于或等于	＝＝	等于
＜	小于	！＝	不等于

2. 关系表达式

（1）关系表达式：用关系运算符将两个表达式（算术、关系、逻辑、赋值表达式等）连接起来所构成的表达式称为关系表达式。关系表达式的值是一个逻辑值，只有两种取值"真"或"假"。C 语言没有逻辑型数据，关系运算的结果是 int 型，以 1 表示关系表达式成立，代表"真"；0 表示关系表达式不成立，代表"假"。

（2）关系运算的特点：

① 关系运算符都是双目运算符，并且都是从左向右结合。

② 关系运算符的优先级比算术运算符低，但都比赋值运算符高。在关系运算符内部，＞、＞＝、＜、＜＝运算符的优先级相同；＝＝和！＝两种运算符的优先级相同，且低于其他 4 种关系运算符。

例如：

c＞a＋b	等价于	c＞(a＋b)	关系运算符的优先级低于算术运算符。
a＞b＝＝c	等价于	(a＞b)＝＝c	＞优先级高于＝＝。
a＝＝b＜c	等价于	a＝＝(b＜c)	＜优先级高于＝＝。
a＝b＞c	等价于	a＝(b＞c)	关系运算符的优先级高于赋值运算符。

为了结构清晰易读，在程序设计中建议采用加括号方式。

3-2 逻辑运算

3.1.2　逻辑运算

平常所说的"求反""或""并且"分别对应逻辑非、逻辑或、逻辑与。

1. 逻辑运算符

C 语言中的逻辑运算符有 3 种，如表 3.2 所示。

表 3.2　C 语言中的逻辑运算符

运　算　符	含　　义
&&.	逻辑与
‖	逻辑或
！	逻辑非

2. 逻辑表达式

逻辑表达式：用逻辑运算符（逻辑与、逻辑或、逻辑非）将关系表达式或逻辑量连接起来，构成逻辑表达式。

逻辑表达式的值是一个逻辑量"真"或"假"。C 语言编译系统在给出逻辑运算结果时，以 1 代表"真"，以 0 代表"假"，但在判断一个表达式的结果是否为"真"时，以 0 代表"假"，以非 0 代表"真"(即认为一个非 0 的数值是"真")。

在一个逻辑表达式中如果包含多个逻辑运算符,则优先顺序如下。

(1)!(非)→&&(与)→||(或),! 是三者中最高的。

(2)逻辑运算符中的 && 和||的优先级低于关系运算符,而! 不仅高于关系运算符,而且高于算术运算符。

例如:

a>b&&x>y   等价于   (a>b)&&(x>y)

a==b||x==y   等价于   (a==b)||(x==y)

!a||a>b   等价于   (!a)||(a>b)

逻辑运算的真值表如表 3.3 所示。

表 3.3   逻辑运算的真值表

a	b	! a	! b	a&&b	a||b
非 0	非 0	0	0	1	1
非 0	0	0	1	0	1
0	非 0	1	0	0	1
0	0	1	1	0	0

在逻辑表达式的求解中,并不是所有的逻辑运算符都被执行,只是在必须执行下一个逻辑运算符才能求出表达式的解时,才执行该运算符。

(1)"与"表达式:a&&b&&c,只要 a、b、c 有一个为"假"则整个表达式的值就为假。因此,只有 a 为真,才需要判别 b 的值;只有 a、b 都为真,才需要判别 c 的值。只要 a 为假,此时整个表达式已经确定为假,就不必判别 b 和 c;如果 a 为真,b 为假,则不必判断 c。

设 a=1,b=2,c=3,d=4,m=n=1,则执行表达式(m=a>b)&&(n=c>d)后,m、n 的值是多少?

说明:因 a>b 为假(0),所以 m=0,赋值表达式 m=a>b 的值为 0,又因整个表达式是"与"表达式,所以不需要再计算 n=c>d,n 保持原值 1 未变,而整个表达式的结果就是 0。

(2)"或"表达式:a||b||c,只要 a、b、c 有一个为"真"则整个表达式的值就为真。因此,只要 a 为真,整个表达式就可以确定为真,就不必判断 b 和 c;只有 a 为假,才需要判断 b;当 a、b 都为假时,才需要判断 c。

【问题描述 3.2】 判断某一年是否为闰年。所谓闰年,是指符合下面两个条件之一:① 能被 4 整除,但不能被 100 整除;② 能被 4 整除,又能被 400 整除。

分析:对于条件①,能被 4 整除写作 year%4==0,不能被 100 整除写作 year%100!=0。要求两者同时满足,内部是一个"逻辑与"的关系,可合并为 year%4==0&&year%100!=0。

对于条件②,因为能够被 400 整除一定能被 4 整除,所以第二个条件可以简化为能够被 400 整除,写作 year%400==0。

条件①和条件②满足任何一个都是闰年,两者之间是"逻辑或"的关系。因此,判断闰年条件的逻辑表达式表示为((year%4==0)&&(year%100!=0))||(year%400==0)。表达式为"真",闰年条件成立,是闰年;否则,不是闰年。

【练习 3.1】 输入 3 条边长,判断这 3 条边是否能构成一个三角形。假设用 3 个变量 x、y、z 存放 3 条边的边长,以下哪一个表达式是正确的?

　A. x+y>z　　　　　　　　　　　B. x+y>z, x+z>y, y+z>x
　C. x+y>z && x+z>y && y+z>x　　D. x+y>z || x+z>y || y+z>x

3.2　分　支　结　构

在生活中经常要做出选择,例如填报大学志愿时,有非常多的大学和非常多的专业,需要根据自己的高考分数、自己的兴趣爱好等很多因素综合做出选择。根据一定的条件做出不同的选择,在 C 语言中是用分支结构来实现的。

3-3 单分支 if

3.2.1　单分支结构

【例 3.1】 编写一个程序,判断某一年是否为闰年。

分析:判断闰年的表达式已在问题描述 3.2 中给出,如果表达式值为真,则是闰年,输出"xxxx 年是闰年";否则,不输出。

这类问题是根据条件是否成立来决定是否执行相应的命令,其执行过程如图 3.1 所示。C 语言提供了单分支选择结构解决上述问题,其一般形式:

> **if (表达式)**
> 　语句;

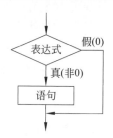

图 3.1　单分支选择结构条件语句执行过程

表达式是判断条件,只要表达式的值不为 0,就认为条件成立。

例 3.1 的参考程序如下。

```
1.  #include <stdio.h>
2.  int main( )
3.  {
4.      int Year;
5.      printf("Input year:");
6.      scanf("%d", &Year);
7.      if (((Year%4==0)&&(Year%100!=0))||(Year%400==0)) //判断是否为闰年
8.          printf("%d 年是闰年\n",Year);                 //条件成立,执行输出语句
9.      return 0;
10. }
```

说明:表达式结果非 0,执行 printf 语句,否则程序结束。

【例 3.2】 简单的字符加密,输入一个小写字母字符,按 a→d,b→e,…,x→a,y→b,z→c 的加密规则对这个字符加密,然后输出加密后的字符。

分析:对于 a~w 这 23 个字母,加密方法很简单,直接对字符数据加 3 即可。关键是最后 3 个字母 x、y、z 怎么处理。x+3 后对应的 ASCII 码字符是{,怎么才能让它变成 a 呢?字母就 26 个,并且是连续的,是不是减掉 26 就可以回到起始的字母 a 了?另外,还要注意怎样表示字母的范围,这里就用到了上面讲到的关系运算与逻辑运算。

例 3.2 的参考程序如下。

```
1.  #include <stdio.h>
2.  int main()
3.  {
4.      char ch;
5.      scanf("%c", &ch);
6.      if(ch>='a' && ch<='w')  printf("%c\n", ch+3);
7.      if(ch>='x' && ch<='z')  printf("%c\n", ch-23);
8.      return 0;
9.  }
```

想一想:第 6 行的条件是否可以写成 if('a'<=ch<='w'),这样能否得到正确的输出?

【练习 3.2】 输入两个数,求最大数并输出,测试数据如下。

```
输入:12  35
输出:35
```

【例 3.3】 输入 3 个数 x1、x2、x3,按从小到大的顺序输出这 3 个数。

分析:实际这就是一个排序的问题。为实现顺序输出,可以把最小数放到 x1。如果 x1>x2,则交换两个数,同理 x1 和 x3 比较,x2 和 x3 比较。这样经过交换,3 个数按从小到大的顺序分别存储在 x1、x2、x3 中。

交换两个数一般需要一个中间变量,可用 3 条赋值语句实现:

```
temp=x1;
x1=x2;
x2=temp;
```

if 条件成立时,应该执行这 3 条语句,为此需要使用复合语句。

例 3.3 的参考程序如下。

```
1.  #include <stdio.h>
2.  int main( )
3.  {
4.      int x1,x2,x3,temp;
5.      scanf("%d%d%d",&x1,&x2,&x3);
6.      if (x1>x2)
7.        { temp=x1;  x1=x2;  x2=temp; }      //括号部分构成复合语句
8.      if (x1>x3)
9.        { temp=x1;  x1=x3;  x3=temp; }      //经过两次交换,x1 为三者中最小的
10.     if (x2>x3)
11.       { temp=x2;  x2=x3;  x3=temp; }
12.     printf("%d,%d,%d", x1,x2,x3);
13.     return 0;
14. }
```

想一想：第 7、9、11 行的代码如果去掉花括号"{ }"，对程序结果会不会造成影响？

3.2.2 双分支结构

【例3.4】 编写一个密码判断程序，如果密码正确则给出正确提示，否则给出错误提示。

分析：根据密码正确与否，需要分别执行不同的语句，其执行过程见图 3.2。

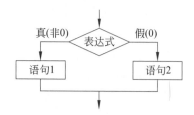

图 3.2 双分支选择结构条件语句执行过程

C 语言解决这类双分支选择结构的语句形式：

```
if (表达式)
    语句 1;
else
    语句 2;
```

说明：if 语句中的"表达式"一般为关系表达式或逻辑表达式，但不限于这两种表达式。是执行语句 1，还是执行语句 2，取决于"表达式"运算的结果。

如果表达式的值不为 0，则执行语句 1；否则，执行语句 2。同样，语句 1 和语句 2 既可以是单语句，也可以是复合语句。

例 3.4 的参考程序如下。

```
1.  #include <stdio.h>
2.  int main()
3.  {
4.      int key;
5.      printf("请输入密码");
6.      scanf("%d", &key);
7.      if(key==110)  printf("密码正确,欢迎使用!\n");
8.      else  printf("对不起,密码错误!\n");
9.      return 0;
10. }
```

【练习3.3】 一个整数，判断它的奇偶性，若是奇数则输出 odd，若是偶数则输出 even，测试数据如下。

测试数据 1	测试数据 2
输入：	输入：
23	32
输出：	输出：
odd	even

【练习 3.4】 输入 3 个整数,求最大数并输出,测试数据如下。

```
输入:12  35  24
输出:35
```

3.2.3 多分支结构

【问题描述 3.3】 身体质量指数(Body Mass Index,BMI)简称体指数,是目前国际相对常用的一种衡量人体胖瘦程度以及健康状况的指标,计算公式是:体指数＝体重(kg)÷身高(m)^2。

例如,若体重＝55.8kg,身高＝1.70m,则 BMI＝55.8÷(1.70)^2＝19.31。

成人 BMI 指标分为 4 种状态,对应的中国标准如图 3.4 所示。

如果编程实现 BMI 的判断,会发现这里分了 4 种状态,一个 if…else…是不够用的,所以需要用到多分支的选择结构。

表 3.4 成人 BMI 指标

状态	中国标准
偏瘦	BMI＜18.5
正常	18.5≤BMI＜24
偏胖	24≤BMI＜28
肥胖	BMI≥28

多分支结构的语句形式:

```
if (表达式 1)
  语句 1;
else if (表达式 2)
    语句 2;
  else if (表达式 3)
      语句 3;
          ⋮
      else if (表达式 n)
          语句 n;
        else
          语句 n+1;
```

多分支选择结构的功能是,按顺序求各表达式的值。如果某一表达式的值为真(非 0),那么执行其后相应的语句,执行完后整个 if 语句结束,其余语句则不被执行;如果没有一个表达式的值为真,那么执行最后的 else 语句,执行过程如图 3.3 所示。

问题描述 3.3 的计算体指数的参考程序如下。

```
1.  #include<stdio.h>
2.  int main( )
3.  {
4.      double w, h, b;              //w 表示体重,h 表示身高,b 表示 BMI
5.      scanf("%lf%lf", &w, &h);
6.      b=w/(h * h);
7.      printf("BMI=%.2lf\n", b);
8.      if (b<18.5)  printf("偏瘦!\n");
9.      else
10.        if (b<24)  printf("正常!\n");
11.        else
12.            if (b<28)  printf("偏胖!\n");
13.            else
14.                printf("肥胖!\n");
15.      return 0;
16. }
```

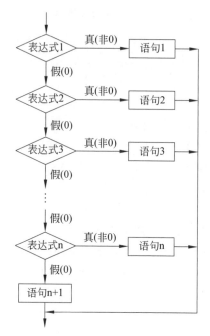

图 3.3　多分支选择结构条件语句执行过程

想一想：第 6 行,如果去掉小括号,写成 b=w/h＊h;,那么计算结果还对吗?

第 10 行,if 的条件为什么不写成 if(b＞＝18.5 && b＜24)?

第 12 行,类似的问题,为什么不写或 if (b＞＝24 && b＜28)?

第 13 行,为什么 else 后不写或 if (b＞＝28)?

再来看一个多分支结构在数学问题上的应用。

【例 3.5】 设有分段函数如下,编写程序,输入 x,计算并输出 y 值。

$$y=\begin{cases} -e^{2x+1}+3 & x<-2 \\ 2x-1 & -2\leqslant x\leqslant3 \\ 3\lg(3x+5)-11 & x>3 \end{cases}$$

分析：需要对输入的 x 值进行判断,若 x＜－2,则计算 $y=-e^{2x+1}+3$,程序结束;否则, 若 x≤3(此处不用判断 x 是否大于或等于－2,为什么?),则计算 y=2x-1;否则,计算 y= 3lg(3x+5)-11。在这里,涉及多个条件的判断,并根据判断结果选择不同的公式计算 y 值,因此需要使用多分支结构。

例 3.5 的参考程序如下。

```
1.  #include <stdio.h>
2.  #include<math.h>            //包含数学函数的头文件
3.  int main()
4.  {
5.      double x, y;
6.      printf("Input x:");
7.      scanf("%lf", &x);        //这里需用%lf,因 x 是 double 型
8.      if (x<-2)   y=-exp(2*x+1)+3;  //exp 是以 e 为底的指数函数
9.      else  if (x<=3)  y=2*x-1;
```

```
10.            else   y=3 * log10(3 * x+5)-11;      //log10是以10为底的对数函数,即lg
11.    printf("y=%.2lf\n", y);
12.    return 0;
13. }
```

说明：在本例中用到 exp 和 log10 两个数学函数,分别是以 e 为底的指数函数和以 10 为底的对数函数,它们都只有一个参数,计算结果均为 double 型。这两个函数是系统提供的,为了使用这些数学函数,需要包含头文件 math.h,该文件还包含了许多常用的数学函数,具体可参见附录 C.2 中的 math.h 头文件。

【例 3.6】 某公园的票价是每人 10 元,一次购票满 30 张,每张票可以少收 1 元,试编写一个自动计费程序。

分析：该问题根据购票数是否大于或等于 30 计算相应的费用。设购票数用 number 表示,金额用 money 表示。若购票数少于 30,money＝number×10;否则,money＝number×9,这可以用分支语句实现。但是,若购 29 张票,money＝number×10＝290 元,若购 30 张,money＝30×9＝270 元。显然,这时购 30 张票更省钱。因此 number＜30 时,需要考虑人数少于 30 人的情况下,number×10 是否大于 270,若 money＞270,则应按 30 张票收费,这时需要再次进行判断。为了完善功能程序功能,增强实用性,应计算出实收金额与门票的差额。

例 3.6 的参考程序如下。

```
1.  #include <stdio.h>
2.  int main( )
3.  {
4.      int   iNumber, iSum, iMoney, iBalance;
5.      printf("Input the number of entering park:");
6.      scanf("%d",&iNumber);
7.      if (iNumber>=30)   iMoney=iNumber * 9;
8.      else if (10 * iNumber<270)   iMoney=10 * iNumber;
9.            else  {  iMoney=270;  iNumber=30;  }
10.     printf("cost:%d yuan\n", iMoney);
11.     printf("Input Money:");
12.     scanf("%d", &iSum);
13.     iBalance=iSum-iMoney;
14.     printf("Tickets Money Cost Balance\n");
15.     printf("%d,%d,%d,%d\n", iNumber, iSum, iMoney, iBalance);
16.     return 0;
17. }
```

【例 3.7】 编程计算个人所得税。目前我国实施的个人所得税率征收规定：个税起征点为 5000 元,适用 7 级超额累进税率,具体税率如表 3.5 所示。

应纳税所得额的计算公式：

应纳税所得额＝月度收入－5000 元(起征点)－专项扣除(三险一金等)－
专项附加扣除－依法确定的其他扣除

三险一金是指养老保险、医疗保险、失业保险和住房公积金。

为了编程计算简单,可以对公式进行简化：

$$应纳税所得额＝月度收入－5000 元$$
$$个税＝应纳税所得额×税率－速算扣除数$$

表 3.5　个人所得税税率表

应 纳 税 额	税率/%	速算扣除数/元
① 不超过 3000 元的部分	3	0
② 超过 3000 元至 12000 元的部分	10	210
③ 超过 12000 元至 25000 元的部分	20	1410
④ 超过 25000 元至 35000 元的部分	25	2660
⑤ 超过 35000 元至 55000 元的部分	30	4410
⑥ 超过 55000 元至 80000 元的部分	35	7160
⑦ 超过 80000 元的部分	45	15160

分析：由于个人所得税采取分段税率，逐段叠加，因此可以从最高税率段开始计算，采用 if 的多分支结构实现。为了简化，在程序中暂时忽略三险一金，只输入工资，若工资小于或等于 5000 元，则不交税，可以直接结束程序；若工资大于 5000 元，则用工资减去 5000，得到应纳税所得额，然后根据表 3.5 进行计算。

例 3.7 的参考程序如下。

```
1.  #include <stdio.h>
2.  int main()
3.  {
4.      double fIncome, fTax;   int k;
5.      printf("请输入你的工资:");
6.      scanf("%lf", &fIncome);                    //double 型数据用%lf 输入
7.      if(fIncome<=5000)
8.      {  printf("免征个人所得税!\n");   return 0; } //直接结束 main 函数
9.      else  fIncome=fIncome-5000;                //工资减 5000 后的金额为应纳税额
10.     if(fIncome>80000)   fTax=fIncome * 0.45-15160;
11.     else  if(fIncome>55000)   fTax=fIncome * 0.35-7160;
12.         else  if(fIncome>35000)   fTax=fIncome * 0.30-4410;
13.             else  if(fIncome>25000)   fTax=fIncome * 0.25-2660;
14.                 else  if(fIncome>12000)   fTax=fIncome * 0.20-1410;
15.                     else  if(fIncome>3000)   fTax=fIncome * 0.10-210;
16.                         else   fTax=fIncome * 0.3;
17.     printf("你应交个人所得税为:%.2lf\n", fTax);
18.     return 0;
19. }
```

【例 3.8】　在学生成绩管理中，成绩经常要在百分制与等级制之间进行转换。90 分以上为 A 等，80～89 分为 B 等，70～79 分为 C 等，60～69 分为 D 等，其余为 E 等。编写程序，根据输入的百分制，输出对应的等级。

分析：设用变量 fscore 表示成绩，而等级是依据 fscore 的值变化的，共有 5 种情况，如表 3.6 所示。

表 3.6　百分制成绩对应等级的判断方法

成　　绩	等　　级	判 断 方 法
fscore>=90	A	fscore/10=10 或 9
80<=fscore<90	B	fscore/10=8
70<=fscore<80	C	fscore/10=7
60<=fscore<70	D	fscore/10=6
fscore<60	E	fscore/10=其他值

很明显这是一个多分支问题,利用多分支 if 语句完全可以解决这类问题。但是,如果 if…else…语句过多,则会令人眼花缭乱。幸运的是,C 语言提供了另一种多分支语句 switch 语句。

switch 语句的基本格式:

```
switch(表达式)
{
    case 常量表达式 1:语句组 1; [break;]
    case 常量表达式 2:语句组 2; [break;]
    …
    case 常量表达式 n:语句组 n; [break;]
    [ default:  语句组 n+1 ]
}
```

说明:① switch 后圆括号中的表达式,只能是整型、字符型或枚举型表达式。其中枚举数据类型在以后学习。

② 当表达式的值与某个 case 后面的常量表达式的值相等时,就执行此 case 后面的语句。执行完后,流程控制转移到下一个 case(包括 default)中的语句继续执行。如果不想继续执行,就需要使用 break 语句使流程跳出 switch 结构,即终止 switch 语句的执行,最后一个分支可以不用 break 语句。这里的[ ]表示该项是可选项,可以不写。

③ 如果表达式的值与所有常量表达式都不匹配,就执行 default 后面的语句。如果没有 default 就跳出 switch,执行 switch 语句后面的语句。

④ 各个常量表达式的值必须互不相同,否则会出现矛盾。

⑤ case 后面允许有多条语句,且可以不用花括号"{ }"括起来。

例 3.8 的参考程序如下。

```
1.  #include <stdio.h>
2.  int main()
3.  {
4.      int  iScore, temp;
5.      printf("Input score of student:");
6.      scanf("%d",&iScore);
7.      temp=iScore/10;
8.      switch(temp)
```

```
9.          {    case 10:
10.              case 9: printf("A"); break;
11.              case 8: printf("B"); break;
12.              case 7: printf("C"); break;
13.              case 6: printf("D"); break;
14.              default: printf("E");
15.          }
16.      return 0;
17. }
```

说明：本例中，temp＝10 和 temp＝9 都输出 A，共用输出语句 printf("A");，所以 case 10：后面不使用 break 语句，就会继续向下执行，直到遇到 break 语句终止，达到了共用 prinft("A")的目的。由于以后的语句不再共享，每次输出后，都必须使用 break 终止。否则，程序将继续执行下面的语句。

另外，default 可以放在 switch 语句中的任意位置，但要注意，如果 default 不是放在最后，则它后面也要写上 break 语句。上例中的 switch 语句也可以写成以下形式。

```
switch(temp)
{   default: printf("E"); break;          //这里需要写上 break 语句
    case 10:
    case 9: printf("A"); break;
    case 8: printf("B"); break;
    case 7: printf("C"); break;
    case 6: printf("D"); break;
}
```

3.2.4　if 语句的嵌套

3-6 if 语句的嵌套

【例 3.9】　编程实现一个猜数游戏。程序给出一个数字，如果游戏者猜对了则显示 You are right!，否则显示 You are wrong!，并提示游戏者是猜大了还是猜少了。

分析：该问题与前面几个问题的不同之处在于，如果条件不成立，先显示提示信息，然后再判断猜大了还是猜少了。也就说，第二个判断是嵌在第一个判断条件不成立语句中，这是一种 if 语句的嵌套形式。

所谓 if 语句的嵌套，是指 if 语句的 if 块或 else 块中又包含一个完整的 if 语句。

if 语句的嵌套的一般形式：

```
if (表达式 1)
    if (表达式 2) 语句 1;
    else 语句 2;
else
    if (表达式 3) 语句 3;
    else 语句 4;
```

对于嵌套结构，必须注意 else 与 if 的配对关系。C 语言规定 else 总是与它前面最近的，而且没有与其他 else 配对的 if 进行配对。特别是 if…else 子句数目不一样时（if 的数量只会大于或等于 else 的数量）。例如：

```
if (表达式 1)
    if (表达式 2) 语句 1;
    else 语句 2;
```

根据 C 语言规定,上面 else 应与第二个 if 配对。如果希望 else 与第一个 if 配对,可以将第二个 if 用一对花括号"{}"括起来,即写成下面的形式:

```
if (表达式 1)
  {  if (表达式 2) 语句 1;  }
else 语句 2;
```

例 3.9 的参考程序如下。

```
1.  #include <stdio.h>
2.  int main()
3.  {
4.      int iOrigNum=555, iInputNum;        //iOrigNum 表示要猜的数,初始设定为 555
5.      printf("Please input a integer number:\n ");
6.      scanf("%d",& iInputNum);            //输入游戏者猜的数
7.      if (iInputNum ==iOrigNum)           //判断是否相等
8.          printf("You are right!\n");
9.      else                                //else 表示两个数不相等,即猜错了
10.     {  printf("You are wrong!\n");
11.         if (iInputNum > iOrigNum)  printf("Your number is bigger!\n");
12.         else  printf("Your number is smaller!\n");
13.     }
14.     return 0;
15. }
```

一元二次方程求根是初中数学知识,现在可以用 C 语言编程来进行求解。

【例 3.10】 求一元二次方程 $ax^2+bx+c=0$ 的根,a、b、c 由键盘输入。

分析:对于一元二次方程,有以下几种可能。

如果 a=0,不是二次方程,不需要求解。

如果 a!=0,是二次方程,求根又分为以下 3 种情况:

$b^2-4ac=0$,有两个相等的实根;

$b^2-4ac>0$,有两个不等的实根;

$b^2-4ac<0$,有两个共轭复数根。

该问题有多个条件,这就涉及条件语句的嵌套问题;另外,由于该问题涉及开平方运算,有可能出现无限小数,为此需要设置一个最小值,小于或等于该值就认为是 0。这里使用 C 语言提供的开平方函数 sqrt、取绝对值函数 fabs,所以在程序开始必须包含 math.h 头文件。

因为实数在内存中是不精确表示的,所以一般不用 == 判断一个实数是否等于 0。常用的方法是判断一个实数是否小于一个足够小的数(如 0.000001,即 1E-6),若是,即可认定该实数等于 0。用 N-S 图描述的求解二元一次方程的算法如图 3.4 所示。

例 3.10 的参考程序如下。

```
1.  #include <stdio.h>
2.  #include <math.h>                       //包含数学函数头文件
```

```
3.   int main( )
4.   {
5.       double a, b, c, disc, x1, x2, rpart, ipart;
6.       scanf("%lf%lf%lf", &a, &b, &c);
7.       if (fabs(a)<=1E-6)                  //如果 a=0,则输出不是一元二次方程
8.           printf("It isn't a quadratic.\n");
9.       else                                //若 a 不等于 0,则计算方程的根
10.      { disc=b*b-4*a*c;                   //计算 disc
11.          if (fabs(disc)<=1E-6)           //若 disc 等于 0,则输出两个相等的实根
12.              printf("two equal roots: \n%.2lf\n", -b/(2*a));
13.          else
14.          { if (disc>1E-6)                //若 disc 大于 0,则输出两个不等的实根
15.              { x1=(-b+sqrt(disc))/(2*a);
16.                x2=(-b-sqrt(disc))/(2*a);
17.                printf("two distinct real roots: \n%.2lf, %.2lf\n", x1, x2);
18.              }
19.            else                          //若 disc 小于 0,则输出两个不等的虚根
20.              { rpart=-b/(2*a);
21.                ipart=sqrt(-disc)/(2*a);
22.                printf("two complex roots: \n%.2lf+%.2lfi, %.2lf-%.2lfi\n",
23.                        rpart, ipart, rpart, ipart);
24.              }
25.          }
26.      }
27.      return 0;
28. }
```

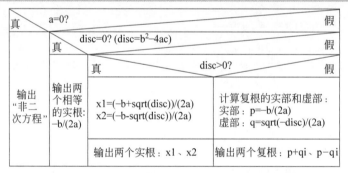

图 3.4 用 N-S 图描述的求解二元一次方程的算法

说明：在本例中，要特别注意花括号"{ }"的使用，左括号"{"一定与最近的右括号"}"结合成一对，而不能交叉。if…else…在逻辑上是一条语句。另外，格式缩进规范很容易看清楚 if 与 else 的配对关系，有利于减少出错概率。

程序运行输出：

测试数据 1	测试数据 2	测试数据 3	测试数据 4
输入：	输入：	输入：	输入：
1 2 1	1 0 -1	2 1 2	0 1 2
输出：	输出：	输出：	输出：
two equal roots:	two distinct real roots:	two complex roots:	It isn't a quadratic.
-1.00	1.00, -1.00	-0.25+0.97i, -0.25-0.97i	

3.2.5 条件运算符

条件运算在程序设计过程中经常遇到,有些 if 语句非常简单,可直接用条件运算来实现。例如,两个数取最大数,用 if 语句可以写成如下形式。

```
if (a>b)  max=a;
else  max=b;
```

对于这种非常简单的 if 语句,C 语言提供了一种方便格式,即条件运算符。

条件运算符"?:"是 if 语句的缩写形式,是唯一的三目运算符。

条件表达式的一般形式:

表达式 1?表达式 2:表达式 3

条件表达式的功能是,先计算表达式 1 的值,若为真(非 0),则取表达式 2 的值为整个条件表达式的值;若表达式 1 的值为假(0),则取表达式 3 的值为整个条件表达式的值。其执行过程如图 3.5 所示。

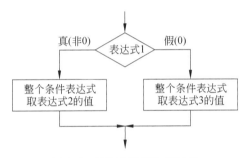

图 3.5 条件运算符执行过程

若 if 语句中,在表达式为"真"和"假"时,都只执行一个赋值语句且给同一个变量赋值时,可以使用简单的条件运算符来处理。

上面两个数取最大数的 if 语句可以用条件运算符写成:

```
max=a>b? a:b;
```

该式中,如果 a>b 成立,则 max=a;否则,max=b。

说明:① 条件运算符的优先级高于赋值运算符,低于关系运算符和算术运算符。

例如,max=a>b? a:b 等价于 max=((a>b)? a:b)。

② 条件运算符的结合性为"自右向左"。

例如,a>b? a:c>d? c:d 等价于(a>b)? a:((c>d)? c:d)。

③ 表达式 2 和表达式 3 不仅可以是数值表达式,还可以是赋值表达式或函数表达式。

例如,a>b?(a=100):prinf("%d\n",b)。

④ 表达式 1、表达式 2 和表达式 3 的类型都可以不同。条件表达式值的类型是表达式 2 和表达式 3 中类型较高的类型。

例如,x>y? 1:1.5,当 x>y 时条件表达式的值为 double 型数据 1.0。

【例 3.11】 输入一个字符,如果是大写字母则转换为小写,否则不转换。输出最后得到的字符。

　　分析：判断字符变量 ch 是否是大写字母，可以用 ch>='A'&&ch<='Z'实现，若是大写字母则需要转换，否则 ch 不变。大写字母转换为小写字母采用 ch=ch+32。

　　例 3.11 的参考程序如下。

```
1.  #include<stdio.h>
2.  int main()
3.  {
4.      char ch;
5.      printf("请输入一个字符:\n");
6.      ch=getchar();
7.      ch= (ch>='A'&&ch<='Z') ?(ch+32):ch;
8.      printf("%c",ch);
9.      return 0;
10. }
```

　　说明：表达式 ch=（ch>='A'&&ch<='Z'）？（ch+32）：ch 中的圆括号可以不要，但有圆括号程序看上去会更加清晰。

3.3　循 环 结 构

3.3.1　循环的引出

　　例 3.9 猜数游戏，只能猜一次，这样玩起来不过瘾。既然猜错时程序可以提示是猜大了还是猜小了，我们多猜几次应该就可以猜对了，如果要实现只有猜对了才结束程序，那么程序该如何编写？先看看例 3.9 的程序代码：

```
1.  #include <stdio.h>
2.  int main()
3.  {
4.      int iOrigNum=555, iInputNum;      //iOrigNum 表示要猜的数,初始设定为 555
5.      printf("Please input a integer number:\n ");
6.      scanf("%d",& iInputNum);          //输入游戏者猜的数
7.      if (iInputNum ==iOrigNum)         //判断是否相等
8.          printf("You are right!\n");
9.      else                              //else 表示两个数不相等,即猜错了
10.     {   printf("You are wrong!\n");
11.         if (iInputNum > iOrigNum)  printf("Your number is bigger!\n");
12.         else  printf("Your number is smaller!\n");
13.     }
14.     return 0;
15. }
```

　　如果将程序重复写下去是可以的，但是我们不知道该写多少次，因为不知道多少次才会猜对。即使知道，但这种方式显然也是不可取的，太麻烦了。事实上，每次猜数的操作都是一样的，如果猜错了则回到程序的第 5 行再继续运行就可以了，如果猜对了则结束运行。

　　在解决实际问题的过程中，许多问题的求解都归结为重复执行的操作，例如数值计算中的方程迭代求根、非数值计算中的对象遍历。重复执行就是循环，循环是计算机特别擅长的

工作之一。循环并不是简单地重复,每次循环,操作的数据(状态、条件)都可能发生变化。循环的动作是受控制的,例如满足一定条件才继续做,一直做到某个条件满足或者做多少次才能结束。也就是说,重复工作需要进行控制——循环控制。C 语言提供了 3 种循环控制语句(不考虑 goto 和 if 构成的循环),构成了 3 种基本的循环结构。

(1) while 循环:先判断条件,再执行循环体。

(2) do-while 循环:先执行循环体,再判断条件。

(3) for 循环:先判断条件,再执行循环体。

3.3.2 while 循环

在第 2 章编程输出星号组成的图形,如一个星号矩形,那时写的程序是这样的,有没有觉得这程序实在是"低级"。

```
#include<stdio.h>
int main( )
{
    printf("******\n");
    printf("******\n");
    printf("******\n");
    printf("******\n");
    printf("******\n");
    return 0;
}
```

现在还是输出这个星号矩形,可以把程序写得"高级"一点。循环是重复做一件事,上面这个程序中,printf("******\n");重复了 5 次,现在这个重复的语句只需要写一次,然后控制它执行 5 次。为了控制 5 次,还需要一个计数器。计数器其实就是一个整型变量,每执行一次星号输出,这个整型变量就加 1,当计数器等于 5 时就可以结束循环。现在可以把上面的程序改写如下。

```
#include<stdio.h>
int main( )
{
    int  i;                          //i 就是计数器
    i=0;                             //i 初值赋为 0
    while ( i<5 )
    {   printf("******\n");
        i=i+1;
    }
    return 0;
}
```

虽然还没有讲 while 循环,但是这个代码也基本能看懂。while (i<5)就是当 i<5 成立时,输出一行星号,然后计数器 i 加 1;当 i<5 不成立时,就结束循环。

while 循环的一般形式:

while (表达式 **)**
    语句;

3-8 while
循环

这里的表达式也称为"循环条件"，语句则称为"循环体"。

while 循环的执行过程：先计算 while 后面表达式的值，如果其值为"真"（非 0）则执行循环体。执行完循环体后，再次计算 while 后面表达式的值，如果值为"真"，则继续执行循环体，如果表达式值为"假"；则退出循环。while 的执行过程如图 3.6 所示。

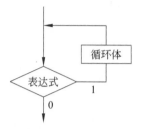

图 3.6　while 的执行过程

使用 while 语句需要注意以下几点。

① while 语句的特点是先计算表达式的值，然后根据表达式的值决定是否执行循环体中的语句。因此，如果表达式的值一开始就为"假"，那么循环体一次也不执行。

② 当循环体为多个语句组成时，必须用花括号"{ }"括起来，构成复合语句。while（表达式）后面不能有分号"；"，因为分号代表一条空语句，这样写循环体就成空语句了。

③ 在循环体中使用的语句一般应保证产生满足循环终止条件的结果，以避免"无限循环"的发生。

下面是例 3.9 猜数游戏升级版的参考程序。

```c
1.  #include <stdio.h>
2.  #include <stdlib.h>             //包含该文件才能调用 exit 函数
3.  int main()
4.  {
5.      int iOrigNum=555, iInputNum;
6.      while (1)                   //while 的表达式为 1,表示条件始终满足,即永真循环
7.      {   printf("Please input a integer number:\n ");
8.          scanf("%d", &iInputNum);
9.          if (iInputNum==iOrigNum)
10.         {   printf("You are right!\n");
11.             exit(0);            //exit 函数的作用是退出程序,返回操作系统
12.         }
13.         else
14.         {   printf("You are Wrong!\n");
15.             if (iInputNum>iOrigNum)  printf("Your number is bigger!\n");
16.             else  printf("Your number is smaller!\n");
17.         }
18.     }  //end while
19.     return 0;
20. }
```

说明：本程序里使用了 while(1)循环，循环条件直接用常数 1，因为 1 就表示"真"，即循环条件永远是成立的，因为这里我们不知道猜几次才能猜对，所以循环条件这里没法用具体的次数来控制。但是一个程序不能永远循环下去，猜对时应该结束程序，这里用了一个退出函数 exit(0)；直接结束程序。当然也可以直接用 return 0；语句，效果是一样的。

下面来看一个经典的例题，它"红"的程度不亚于"Hello world!"程序。只要讲循环结构，第一个例题基本都会用这个小学一年级的加法题目。

【例 3.12】　编写程序计算：$1+2+3+\cdots+100$。

分析：该程序是 100 个数的累加，加数每次增 1，如果不采用等差数列求和公式来计算，

可用循环结构来实现。设 sum 的初值为 0,加数 i 的初值为 1,算法描述如下。

step1:sum＝0,i＝1(循环初值)。

step2:当 i<＝100 时,重复执行 sum＝sum＋i;i＝i＋1;(即循环体语句);否则,结束循环。

step3:输出 sum 的值(即 1＋2＋…＋100 的结果)。

算法的 N-S 图表示如图 3.7 所示。

例 3.12 的参考程序如下。

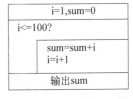

| i=1,sum=0 |
| i<=100? |
| sum=sum+i
i=i+1 |
| 输出sum |

图 3.7 求和运算 N-S 图

```c
1.  #include <stdio.h>
2.  int main( )
3.  {
4.      int i=1, sum=0;
5.      while (i<=100)
6.      {   sum=sum+i;
7.          i++;
8.      }
9.      printf("sum=%d\n",sum);
10.     return 0;
11. }
```

编写循环程序要注意以下几个问题。

① 遇到数列求和、求积这类问题,一般可以考虑使用循环解决。

② 注意循环初值的设置,一般对于累加器常设置为 0,累乘器常设置为 1。

③ 循环体中为需要重复做的工作,同时要保证使循环逐渐趋于结束。循环的结束由 while 中的表达式(条件)控制。

从这个问题可以看出,循环给编程带来很大方便,对于例 3.4 密码检查程序,可以利用循环修改,在密码输入错误时,给用户 3 次输入机会。对于例 3.1 的闰年判断程序、例 3.6 的公园门票计算程序、例 3.8 的学生成绩分级程序,都可以利用循环实现多次运行。读者可以自行改写这些程序。

3.3.3 do-while 循环

do-while 循环的一般形式:

```
do
{
    语句;
}while(表达式);
```

这里的表达式称为"循环条件",语句称为"循环体"。

do-while 循环的执行过程:先执行 do 后面的循环体语句。然后计算 while 后面表达式的值,如果其值为"真"(非 0),则继续执行循环体;如果表达式的值为"假"(0),则退出循环。do-while 的执行过程如图 3.8 所示。

说明:① do-while 循环与 while 循环十分相似,它们的主要区别是:while 循环先判断循环条件再执行循环体,循环体可能一次也不执行。do-while 总是先执行一次循环体,然后

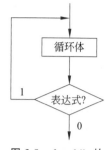

图 3.8   do-while 的
执行过程

再求表达式的值,因此,无论表达式是否为"真",循环体至少执行一次。

② 当 do-while 语句的循环体语句中只有一条语句时也可不用花括号,但是加上花括号可增加程序的可读性。

【例 3.13】 编写程序计算:$1+2+3+\cdots+n$,其中 n 是由键盘输入的任意正整数。

分析:该题与例 3.12 相似,只是将 100 改成了 n,而 n 的值由键盘输入,这样具有更好的灵活性。这里对例 3.12 的代码进行一些修改,并使用 do-while 编程实现。

例 3.13 的参考程序如下。

```
1.  #include <stdio.h>
2.  int main()
3.  {
4.      int n, i=1, sum=0;
5.      printf("input n: ");
6.      scanf("%d", &n);
7.      do
8.      {   sum=sum+i;
9.          i++;
10.     } while (i<=n);
11.     printf("sum=%d\n",sum);
12.     return 0;
13. }
```

【例 3.14】 编写一个简单教学程序,训练小学生的加减法,能够随机产生两位数的加减法测试题。若结果错误则提示练习者重新计算,若结果正确则给予表扬,并询问练习者是否继续。

分析:根据问题要求,首先需要使用随机数函数,利用随机数函数,产生 100 以内的两个数;再产生 2 以内的一个随机数,当随机数为 0 时运算符为减号,随机数为 1 时运算符为加号。在屏幕上输出加法或减法的算式,学生输入计算结果,判断学生计算结果是否正确,给出相应答复。询问是否继续做题,如回答 y 或 Y 则进入下一次循环,否则退出。需要注意的是,如果减数大于被减数,需要将两个数交换。该问题至少要进行一次运算才可以退出,因此是一种直到型循环。

例 3.14 的参考程序如下。

```
1.  #include<stdio.h>
2.  #include<stdlib.h>        //该头文件中有 rand、srand、system 函数的函数声明
3.  #include<time.h>          //该头文件中有 time 函数的函数声明
4.  int main()
5.  {
6.      int x, y, comp, result, temp;
7.      char ch, choice;
8.      srand(time(0));        //获取系统时间作为随机数的种子
9.      do
10.     {   system("cls");    //调用系统命令——清除屏幕
11.         x=rand()%100;     //rand 函数产生一个 0~32767 的随机整数
12.         y=rand()%100;     //通过取余运算可将产生的随机数控制在 0~99
```

```
13.          if(rand()%2==0)           //rand()%2,将产生的随机数控制在 0~1
14.          {  ch='-';                //随机数为 0 时,ch 赋值为减号
15.             if (x<y)
16.                {  temp=x;   x=y;   y=temp;   }
17.          }
18.          else  ch='+';            //随机数为 1 时,ch 赋值为加号
19.          printf("\n%d%c%d=", x, ch, y);
20.          scanf("%d", &result);
21.          getchar();               //空读,其作用是读取回车符
22.          if (ch=='-')   comp=x-y;
23.          else  comp=x+y;
24.          if(result==comp)  printf("答案正确,非常好!\n");
25.          else
26.          {  printf("答案错误,再来一次!\n");
27.             printf("\n%d%c%d=", x, ch,y);
28.             scanf("%d", &result);
29.             getchar();           //空读
30.             if(result==comp)  printf("答案正确,非常好!\n");
31.             else  printf("答案错误,%d%c%d=%d\n",x,ch,y,comp);
32.          }
33.          printf("继续吗?y/n");
34.          choice=getchar();
35.      }while(choice=='y'||choice=='Y');       //输入 y 或 Y 结束程序
36.      return 0;
37. }
```

说明:第 21 行和第 29 行有一语句 getchar();注释写的是空读,其目的是为了读取回车符。但是前面输入数据时从来都没特别处理过回车符,为什么这里要单独处理呢?读者可以先将这两行删除或注释掉,然后运行程序,看看会不会出现问题,体会一下有空读和没有空读的区别。

一般来说,如果先输入数值型数据(即整数或实数),再输入字符数据或字符串时,需要在输入数值型数据后使用空读,读取回车符,否则后面输入字符时读取就是回车符,会对程序的运行造成不良影响。

3.3.4　for 循环

3-10 for 循环

循环结构一般都会有一个控制循环的变量,如 1~100 求和的 while 循环部分的代码如下。

```
int i=1, sum=0;
while (i<=100)
{  sum=sum+i;
   i++;
}
```

这里的变量 i 在进入循环前,为该变量赋初值为 1,根据该变量的值是否小于或等于 100 确定是否循环,在循环体内改变 i 的值不断加 1,使循环趋于结束。对于此类的当型循环结构,C 语言提供了一种更紧凑的结构——for 循环。

for 循环的一般形式:

> **for (表达式 1；表达式 2；表达式 3)**
>   **循环体；**

这里的 for 是关键字，其后有 3 个表达式，各表达式用分号进行分隔，通常用于 for 循环控制。

for 循环的执行过程（见图 3.9）如下。

① 计算表达式 1。

② 计算表达式 2，若其值为真（非 0，表示循环条件成立），则转③；若其值为假（0，循环条件不成立），则转⑤。

③ 执行循环体。

④ 计算表达式 3，然后转②继续判断循环条件是否成立。

⑤ 结束循环，执行 for 循环之后的语句。

将 1～100 求和的代码由 while 循环改写为 for 循环，如图 3.10 所示。

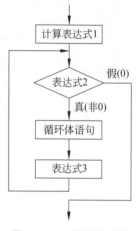

图 3.9　for 的执行过程

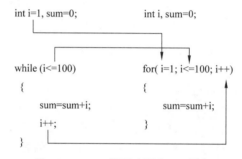

图 3.10　while 循环改写为 for 循环

【例 3.15】　编程计算：$1+1/2+1/4+\cdots+1/50$。

分析：观察数列，除第一项为 1 外，其他项的分子全部为 1，分母全部是偶数。同样考虑用循环实现。其中累加器用 sum 表示（初值设置为第一项是 1，以后不累加第一项），循环控制用变量 i（i 从 2 变化到 50）控制，数列通项为 1/i。下面分别用 while、do-while 和 for 循环实现例 3.15 的程序。

while 实现	do-while 实现	for 实现
```c#include <stdio.h>int main( ){ float sum=1; int i=2; while (i<=50) { sum=sum+1.0/i; i+=2; } printf("%f\n", sum); return 0;}```	```c#include <stdio.h>int main( ){ float sum=1; int i=2; do { sum=sum+1.0/i; i+=2; } while (i<=50); printf("%f\n", sum); return 0;}```	```c#include <stdio.h>int main( ){ float sum=1; int i; for (i=2; i<=50; i+=2) sum=sum+1.0/i; printf("%f\n", sum); return 0;}```

比较以上 3 种语句实现代码,显然 for 语句更加紧凑,for 语句最常用的形式:

for (循环变量赋初值;循环条件;循环变量修正)
循环体;

注意:若循环体包含一条以上的语句,则必须用一对花括号括起来构成复合语句;否则,将仅把第一条语句作为循环体的内容,这样就会产生逻辑错误。

【例 3.16】 求正整数 n 的阶乘 n!,其中 n 由用户输入。

分析:n!=1×2×…×n;设置变量 fact 为累乘器(被乘数),i 为乘数,兼作为循环控制变量。

例 3.16 的参考程序如下。

```
1.  #include <stdio.h>
2.  int main( )
3.  {
4.      int i, n, fact;
5.      scanf("%d", &n);
6.      for (i=1, fact=1; i<=n; i++)
7.          fact=fact * i;
8.      printf("%d\n", fact);
9.      return 0;
10. }
```

阶乘的数值增长的非常快,可以运行程序测试一下,输入的 n 值为多大时,n! 的值会超过 int 型的表示范围,为了能够计算更大的 n,应该如何处理?

说明:① for 语句中的表达式 1、表达式 2、表达式 3 每一个都可以省略,甚至 3 个表达式都可以同时省略,但是起分隔作用的分号不能省略。

② 如果省略表达式 1,即不在 for 语句中给循环变量赋初值,则应该在 for 语句前给循环变量赋初值(其实不是真的省略了表达式 1,只不过是换个位置)。例如:

```
fact=1;                         fact=1; i=1;
for (i=1; i<=n; i++)  等价于   for ( ; i<=n; i++)
   fact=fact * i;                  fact=fact * i;
```

③ 如果省略表达式 2,即不在表达式 2 的位置判断循环终止条件,即认为表达式 2 始终为"真",此时循环将无终止地进行,则应该在其他位置(如循环体中)安排检测及退出循环的机制。例如:

```
for (i=1, fact=1;  ; i++)      //注意这里没有表达式 2
{  fact=fact * i;
   if (i==n)  break;           //通过 if 语句判断,条件为真时用 break 语句结束 for 循环
}
```

④ 如果省略表达式 3,即不在此位置进行循环变量的修改,则应该其他位置(如循环体中)安排使循环趋向于结束的工作。例如:

```
for(i=1,fact=1; i<=n;   )        //注意这里没有表达式 3
{  fact=fact * i;
   i++;                          //此处对循环变量 i 进行修改
}
```

⑤ 表达式 1 可以是设置循环变量初值的表达式(常用),也可以是与循环变量无关的其他表达式;表达式 1 和表达式 3 可以是简单表达式,也可以是逗号表达式。例如:

```
i=1;                              //在 for 语句之前给循环变量 i 赋初值
for( fact=1; i<=n ; i++)          //表达式 1 与循环变量无关
  {  …  }
for( i=0, j=100; i<=j; i++, j--)  //表达式 1 和表达式 3 是逗号表达式
  {  …  }
```

⑥ 表达式 2 一般为关系表达式或逻辑表达式,也可以是数值表达式或字符表达式,事实上只要是表达式就可以。例如:

```
for ( ; (c=getchar())!='\n'; i+=c)
    printf("%c", c);
```

总结:从上面的说明可以看出,C 语言的 for 语句功能强大,使用灵活,可以把循环体和一些与循环控制无关的操作也作为表达式出现,程序短小简洁。但是,如果过分使用这个特点会使 for 语句显得杂乱,降低程序可读性。为保证程序设计的良好风格,建议不要把与循环控制无关的内容放在 for 语句的 3 个表达式中。

【例 3.17】 古典问题:有一对兔子,从出生后第 3 个月起每月都生一对兔子,小兔子长到第 3 个月后每月又生一对兔子,假如兔子都不死,问每个月有几对兔子?

分析:兔子的规律为数列 1,1,2,3,5,8,13,21,…从第三项开始,每一项都是前两项的和。可以采用递推法,由前两个月推出第 3 个月。前 5 个月兔子的增长情况如图 3.11 所示。

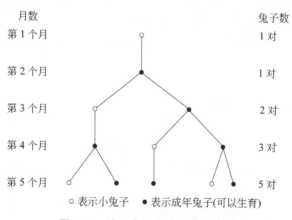

图 3.11　前 5 个月兔子的增长情况

这个数列其实就是著名的斐波那契数列(Fibonacci sequence),又称黄金分割数列。为什么是黄金分割数列呢?因为 f_n / f_{n+1} 的比值越来越逼近 0.618。

斐波那契数列与矩形面积的生成相关,由此可以导出斐波那契数列的一个性质,如图 3.12(a)所示,所有小正方形的面积之和等于大矩形的面积,可以得到下面的恒等式:

$$f_1^2 + f_2^2 + \cdots + f_n^2 = f_n \times f_{n+1}$$

在这些正方形内画圆弧,连起来就形成了斐波那契螺旋,如图 3.12(b)所示。

例 3.17 的参考程序如下。

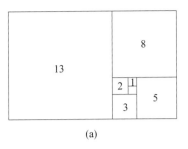
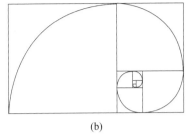

(a)   (b)

图 3.12　斐波那契矩形和斐波那契螺旋

```
1.  #include <stdio.h>
2.  int main( )
3.  {
4.      int i, f1=1, f2=1;
5.      for(i=1; i<=20; i++)
6.      {   printf("%12d %12d", f1, f2);
7.          if (i%2==0)  printf("\n");      //控制每行输出 4 个数,使输出数据整齐美观
8.          f1=f1+f2;                       //计算第 3 个月的兔子数
9.          f2=f1+f2;                       //计算第 4 个月的兔子数
10.     }
11.     return 0;
12. }
```

3.3.5　循环嵌套

3-11 循环
比较

1. while、do_while 和 for 3 种循环的比较

C 语言中,3 种循环结构(不考虑 if 和 goto 构成的循环)都可以用来处理同一个问题,但在具体使用时存在一些细微的差别。如果不考虑可读性,一般情况下它们可以相互代替。

(1) 循环变量的初始化。while 和 do-while 循环,循环变量的初始化应该在 while 和 do-while 语句之前完成;而 for 循环,循环变量的初始化可以在表达式 1 中完成。

(2) 循环条件。while 和 do-while 循环只在 while 后面指定循环条件;for 循环可以在表达式 2 中指定循环条件。

(3) 循环变量的修改使循环趋向结束。while 和 do-while 循环要在循环体内包含使循环趋于结束的操作;for 循环可以在表达式 3 中完成。

(4) for 循环可以省略循环体,将部分操作放到表达式 2、表达式 3 中,for 语句功能强大。

(5) while 和 for 循环先判断条件后执行循环体,而 do-while 是先执行循环体再判断条件。

3 种基本循环结构不能说哪种更优越,具体使用哪一种结构依赖于程序的可读性和程序员的设计风格。应当尽量选择恰当的循环结构,使程序更容易理解。

2. 循环嵌套

循环嵌套是指在一个循环的循环体中有另一个完整的循环语句,while、do-while 和 for 3 种循环可任意进行嵌套,当然最常用的是 for 循环。

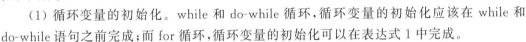

3-12 循环嵌套

还记得图 3.13 所示的星号组成的图形吗？

```
******      *          *          *
******      **         ***        ***
******      ***        *****      *****
******      ****       *******     ***
******      *****      *********     *
 (a)        (b)         (c)        (d)
```

图 3.13　星号组成的图形

在第 2 章刚开始学习输出函数时曾经让写程序实现图 3.13 所示的图形，但那时的程序写得太简单，没什么技术性，现在学习了循环结构，可以把程序写得更专业。

图 3.13(a)星号组成的矩形，在讲 while 循环时写的程序如下。

```
#include<stdio.h>
int main()
{
    int i ;                     //i 就是计数器
    i=0;                        //i 初值赋为 0
    while ( i<5 )
    {   printf("******\n");
        i=i+1;
    }
    return 0;
}
```

现在可以把这个单层循环改写成双层循环，怎么改呢？这一行的 6 个星号其实是 1 个星号重复输出了 6 次，所以把 printf("******\n")；这一句写成一个循环，这里分别写一个双层 while 循环和一个双层 for 循环的程序。

while 循环嵌套：	for 循环嵌套：

1.　#include<stdio.h>
2.　int main()
3.　{
4.　　int i , j;
5.　　i=0;
6.　　while (i<5)
7.　　{   j=0;
8.　　　while(j<6)
9.　　　{   printf(" * ");
10.　　　　j++;
11.　　　}
12.　　　printf("\n");
13.　　　i++;
14.　　}
15.　　return 0;
16.　}
	1.　#include<stdio.h>
	2.　int main()
	3.　{
	4.　　int i , j;
	5.　　for(i=0; i<5; i++)
	6.　　{ for(j=0; j<6; j++)
	7.　　　{
	8.　　　　printf(" * ");
	9.　　　}
	10.　　printf("\n");
	11.　　}
	12.　　return 0;
	13.　}

分析：在双层循环中，外层循环是控制行数的，内层循环是控制列数的，即控制一行输

出几个星号。另外,换行操作是外层循环中的一条语句,千万不能把它放在内层循环里。

【例 3.18】 输出如图 3.14 所示的由星号组成的直角三角形。

分析:图 3.14 这个图形还是有 5 行,所以外层循环不用修改,关键是每一行的星号数量都不一样,应该怎么处理呢?虽然每行星号数量不同,但是很有规律,第 1 行有 1 个星号,第 2 行有 2 个星号……第 i 行有 i 个星号,所以内层循环的次数和当前是第几行有关,只需要修改内层循环的循环条件。

```
*
**
***
****
*****
```

图 3.14 星号组成的直角三角形

例 3.18 的参考程序如下。

```
1.  #include<stdio.h>
2.  int main()
3.  {
4.      int i, j;
5.      for( i=1; i<=5; i++)
6.      {   for( j=1; j<=i; j++)        //把原来的 j<6 修改成 j<=i
7.          {   printf(" * ");   }
8.          printf("\n");
9.      }
10.     return 0;
11. }
```

【例 3.19】 输出图 3.15 所示的直角三角形形式的九九乘法口诀表,每个数占 4 列。

```
□□□1
□□□2    4
□□□3    6    9
□□□4    8   12   16
□□□5   10   15   20   25
□□□6   12   18   24   30   36
□□□7   14   21   28   35   42   49
□□□8   16   24   32   40   48   56   64
□□□9   18   27   36   45   54   63   72   81
```

图 3.15 九九乘法口诀表

分析:图 3.15 这种形式的乘法口诀表是 9 行 9 列,其实和图 3.14 所示的星号直角三角形格式是一样的,只不过这里输出的不是星号而是数据,仍然可以用外层循环控制行,内层循环控制列。只需把例 3.18 的程序稍加修改就可以得到例 3.19 的程序。

例 3.19 的参考程序如下。

```
1.  #include<stdio.h>
2.  int main()
3.  {
4.      int i , j;
5.      for( i=1; i<=9; i++)        //i 初值赋为 1,因为有 9 行故表达式 2 为 i<=9
6.      {   for( j=1; j<=i; j++)    //j 初值赋为 1
7.          {   printf("%4d", i*j);   }  //九九乘法表中的数就是行数 * 列数
8.          printf("\n");
```

```
9.        }
10.       return 0;
11.   }
```

【练习3.5】 请输出下面格式的九九乘法表。

```
1*1=1
1*2=2  2*2=4
1*3=3  2*3=6   3*3=9
1*4=4  2*4=8   3*4=12  4*4=16
1*5=5  2*5=10  3*5=15  4*5=20  5*5=25
1*6=6  2*6=12  3*6=18  4*6=24  5*6=30  6*6=36
1*7=7  2*7=14  3*7=21  4*7=28  5*7=35  6*7=42  7*7=49
1*8=8  2*8=16  3*8=24  4*8=32  5*8=40  6*8=48  7*8=56  8*8=64
1*9=9  2*9=18  3*9=27  4*9=36  5*9=45  6*9=54  7*9=63  8*9=72  9*9=81
```

【练习3.6】 输出如图3.16所示的由星号组成的图形。

【例3.20】 输出如图3.17所示的由星号组成的等腰三角形。

图 3.16 练习 3.6 图形   图 3.17 由星号组成的等腰三角形

分析：图3.17这个图形还是5行，所以外层循环不用变，每一行的星号个数量是1、3、5、7、9。先找规律，第 i 行的星号个数和 i 的关系是什么？第 i 行有 2×i−1 个星号。另外，这个图形还必须要处理如何输出星号左边的空格，先来数数每一行前面的空格数，第1行有4个空格，第2行有3个空格，第3行有2个空格，第4行有1个空格，第5行有0个空格。同样的方法，找到第 i 行空格个数与 i 的关系，是不是5−i？对于每一行，要做的是先输出空格，再输出星号。

例3.20的参考程序如下。

```
1.    #include <stdio.h>
2.    int main( )
3.    {
4.        int i, j, k;
5.        for ( i=1; i<=5 ; i++)
6.        {  for ( j=1; j<=5-i ; j++)  putchar(' ');        //该 for 循环负责输出空格
7.           for ( k=1; k<=2 * i-1 ; k++)  putchar('*');  //该 for 循环负责输出星号
8.           putchar('\n');
9.        }
10.       return 0;
11.   }
```

【练习3.7】 输出如图3.18所示的由星号组成的图形(提示：图3.18(c)的菱形可分成上下两个部分分别输出)。

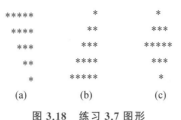

图 3.18　练习 3.7 图形

【例 3.21】　百钱买百鸡问题：古代数学家在《算经》中有一道题：“鸡翁一，值钱五；鸡母一，值钱三；鸡雏三，值钱一。百钱买百鸡，问鸡翁、鸡母、鸡雏各几何？”意思是：公鸡 5 文钱买 1 只，母鸡 3 文钱买 1 只，小鸡 1 文钱买 3 只。用 100 文钱，买 100 只鸡，问公鸡、母鸡、小鸡各买几只？

分析：该问题有 3 个变量：公鸡数、母鸡数、小鸡数，但只能列出两个方程：

$x+y+z=100$

$5x+3y+z/3=100$

这是一个不定方程，解决这类问题，可以先假设 x 的值，再设 y 的值，找出满足条件的 z 值。为找出所有的解答，需要验证所有满足条件的取值。因此，x 应该从 1 循环到 20（第二个方程约束条件），在 x 循环的内层 y 从 1 循环到 33，在 y 循环的内层 z 从 3 循环到 100，如果两个方程都满足条件，那么就是所需要的解答，这是典型的穷举法。

例 3.21 的参考程序 1 如下。

```
1.  #include <stdio.h>
2.  int main()
3.  {
4.      int x, y, z;
5.      for (x=1; x<20; x++)
6.        for (y=1; y<33; y++)
7.          for (z=3; z<100; z+=3)        //由于小鸡每文钱买 3 只，所以 z=z+3
8.            if (5*x+3*y+z/3==100 && x+y+z==100)
9.                printf("cock:%d, hen:%d, chicken:%d\n", x, y, z);
10.     return 0;
11. }
```

说明：上面的程序使用了 3 层循环来解决问题，程序结构简单明了。但是设计程序不仅要正确，还要注意程序的执行效率。一般来说，在循环嵌套中，内层循环执行的次数等于该循环嵌套结构中每一层循环重复次数的乘积。

例如，上面的程序中，外层循环每执行一次，第二层要循环 32 次，而第三层要循环 $32 \times 33 = 1056$ 次。这样程序执行下来，最内层的 if 语句要执行 $19 \times 32 \times 33 = 20064$ 次。所以，在编写程序时，需要考虑尽可能地减少循环执行的次数。如何减少循环执行的次数？这里其实是考验你的数学功底。对于“百钱百鸡问题”，由方程组：$x+y+z=100$ 和 $5x+3y+z/3=100$，可以导出：$x=4z/3-100$ 和 $y=100-x-z$。这样就只有 z 一个未知数，如果知道 z，就可以求出 x 值，进而求出 y 值。因此，只要将 z 作为循环变量就可以了。

例 3.21 的参考程序 2 如下。

```
1.   #include <stdio.h>
2.   int main()
3.   {
4.       int x, y, z;
5.       for (z=3; z<100; z+=3)
6.       {   x=4 * z/3-100;
7.           if(x>0)                    //只有 x>0 时,才需要继续计算 y 和 z
8.           {   y=100-x-z;
9.               if ( y>0 && 5 * x+3 * y+z/3==100 && x+y+z==100)
10.                  printf("cock:%d, hen:%d, chicken:%d\n", x, y, z);
11.          }
12.      }
13.      return 0;
14.  }
```

说明：尽管循环体内的语句增多了，但是只有一层循环，并且循环次数也只有 33 次，所以程序的运行效率大大提高。

从上面的分析可以看出，一个好的算法可以提高程序的执行效率，但是要设计出一个好的算法，却要花费很大的精力，而且有时提高效率的同时可能会降低程序的可读性。

掌握好程序的易读性和程序的效率之间的关系，因需要不同故侧重点也不同。例如，在处理实时问题时，效率应该优先；而在程序量不大，计算机速度又非常快的情况下，效率就不是很重要的。

【练习 3.8】 输入一个 int 型范围内的任意正整数（即该数不确定是几位数，可能是 2 位数，也可能是 7 位数），分解出它的每一位数字，并按个位、十位、百位……的顺序输出，测试数据如下。

输入：34567
输出：7 6 5 4 3

3-13 break 和
continue 语句

3.4 break 和 continue 语句

前面介绍的 3 种基本循环结构都是在执行循环体之前或之后通过对一个表达式的测试来决定是否终止对循环体的执行。有时出于程序设计的需要，应提前结束循环体。这时可以利用系统提供的 break 语句立即终止循环的执行，而转到循环结构的下一条语句处执行。循环中还有一种情况是，根据执行结果，本次循环不需要（或不能）执行到最后，就应开始下一次循环。这时可以利用 continue 语句结束本次循环，开始下一次循环。

3-14 判断
素数

3.4.1 break 语句

【例 3.22】 判断一个整数是否是素数。

分析：素数是一个大于 1 的自然数，除了 1 和它自身外，不能被其他自然数整除的数，素数也称为质数。

按照这个定义，判断一个数 m 是否是素数最直接的方法是用 m 分别去除 $2 \sim m-1$，如果其中有一个数能被整除，就说明 m 不是素数，只有 $2 \sim m-1$ 都不能整除，m 才是素数。

如果有一个数能整数,则 m 不是素数,这时就不需要再继续做后面的除法,希望循环可以提前结束。提前结束退出循环的语句是 break。

break 语句的一般形式:

break;

break 语句终止对 switch 语句或循环语句的执行,而转移到其后的语句处执行。

说明:break 语句只用于循环语句或 switch 语句中。在循环语句中,break 常常和 if 语句一起使用,表示当条件满足时,立即终止循环。注意,break 语句不是跳出 if 语句,而是跳出循环结构。函数 exit()也能结束循环,但它是直接退出程序,而不仅仅是循环。

例 3.22 的参考程序如下。

```
1.   #include <stdio.h>
2.   int main( )
3.   {
4.       int m, i;
5.       scanf("%d", &m) ;
6.       for (i=2; i<m; i++)          //i<m 也可以写成 i<=m-1
7.       {   if (m%i==0)              //m 整除 i,即余数为 0
8.               break;               //能整除说明 m 不是素数,此时可以提前结束 for 循环
9.       }
10.      if ( i == m )               //如果 i=m,则说明没有提前结束 for 循环,m 就是素数
11.          printf ("%d is a prime number\n", m);
12.      else  printf ("%d is not a prime number\n", m);
13.      return 0;
14.  }
```

分析:虽然这个方法是对的,但是效率比较差。试想一下,如果 m 这个数很大,如 m＝98475622,循环最多会执行 98475622－2＝98475620 次。真的有必要从 2～m－1 都进行判断吗?看一个简单的例子:m＝24,m 除 12 结果为 2,m 除大于 12 的数 13,14,…,23,是不是都只能得到一个 1.*** 的小数,不可能再整除了,所以只需要除到 m 的一半就行了。即使如此,当 m 很大时,98475622/2＝49237811 次,循环次数还是很多。有没有更快的方法呢?这时又看出数学有多重要了,数学家们证明,判断 m 是否为素数,只需要用 m 分别去除 2～$\sqrt{m}$ 就足够了。例如,当 m＝98475622,$\sqrt{m}$＝9923(取整后的数),是不是效率大大提高了。程序可以按这个方法进行改进。

例 3.22 改进后的参考程序如下。

```
1.   #include <stdio.h>
2.   #include<math.h>             //因为要用平方根函数 sqrt,所以必须包含这个头文件
3.   int main( )
4.   {
5.       int m, i, q;
6.       scanf("%d", &m) ;
7.       q=sqrt((double)m);       //计算 m 的平方根
8.       for (i=2; i<=q; i++)     //注意循环条件是 i<=q
9.       {   if (m%i==0)  break;  }
10.      if ( i > q )             //因循环条件是 i<=q,这里必须对应修改为 i>q
```

```
11.        printf ("%d is a prime number\n", m);
12.    else  printf ("%d is not a prime number\n", m);
13.    return 0;
14. }
```

说明：第 7 行是 q＝sqrt((double)m);，因 sqrt 函数的原型是 double sqrt(double)，其中参数要求是 double 型，而 m 是 int 型，所以这里进行了强制类型转换。sqrt 函数的计算结果也是 double 型，为什么这里直接就赋值给了整型变量 q？想一想，是否还需要写强制类型转换，即写成 q＝(int)sqrt((double)m);。

【例 3.23】 输出 100 以内的所有素数。

分析：显然这个问题需要两层循环，外层循环从 3～100，分别判断这个区间内的每一个数是否是素数。内层循环是负责判断素数的，就可以使用上面的判断方法。

例 3.23 的参考程序如下。

```
1.  #include <stdio.h>
2.  #include <math.h>
3.  int main( )
4.  {
5.      int m, i, q, flag;    //flag 是标识变量,flag=1 表示是素数,flag=0 表示不是素数
6.      printf("%5d", 2);         //2 比较特殊,可以单独输出
7.      for (m=3; m<=100; m+=2)   //外层循环从 3~100,实际上只要判断奇数是否为素数
8.      {   q=sqrt((double)m);
9.          flag=1;
10.         for (i=2; i<=q; i++)  //内层循环判断 m 是不是素数
11.         {   if (m%i==0)
12.             {   flag=0;       //flag 赋值为 0,表示 m 不是素数
13.                 break;        //结束内层的 for 循环
14.             }
15.         }
16.         if (flag==1)  printf("%5d", m);    //flag 为 1 时,输出 m
17.     }
18.     return 0;
19. }
```

【练习 3.9】 输出 100～200 的所有素数，并且输出一共有多少个素数。

循环语句可以嵌套使用，break 语句只能跳出其所在的循环，而不能一下子跳出多层循环。要实现跳出多层循环可以设置一个标志变量，控制逐层跳出。例如：

```
for (…)                              //外层 for 循环
{ …
    flag=0;                          //标志变量初始化为 0
    for (…)                          //内层 for 循环
    { …
        if (…)
        {   flag=1;                  //标志变量赋值为 1
            break;                   //该 break 语句可以跳出内层 for 循环
        }
```

```
    …
    } //内层 for 循环结束
    if (flag==1)  break;                    //当 flag 为 1 时,可以继续跳出外层 for 循环
} //外层 for 循环结束
```

【例 3.24】 从键盘上连续输入多个字符,并统计其中大写字母的个数,直到输入回车符时结束。

分析:该问题循环次数不确定,while 的条件可以永恒成立,以 if 语句判断条件,用 break 语句结束循环。

例 3.24 的参考程序如下。

```
1.  #include <stdio.h>
2.  int main()
3.  {
4.      char ch;
5.      int sum=0;
6.      while (1)                      //永真循环
7.      {  ch=getchar();
8.          if (ch=='\n')  break;       //必须用 break 语句结束循环
9.          if (ch>='A'&&ch<='Z')  sum++;
10.     }
11.     printf("%d\n", sum);
12.     return 0;
13. }
```

3.4.2 continue 语句

【例 3.25】 从键盘输入 30 个字符,统计其中不是数字的字符个数。

分析:该问题需要进行 30 次循环,根据输入的字符来确定是否计数。如果输入的是数字,则不计数,重新输入(即结束本次循环,重新开始下一次循环);否则,计数器自加 1,然后开始下一次循环。为此,C 语言提供了 continue 语句。

continue 语句的一般形式:

continue;

continue 语句的功能是结束本次循环,即跳过本层循环体中余下尚未执行的语句,接着再进行下一次循环条件的判定。注意,执行 continue 语句并没有使整个循环终止。

例 3.25 的参考程序如下。

```
1.  #include <stdio.h>
2.  int main()
3.  {
4.      int i, sum=0;
5.      char ch;
6.      for (i=1; i<=30; i++)
7.      {  ch=getchar();
8.          if (ch>='0'&&ch<='9')
9.              continue;               //因为不统计数字,故结束本次循环,不执行其后的 sum++
```

```
10.         sum++;
11.     }
12.     printf("%d\n", sum);
13.     return 0;
14. }
```

在 while 和 do-while 循环中,continue 语句使流程直接跳到循环控制条件的测试部分,然后决定循环是否继续执行。在 for 循环中,遇到 continue 后,跳过循环体中余下的语句,而去对 for 语句中的表达式 3 求值,然后进行表达式 2 的条件判断,最后决定 for 循环是否执行。

注意:break 语句和 continue 语句的主要区别在于,continue 语句只终止本次循环,而不是终止整个循环结构的执行;break 语句是终止循环,不再进行条件判断。

break 和 continue 的执行过程分别流程如图 3.19(a)和(b)所示。

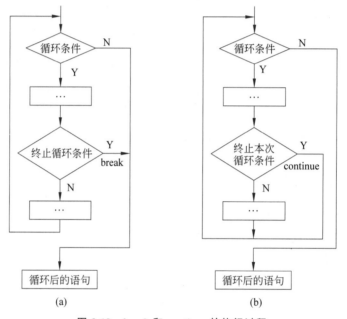

图 3.19　break 和 continue 的执行过程

3.5　goto 语句

goto 语句作为一种特殊的语句,表示无条件转移。在介绍 goto 语句之前,先介绍语句标号的概念。

1. 语句标号

语句标号是一个标识符加冒号":",它表示程序指令的地址。语句标号的标识符应遵守标识符的命名规则。例如:

```
loop:
ERR:
```

2. goto 语句

goto 语句是无条件转移语句,其形式:

goto 语句标号；

goto 语句的功能：程序无条件转移到"语句标号"处执行。

结构化程序设计方法主张"限制"(注意不是"禁止")使用 goto 语句。因为 goto 语句不符合结构化程序设计的准则——模块化。无条件转移使程序结构无规律,可读性变差。但是,任何事情都是一分为二的,如果能大大提高程序的执行效率,也可以使用。

goto 语句常见的两种用途如下。

(1) if/goto 构成循环——被 while、do-while 和 for 代替。

这样的循环仅仅是为了说明 goto 语句的使用,实际建议不要这样使用。

【例 3.26】 用 if 和 goto 构成的循环计算 $1+2+3\cdots+100$。

```
1.   #include <stdio.h>
2.   int main( )
3.   {
4.       int i=1, sum=0;
5.       LOOP:                   //LOOP 是标号
6.       sum=sum+i; i++;
7.       if (i>100)  goto  PRT;  //转移到标号 PRT 处,即执行 printf("sum=%d\n", sum);
8.       goto  LOOP;             //转移到标号 LOOP 处,即从语句 sum=sum+i;开始执行
9.       PRT:                    //PRT 是标号
10.      printf("sum=%d\n", sum);
11.      return 0;
12.  }
```

(2) 从循环体跳到循环体外——被 break 和 continue 代替。

break 跳出本层循环,continue 结束本次循环,跳出多层循环时用 goto 语句比较方便。例如:

```
for (…)                        //外层 for 循环
{  …
   for (…)                     //内层 for 循环
   {  …
      if (…)
         goto  END;            //直接转移到外层 for 循环的外面,执行 printf
      …
   }                           //内层 for 循环结束
   …
}                              //外层 for 循环结束
END:
   printf(…);
…
```

3.6　本章小结

本章从关系运算与逻辑运算入手,介绍了分支程序和循环程序的编写。关系运算和逻辑运算是编写分支程序和循环程序的基础。C 语言提供了十分完善的结构化流程控制结

构,采用结构化程序设计能够设计出容易理解以及容易测试、调试和修改的程序。结构化程序设计提供了 3 种基本结构:顺序结构、选择结构和循环结构,由这 3 种基本结构可以组合设计复杂的程序。

关系运算实际就是比较运算,比较运算有小于、大于、小于或等于、大于或等于、等于、不等于,前 4 个优先级相同,后两个运算符优先级也相同,都低于前 4 种关系运算符。关系运算符是双目运算符,结合方向是从左到右。

逻辑运算有逻辑与(&&)、逻辑或(||)、逻辑非(!)。其中,! 是单目运算符,&& 和 || 是双目运算符。! 运算符的结合方向是从右到左,而 && 和 || 的结合方向则是从左到右。

选择结构由 3 种语句 if、if-else 和 switch 实现。选择结构的特点是程序的流程由多路分支组成,在程序的一次执行过程中,根据不同的情况,只有一条支路被选中执行,而其他分支上的语句被直接跳过。

循环结构同样由 3 种语句 while、do-while、for 实现。特点是当满足某个条件时,程序中的某个部分需要重复执行多次。

循环结构通常由 4 部分组成:①循环变量、条件(状态)的初始化;②循环变量、条件(状态)检查,以确认是否进行循环;③循环变量、条件(状态)的修改,使循环趋于结束;④循环体处理的其他工作。

循环结构分为当型循环和直到型循环。当型循环可以使用 while 语句和 for 语句,直到型循环使用 do-while 语句。循环过程可以使用 break 结束循环,退出循环体;使用 continue 语句结束本次循环,开始新的循环。

在一个程序中,通常不是仅由一种结构实现,而是对 3 种结构的综合应用,这 3 种结构之间通过某种形式的连接完成一个复杂的程序设计。

3.7 程序举例

1. 穷举法求解不定方程

【例 3.27】 五家共井问题。我国的《九章算术》中有一个不定方程,被认为是最早的不定方程:今有五家共井,甲二绠不足如乙一绠;乙三绠不足如丙一绠;丙四绠不足如丁一绠;丁五绠不足如戊一绠;戊六绠不足如甲一绠;各得所不足一绠皆逮。问:井深、绠长各几何?(注:绠读 gěng,井绳)

分析:设甲、乙、丙、丁、戊各家绳长分别为 x、y、z、u、v,井深为 h,依题意则得含 6 个未知数的不定方程:

$2x+y=h;$

$3y+z=h;$

$4z+u=h;$

$5u+v=h;$

$6v+x=h;$

分析方程组,发现 6 个变量 5 个方程。当 h 一定时,如果 x、y、z、u、v 中有一个确定,则其他 4 个变量就可以确定了。以 v 为例,解方程组可以得到关系式:

$x=h-6v$

y＝h－2x

z＝h－3y

u＝h－4z

只要将 h 和 v 的所有可能列出，就可以求出变量了。设井深不超过 10m，各家的绳长度以 cm 为单位，则 h＝7～1000，v＝1～h/6，可以通过两层循环解得答案。

例 3.27 的参考程序如下。

```
1.  #include <stdio.h>
2.  int main()
3.  {
4.      unsigned int x, y, z, u, v, h;
5.      for(h=7; h<=1000; h++)
6.      {   for(v=1; v<=h/6; v++)
7.          {   x=h-6*v;   y=h-2*x;   z=h-3*y;   u=h-4*z;
8.              if(2*x+y==h &&3*y+z==h&&4*z+u==h&&5*u+v==h&&6*v+x==h)
9.                  printf("x=%d,y=%d,z=%d,u=%d,v=%d,h=%d\n",x,y,z,u,v,h);
10.         }
11.     }
12.     return 0;
13. }
```

【例 3.28】 有一本书，被人撕掉了其中一页。已知剩余页码之和为 140，问：这本书原来共有多少页？撕掉的是哪一页？

分析：书的页码总是从第 1 页开始，每张纸的页码均为奇数开头，结束页未必是偶数，一页纸上有两个连续的页码，设为 x、x＋1，由前面地分析知道 x 为奇数。设 n 表示原书的页码数，总页码之和为 s，因为页码之和为 140，所以 n＜20。

由此可以写出不定方程：s－x－(x＋1)＝140，其中 1≤x≤n－1 且 x 为奇数。

例 3.28 的参考程序如下。

```
1.  #include <stdio.h>
2.  #include <stdlib.h>
3.  int main()
4.  {
5.      int n=1, s=0, x;
6.      system("cls");                      //清屏
7.      do
8.      {   s=s+n;
9.          for(x=1; x<=n-1; x+=2)
10.             if(s-x-x-1==140)   printf("%d,%d,%d,%d", n, s, x, x+1);
11.         n++;
12.     } while(n<=20);
13.     return 0;
14. }
```

说明：这种算法也称为枚举法，其核心是全面排查，找出满足条件的所有情况。程序设计比较简单，但只适用于有限问题的求解。

2. 递推问题求解

有一类问题，相邻的两项数据之间的变化有一定的规律性，可将这种规律归纳成简洁的递推关系式,这样就可以建立起后项和前项之间的关系,然后从初始条件(或最终结果)入手,一步一步地按递推关系进行递推计算,直至求出最终结果(或初始值),可以让计算机一步步进行计算。递推一般分为顺推法和倒推法。

【例 3.29】 编写程序把以下数列延长到第 30 项：$1,2,5,10,21,42,85,170,341,682,\cdots$。

分析：由给定的数组元素可以看出偶数项是前一项的 2 倍,奇数项是前一项的 2 倍加 1。这是一种递推关系由前项推出后项,此题可以通过顺推法求解。解此题还必须注意：由于数列增长很快,如果将数列延长到第 40 或 50 项,就需要将数列的项定义为 double 型,因为 int 或 unsigned int 型的数据范围不够大,而 float 型的有效数字为 6～7 位,输出时会导致数据不准确。

例 3.29 的参考程序如下。

```c
1.  #include<stdio.h>
2.  int main ( )
3.  {
4.      double a1=1, a=0;    int i=1;
5.      while(i<=30)
6.      {  printf("%-18.0lf", a1);       //%.0lf 表示不输出小数位
7.          if(i%5==0)  printf("\n");     //每输出 5 个数换行
8.          i++;
9.          if(i%2==1)  a=2 * a1+1;
10.         else  a=2 * a1;
11.         a1=a;
12.     }
13.     return 0;
14. }
```

程序运行结果：

1	2	5	10	21
42	85	170	341	682
1365	2730	5461	10922	21845
43690	87381	174762	349525	699050
1398101	2796202	5592405	11184810	22369621
44739242	89478485	178956970	357913941	715827882

【例 3.30】 猴子吃桃问题：有一堆桃子不知数目,猴子第 1 天吃掉一半又多吃了一个,第 2 天照此方法,吃掉剩下桃子的一半又多吃一个。天天如此,到第 11 天早上,猴子发现只剩一只桃子了,问这堆桃子原来有多少个?

分析：假设第 1 天有 $peach_1$ 只桃子,第 2 天有 $peach_2$ 只桃子……第 11 天有 $peach_{11}$ 只桃子。现在只知道第 11 天的桃子数 $peach_{11}=1$,因此可以借助第 11 天的桃子数求得第 10 天的桃子数,计算公式是：$peach_{10}=2\times(peach_{11}+1)$。同样地,由第 10 天推出第 9 天的桃子数：$peach_9=2\times(peach_{10}+1)$……最后,由第 2 天推出第 1 天的桃子数,$peach_1=2\times(peach_2+1)$。因此,倒推公式是：$peach_{i-1}=2\times(peach_i+1)$,$i=11,10,9,8,7,\cdots,2$;由此利用循环进行计算,并统一采用 peach 表示第 i-1 天的桃子数,用 peach1 表示第 i 天的桃子数。

例 3.30 的参考程序如下。

```
1.  #include<stdio.h>
2.  int main ( )
3.  {
4.      int i=11, peach, peach1=1;
5.      while(i>1)
6.      {   peach=2 * (peach1+1);
7.          peach1=peach;
8.          i--;
9.      }
10.     printf("第 1 天的桃子数:%d\n", peach1);
11.     return 0;
12. }
```

程序运行结果:

第 1 天的桃子数:3070

3. 逻辑问题求解

【例 3.31】 某班有 4 位学生中的 1 位恶作剧,但是谁都不承认。A 说:不是我;B 说:是 C;C 说:是 D;D 说:C 胡说。已知其中 3 个人说的是真话,1 个人说的是假话。编写程序根据这些信息,找出恶作剧的学生。

分析:为求解这道题,需要逻辑思维与判断,下面把 4 个人说的 4 句话写成关系表达式。在声明变量时,让 ThisMan 表示要找的人,定义它是字符变量:char ThisMan,==的含义为"是",!=的含义为"不是"

A 说:不是我。写成关系表达式为(ThisMan!='A')。

B 说:是 C。写成关系表达式为(ThisMan =='C')。

C 说:是 D。写成关系表达式为(ThisMan =='D')。

D 说:C 胡说。写成关系表达式为(ThisMan!='D')。

如何找到该人,一定是先假设该人是恶作剧者,然后到每句话中去测试看有几句是真话,有 3 句是真话就确定是该人,否则换下一人再试。

例如,先假定是学生 A,让 ThisMan ='A',代入到 4 句话中:

A 说:ThisMan!='A';'A'!='A'假,值为 0。

B 说:ThisMan =='C';'A'=='C'假,值为 0。

C 说:ThisMan =='D';'A'=='D'假,值为 0。

D 说:ThisMan!='D';'A'!='D'真,值为 1。

显然,不是学生 A 做的(4 个关系表达式值的和为 1)。

再试学生 B,把 ThisMan ='B'代入到 4 句话中,得到 4 个关系表达式:'B'!='A','B'=='C','B'=='D','B'!='D',这 4 个关系表达式值的和为 2,所以也不是学生 B 所为。

再试学生 C,把 ThisMan ='C'代入到 4 句话中,得到 4 个关系表达式:'C'!='A','C'=='C','C'=='D','C'!='D',这 4 个关系表达式值之和为 3,显然,就是学生 C 做了此事。

这时,可以理出头绪,要用枚举法,一个人一个人地去试,即依次用'A'、'B'、'C'、'D'与'A'、'C'、'D'、'D'比较,4 句话中有 3 句为真,该人即所求。从编写程序的角度看,最好用循环结构。

在 C 语言中字符也是有数值的,这个数值就是字符的 ASCII 码值,例如:

字符	A	B	C	D
ASCII 码值	65	66	67	68

字符存放在内存中是以 ASCII 码的形式存放的,因此,用赋值语句 ThisMan = 'A';或 ThisMan = 65;二者是等效的,在内存中存的都是 65。这样就可以用 65、66、67、68 分别代表'A'、'B'、'C'、'D'参与比较。

例 3.31 的参考程序如下。

```
1.  #include <stdio.h>
2.  int main()
3.  {
4.      int k, sum;    char ThisMan;
5.      for (k=0; k<=3; k=k+1)
6.      {   ThisMan=65+k;          //产生被试者,依次给 ThisMan 赋值为'A'、'B'、'C'、'D'
7.          sum = (ThisMan!='A')+       //'A'的话是否为真
8.              (ThisMan=='C')+        //'B'的话是否为真
9.              (ThisMan=='D')+        //'C'的话是否为真
10.             (ThisMan!='D');        //'D'的话是否为真
11.         if (sum==3)
12.         {   printf("This man is %c\n", ThisMan);
13.             break;                //得到答案,结束循环
14.         }
15.     }                             //for 循环结束
16.     return 0;
17. }
```

【例 3.32】 两个乒乓球队进行比赛,各出 3 人。甲队为 a、b、c 3 人,乙队为 x、y、z 3 人,已抽签决定比赛名单。有人向队员打听比赛的名单,a 说他不和 x 比,c 说他不和 x、z 比。请编程序找出 3 对赛手的名单。

例 3.32 的参考程序如下。

```
1.  #include <stdio.h>
2.  int main()
3.  {
4.      char i, j, k;       //假设变量 i 是 a 的对手,变量 j 是 b 的对手,变量 k 是 c 的对手
5.      for(i='x'; i<='z'; i++)       //第 1 层循环
6.          for(j='x'; j<='z'; j++)       //第 2 层循环
7.          {   if( i!=j )
8.              {   for(k='x'; k<='z'; k++)       //第 3 层循环
9.                  {   if(i!=k && j!=k)
10.                     {   if(i!='x' && k!='x' && k!='z')
11.                         printf("比赛名单:a--%c\tb--%c\tc--%c\n", i, j, k);
12.                     }
13.                 }
14.             }
15.         }
16.     return 0;
17. }
```

程序运行结果:

比赛名单:a--z   b--x   c--y

4. 迭代法解方程

牛顿迭代法:设方程 $f(x)=0$ 有实数根,若能将方程等价地转换为 $x=g(x)$,则取一个初始值 x 代入 $x=g(x)$ 的右端得到 $x_1=g(x_0)$,再计算 $x_2=g(x_1)$,以此类推,可得到序列:

$$x_{k+1}=g(x_k),k=0,1,2,\cdots$$

称此序列为由迭代函数 $g(x)$ 产生的迭代序列,x_0 为迭代初始值。若该迭代序列收敛,则它的极限就是方程 $f(x)=0$ 的一个根,x_k 称为方程根的 k 次近似值。使迭代法收敛的初始值的取值范围称为迭代收敛域,如图 3.20 所示,由图可以看出:

$$f'(x_0)=f(x_0)/(x_1-x_0)$$
$$x_1=x_0-f(x_0)/f'(x_0)$$

这就是牛顿迭代公式。

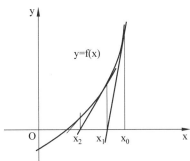

图 3.20　牛顿迭代法示意图

【例 3.33】 用牛顿迭代法求方程 $2x^3-4x^2+3x-6=0$ 在 1.5 附近的根。

分析:设 $f(x)=2x^3-4x^2+3x-6$,可以写成 $f(x)=((2x-4)x+3)x-6$。

同样,$f'(x)=6x^2-8x+3$ 可以写成 $f'(x)=(6x-8)x+3$。

例 3.33 的参考程序如下。

```
1.  #include <stdio.h>
2.  #include <math.h>
3.  int main()
4.  {
5.      double x, x0, f, f1;
6.      x=1.5;
7.      do
8.      {   x0=x;
9.          f=((2*x0-4)*x0+3)*x0-6;
10.         f1=(6*x0-8)*x0+3;
11.         x=x0-f/f1;
12.     }while(fabs(x-x0)>1e-6);
13.     printf("The root of equation is %5.2lf\n", x);
14.     return 0;
15. }
```

5. 二分法解方程

二分法解方程的基本思想:设根 x 在区间 (a,b) 内,取 a 和 b 的中间值 $c=(a+b)/2$,将根区间分为两半,判断根在哪个区间分以下 3 种情况。

① if(c ==精度),则 c 为求得的根。

② if $f(c)*f(a)<0$,求根区间在 $[a,c]$,$b=c$,转①。

③ if $f(c)*f(a)>0$,求根区间在 $[c,b]$,$a=c$,转①。

该算法只能求出一个根,解三次方程适用。

【**例 3.34**】 求方程 $2x^3-4x^2+3x-6=0$ 在$(-10,10)$间的根。

例 3.34 的参考程序如下。

```c
1.  #include <stdio.h>
2.  #include <math.h>
3.  int main()
4.  {
5.      double x0, x1, x2, fx0, fx1, fx2;
6.      do
7.      {  printf("Enter  x1 & x2: ");
8.          scanf("%lf%lf", &x1, &x2);
9.          fx1=x1 * (x1 * (2 * x1-4)+3)-6;
10.         fx2=x2 * (x2 * (2 * x2-4)+3)-6;
11.     }while(fx1 * fx2>0);
12.     do
13.     {  x0=(x1+x2)/2;
14.         fx0=x0 * (x0 * (2 * x0-4)-6;
15.         if((fx0 * fx1)<0)   {  x2=x0;    fx2=fx0;   }
16.         else  {  x1=x0;    fx1=fx0;   }
17.     }while(fabs(fx0)>1e-6);
18.     printf("x=%6.2lf\n", x0);
19.     return 0;
20. }
```

3.8 扩 展 阅 读

一代宗师，强国巨匠——"中国巨型机之父"慈云桂院士

慈云桂，男，1917 年 4 月出生于安徽桐城，18 岁毕业于桐城中学，1943 年毕业于湖南大学机电系，后为清华大学研究生，历任中国人民解放军军事工程学院计算机系主任、国防科技大学副校长、电子计算机研究所所长、国防科工委科技委常委等职。1956 年加入共产党。1980 年当选为中国科学院学部委员（院士）。

慈云桂教授一生致力于计算机研究和教学工作，是我国著名的计算机专家和教育家，中国第一台亿次巨型计算机总设计师，第一台百万次级集成电路计算机总设计师，也是中国第一套舰用雷达和声呐总设计师，中国科学院学部委员，中国计算机科学与技术的开拓者之一，被誉为"中国巨型机之父"。他率领的科研队伍在我国计算机从电子管、晶体管、集成电路到大规模集成电路的研制开发历程中做出了重要贡献。

慈云桂是国防科技大学计算机系、计算机研究所的创始人。国防科技大学为纪念慈云桂的业绩，于 1995 年设立了"慈云桂计算机科技奖金"，他开创的团结、献身、求实、创新的银河精神永远留在我们的心中。

"业精于勤荒于嬉，行成于思毁于随""书山有路勤为径，学海无涯苦作舟"，这是慈云桂教授经常告诫他的学生和青年教师的格言，也是他本人几十年治学生涯中一贯恪守的格言。希望青年学子能谨记院士教诲，刻苦学习，锐意进取，为我国计算机科学与技术的发展再创新高而不懈奋斗。

第 4 章

数组

在 C 语言中,除了已使用过的基本数据类型(整型、实型、字符型),还有构造数据类型。构造数据类型是根据已定义的一个或多个数据类型用构造的方法来定义的。也就是说,一个构造数据类型的值可以分解成若干"成员"或"元素"。每个"成员"都是一个基本数据类型或又是一个构造数据类型。在 C 语言中,构造数据类型有数组类型、结构体类型、共用体类型等。

4.1 一 维 数 组

4.1.1 一维数组的引出

【问题描述 4.1】 现在有一个班 30 名学生参加了 C 语言考试,要求编写程序,输入每个学生的成绩,计算和输出平均成绩,并输出所有学生的成绩。

利用前几章所学的内容,可以写出下面的程序。

```
1.   #include <stdio.h>
2.   int main()
3.   {
4.       int i;
5.       double sum, score, ave;
6.       sum=0;
7.       printf("input 30 students' scores:\n");
8.       for(i=1; i<=30; i++)
9.       {   scanf("%lf", &score);
10.          sum=sum+score;
11.      }
12.      ave=sum/30;
13.      printf("ave=%lf", ave);
14.      return 0;
15.  }
```

分析:按照前几章所讲的知识,可以只定义一个简单的变量 score 来输入每个学生的成绩,但是该变量只能保存一个学生的成绩,输入新的值,原来的值就会被覆盖,最后该变量保存的只是最后一个学生的成绩。我们无法输出每个学生的成绩，该怎么办呢？

为了保存每个学生的成绩，至少要定义 30 个变量。如将题目的要求改为按高分到低分依次输出每个学生的成绩，即便定义了 30 个变量，要将这 30 个变量排序也是难以实现的。在这种情况下，希望能有一种数据类型可以保存一组数据，并且可以方便地对这组数据进行输入、输出、计算等操作。

显然，所有学生成绩的数据类型是一致的，都是整型或实型，是具有统一特性的一组数据。因此，定义一种新的数据类型——数组，数组是由具有相同类型的固定个数的元素组成的集合。

4.1.2 一维数组的定义与引用

数组的维数可以用下标的个数来表示，下标个数为 1 时的数组称为一维数组，下标个数为 2 时的数组称为二维数组，以此类推，下标个数为 n 时的数组称为 n 维数组。

1. 一维数组的定义

一维数组的定义形式：

4-1 一维数
组定义

> 类型标识符 数组名 [整型常量表达式];

例如：

```
int a[10];
double b[5];
char c[20];
```

说明：① 类型标识符表示数组的元素具有统一的数据类型，数组 a 的元素都是整型，数组 b 的元素都是双精度实型，数组 c 的元素都是字符型。

② 数组名是用户定义的标识符，同变量名一样，命名规则也相同。注意，数组名表示了一个存储区的首地址，即第一个数组元素的地址。

③ 整型常量表达式定义了数组的长度，即数组中元素的个数。上例中的数组 a 有 10 个元素，数组 b 有 5 个元素，而数组 c 有 20 个元素。每一个数组元素都是一个变量，其类型为数组的数据类型。

注意，方括号"[ ]"内只能写整型常量表达式，如写成变量或其他类型的表达式都是错的。例如：

```
#define  M  20                    //符号常量定义
int a[M];                        //M为符号常量，正确的数组定义
float b[2+3];                    //正确的数组定义
int x[5.2];                      //[ ]内写实数常量，错误的数组定义
int m=5;                         //变量m初始化为整数5
int a[m];                        //m为变量，错误的数组定义
```

2. 一维数组元素的引用

一维数组元素的引用形式：

> 数组名 [下标]

说明：下标是指数组元素在数组中的位置序号，为了与一般的变量区别，数组元素称为

下标变量。通过数组名和下标可以唯一确定一个数组元素。

数组元素的下标是从 0 开始的,如定义数组 float x[10];则数组 x 的元素范围是 x[0]~x[9],在使用中不可能出现 x[10]。如果使用了 x[10]将造成下标越界,侵占其他变量的存储空间,可能造成严重后果,但 C 语言系统编译时并不检查,需要特别注意。

一维数组在内存中的存放方式:整个数组占用一段连续的内存单元,各元素按下标顺序依次存放。float x[10];定义的数组 x 在内存的存放方式如图 4.1 所示,数组名 x 表示数组所占用的内存空间的首地址是 0x0012ff58(即第 1 个元素的地址为 &x[0])。

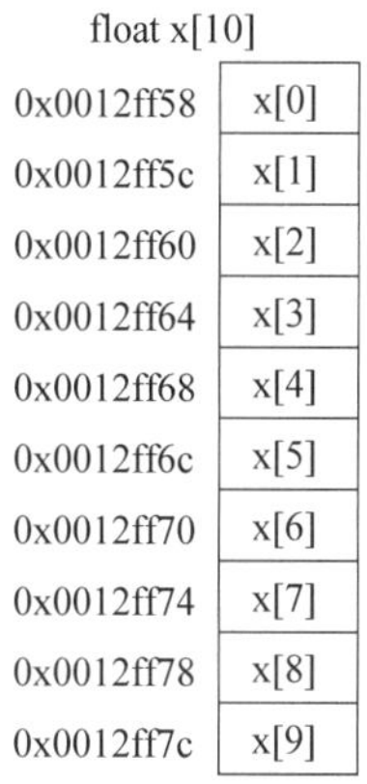

float x[10]	
0x0012ff58	x[0]
0x0012ff5c	x[1]
0x0012ff60	x[2]
0x0012ff64	x[3]
0x0012ff68	x[4]
0x0012ff6c	x[5]
0x0012ff70	x[6]
0x0012ff74	x[7]
0x0012ff78	x[8]
0x0012ff7c	x[9]

图 4.1 一维数组在内存中的存放方式

数组一旦定义,数组的下标可以使用变量或整型表达式。

数组元素的输入和输出一般需要用循环。例如:

```
int a[10];
for (i=0; i<=9; i++)
    scanf("%d", &a[i]);          //输入数据
for (i=0; i<10; i++)
    printf("%4d", a[i]);         //输出数据
```

问题描述 4.1 的参考程序如下。

```
1.   #include <stdio.h>
2.   int main()
3.   {
4.       double sum, average, score[30];      //定义含 30 个元素的实型数组
5.       int i;
6.       sum=0;
7.       printf("enter 30 students' scores:\n");
8.       for(i=0; i<30; i++)
9.       {   scanf("%lf",&score[i]);          //输入每个学生的成绩
10.          sum=sum+score[i];                //将每个学生的成绩累加起来
11.      }
12.      average=sum/30;                       //计算平均成绩
13.      for(i=0; i<30; i++)                   //输出每个学生的成绩
14.          printf("%6.2lf", score[i]);
15.      printf("average=%6.2lf\n", average);  //输出平均成绩
16.      return 0;
17. }
```

说明:通过该例可以看出,利用数组不仅可以非常方便地将一组具有相同特性的数据定义在一起,存放在一片连续的存储区域中,反复存取和使用。而且更重要的是,可以通过改变数组的下标来使用数组元素,数组元素的操作都可以通过循环控制完成,这样数据的输入、输出以及数据处理都很方便。

4.1.3 一维数组的初始化

对一维数组进行初始化有以下几种方式。

（1）在定义数组时对全部数组元素赋以初值。例如：

```
int a[10]={0, 1, 2, 3, 4, 5, 6, 7, 8, 9};
```

（2）只给一部分数组元素赋初值，系统自动对其余元素赋以默认值0。例如：

```
int a[10]={1, 3, 5, 7, 9};
```

等价于

```
int a[10]={1, 3, 5, 7, 9, 0, 0, 0, 0, 0};
```

（3）使数组中全部元素初始值都为0。例如：

```
int a[5]={0};
```

等价于

```
int a[5]={0, 0, 0, 0, 0};
```

（4）对全部数组元素赋初值时，可以不指定数组长度，其长度由初值个数自动确定。例如：

```
int a[ ]={0, 1, 2, 3, 4};
```

等价于

```
int a[5]={0, 1, 2, 3, 4};
```

（5）不允许数组指明的元素个数小于初值个数。例如：

```
int a[5]={ 1, 2, 3, 4, 5, 6 };
```

编译时会报错："error C2078：初始值设定项太多。"

使用数组元素的注意事项：

① 系统在内存中为数组分配一块连续的存储单元，最低的地址对应于第一个数组元素，最高的地址对应最后一个数组元素。每个数组元素都等同于一个变量，使用数组元素就可以存取这些存储单元内的数据，就像存取变量的值一样。

② C语言中，除定义时赋初值外，不能对一个数组整体赋值。例如：

```
int i, a[10], b[10];
for (i=0; i<10; i++)
    scanf("%d", &a[i]);
b=a;
```

注意，语句b＝a;是非法的，因为a和b分别代表了数组a和b的地址，是常量。要把数组a的元素赋值给对应的数组b的元素可用如下语句。

```
for (i=0; i<10; i++)
    b[i]=a[i];
```

③ 在使用数组元素时，数组元素中下标表达式的值必须是整型，下标表达式值的下限为0，上限为该数组元素的个数减1。C语言程序在运行过程中，系统并不自动检验数组元素的下标是否越界。数组两端都可能因为越界而破坏了其他存储单元中的数据，甚至破坏程序代码或操作系统。因此，在编写C语言程序时，应该特别注意保证数组下标不要越界。

4.1.4 一维数组的简单应用

【例4.1】 输入一个数据，在已知10个整数的数组中查找是否有该数据。

分析：可以用变量x存放要查找的数，定义一个数组a[10]来存放已有的10个数据，利用循环和比较在数组a中对x进行查找，若找到则输出"find!"，否则输出"no find!"。

例4.1的参考程序如下。

```
1.  #include <stdio.h>
2.  int main()
3.  {
4.      int i, x, a[10]={ 5, 8, 0, 1, 9, 2, 6, 3, 7, 4 };      //数组初始化
5.      printf("input a number: ");
6.      scanf("%d", &x);                      //输入要查找的数 x
7.      for( i=0; i<10 ; i++)
8.      {   if ( x==a[i] )                    //判断 x 与数组元素 a[i]是否相等
9.          {  printf("find!\n");  break;  }   //找到 x 时结束 for 循环
10.     }
11.     if ( i==10 )          //如果找到 x,会执行 break;提前结束循环,i 的值不可能是 10
12.         printf("no find!\n");
13.     return 0;
14. }
```

【例4.2】 任意输入10个整数，找出其中的最大数并输出。

分析：设置一个变量max，用来存放当前为止找到的最大数。先给max赋初值，可以把第1个数据赋值给max，然后用max和后面的数据依次进行比较，如果发现有数据大于max，就将该数据赋给max，全部数据都比较完后，max里存放的就是这一组数据中的最大数。下面按这个方法来编程。

例4.2的参考程序如下。

```
1.  #include<stdio.h>
2.  int main()
3.  {
4.      int a[10], max, i;
5.      for(i=0; i<10; i++)
6.          scanf("%d", &a[i]);         //输入数组元素
7.      max=a[0];                       //给 max 赋值,最大值当前就是 a[0]
8.      for( i=1; i<10; i++)            //a[1]~a[9],每个元素都要与 max 进行比较
9.      {   if(a[i]>max)  max=a[i];  }   //若 a[i]大于 max,则将 max 重新赋值为 a[i]
10.     printf("max=%d\n", max);
11.     return 0;
12. }
```

【练习4.1】 定义一个整型数组a[10]，任意输入10个整数，将这10个数逆置。

提示：什么是逆置？例如，数组a的元素原来顺序排列是：5,8,0,1,9,2,6,3,7,4;逆置后的数组元素顺序排列是：4,7,3,6,2,9,1,0,8,5。其实就是a[0]和a[9]交换，a[1]和a[8]交换……

【例4.3】 已知一个整型数组a[10]，输入一个删除位置pos，在数组中删除元素a[pos]。例如，int a[10]={ 5, 8, 0, 1, 9, 2, 6, 3, 7, 4 };，假设输入pos=4，即要删除a[4]，也就是删除元素9。

4-2 删除/插入数组元素

分析: 删除元素 9,那它后面的元素应该依次向前移动,即用后面的元素"覆盖"前面的元素,注意,最后一个元素 a[9] 还是 4,因为没有新的数据"覆盖"它,所以输出时要输出 9 个元素,不要输出 10 个,如图 4.2 所示。

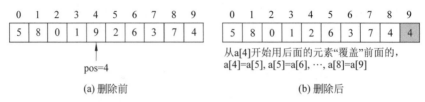

(a) 删除前　　　　　　　　　　　　　　　　(b) 删除后

图 4.2　在数组中删除一个元素

例 4.3 的参考程序 1 如下。

```
1.  #include<stdio.h>
2.  int main()
3.  {
4.      int a[10]={5, 8, 0, 1, 9, 2, 6, 3, 7, 4}, pos, i;
5.      scanf("%d", &pos);
6.      for(i=pos; i<9; i++)        //从 pos 这个位置开始,后面的元素依次向前移动
7.      { a[i]=a[i+1];      }
8.      for(i=0; i<9; i++)          //注意这里条件应该是 i<9,只输出 9 个数
9.      {   printf("%d,", a[i]);   }
10.      return 0;
11. }
```

测试数据 1	测试数据 2	测试数据 3	测试数据 4
输入:	输入:	输入:	输入:
4	9	0	12
输出:	输出:	输出:	输出:
5,8,0,1,2,6,3,7,4	5,8,0,1,9,2,6,3,7	8,0,1,9,2,6,3,7,4	5,8,0,1,9,2,6,3,7

说明: 仔细看看这 4 组测试数据的输出,有没有发现问题? 测试数据 4 中输入的删除位置是 12,数组有 10 个元素,合法的位置是 0～9,12 这个位置是非法的,是不能删除的,这个参考程序 1 显然没有考虑到这一点,所以测试数据 4 的输出结果没有输出最后一个元素,相当于删除了 a[9],其实这就是程序中的 bug,所以要对程序进行修改,添加一个 if 语句判断输入的 pos 值是否合法。

另外,程序中的数组 a 是直接初始化的,也可以改成用 scanf 函数输入数据。还可以定义一个符号常量 N,用来表示数组的长度。

最后,还有一个输出上的小问题,大家有没有觉得最后输出的那个逗号有点多余,看着不美观,而且一般在 Online Judge 上做题时,题目对输出格式有严格的规定,一般最后一个数据的后面是没有其他符号的。怎么去掉最后的逗号呢?

例 4.3 的参考程序 2 如下。

```
1.  #include<stdio.h>
2.  #define N 10
3.  int main()
4.  {
```

```
5.      int a[N], pos, i;
6.      for(i=0; i<N; i++)
7.          scanf("%d", &a[i]);
8.      scanf("%d", &pos);
9.      if(pos>N-1)                    //判断 pos 是否合法
10.         printf("Failure!\n");      //pos 不合法,输出失败
11.     else
12.     {   for(i=pos; i<N-1; i++)     //注意这里是 i<N-1
13.             a[i]=a[i+1];
14.         printf("Success!\n");
15.         for(i=0; i<N-2; i++)       //注意这里是 i<N-2,输出前 N-2 个元素
16.             printf("%d,", a[i]);
17.         printf("%d\n", a[i]);      //单独输出元素 a[N-2],最后的 a[N-1]是不输出的
18.     }
19.     return 0;
20. }
```

【练习 4.2】 已知一个整型数组 a[10],先输入 10 个元素的值,然后输入一个整数 x,如果数组中有 x,则将 x 从数组中删除并输出删除 x 后的数组;如果数组中没有 x,则直接输出"Failure!"。测试数据如下。

测试数据 1	测试数据 2
输入:	输入:
33 15 21 39 23 41 26 18 11 37 18	33 15 21 39 23 41 26 18 11 37 99
输出:	输出:
33 15 21 39 23 41 26 11 37	Failure!

【例 4.4】 已知一个整型数组 a[10],其中已经存放有 n 个整数(n<10),且这 n 个数是从小到大排好序的,现在输入一个整数 x,把 x 插入这个数组中,要求插入 x 后还是保持数据的有序性。

分析:x 可能插在最前面、插在中间、插在最后面。将 x 插在最后面是最简单的,直接赋值就好,其他什么都不用做。将 x 插在最前面和插在中间的处理方法实际上是一样的,首先需要把插入位置开始的元素全部向后移动一个位置,然后把 x 插入该空出来的位置。代码实现时,可以从最后一个元素开始与 x 进行比较,如果 x 小于当前元素 a[i],则当前元素向后移动,即 a[i+1]=a[i],当 x 大于当前比较的元素 a[i]时,可以停止比较,将 x 插入 a[i+1],即 a[i+1]=x,如图 4.3 所示。

图 4.3　在有序数组中插入一个元素

例 4.4 的参考程序如下。

```
1.   #include <stdio.h>
2.   int main()
3.   {
4.       int a[10], n, i, x;
5.       printf("input n:");
6.       scanf("%d", &n);                    //输入数组元素的个数
7.       for(i=0; i<n; i++)
8.           scanf("%d", &a[i]);
9.       printf("input x:");
10.      scanf("%d", &x);                    //输入要插入的数据 x
11.      for( i=n-1; i>=0 && x<a[i]; i-- )
12.      {   a[i+1]=a[i];        }           //当前元素 a[i]后移一个位置
13.      a[i+1]=x;                           //插入 x
14.      printf("%d", a[0]);                 //单独输出第 1 个元素 a[0]
15.      for(i=1; i<=n; i++)
16.          printf(",%d", a[i]);
17.      printf("\n");
18.      return 0;
19. }
```

程序运行结果：

```
input n: 3                          //输入 3
1 4 7                               //输入 1 4 7
input x: 6                          //输入 6
1,4,6,7                             //输出插入后的数组元素
```

说明：第 5 行和第 9 行，这里的输出函数是提示应该输入什么数据，但在 OJ 做题时，注意不要写这些用于提示的输出函数。

第 11 行，要理解循环条件 i>=0 && x<a[i] 的含义，从最后一个元素开始与要插入的 x 比较，要想能比较数组中的所有的元素，条件是 i>=0，同时还要满足条件 x<a[i]，一旦 x>=a[i]，就可以停止循环，这时 x 就应该放在 a[i+1]这个位置。

第 14～16 行，输出插入 x 后的全部数组元素，为了保证最后一个元素后面没有多余的逗号，可以先单独输出 a[0]，再依次输出后面的元素。

【练习 4.3】 已知一个整型数组 a[10]，其中已经存放有 n 个整数（n<10），但这 n 个数是无序的，现在输入一个整数 x，再输入一个插入位置 pos，把 x 插入这个指定的位置，如果 pos>n，则将 x 插入最后一个元素的后面。输入数据有 4 行，第 1 行输入 n 表示数组中有几个数，第 2 行输入无序的 n 个数，第 3 行输入 x，第 4 行输入 pos。测试数据如下。

测试数据 1	测试数据 1	测试数据 1	测试数据 1
输入：	输入：	输入：	输入：
3	3	3	3
7 2 8	7 2 8	7 2 8	7 2 8
25	25	25	25
0	2	3	8
输出：	输出：	输出：	输出：
25 7 2 8	7 2 **25** 8	7 2 8 **25**	7 2 8 **25**

【例 4.5】 用折半查找法（也称二分搜索），在一个有序数组中查找一个数，若找到，则输

出该数在数组中的位置;否则,输出查找失败。

　　分析:用折半查找法在数组中查找一个数,前提是被查找数组必须是有序的。假设有 n 个元素按从小到大的顺序存放在数组 a[0]～a[n-1]中,需要查找的数是 x,引入两个整型变量 low 与 high 分别表示查找区间两端点元素的下标。首先 low=0,high=n-1,即开始是在 a[0]～a[n-1] 区间内查找。设 mid 为一整型变量,查找时令 mid=(high+low)/2,比较 x 与 a[mid]的值,有三种情况:

　　① 若 x=a[mid],则说明找到了。

　　② 若 x>a[mid],则说明待查元素可能在 a[mid+1]～a[high]中,可令 low=mid+1。

　　③ 若 x<a[mid],则说明待查元素可能在 a[low]～a[mid-1]中,可令 high=mid-1。

　　若是第②、③种情况,则查找范围缩小了一半。重复上述查找过程,直到查找范围缩小到 0(没找到)或 x=a[mid](查找成功)为止。

　　例 4.5 的参考程序如下。

```
1.  #include<stdio.h>
2.  #define N  8
3.  int main( )
4.  {
5.      int a[N]={ 6, 9, 15, 25, 26, 36, 48, 53 }, low=0, high=N-1, mid, x;
6.      printf("input x:");  scanf("%d", &x);
7.      while( low<=high )
8.      {  mid=(low+high)/2;            //计算中间下标 mid 的值
9.          if ( a[mid] == x )           //满足条件,表示找到 x
10.        {  printf("Find! a[%d]=%d\n", mid, x);
11.            break;                    //找到 x 时用 break 结束 while 循环
12.        }
13.        else                          //else 表示 a[mid]≠x 的情况
14.        {  if( x>a[mid] )             //x>a[mid],应在 a[mid+1]～a[high]查找 x
15.              low=mid+1;
16.          else                        //else 表示 x<a[mid]的情况,应在 a[low]～a[mid-1]查找 x
17.              high=mid-1;
18.        }
19.      }
20.      if( low>high )  printf("Not find!\n");
21.      return 0;
22. }
```

4.1.5 常见的排序方法

4-3 冒泡排序

1. 冒泡排序

　　冒泡排序的基本思想:两两比较待排序数据元素的大小,发现两个数据元素的次序相反时即进行数据元素交换,直到没有反序的数据元素为止。

　　假设被排序的数组 a 垂直竖立,将每个数据元素看作有重量的气泡,根据轻气泡不能在重气泡之下的原则,从下往上扫描数组 a,凡扫描到违反本原则的轻气泡,就使其向上“漂浮”,如此反复进行,直至最后任何两个气泡都是轻者在上、重者在下为止,如图 4.4 所示。

　　冒泡排序的参考程序如下。

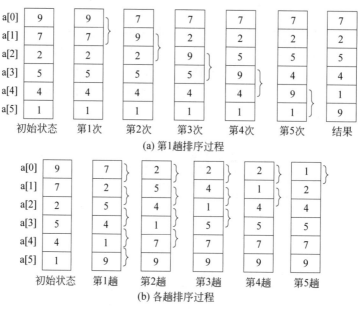

(a) 第1趟排序过程

(b) 各趟排序过程

图 4.4 冒泡法排序过程

```
1.  # include <stdio.h>
2.  #define  N  20
3.  int main()
4.  {
5.      int a[N], i, j, temp;
6.      for(i=0; i<N; i++)
7.          scanf("%d", &a[i]);
8.      for(i=0; i<N-1; i++)          //外层循环控制排序的趟数,N 个数排 N-1 趟
9.          for(j=0; j<N-i-1; j++)    //内层循环控制每趟比较的次数,第 i 趟比较 N-i 次
10.         {   if(a[j]>a[j+1])       //相邻元素比较,满足条件则交换 2 个元素
11.             {  temp=a[j];    a[j]=a[j+1];    a[j+1]=temp;  }
12.         }
13.     printf("The sorted numbers: ");
14.     for(i=0; i<N; i++)            //输出排序后的结果
15.         printf("%6d", a[i]);
16.     printf("\n");
17.     return 0;
18. }
```

2. 选择排序

选择排序的基本思想：在待排序的一组数中,选出最小数与第一个位置的数进行交换；然后在剩下的数当中再找出最小数的与第二个位置的数进行交换,如此循环,直到倒数第二个数和最后一个数比较为止。选择法排序过程如图 4.5 所示。

4-4 选择
排序

	a[0]	a[1]	a[2]	a[3]	a[4]	a[5]	a[6]	a[7]	
待排序的数据	49	38	65	97	76	**13**	27	49	a[5]最小,a[5]与a[0]交换
第 1 趟排序后	**13**	38	65	97	76	49	27	49	a[6]最小,a[6]与a[1]交换
第 2 趟排序后	13	**27**	65	97	76	49	**38**	49	a[6]最小,a[6]与a[2]交换
第 3 趟排序后	13	27	**38**	97	76	**49**	65	49	a[5]最小,a[5]与a[3]交换
第 4 趟排序后	13	27	38	**49**	76	97	65	**49**	a[7]最小,a[7]与a[4]交换
第 5 趟排序后	13	27	38	49	**49**	97	**65**	76	a[6]最小,a[6]与a[5]交换
第 6 趟排序后	13	27	38	49	49	**65**	97	**76**	a[7]最小,a[7]与a[6]交换
第 7 趟排序后	13	27	38	49	49	65	**76**	97	

图 4.5 选择法排序过程

选择排序的参考程序如下。

```c
1.  #include <stdio.h>
2.  #define  N  20
3.  int main()
4.  {
5.      int a[N], i, j, k, temp;
6.      for(i=0; i<N; i++)
7.          scanf("%d", &a[i]);
8.      for(i=0; i<N-1; i++)        //外层循环控制排序的趟数
9.      {   k=i;                    //设当前最小数的下标是i,存放在k中
10.         for(j=i+1; j<N; j++)   //从第i+1个数到最后一个数之间找最小数
11.         {   if (a[j]<a[k])   k=j;   }
                                    //若有比当前最小数更小的数,则将其下标存在k中
12.         if(k!=i)                //k不为最初的i值,说明在它后面找到比它更小的数
13.         {   temp=a[k];   a[k]=a[i];   a[i]=temp;   }
14.     }
15.     printf("The sorted numbers: ");
16.     for(i=0; i<N; i++)
17.         printf("%6d", a[i]);
18.     printf("\n");
19.     return 0;
20. }
```

3. 直接插入排序

在例 4.4 中实现了在一个有序数组中插入一个数,并保持数组的有序性。现在假设开始时数组中就只有一个元素,那这个数组当然是有序的,然后用例 4.4 的方法在数组中插入一个元素,就能得到有两个元素的有序数组,然后重复这个过程,继续插入元素,最终会得到一个排好序的数组,这其实就是直接插入排序。

4-5 插入排序

直接插入排序的基本思想:将待排序的序列分为有序序列和无序序列,依次从无序序列中取出元素值插入有序序列的合适位置。初始时,有序序列中只有第 1 个数,其余 N−1 个数组成无序序列,则 N 个数需要进行 N−1 轮的插入排序。在有序序列中寻找插入位置,可以从有序序列的最后一个元素向前找,在未找到插入位置之前可以同时向后移动元素,为插入元素

准备好空间。设原始数据为 int a[6]＝{8，3，1，5，9，2};，插入排序的过程如图 4.6 所示。

	a[0]	a[1]	a[2]	a[3]	a[4]	a[5]
初始状态	8	3	1	5	9	2
插入 3	3	8	1	5	9	2
插入 1	1	3	8	5	9	2
插入 5	1	3	5	8	9	2
插入 9	1	3	5	8	9	2
插入 2	1	2	3	5	8	9

图 4.6　插入法排序过程

直接插入排序的参考程序如下。

```
1.  #include <stdio.h>
2.  #define  N  20
3.  int main()
4.  {
5.      int a[N], i, j, temp;
6.      for(i=0; i<N; i++)
7.        scanf("%d", &a[i]);
8.      for(i=1; i<N; i++)          //外层循环控制排序进行 N-1 轮
9.      {  temp=a[i];              //将待插入数暂存于变量 temp 中
10.         for( j=i-1; j>=0 && temp<a[j]; j-- )
                                   //在有序序列 a[0]~a[ i-1]中寻找插入位置
11.         {  a[j+1]=a[j];    }   //for 循环在寻找插入位置的同时完成元素的向后移动
12.         a[j+1]=temp;          //完成插入 temp
13.      }
14.      printf("The sorted numbers: ");
15.      for(i=0; i<N; i++)
16.        printf("%6d", a[i]);
17.      printf("\n");
18.      return 0;
19. }
```

4. 简单桶排序

【问题描述 4.2】　小明参加了一个"寻宝"游戏，地点是在一个森林里。游戏组织者在森林中的不同地方藏了一些"宝贝"，小明现在身处森林中间，在他面前有 10 条不同方向的小路，编号分别为 0~9，他需要分别去这 10 条小路上寻宝，如果一条小路上没有宝贝，则小明原路返回。目前他已经走过了 5 条小路，编号分别是 5、2、7、1、8，但都没有发现宝贝，筋疲力尽的小明已经晕头转向了，有点搞不清楚还有哪些小路是他没有走过的，请你来帮助他，告诉他还没走过的小路编号。

分析：对于这个问题，根据生活经验，很容易想到：要对走过的小路进行标记，没有标记的小路就是没走过的。用程序也很容易实现，定义一个数组，含 10 个元素，数组的下标是 0~9，正好可以作为小路的编号，数组元素的初值可以先设为 0，当走过一条小路后，就将对应编号的数组元素重新赋值为 1。想知道哪些小路没走过，就看哪个数组元素的值是 0。

问题描述 4.2 的参考程序如下。

```
1.   #include<stdio.h>
2.   int main()
3.   {
4.       int a[10]={0}, n, path, i;      //n 表示走过小路的数量,path 表示走过小路的编号
5.       scanf("%d", &n);
6.       for(i=0; i<n; i++)              //这个循环对走过的小路进行标记
7.       {  scanf("%d",&path);
8.           a[path]=1;                  //将编号是 path 的数组元素赋值为 1,即标记
9.       }
10.      for(i=0; i<10; i++)             //扫描所有数组元素的值
11.      {  if(a[i]==0)                  //如果元素值为 0,则说明这条小路没有走过
12.             printf("%3d", i);        //输出小路的编号,即数组元素的下标
13.      }
14.      return 0;
15.  }
```

说明:对这个问题,是用做标记的方法解决的,好像和排序没有关系。现在把问题描述改一下,假设小明走过了 n 条小路,但他并不是按编号顺序走的,例如小明走过的小路是:6,1,4,9,2,请按编号从小到大的顺序输出。

读者可能会觉得这太容易了,用冒泡排序、选择排序或直接插入排序中的任意一个就行。但实际上还有更简单的方法,只要把上面的代码改动一个地方就能得到答案。根本不需要排序,代码如下。

```
1.   #include<stdio.h>
2.   int main()
3.   {
4.       int a[10]={0}, n, path, i;
5.       scanf("%d", &n);
6.       for(i=0; i<n; i++)              //这个循环对走过的小路进行标记
7.       {  scanf("%d",&path);
8.           a[path]=1;                  //将编号是 path 的数组元素赋值为 1,即标记
9.       }
10.      for(i=0; i<10; i++)             //扫描所有数组元素的值
11.      {  if(a[i]==1)                  //如果元素值为 1,则说明这条小路走过
12.             printf("%3d", i);        //输出小路的编号,即数组元素的下标
13.      }
14.      return 0;
15.  }
```

说明:这是一种简单的桶排序,这种排序是不需要进行元素比较的。但是想要使用这种桶排序是有限制条件的,因为桶必须是有限数量的。例如,任意输入 10 个整数,对它们从小到大排序。这时就没法用桶排序,因为整数的范围无法确定,所以就不能定义桶的大小,即数组的大小。这个问题稍微改一下,假设这 10 整数代表 10 个成绩,成绩的范围是 0~100,这时就可以用桶排序了,只需定义一个 int a[101]; 即可。

另外,这个方法还可以处理一些"去重"问题,"去重"是指去掉重复的数据。

【例 4.6】 整数去重问题。输入一个含有 n 个整数的序列,这个序列中每个重复出现的

数,只保留该数第一次出现的位置,删除其余位置。数据输入有两行:第一行输入一个正整数 n,表示序列中一共有 n 个整数;第二行依次输入 n 个整数,整数之间以一个空格分开。每个整数的范围是大于或等于 0 且小于或等于 100。输出只有一行,按照输入的顺序输出其中不重复的数字,整数之间用一个空格分开,样例如下。

```
输入:
5
10 12 93 12 75
输出:
10 12 93 75
```

分析:题目中明确给出了整数的范围是 0~100,这就是桶的数量,即 101 个桶。

例 4.6 的参考程序如下。

```c
1.  #include<stdio.h>
2.  int main()
3.  {
4.      int data, n, i, a[101]={0};
5.      scanf("%d", &n);
6.      for(i=1; i<=n; i++)
7.      {   scanf("%d", &data);
8.          if(a[data] == 0)   printf("%d ", data);
9.          a[data]++;
10.     }
11.     return 0;
12. }
```

想一想:第 9 行代码的含义。另外,这个程序为什么不像上面的程序写两个 for 循环?

【**练习 4.4**】 假设有 n 盏灯(n≤5000),从 1 到 n 按顺序依次编号,初始时 n 盏灯全部处于开启状态;有 m 个人(m<n),也从 1 到 m 依次编号。第一个人(1 号)将灯全部关闭,第二个人(2 号)将编号为 2 的倍数的灯打开,第三个人(3 号)将编号为 3 的倍数的灯做相反处理(将打开的灯关闭,将关闭的灯打开)。依照编号递增顺序,以后的人都和 3 号一样,将凡是自己编号倍数的灯做相反处理。请问:当第 m 个人操作之后,哪几盏灯是关闭的,按从小到大的顺序输出其编号,其间用逗号间隔。输入正整数 n 和 m,顺次输出关闭的灯的编号,其间用逗号间隔(最后一个编号后无逗号)。测试数据如下。

测试数据 1	测试数据 2
输入:	输入:
10 4	20 15
输出:	输出:
1,4,5,6,7,8	1,4,9,17,18,19,20

4.2 二 维 数 组

4.2.1 二维数组的引出

【**问题描述 4.3**】 一个班有 20 个学生,每个学生参加了 5 门课程的考试,求每个学生 5

门课程的平均分。

分析：实际问题中有很多数据是二维或多维的。当然，可以利用一维数组处理此类问题。对于该问题可以定义 5 个一维数组，每个数组 20 个元素，但这样定义显然不方便。

实际上，每个学生都有 5 个成绩，这些成绩都是实型数据，即都为相同类型的数据。我们可以把 20 个学生和 5 个科目看作一个二维表格或者一个二维矩阵，每个学生一行，每个科目一列。每一行就是一个一维数组，这个二维表格就是二维数组，如图 4.7 所示。

	第0列	第1列	第2列	第3列	第4列
第0行	a[0][0]	a[0][1]	a[0][2]	a[0][3]	a[0][4]
第1行	a[1][0]	a[1][1]	a[1][2]	a[1][3]	a[1][4]
第2行	a[2][0]	a[2][1]	a[2][2]	a[2][3]	a[2][4]
⋮	⋮	⋮	⋮	⋮	⋮
第19行	a[19][0]	a[19][1]	a[19][2]	a[19][3]	a[19][4]

图 4.7　二维数组表格

使用二维数组可以更方便地处理数据。C 语言允许构造多维数组，多维数组元素有多个下标，以标识它在数组中的位置，所以也称为多下标变量。

4.2.2　二维数组的定义与引用

4-6 二维数组

1. 二维数组的定义

二维数组定义的一般格式：

> **类型标识符　数组名[整型常量表达式 1][整型常量表达式 2]；**

例如：

```
int a[3][4];
float b[5][10];
```

数组名后的第一个方括号表示二维数组的第一维，第二个方括号表示二维数组的第二维，总的数组元素个数为两维长度的乘积。

二维数组元素的引用形式：

> **数组名[下标 1][下标 2]**

下标可以是整型表达式或整型常量，其值从 0 开始，不能超过数组定义的范围。

正确的二维数组元素引用如下。

```
int a[5][8];
a[1][2]=10;   a[2-1][2*2-1]=8;   a[3][10/2]=24;
```

以下为错误的引用方式。

```
int a[3][4];
a[3][4]=5;               //数组下标越界，数组 a 的元素从 a[0][0]到 a[2][3]，没有 a[3][4]
```

在问题描述 4.3 中 20 个学生的 5 门课程的成绩可定义如下数组：float score[20][5];，表示定义了一个二维的实型数组，该数组含有 20×5 个数组元素，分别为

score[0][0],score[0][1],…,score[0][4],

score[1][0],score[1][1],…,score[1][4],

　　⋮

score[19][0],score[19][1],…,score[19][4],

其中,score[i][0]…score[i][4]分别存放第 i 名学生的 5 科成绩,i 的值从 0 到 19 表示 20 个学生。输入时,一般是先输入第一个学生的第一门课成绩,再输入该学生的第二门课成绩,等该生的 5 个科目的成绩都输入完后,再输入第二个学生的 5 个科目成绩,以此类推。因此,可以使用两层循环来控制输入 20 个学生的 5 个科目成绩,外层循环控制 20 个学生,内层循环控制 5 门课程。每个学生的平均成绩存放在一维数组 aver[20]中。

问题描述 4.3 的参考程序如下。

```
1.   #include <stdio.h>
2.   #define M 20                                       //定义符号常量 M,代表学生总人数
3.   #define N 5                                        //定义符号常量 N,代表 5 门课程
4.   int main()
5.   {
6.       int i, j;   double fScore[M][N], fAver[M];
7.       printf("\nInput %d students' %d scores(fScore[%d][%d]):\n",M,N,M,N);
8.       for(i=0; i<M; i++)
9.       { fAver[i]=0;                                  //第 i 个学生的总成绩初值为 0
10.          for(j=0; j<N; j++)
11.          { scanf("%1f", &fScore[i][j]);             //输入第 i 个学生的成绩
12.              fAver[i]=fAver[i]+fScore[i][j]; //计算第 i 个学生的总成绩
13.          }
14.          fAver[i]=fAver[i]/N;
15.      }
16.      printf("\nScore1  Score2  Score3  Score4  Score5 average:\n");
17.      for(i=0; i<M; i++)
18.      { for(j=0; j<N; j++)                           //输出第 i 个学生的 5 门课程的成绩
19.              printf("%-8.21f", fScore[i][j]);
20.          printf("%-8.21f\n",fAver[i]);              //输出第 i 个学生的平均成绩
21.      }
22.      return 0;
23. }
```

可以看出,有关一组相同类型的数据都可以用数组进行表示,用二维数组可以强化一维数组间的横向比较。

2. 二维数组的特点

从本质上来说,二维数组可以理解成一个特殊的一维数组,这个数组的每一个元素都是一个一维数组。

二维数组的数组名也表示数组在内存中的首地址。二维数组的下标同样不能越界,也不能是负数或小数。

在对每个数组元素进行具体操作(如赋值)时,一般使用循环实现,对二维数组常用两层循环控制,外层循环控制数组的第一个下标,内层循环控制数组的第二个下标。

由于内存本身是一种线性结构,因此二维数组在内存中的存储空间也是连续的线性空

间。在内存中,二维数组的存放顺序是按行存储,即先顺序存放第一行的元素,再存放第二行元素。例如,定义二维数组:int a[3][4];在内存中的存放形式如图4.8所示。

int a[3][4]

0x0012ff50	a[0][0]
0x0012ff54	a[0][1]
0x0012ff58	a[0][2]
0x0012ff5c	a[0][3]
0x0012ff60	a[1][0]
0x0012ff64	a[1][1]
0x0012ff68	a[1][2]
0x0012ff6c	a[1][3]
0x0012ff70	a[2][0]
0x0012ff74	a[2][1]
0x0012ff78	a[2][2]
0x0012ff7c	a[2][3]

图 4.8　二维数组在内存中的存放形式

通常二维数组可以作为矩阵的形式进行考虑,第一维表示行,第二维表示列。

4.2.3　二维数组的初始化

对二维数组进行初始化有以下几种方式。

(1)按行给二维数组赋初值。例如:

```
int a[3][4]={{1,2,3,4}, {5,6,7,8}, {9,10,11,12}};
```

则二维数组中的数据为

```
1  2   3   4
5  6   7   8
9  10  11  12
```

(2)按数组存储顺序依次给各元素赋初值。例如:

```
int a[3][4]={1,2,3,4,5,6,7,8,9,10,11,12};
```

注意,此方法数据没有明显的限制,当数据较多时容易出错。

(3)可以对部分元素赋初值,其余赋默认值。例如:

```
int a[3][4]={{1}, {5}, {9}};
```

则二维数组中的数据为

```
1  0  0  0
5  0  0  0
9  0  0  0
```

(4)对数组各行中的某些元素赋初值。例如:

```
int a[3][4]={{1}, {0,5}, {0,0,9}};
```

则二维数组中的数据为

```
1  0  0  0
0  5  0  0
0  0  9  0
```

(5) 对数组中前面几行赋初值,后面各行的元素自动赋默认值。例如:

```
int a[3][4]={{1}, {3,5}};
```

则二维数组中的数据为

```
1  0  0  0
3  5  0  0
0  0  0  0
```

(6) 当对全部数组元素赋初值时,第一维的长度可以省略,但第二维长度不能省略。例如:

```
int a[ ][3]={1,2,3,4,5,6,7,8,9};
```

则二维数组中的数据为

```
1  2  3
4  5  6
7  8  9
```

(7) 按行对部分元素赋初值,可以省略第一维的长度说明。例如:

```
int a[ ][3]={{0,0,3}, {0,2}, {1}};
```

则二维数组中的数据为

```
0  0  3
0  2  0
1  0  0
```

说明:与一维数组一样,二维数组不允许所提供的初值个数多于数组的元素个数。

4.2.4 二维数组的应用

4-7 二维数组
应用

【例 4.7】 设有一个 3×4 的矩阵,编程找出矩阵中的最大值,并输出其所在的行号和列号。

分析:先将矩阵的第一个元素赋给变量 max,用 max 的值按从行到列的顺序与矩阵其他元素进行比较,若当前比较的矩阵元素比 max 中的值大,则将 max 赋值为当前的矩阵元素,并记下该矩阵元素的行号和列号,N-S 图如图 4.9 所示。

max=a[0][0], row=0, colum=0		
for i=0 to 2		
	for j=0 to 3	
	a[i][j]>max	
	T　　　　　　　　　　F	
	max=a[i][j] row=i colum=j	
输出:max和row,colum		

图 4.9　N-S 图

例 4.7 的参考程序如下。

```
1.  #include <stdio.h>
2.  int main()
3.  {
4.      int i, j, row, colum, max, a[3][4]={{1,2,3,4},{9,8,7,6},{-10,10,-5,2}};
5.      max=a[0][0];  row=0;  colum=0;
6.      for(i=0; i<=2; i++)
7.          for(j=0; j<=3; j++)
8.              if(a[i][j]>max)
9.              {  max=a[i][j];
10.                 row=i;  colum=j;        //记录行号和列号
11.              }
12.      printf("max=%d, row=%d, colum=%d\n", max, row, colum);
13.      return 0;
14. }
```

程序运行结果：

```
max=10, row=2, colum=1
```

【例 4.8】 已知一个 3×4 的矩阵 a，求它的转置矩阵 b。例如，矩阵 a 的转置矩阵为矩阵 b。

$$a=\begin{bmatrix}1&2&3&4\\5&6&7&8\\2&4&6&8\end{bmatrix} \qquad b=\begin{bmatrix}1&5&2\\2&6&4\\3&7&6\\4&8&8\end{bmatrix}$$

分析：观察两个矩阵可以得出，矩阵 a 的第 i 行正好是矩阵 b 的第 i 列。

例 4.8 的参考程序如下。

```
1.  #include<stdio.h>
2.  int main()
3.  {
4.      int a[3][4], b[4][3], i , j;
5.      for ( i=0; i<3; i++ )            //输入矩阵 a,注意用双层循环实现输入
6.          for ( j=0; j<4; j++ )
7.              scanf("%d", &a[i][j] ) ;
8.      for ( i=0; i<3; i++ )
9.          for (j=0; j<4; j++)
10.             b[j][i]=a[i][j];          //通过赋值，实现矩阵转置
11.     for ( i=0; i<4; i++ )            //输出矩阵 b,注意用双层循环实现输出
12.     {   for ( j=0; j<3; j++ )
13.             printf("%5d", b[i][j]) ;
14.         printf("\n");                //输出换行,注意该 printf 语句由外层循环控制
15.     }
16.     return 0;
17. }
```

【练习 4.5】 输入两个 $n\times m$ 维的矩阵，其中 n 和 m 都小于 10，先输入 n 和 m，再分别输入两个矩阵元素的值，将两个矩阵相加并输出结果。

【练习 4.6】 先输入一个 4×3 维矩阵的全部元素,再输入两个整数 n 和 m(n 和 m 的范围是 0～3,且 n 和 m 值不相同),交换矩阵的第 n 行和第 m 行的数据,输出交换后的矩阵。

【练习 4.7】 输入一个整数 n(n≤10),按一定规律自动输出一个 n×n 的方阵,假设 n=5,其输出格式为

```
1   2   3   4   5
10  9   8   7   6
11  12  13  14  15
20  19  18  17  16
21  22  23  24  25
```

4.3 字 符 数 组

4.3.1 字符数组的引出

在实际问题中,经常会遇到使用字符的情况,例如学生的姓名、一个英文单词等。但是在这些字符中,往往考虑的是它们的整体,例如输出学生的姓名、统计英文单词个数等。当把多个字符进行整体考虑,即考虑一串字符时,就涉及字符串的概念。C语言中没有字符串类型的变量,字符串是用字符数组存放的。

【问题描述 4.4】 现实生活中,使用密码是常有的事。用户预先设置一个 N 位长度的密码,密码由数字、字母、符号等组成。当程序运行时要求用户输入密码,三次之内,根据用户输入的密码正确与错误,分别输出"欢迎!"与"密码错误!";超过三次后输出"退出!"。

分析:解决这个问题,首先要预设一个长度为 N 的密码,一个密码为一串字符,由于字符类型变量只能存放一个字符,所以作为密码的一串字符(称为字符串)就无法存放在一个字符类型变量中,因此一般使用字符数组来存放字符串。

4.3.2 字符数组的定义和使用

4-8 字符
数组

1. 字符数组的定义

用来存放字符型数据的数组称为字符数组,就是数组元素类型为字符型的数组,它主要用于存储一串连续的字符。字符数组的每个数组元素只能存放一个字符。

字符数组的定义形式:

char 数组名[整型常量表达式];

例如:

```
char c[5];
c[0]='C';  c[1]='h';  c[2]='i';  c[3]='n';  c[4]='a';
```

问题描述 4.4 中先预设一个长度为 N 的密码,可用一个长度为 N 的字符数组 code[N] 来存放密码。再定义一个字符数组 user[N]用来存放用户输入的密码。只要将预设密码 code[N]与用户输入的密码 user[N]里面的每一个字符进行比较,都相等表示密码正确,只要比较到有一位不相等就说明密码错误。

问题描述 4.4 的参考程序如下。

```
1.  #include <stdio.h>
2.  #define N 9                         //定义常量 N,表示密码的长度
3.  int main()
4.  {
5.      char code[N]={ 'a', 'b', 'c', '1', '2', '*', 'X', 'Y', 'Z'};   //预设的密码
6.      char user[N];                    //存放用户输入的密码
7.      int i, k, t=0;
8.      while(1)                         //永真循环,只有遇到程序员设定的 break 时才退出循环
9.      {   k=1;                         //定义预设密码与用户输入密码位是否相等的标志 k
10.         printf("Please input your key:");
11.         for(i=0; i<N; i++)
12.             user[i]=getchar();       //读入用户输入的密码
13.         for(i=0; i<N; i++)           //利用循环比较输入密码与原密码的每一个字符
14.         {   if(code[i]!=user[i])
15.             {   k=0;   break;}       //任一字符不相同时令 k=0,结束 for 循环
16.         }
17.         t++;                         //尝试次数 t 加 1
18.         if(k==0)  printf("密码错误!\n");   //输入的密码有错误时输出提示信息
19.         else                         //用户输入密码正确
20.         {   printf("欢迎!\n");        //输出欢迎信息
21.             break;                   //结束 while 循环
22.         }
23.         if(t>=3)                     //如果试了三次都不正确
24.         {   printf("退出!\n");        //输出退出信息
25.             break;                   //结束 while 循环
26.         }
27.     } //end while
28.     return 0;
29. }
```

2. 字符数组的初始化

（1）在进行字符数组初始化时,可逐个将字符赋值给数组中的元素。例如:

```
char  c[5]={'C', 'h', 'i', 'n', 'a'};
```

如果花括弧中的初值个数小于数组长度,按顺序赋值后,其余元素自动赋空字符'\0'。例如:

```
char  s[10]={'B', 'e', 'i', 'J', 'i', 'n', 'g'};
```

则有

```
s[7]=s[8]=s[9]='\0';
```

若初值个数大于数组长度,则按语法错误处理;若提供的初值个数与预定的数组长度相同,则在定义时可省略数组长度。例如:

```
char  c[ ]={'C', 'h', 'i', 'n', 'a'};(省略的长度为 5)
```

（2）定义和初始化一个二维字符数组。例如:

```
char c[2][3]={ {'a', 'b', 'c'}, {'A', 'B', 'C'} };
```

这里采用了二维数组分行初始化的方法,还可以采用其他二维数组初始化的方法。

4.3.3 字符串

1. 字符串的定义

字符串常量是由双引号括起来的字符序列。例如:

```
"Hello World!", "China", "How are you?"。
```

ANSI C 语言没有提供字符串类型,因此字符串的处理是依靠字符数组来完成的。

说明:字符串常量与字符常量不同,程序在定义字符串时会在每个字符串的后面自动加上一个空字符'\0' 以示区别,在计算字符串长度时,'\0'不会计入字符串的长度中。

字符串必须以'\0'作为结束标志,它只是表示一个字符串的结束,没有任何具体含义。在存储字符串时,虽然'\0'不会计入字符串长度中,但'\0'将会占用 1 字节的存储空间,所以在定义字符数组的长度时,应在字符串长度的基础上增加一个字节。定义字符数组时,要保证数组长度始终大于字符串实际长度。

例如,字符串"How are you?"有 12 个字符,但在定义时要定义的数组长度至少应为13,在内存中实际占 13 字节,包含一个字符串结束标志'\0'。

在有了'\0'作为字符串结束标志后,字符串就可以作为整体在程序中进行调用。

2. 字符串的初始化

可以对字符串整体进行初始化赋值。例如:

```
char   c[ ]={"China"};
char   c[ ]="China";
char   c[6]="China";
char   c[6]={'C', 'h', 'i', 'n', 'a', '\0'};           //最后的'\0'也可以省略不写
```

说明:以上 4 种形式是等价的,但若写成 char c[5]="China";则是错误的,编译时会显示错误,因为字符串需要 6 字节的空间,定义的数组长度是 5,存储空间不够。

但是以下定义是合法的,字符数组并不要求包含'\0',这一点与字符串不同。

```
char   c[5]={'C', 'h', 'i', 'n', 'a'};
```

3. 字符串的输入输出

(1)用"%c"格式控制符实现逐个字符的输入输出。例如:

```
#include <stdio.h>
int main( )
{
    int i=0;     char str[20];
    while ((str[i++]=getchar( ))!='\n'); //注意最后的分号就是循环体,即循环体为空语句
    str[i]='\0';
    for (i=0; str[i]!= '\0'; i++)
        printf("%c", str[i]);
}
```

4-9 字符串
的输入输出

说明:char str[20];定义一个字符数组 str[20],最多可存放 20 个字符;用 getchar 函

数一次输入一个字符,当输入的字符不是回车'\n'时,将继续输入,用 i++控制字符数组下标的变化,直到遇到输入回车符结束。语句 str[i]='\0';中 i 的值为存放输入最后一个字符的数组元素的后一个元素,赋值为字符串结束标志'\0',表示字符串的结束。最后用 for 循环控制字符串中各个字符的输出,遇到字符串结束标志'\0'时结束输出。

(2) 用"%s"格式控制符对字符串进行整体输入输出。例如:

```
#include <stdio.h>
int main( )
{
    char str[20];
    scanf("%s", str);
    printf("%s\n", str);
}
```

说明:① 从键盘输入字符串时不需要加双引号。

② 用 scanf 函数输入字符串时,空格和回车符都会作为字符串的分隔符,即 scanf 函数的"%s"格式不能用来输入包含有空格的字符串。

③ 在用 printf 函数的"%s"格式输出字符串时,输出项是字符数组名,而不是数组元素。

④ 在用 scanf 函数的"%s"格式输入字符串时,输入项是字符数组名,既不是数组元素,也不要在数组名前加取地址符'&'。因为 C 语言中数组名就代表该数组的起始地址。

⑤ 如果数组长度大于字符个数时,只输出到字符串结束标志符为止。例如:

```
char c[10]= {'A', 'B', 'C', '\0', 'D', 'E', 'F'};
printf("%s", c);                          //只输出"ABC"三个字符,而不是"ABC   DEF"。
```

(3) 用 gets 函数和 puts 函数实现字符串的输入输出。例如:

```
#include <stdio.h>
int main()
{
    char str[20];
    gets(str);
    puts(str);
}
```

注意:要使用 gets 和 puts 函数,需要在程序的开头添加#include <stdio.h>来进行说明。输入有空格的字符串时应使用 gets 函数,它可以读入包括空格在内的全部字符,直到遇到回车符为止;用 gets 输入字符串时,若输入字符数大于字符数组的长度,则多出的字符会存放在数组的合法存储空间外。puts 函数一次输出一个字符串,输出时将'\0'自动转换为换行符。

说明:① 输出字符不包括结束符'\0'。

② 如果一个字符数组中包含多个'\0',则遇第一个'\0'时输出就结束。例如:

```
char str[10]={'a', 'b', 'c', '\0', 'd', 'e', '\0'};
puts(str);
```

输出:

```
abc
```

4. 字符串处理函数

由于字符串有其特殊性,很多常规操作都不能用处理数值型数据的方法来完成,例如赋值、比较等。此外,字符串还有一些特殊的操作,例如计算字符串长度、字符串的比较、字符串的连接等。

4-10 字符串
函数

ANSIC 为字符串定义了一系列字符串处理函数来完成这些工作,这些字符串函数都包含在头文件 string.h 中,在使用这些函数时需要在程序的开头添加 #include ＜string.h＞来说明。

1) 字符串复制函数 strcpy

函数原型:

```
char * strcpy(char * s1, const char * s2);
```

调用格式:

```
strcpy(字符数组1,字符串2)
```

功能:将字符串 2 复制到字符数组 1 中。

例如:

```
char  str1[10], str2[ ]="China";
strcpy(str1, str2);
```

执行后,str1 的状态如图 4.10 所示。

| C | h | i | n | a | \0 | 随机值 | 随机值 | 随机值 | 随机值 |

图 4.10 字符数组 str1 的状态

说明:① 字符数组 1 的长度不应小于字符串 2 的长度。

② 字符数组 1 必须写成数组名形式或字符型指针变量形式。字符串 2 可以是字符数组名、字符型指针变量,或字符串常量。有关指针的概念,将在第 6 章介绍。

③ 复制时连同 '\0' 一起复制。

④ 不能用赋值语句将一个字符串常量或字符数组直接赋给另一个字符数组。

例如,以下赋值都是不合法的。

```
str1={"China"};
str1=str2;
```

2) 有限制的字符串复制函数 strncpy

函数原型:

```
char * strncpy(char * s1, const char * s2, unsigned int n);
```

调用格式:

```
strncpy(字符数组1, 字符串2, n)
```

功能:将字符串 2 的前 n 个字符复制到字符数组 1 中,若遇到'\0' 则提前结束复制。

例如：

```
char c1[10], c2[ ]="abcdef";
strncpy(c1, c2, 3);
```

执行后，c1[0]= 'a', c1[1]= 'b', c1[2]= 'c'，但是 c1[3]中存放的并不是'\0'，而是随机值。

3）字符串连接函数 strcat

函数原型：

```
char * strcat(char * s1, const char * s2);
```

调用格式：

```
strcat(字符数组 1,字符串 2)
```

功能：把字符串 2 连接到字符串 1 的后面，连接后的字符串仍存放在字符数组 1 中。

例如：

```
char str1[15]="China ", str2[ ]="Bei jing";
printf("%s",strcat(str1, str2));
```

输出：

```
China Bei jing
```

连接前后的状况如图 4.11 所示。

str1:	C	h	i	n	a		\0	\0	\0	\0	\0	\0	\0	\0	\0
str2:	B	e	i		j	i	n	g	\0						
str1:	C	h	i	n	a		B	e	i		j	i	n	g	\0

图 4.11　字符串连接前后的状况

说明：① 字符数组 1 必须定义得足够大，以便容纳连接后的新字符串。

② 连接前两个字符串后面都有一个 '\0'，连接时将字符串 1 后面的'\0'去掉，只在新字符串的最后保留一个'\0'。

4）有限制的字符串连接函数 strncat

函数原型：

```
char * strncat(char * s1, const char * s2, unsigned int n);
```

调用格式：

```
strncat(字符数组 1,字符串 2,n)
```

功能：把字符串 2 中的 n 个字符连接到字符数组 1 的字符串后边，若遇到'\0'则提前结束。

例如：

```
char  str1[15]="China ", str2[ ]="Bei jing";
printf("%s",strncat(str1, str2, 3));
```

输出：

```
China Bei
```

5）字符串比较函数 strcmp

函数原型：

```
int strcmp(const char * s1, const char * s2);
```

调用格式：

```
strcmp(字符串 1,  字符串 2)
```

功能：比较字符串 1 和字符串 2（从左到右逐个字符比较 ASCII 值的大小，直到出现的字符不一样或遇到'\0'为止），比较结果由函数返回。

① 若字符串 1＝字符串 2，则函数的返回值为 0。

② 若字符串 1＞字符串 2，则函数的返回值为一个正整数。

③ 若字符串 1＜字符串 2，则函数的返回值为一个负整数。

例如：

```
strcmp("China", "China");          //返回值为 0,每个字符都相同
strcmp("computer", "compare");     //返回值为 1,'u'>'a'
strcmp("35+78", "4");              //返回值为-1,'3'<'4'
```

说明：VS2013 环境下，当字符串 1＞字符串 2 时，返回 1；当字符串 1＜字符串 2 时，返回－1。

注意：两个字符串比较时，不能直接用关系运算符进行比较，只能用字符串比较函数。

例如：

```
if(str1==str2)                    //直接用双等号"=="比较字符串是错误的
    printf("yes");
if(strcmp(str1,str2)==0)          //用 strcmp 函数比较字符串是正确的
    printf("yes");
```

6）测试字符串长度函数 strlen

函数原型：

```
unsigned int strlen(const char * s);
```

调用格式：

```
strlen(字符串)
```

功能：测试字符串的长度，函数的值为字符串中字符的个数，不包括'\0'在内。

例如：

```
char  str[20]="China";
printf("%d\n", strlen(str));
```

输出结果不是 20，也不是 6，而是 5。也可以直接测字符串常量的长度，例如：

```
int n=strlen("welcome");         //n 的值为 7
```

5. 字符串数组

如果要存储若干相关的字符串可以用字符串数组,字符串数组中的每一个元素都是一个字符串。因为字符串本身就是一个字符数组,所以字符串数组实际上是一个二维字符数组。该二维字符数组的第一维表示字符串的个数,第二维表示每个字符串的存储长度。例如:

```
char str[5][10];
```

数组 str[5][10] 可以存储 5 个字符串,每个字符串可以存储 9 个字符,注意,需要将最后一个存储空间用于存储字符串结束标志'\0'。

由于二维数组元素在内存中是按行连续分配存储空间的,因此字符串数组也是按字符串在内存中按行连续分配存储空间。即按字符串一个一个存储,先存储完第一个字符串再存储第二个字符串,直到所有的字符串都存储完成。

4.3.4 字符数组的应用

【例 4.9】 编写一个程序,将两个字符串连接起来,不使用 strcat 函数。

分析:两个字符串进行连接时,将第一个字符串的结束标志去掉,第二个字符串的第一个字符连到第一个字符串的结束标志的位置。

注意:连接后的字符串必须有字符串结束标志。

例 4.9 的参考程序如下。

```
1.   #include <stdio.h>
2.   int main()
3.   {
4.       char s1[80],s2[40];   int i=0, j=0;
5.       printf("Input string1: ");  gets(s1);
6.       printf("Input string2: ");  gets(s2);
7.       while(s1[i]!='\0')  i++;
8.       while(s2[j]!='\0')  s1[i++]=s2[j++];
9.       s1[i]='\0';                          //注意加字符串结束标志
10.      printf("The new string is:%s\n", s1);
11.      return 0;
12.  }
```

程序运行结果:

```
Input string1: country↙
Input string2: side↙
The new string is: countryside
```

【例 4.10】 输入一个不包含空白符的字符串,请判断这个字符串是否是 C 语言合法的标识符,如果它是 C 语言的合法标识符,则输出"yes",否则输出"no"。

分析:C 语言标识符的要求有三条:①非保留字;②只包含字母、数字及下画线(_);③不以数字开头。这里保证输入的字符串一定不是 C 语言的保留字,可以先判断第③个条件,只要字符串第 1 个字符是数字,那么它就不是标识符;如果第 1 个字符不是数字,再判断字符串中的所有字符是否是字母、数字及下画线。

例 4.10 的参考程序如下。

```
1.   #include<stdio.h>
2.   #include<string.h>
3.   int main()
4.   {
5.       char a[300];
6.       int i, len, flag=1;        //flag是标志变量,1表示是合法的标识符,0表示不合法
7.       gets(a);    len=strlen(a);
8.       if( a[0]>='0'&& a[0]<='9' )   printf("no");   //先判断第1个字符是不是数字
9.       else
10.      {  for(i=0; i<len; i++)
11.         {  if( !((a[i]>='a'&& a[i]<='z')||(a[i]>='A'&& a[i]<='Z')||
12.               (a[i]>='0'&& a[i]<='9')||a[i]=='_') )
13.                   flag=0;
14.         }
15.         if(flag)  printf("yes");
16.         else  printf("no");
17.      }
18.      return 0;
19.  }
```

想一想：第 11、12 行的 if 判断条件为什么这样写？

【**例 4.11**】　输入一行字符，统计其中有多少个单词，单词之间用空格分隔开。

分析：单词的数目可以由空格出现的次数决定（连续的若干空格作为出现一次空格；一行开头的空格不统计在内）。如果测出某一个字符为非空格，而它的前面的字符是空格，则表示"新的单词开始了"，此时 num（单词数）加 1。如果当前字符为非空格而其前面的字符也是非空格，则意味着仍然是原来那个单词的继续，num 不应再加 1。前面一个字符是否空格可以从 word 的值看出来，若 word＝0，则表示前一个字符是空格；如果 word＝1，意味着前一个字符为非空格，N-S 图如图 4.12 所示。

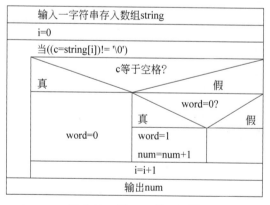

图 4.12　例 4.11 的 N-S 图

例 4.11 的参考程序如下。

```
1.   #include <stdio.h>
2.   int main()
```

```
3.  {
4.      char string[81], c;
5.      int i, num=0,word=0;        //num用来统计单词个数,word作为判别是否单词的标志
6.      printf("Input a string:");  gets(string);
7.      for(i=0; (c=string[i])!= '\0'; i++)
8.      { if(c==' ')  word=0;         //如果c是空格,将标志word置0
9.          else                       //如果c不是空格,继续判断word的值
10.             if(word==0)            //若word值为0,说明c是一个单词的第1个字母
11.             { word=1;  num++;  } //将标志word置1,同时单词计数器加1
12.      }
13.     printf("There are %d words in the line.\n", num);
14.     return 0;
15. }
```

说明：程序第 7 行 for 语句的循环条件是(c＝string[i])!＝ '\0',它包含了一个赋值操作和一个关系运算,它的作用实现将字符数组的某一元素(一个字符)赋给字符变量 c。此时赋值表达式的值就是该字符,然后再判定它是否结束符,由此看出用 for 循环可以使程序更简练。

程序运行结果：

Input a string:I am a boy✓   //I am a boy✓为键盘输入的信息

输出：

There are 4 words in the line.

【练习 4.8】 输入一个英文字符串(不超过 100 个字符,都是小写字母且没有空格),判断它是否是回文字符串。回文是指正着读和反着读是一样的字符串。例如,"aba"是回文,而"abc"不是回文。

4.4　本章小结

本章主要介绍数组的相关知识,包括一维数组、二维数组以及字符数组等内容。数组是用一片连续的内存空间存储一组数据,每个数据称为一个数组元素。在一个数组中,所有的元素都具有相同的类型。数组元素的存储是有序的,用下标表示顺序,下标从 0 开始计数。

计算机系统为数组开辟一个连续的存储空间,以便存放数组中的各元素,并用一个名字与一个数组实体相关联。字符数组与字符串既相关,又有区别。字符串是由一个指定的地址开始,由一个'\0'结束的一个连续的字符存储区间,字符个数没有限制;字符数组是由第一个元素开始到最后一个元素结束,字符数由字符数组的大小规定。字符数组用花括号中的一组字符数据进行初始化;字符串用一个字符串常量进行初始化。对字符数组中的字符的引用,只能以下标变量的形式进行;而对字符串可以用名字作为整体引用,也可以用下标形式引用其中的字符。

4.5 程 序 举 例

1. 矩阵运算

矩阵运算是数学中的一种基本运算,可以用编程的方法处理。一般来说,多维矩阵(行列式)处理的问题总可以转换为多维数组的问题,直接用矩阵运算的公式进行处理即可。

【例 4.12】 求矩阵鞍点问题。求任意 $m \times n$ 矩阵的鞍点。鞍点是指一个元素在该行上最大并且在该列上最小。这里的矩阵只考虑 int 型数据,并且矩阵中的数据各不相同,这样只可能有一个鞍点,或没有鞍点,m 和 n 从键盘输入。

分析:从矩阵的第 0 行开始,先找出该行的最大值,记住列号 sign,然后将该值与其所在列的其他数据比较,如果该值是最小值,则它就是鞍点,可以输出并结束循环;如果找到更小的值,说明该值不是鞍点;需重复上面的操作,即从第 1 行找一个最大值,记住列号 sign,然后将该值与其所在列的其他数据比较……直到最后一行。

例 4.12 的参考程序如下。

```
1.  #include <stdio.h>
2.  #define  N  10                              //定义 N 为矩阵维数的最大取值
3.  int main()
4.  {
5.      int a[N][N], m, n, i, j, sign;
6.      printf("m * n 矩阵,请输入 m、n 的值:\n");
7.      scanf("%d%d", &m, &n);
8.      printf("输入矩阵的数据:\n");
9.      for(i=0; i<m; i++)
10.         for(j=0; j<n; j++)
11.             scanf("%d", &a[i][j]);
12.     for(i=0; i<m; i++)
13.     {   for(sign=0, j=1; j<n; j++)          //寻找第 i 行最大值的列号
14.             if(a[i][sign]<a[i][j])  sign=j;
15.         for(j=0; j<m; j++)
16.             if(a[i][sign]>a[j][sign])  break;  //如果不是最小值,终止 for(j)循环
17.         if(j==m)
18.         {   printf("鞍点:%d\n", a[i][sign]);
19.             break;                           //找到鞍点,终止外层 for 循环
20.         }
21.     }
22.     if(i==m)   printf("该矩阵没有鞍点!\n");
23.     return 0;
24. }
```

2. 字符串处理

加密和解密是程序设计中经常遇到的问题,可以利用数组实现简单的加密和解密。

【例 4.13】 从键盘输入一个字符串,对其进行简单加密处理。分别显示加密数据和解密数据。加密规则:对英文字母加密,将小写字母的 ASCII 码+2 循环,大写字母的 ASCII 码-2 循环,其他字母不变。注意,最后的两个小写字母 y、z 和最前面的两个大写字母 A、B 需要单独处理。例如,输入字符串"abxyz123ABCD♯",加密后是"cdzab123YZAB♯"。

例 4.13 的参考程序如下。

```
1.   #include "stdio.h"
2.   #define N 20
3.   int main()
4.   {
5.       char c[N];    int i;
6.       gets(c);
7.       for( i=0; c[i]!='\0'; i++)                //对字符串 c 进行加密操作
8.       {   if(c[i]>='a'&&c[i]<'y')   c[i]=c[i]+2;
9.           else   if(c[i]=='y'||c[i]=='z')   c[i]=c[i]-24;   //单独处理 y 和 z
10.              else   if(c[i]>'B'&&c[i]<='Z')   c[i]=c[i]-2;
11.                  else   if(c[i]=='A'||c[i]=='B')   c[i]=c[i]+24;
                                                        //单独处理 A 和 B
12.      }
13.      puts(c);                                   //输出加密后的字符串
14.      for( i=0; c[i]!='\0'; i++)                //对字符串 c 进行解密操作
15.      {   if(c[i]>'b'&&c[i]<='z')   c[i]=c[i]-2;
16.          else   if(c[i]=='a'||c[i]=='b')   c[i]=c[i]+24;
17.              else   if(c[i]>='A'&&c[i]<'Y')   c[i]=c[i]+2;
18.                  else   if(c[i]=='Y'||c[i]=='Z')   c[i]=c[i]-24;
19.      }
20.      puts(c);                                   //输出解密后的字符串
21.      return 0;
22. }
```

【例 4.14】 把一个字符串中的特定字符用给定的字符进行替换,得到一个新字符串并输出。输入数据有 3 行,第 1 行是字符串,第 2 行是字符串中要被替换掉的字符,第 3 行是给定的用于替换的字符,输出替换后的新字符串。

分析:对字符串的字符从头到尾依次扫描,如果是要替换的特定字符,就进行替换操作,需要注意的是被替换的字符在字符串中可能有多个。

例 4.14 的参考程序如下。

```
1.   #include<stdio.h>
2.   using namespace std;
3.   int main()
4.   {
5.       int i, n;    char str[81],a,b;
6.       gets(str);
7.       a=getchar();
8.       getchar();
9.       b=getchar();
10.      getchar();
11.      for(i=0; str[i]!='\0'; i++)
12.      {   if(str[i]==a)   str[i]=b;   }
13.      puts(str);
14.      return 0;
15. }
```

想一想:第 8 行和第 10 行的 getchar();有什么用? 如果删除这两行对程序运行是否

会有影响？

【例 4.15】 C语言期末考试后，老师想知道班里最高分的学生姓名，请编程实现。首先输入学生的人数 n(n≤100)，然后再输入每个学生的分数和姓名，分数是一个非负整数，且小于或等于 100；姓名为一个连续的字符串，中间没有空格，长度不超过 20。输出最高分数的学生姓名，输入数据保证最高分只有一个学生。

输入：

```
4
89 Mary
92 John
96 Alex
87 Mike
```

输出：

```
Alex
```

分析：这个题实际是找最大值，不过每个数值都是与一个姓名（即字符串）相关，寻找最大值的同时需要记录对应的姓名。

例 4.15 的参考程序如下。

```
1.  #include <stdio.h>
2.  #include <string.h>
3.  int main ()
4.  {
5.      int i, n, score, max=0;
6.      char name[21], max_name[21];
7.      scanf("%d", &n);
8.      for(i=1; i<=n; i++)
9.      {   scanf("%d%s", &score,name);
10.         if(score>max)
11.         {   max=score;
12.             strcpy(max_name, name);
13.         }
14.     }
15.     printf("%s\n", max_name);
16.     return 0;
17. }
```

4.6 扩 展 阅 读

中国计算机事业的拓荒人——张效祥院士

张效祥，男，1918 年 6 月 26 日生于浙江海宁，中国计算机专家，中国科学院院士。1943 年武汉大学电机系毕业，1956—1958 年在苏联科学院精密机械及计算技术研究所进修。历任中国人民解放军总参谋部第 56 所所长、总工程师，中国计算机学会理事长，国家发明奖评审委员会委员，国家"863 计划"监督小组成员，国家自然科学基金委员会计算机学科评审组组长，国家信息化领导小组办公室专家委员。1991 年当选为中国科学院院士。

张效祥是中国计算机事业的拓荒人。20世纪50年代末,他主持研制成功我国第一台大型通用电子计算机——104机。此后的35年中,他先后领导并参加了我国自行设计的电子管、晶体管到大规模集成电路各代计算机的研制。20世纪70年代中期,他率先开展多处理并行计算机系统的探索与研制工作。1985年研制成功亿次巨型并行计算机系统,荣获1987年国家科学技术进步奖特等奖。他主持撰写的《中国计算机学会关于发展我国大型通用机的建议》和《计算机科学技术百科全书》,在中国计算机界产生很大影响。

张效祥院士2010年荣获中国计算机学会颁发的首届CCF终身成就奖,他为中国计算机事业的创建、开拓和发展做出了卓越贡献。

张效祥院士曾多次勉励青年科学家:"做成一件事不容易,要持之以恒,坚持下去。"张效祥院士身上所体现的上下求索的科学精神、无私奉献的高尚品德值得广大青年学子学习和传承。

第 5 章

函数

在程序中引入函数是软件技术发展历史上重要的里程碑之一,它标志着软件模块化和软件重用的真正开始。在进行程序设计时,把一个大的问题按照功能划分为若干小的功能模块,每个模块完成一个确定的功能,在这些模块之间建立必要的联系,互相协作完成整个程序要完成的功能,这种方法称为模块化程序设计。通常规定模块只有一个入口和一个出口,使用模块的约束条件是入口参数和出口参数。选择不同的模块或模块的不同组合就可以完成不同的系统架构和功能。这些功能模块不仅可以实现共享,并且由于功能单一容易保证设计的逻辑正确性。此外,问题划分以后更适合项目的集体开发,各个模块分别由不同的程序员编写,只要明确模块之间的接口关系,模块内部细节的具体实现就可由程序员自己随意设计,而模块之间不受影响。

5.1 函数的引出

在之前的程序设计中,已经多次使用系统提供的函数,如使用 printf 函数实现数据的输出,用 sqrt 函数进行开方运算等。这些函数功能单一,使用方便,有效地减少了程序设计的工作量。实际上,我们也可以编写实现具体功能的函数(自定义函数),使程序结构清晰,便于共享。

【问题描述 5.1】 信息学院二年级有 5 个班,输入学生的英语四级成绩,计算各班的平均分,找出 5 个班中的最高平均分;找出该年级中英语四级成绩的最高分。

分析:先计算每个班的平均成绩,放入包含 5 个元素的数组;再找出每个班的最高分,放入另一个包含 5 个元素的数组。然后分别进行比较,找出平均分最高的班级和分数最高的学生。

算法描述:

```
step1:定义变量 Class[50], ClaAverage[5],ClaMax[5], AverMax, AllMax
step2:for(i=1; i<=5; i++)              //分别对 5 个班级进行以下操作
       { ① 输入第 i 个班中每个同学的成绩, 将其存放到 Class[50]
         ② 计算第 i 个班的平均分 Average,将其存放到 ClaAverage[i]中
         ③ 找出第 i 个班中的最高分 max,将其存放到 ClaMax[i]中
       }
step3:在数组 ClaAverage[5]中找出最高分,将其存放到 AverMax 中
```

step4:在数组 ClaMax[5]中找出最高分,将其存放到 AllMax 中
step5:输出 AverMax、AllMax

该算法描述的还不够详细,需要将计算平均成绩及几个查找最高分的算法进行细化。这就是结构化程序设计的基本思想:由上到下,逐步求精。

注意,算法中多次用到查找最高分。不管有多少数据,可以采用相同的查找算法。因此,可以编写一个实现查找最高分功能的函数,像 C 语言的内部函数一样,在使用时调用该函数,不仅可以有效地减少程序设计的工作量,还可以使程序结构更清晰,增强可读性。如果再将数据输入模块、计算平均分模块也编写为独立函数,整个程序结构就很清晰了。

下面从一个比较简单的问题开始,说明如何编写自定义函数。

【例 5.1】 编程求解 $C_n^m = \dfrac{n!}{m!\ (n-m)!}$。

分析:求解上面公式最重要的就是计算阶乘,求一个数的阶乘可以用一层循环来实现,分别计算出 n!、m!、(n−m)!,再按公式进行除法运算即可得到结果。

算法描述:

step1:输入 m 和 n
step2:计算 n!
step3:计算 m!
step4:计算(n-m)!
step5:计算 n!/(m! * (n-m)!)
step6:输出计算结果

在没学习函数之前,可能会编写出下面这样的程序。

```
1.  #include<stdio.h>
2.  int main()
3.  {
4.      int m, n, i;
5.      double c, c1, c2, c3;                    //阶乘的值较大,将变量定义为 double 型
6.      printf("input m, n:");
7.      scanf("%d%d", &m, &n);
8.      for(i=1, c1=1; i<=n; i++)   c1=c1 * i;    //计算 n 的阶乘
9.      for(i=1, c2=1; i<=m; i++)   c2=c2 * i;    //计算 m 的阶乘
10.     for(i=1, c3=1; i<=(n-m); i++)   c3=c3 * i;    //计算 n-m 的阶乘
11.     c=c1/(c2 * c3);
12.     printf("c=n!/(m! * (n-m)!)=%.2lf\n", c);
13.     return 0;
14. }
```

说明:上面的程序中,需要 3 次计算阶乘,除了阶乘的次数不同外,代码是一样的。因此可以将计算阶乘这样的通用代码编写为函数,下面给出使用函数编写的程序。

例 5.1 的参考程序如下。

```
1.  #include<stdio.h>
2.  double factorial (int x)          //定义求阶乘的函数
3.  {
4.      int i;   double f=1.0;
```

```
5.        for(i=1; i<=x; i++)              //计算 x 的阶乘
6.        {    f=f * i;    }
7.        return f;                        //返回计算结果
8.    }
9.    int main()
10.   {
11.       int m, n;    double c,c1,c2,c3;
12.       printf("input m, n:");
13.       scanf("%d%d", &m, &n);
14.       c1=factorial (n);                //第 1 次调用 factorial 函数,计算 n 的阶乘
15.       c2=factorial (m);                //第 2 次调用 factorial 函数,计算 m 的阶乘
16.       c3=factorial (n-m);              //第 3 次调用 factorial 函数,计算 n-m 的阶乘
17.       c=c1/(c2 * c3);
18.       printf("c=n!/(m! * (n-m)!)=%.2lf\n", c);
19.       return 0;
20.   }
```

说明：① 在 C 语言中,除 main 函数外,所有函数都是平行的。函数间相互独立,一个函数并不从属于另一个函数,即函数不能嵌套定义。但是,函数之间可以相互调用。

② 一个主调函数可调用多个被调函数,同一个函数也可被一个或多个函数调用任意次。

③ 从用户使用角度看,函数分为标准函数和用户自定义函数两类。标准函数即库函数,它是由系统提供的,用户通过♯include 命令可以直接使用它们。用户自定义函数是用户根据需要自己定义的函数。

5.2 函数定义与调用

5-1 函数定义

5.2.1 函数的定义与调用

1. 函数定义
函数定义的一般形式：

数据类型 函数名(数据类型 形式参数 1,数据类型 形式参数 2,…,数据类型 形式参数 n)
{
  <说明语句>
  <执行语句>
}

说明：① 格式行首的数据类型是指函数返回值的数据类型;函数返回值就是函数运行产生的结果,用于返回给主调函数。

② 函数名,为函数起的名字,应符合标识符的命名规则。

③ 形式参数表,每个形式参数都要定义数据类型,各参数间用逗号分开。

④ 花括号"{ }"部分是函数的函数体,其编写方法与主函数一样。

2. 函数调用
函数调用的一般形式：

5-2 函数调用

函数名(实际参数 1,实际参数 2,…,实际参数 n);

说明：① 函数调用时,如果有多个实际参数,则各参数间用逗号分开。

② 实际参数是传递给被调用函数的值,可以是常量、变量、表达式或函数调用,但是其值必须是确定的。实际参数和形式参数应保持数据类型一致,顺序一一对应。

【例 5.2】 编写函数求两个数中较大的数,要求在 main 函数中输入数据和输出结果。

分析：比较两个数,选出其中较大的数的过程可以用函数 Max 实现,而输入两个数和输出结果可在 main 函数中实现。考虑 Max 函数中用于比较的两个数需要从 main 函数中获得,因此应该定义两个参数,而 Max 函数中求得的较大数也必须返回给 main 函数输出。

例 5.2 的参考程序如下。

```
1.  #include<stdio.h>
2.  int Max(int a, int b)                //函数定义,a 和 b 为形参,返回值为 int 型
3.  {
4.      int c;
5.      if (a>b)   c=a;
6.      else   c=b;
7.      return c;                        //返回变量 c 的值
8.  }
9.  int main()
10. {
11.     int x, y, z;
12.     z=Max(3, 5);                     //调用 Max 函数,实参为常量
13.     printf("maxmum=%d\n", z);
14.     scanf("%d%d",&x, &y);
15.     z=Max(x, y);                     //调用 Max 函数,实参为变量
16.     printf("maxmum=%d\n", z);
17.     z=Max(x+3, y * 2);               //调用 Max 函数,实参为表达式
18.     printf("maxmum=%d\n", z);
19.     z=Max(9, Max(x, y) );            //调用 Max 函数,第 2 个实参为函数调用
20.     printf("maxmum=%d\n", z);
21.     return 0;
22. }
```

说明：从数学的角度看 Max 函数,该函数接受两个整型自变量,返回一个整型结果。

3. 函数返回值

函数的返回值说明如下。

(1)函数的值是通过 return 语句返回到主调函数,return 语句的功能是计算表达式的值,并返回给主调函数。

return 语句的一般形式：

return (表达式);

或

return 表达式;

(2)函数中可以有多个 return 语句,但每次调用只可能有一个 return 语句被执行。因

5-3 函数返回值

为一旦执行到其中的一个 return 语句，就立即返回到主调函数，被调函数中其他语句不再执行。

例 5.2 中的 Max 函数还可以定义成如下形式。

```
int Max(int a,int b)                //函数 Max 的定义
{
    if (a>b)  return a;
    else  return b;
}
```

在调用过程中，如果满足 a＞b 的条件，则会执行语句 return a;，然后就返回主调函数，第二个 return 语句将不再执行。

（3）定义函数时指定的函数值类型应该和 return 语句中的表达式的类型保持一致。如果两者不一致，则以函数值类型为准，对于数值型的数据，系统会自动进行类型转换。

对上面的例 5.2 参考程序进行修改，将函数值类型与 return 语句的表达式类型定义成不同的类型，具体代码如下。

```
1.  #include<stdio.h>
2.  int Max(float a, float b)      //定义函数值类型为 int 型
3.  {
4.      float c;                   //定义变量 c 为 float 型
5.      c=a>b? a : b;              //将例 5.2 中参考程序的 if 语句改为条件表达式
6.      return c;                  //返回 c 的值,注意 c 为 float 型,而函数值为 int 型
7.  }
8.  int main()
9.  {
10.     float x, y;
11.     int z;
12.     printf("Input x,y:");
13.     scanf("%f%f", &x, &y);
14.     z=Max(x, y);
15.     printf("maxmum=%d\n", z);
16.     return 0;
17. }
```

程序运行结果：

```
Input x,y:1.6  3.8✓
maxmum=3
```

说明：由于定义 Max 时函数值为 int 型，而 return 语句中的 c 为 float 型，二者不一致，按上述规定，先将 c 的值 3.8 自动转换为整数 3，再将整数值 3 返回 main 函数并赋给变量 z，所以最后的输出结果是 maxmum＝3。

这种函数值类型与 return 语句表达式类型不同的做法往往使程序不清晰，可读性差，容易出错，因此尽量不要使用这种方法，而应做到函数值类型与 return 语句表达式类型保持一致。

（4）如果函数没有或者不需要返回计算结果，可以明确将函数的返回值类型定义为空类型，即 void。

【例 5.3】　编写函数计算 n 个整数的平均数,在 main 函数中输入 n 的值。

分析: 如果想在 main 函数中输出计算结果,应该将函数定义成有返回值的;如果直接在函数内输出计算结果,则可以将函数定义成无返回值的,因题目要求在 main 中输入 n,所以函数应该定义一个参数。

例 5.3 的参考程序如下。

```
1.  #include<stdio.h>
2.  void Average(int n)                    //函数功能是计算 n 个数的平均数,参数 n 表示整数个数
3.  {
4.      int i, x;      double fAve, fSum=0.0;
5.      printf("请输入%d个整数:\n", n);
6.      for(i=1; i<=n; i++)
7.      {   scanf("%d", &x);
8.          fSum=fSum+x;
9.      }
10.     fAve=fSum/n;
11.     printf("ave=%.2lf\n", fAve);        //在函数内输出计算结果
12. }
13. int main()
14. {
15.     int n;
16.     printf("计算 n 个整数的平均数,请输入 n:");
17.     scanf("%d", &n);                     //输入 n
18.     Average(n);                          //调用 Average 函数
19.     return 0;
20. }
```

说明: 定义 Average 函数时,函数名前的数据类型写 void,表示该函数无返回值。另外,在 main 函数中调用 Average 函数时,不再使用赋值语句。

(5) 如果函数不需要从主调函数传入数据,在定义函数时可以没有形式参数,这样的函数称为无参函数。定义无参函数时,函数名后的圆括号中可以写 void,表示该函数没有参数。

调用无参函数的一般形式:

函数名();

注意: 函数名后的圆括号不能省略。

【例 5.4】　从键盘输入一串字符,输入井号"♯"时结束,将字符串的大写字母转换为小写字母输出,其他字符直接输出。

分析: 编写一个函数,实现将大写字母转换为小写字母。如果输入一串字符的操作在 main 函数中实现,则该函数需要定义参数;如果直接在自定义函数中实现输入一串字符的操作,则不需要定义参数。

例 5.4 的参考程序如下。

```
1.  #include<stdio.h>
2.  void Change(void)                      //定义 Change 函数,该函数无参数也无返回值
3.  {
```

```
4.      char ch;
5.      ch=getchar();                    //输入一个字符
6.      while(ch!='#')
7.      {   if(ch>='A'&& ch<='Z')        //判断 ch 是否为大写字母
8.              ch=ch+32;                //大写字母的 ASCII 码值加 32 就转换为小写字母
9.          putchar(ch);                 //输出一个字符
10.         ch=getchar();
11.     }
12. }
13. int main()
14. {
15.     Change();                        //调用 Change 函数
16.     return 0;
17. }
```

通过例 5.3 和例 5.4 可以看出,对于一个给定的问题,函数的定义灵活,是否定义参数和返回值取决于问题和函数功能设计的需要。

【练习 5.1】 编写函数,计算一个整数各位数字之和。在 main 函数中输入这个整数,并输出计算结果。例如,输入整数 123,各位数字之和为 $1+2+3=6$。

提示:定义一个参数传递整数,函数有一个整型返回值。

5-4 函数
声明

5.2.2 函数声明与函数原型

C 语言中,在函数调用之前应当对所调用的函数进行声明,指出该函数的返回值的类型以及形参的个数和类型,编译器据此信息对函数调用进行语法检查,保证形参和实参的个数和类型的一致性,保证返回值的使用正确性。

函数声明不是函数定义,函数定义除了描述函数的基本特征(包括函数名、函数类型、形参表)外,核心内容是对函数功能的具体描述;而函数声明只是描述函数的基本特征,即函数原型。

函数原型的一般形式:

> 函数类型 函数名(形参类型 1 形参名 1,形参类型 2 形参名 2 …);

说明:① 在函数声明中,由于编译系统不检查参数名,因此,形参表中可以只写形参的数据类型,而不写形参名,从而可以简化为以下形式:

> 函数类型 函数名(形参类型 1,形参类型 2 …);

② 函数声明中,函数类型、函数名、参数个数、参数类型和参数顺序全部与函数定义保持一致。

③ 函数声明的位置:一种是在主调函数中对被调函数进行函数声明;另一种是在所有函数的外部进行函数声明(推荐使用)。

【例 5.5】 编程求排列公式 $P_n^m = \dfrac{n!}{(n-m)!}$ 和组合公式 $C_n^m = \dfrac{P_n^m}{m!}$。

例 5.5 的参考程序 1(在主调函数中对被调函数进行函数声明)如下。

```
1.  #include<stdio.h>
2.  int main()
3.  {
4.      double fP, fC;    int n, m;
5.      double Pfun(int n, int m);          //对 Pfun 函数进行函数声明
6.      double Factorial(int x);            //对 Factorial 函数进行函数声明
7.      scanf("%d%d", &n, &m);
8.      fP=Pfun(n, m);
9.      fC=fP/Factorial(m);
10.     printf("P=%.2lf, C=%.2lf \n", fP, fC);
11. }
12. double Pfun(int n, int m)               //定义函数,计算排列公式 P
13. {
14.     double r;
15.     double Factorial (int x);           //对 Factorial 函数进行函数声明
16.     r=Factorial(n)/Factorial(n-m);
17.     return r;
18. }
19. double Factorial(int x)                 //定义函数,计算 x 的阶乘
20. {
21.     double fValue=1;
22.     for(int i=1; i<=x; i++)
23.         fValue=fValue * i;
24.     return fValue;
25. }
```

由于在 main 函数和 Pfun 函数中都要调用 Factorial 函数,所以在 main 和 Pfun 函数中都对 Factorial 函数进行了函数声明。

例 5.5 的参考程序 2(在所有函数的外部进行函数声明)如下。

```
1.  #include<stdio.h>
2.  double Pfun(int n, int m);             //对 Pfun 函数进行函数声明
3.  double Factorial (int x);              //对 Factorial 函数进行函数声明
4.  int main()
5.  {
6.      double fP, fC;    int n, m;
7.      scanf("%d%d",&n, &m);
8.      fP=Pfun(n, m);
9.      fC=fP/Factorial(m);
10.     printf("P=%.2lf, C=%.2lf \n", fP, fC);
11.     return 0;
12. }
13. float Pfun(int n, int m)
14. {   …   }
15. float Factorial(int x)
16. {   …   }
```

程序在♯include 命令后对 Pfun 函数和 Factorial 函数进行了函数声明,因此在 main和 Pfun 函数中就不需要再对 Factorial 函数进行声明了。

C 语言中规定,在以下几种情况下可以省略主调函数中对被调函数的函数声明。

（1）对标准函数的调用不需要进行函数声明，但必须在程序开头用♯include命令把标准函数所在的头文件包含到本文件中。例如，在程序中使用 scanf 和 printf 等输入输出函数时，都必须在程序开头加♯include＜stdio.h＞；若在程序中使用 sin、log 等数学函数时，则必须加♯include＜math.h＞。

（2）如果被调函数的定义出现在主调函数之前，则在主调函数中可以不对被调函数进行声明而直接调用。如例 5.2 中，函数 Max 的定义放在 main 函数之前，因此在 main 函数中可以省去对 Max 的函数说明。

（3）如果在所有函数定义之前，在函数的外部已进行了函数声明，则在各个主调函数中不必对所调用的函数再进行声明。

5.3　函数参数传递

5-5 函数参数

5.3.1　简单变量作为函数参数

在 C 语言中，简单变量作为函数参数时，参数传递数据是单向的，只能把主调函数的实参值传给被调函数的形参，这是单向的数据传递。

（1）实参可以是常量、变量、表达式或函数调用。在进行函数调用时，实参必须具有确定的值，以便把这些值传递给形参。

（2）只有在函数被调用时系统才会为形参分配内存单元，在函数调用结束时，系统会立即释放形参所占用的内存单元。因此，形参只在函数内部有效，在函数调用过程中，形参的值发生改变，不会影响实参，函数调用结束返回主调函数后则不能再使用该形参变量。

【例 5.6】　简单变量作为函数参数，形参的变化不影响实参。

```
1.  #include <stdio.h>
2.  int fun (int x, int y)
3.  {
4.      x = x+2;    y = y * 2;
5.      printf("fun 函数:x=%d,y=%d\n", x, y);
6.      return ( x+y) ;
7.  }
8.  int main ( )
9.  {
10.     int a, b, c;
11.     scanf("%d%d", &a, &b);
12.     c=fun (a, b);
13.     printf("mian 函数:a=%d,b=%d,c=%d\n", a, b, c);
14.     return 0;
15. }
```

程序运行结果：

```
输入:
2 5↙
输出:
fun 函数:x=4, y=10
main 函数:a=2, b=5, c=14
```

程序运行过程中实参、形参的变化情况如图 5.1 所示。

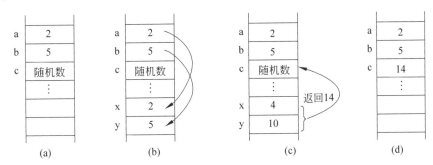

图 5.1　实参、形参变化情况

下面分别对图 5.1 中 4 个子图进行说明。

① 图 5.1(a)表示 main 函数执行 scanf 后变量存储空间的状态，a、b 已得到相应的数据，而 c 还是随机数，这时在内存中还没有为 fun 函数的形参 x、y 分配空间。

② 图 5.1(b)表示执行函数调用 fun (a, b)时存储空间的状态，系统首先为 fun 函数中的形参 x、y 分配存储空间，然后分别把实参 a、b 中的数据 2、5 传递给形参 x、y。

③ 图 5.1(c)表示 fun 函数执行到 return 语句时存储空间的状态，形参 x 的值由 2 变为 4，y 的值由 5 变为 10，并且将 x+y 的结果 14 返回到 main 函数中。

④ 图 5.1(d)表示 fun 函数调用结束后回到 main 函数执行语句 c=fun (a, b); 后变量存储空间的状态，这时系统已经释放了形参 x、y 所占用的存储空间，变量 c 得到函数返回值 14，a、b 里存放的数据仍然 2 和 5。

5.3.2　数组作为函数参数

5-6 数组作
为参数

数组用作函数参数有两种形式，一种是把数组元素作为实参使用；另一种是把数组名作为函数的实参使用。

1. 数组元素作为函数参数

数组元素就是下标变量，它与简单变量并无区别，因此它作为函数实参的使用与简单变量是完全相同的，在函数调用时，把数组元素的值传给形参，实现单向的值传递。

【例 5.7】　输入一个班的某门课程的成绩，将百分制成绩转换为 A、B、C、D、E 共 5 个等级，输出每个学生的百分制成绩和对应的等级。百分制转换为 A、B、C、D、E 这 5 个等级的规则为

A：90～100；B：80～89；C：70～79；D：60～69；E：0～59。

分析：该题中"成绩转换"很明显是一个独立的功能，可以单独编写一个函数来实现。转换函数需要定义一个形参，其作用是从主调函数获得需要进行转换的百分制成绩，并将百分制成绩转换得到的等级返回给主调函数，所以该函数应定义成有返回值的，且返回值应为字符型。

在 main 函数中主要是实现成绩的输入和输出。另外要注意变量的定义，由于题目要求"输出每个学生的百分制成绩和对应的等级"，所以必须定义两个数组，一个数组存放学生的百分制成绩，另一个数组存放成绩对应的等级（因等级用字母表示，所以该数组应为字符数组）。

例 5.7 的参考程序如下。

```
1.   #include<stdio.h>
2.   #define N 30                              //定义班级的学生人数
3.   char Change (int x);                      //函数声明
4.   int main()
5.   {
6.       int iScore[N] , i;                    //iScore 数组存放百分制成绩
7.       char chGrade[N];                      //chGrade 数组存放对应的等级
8.       printf("输入%d 个学生的成绩:", N);     //提示用户输入 N 个学生的成绩
9.       for(i=0; i<N; i++)
10.          scanf("%d", &iScore[i]);          //输入百分制成绩,存放在 iScore 数组中
11.      for(i=0; i<N; i++)
12.          chGrade[i]=Change (iScore[i]);    //调用 Change 函数
13.      for(i=0; i<N; i++)
14.      {   printf("学生%d 的成绩:%d, ", i+1, iScore[i]); //输出学生的百分制成绩
15.          printf("对应等级:%c\n", chGrade[i]);          //输出对应等级
16.      }
17.      return 0;
18.  }
19.  char Change (int x)
20.  {
21.      char g;
22.      switch (x/10)                         //对成绩进行整除 10 运算
23.      {   case 10:                          //x=100 时,x/10=10
24.          case 9: g='A'; break;             //x 为 90~99 时,x/10 = 9
25.          case 8: g='B'; break;             //x 为 80~89 时,x/10 = 8
26.          case 7: g='C'; break;             //x 为 70~89 时,x/10 = 7
27.          case 6: g='D'; break;             //x 为 60~69 时,x/10 = 6
28.          default: g='E';                   //x 为 0~59 时
29.      }
30.      return g;
31.  }
```

说明：第 11、12 行，main 函数中第 2 个 for 循环，其循环语句为 chGrade[i]＝Change (iScore[i]);，每执行一次循环就会调用一次 Change 函数。例如，当 i＝0 时，执行 chGrade [0]＝Change (iScore[0]);调用函数时，先将 iScore[0] 元素中存放的成绩传给 Change 函数中的形参 x，然后函数体内通过 switch 语句将 x 转换为对应的等级，并将该等级存入字符变量 g 中，再将 g 的值返回到 main 函数，最终 chGrade[0]得到该等级值。

2. 数组名作为函数参数

在实际应用中，有时希望在执行被调函数后，能修改主调函数中一个或多个变量的值。例如，对一组数排序，如果将排序功能写成一个函数，希望在排序函数执行后主调函数能得到排序后的结果，但是用简单变量或数组元素作为函数参数都无法完成这个任务，这时就需要用数组名作为函数参数。

因为数组名是数组的首地址，所以用数组名作为函数参数时，不是把实参数组的每一个元素的值都赋予形参数组的各个元素，而是把实参数组的首地址传给形参数组。实际上形参数组和实参数组拥有同一段内存空间，因此当形参数组发生变化时，实参数组也随之

变化。

【例 5.8】 用数组名作为函数参数实现冒泡排序。

分析：冒泡排序的例子在第 4 章已经讲过了,可以将用于排序的那部分代码(嵌套的两层 for 循环)提取出来编写一个排序函数,而数据的输入和输出仍在 main 函数中进行。

例 5.8 的参考程序如下。

```
1.  #include <stdio.h>
2.  #define  N  6                       //定义符号常量 N,N 表示要排序的数据个数
3.  void BubbleSort (int a[N]);          //排序函数声明
4.  int main()
5.  {
6.      int b[N], i;
7.      printf("输入要排序的数据:");
8.      for( i=0; i<N; i++)
9.          scanf("%d", &b[i] );
10.     BubbleSort ( b );                //调用排序函数,数组名 b 作为实参
11.     printf("排序后的数据:");
12.     for( i=0; i<N; i++)
13.         printf("%d  ", b[i] );
14.     return 0;
15. }
16. void BubbleSort (int a[N])           //排序函数定义
17. {
18.     int i, j, temp;
19.     for( i=0; i<N-1; i++)
20.     { for( j=0; j<N-1-i; j++)
21.       { if ( a[j]>a[j+1] )
22.         { temp=a[j];  a[j]=a[j+1];  a[j+1]=temp;  }
23.       }
24.     }
25. }
```

程序运行结果：

```
输入要排序的数据:4  7  2  9  1  6↙
排序后的数据:1, 2, 4, 6, 7, 9
```

用数组名作为函数参数实现冒泡排序的过程如图 5.2 所示。下面分别对图 5.2 中的 3 个子图进行说明。

① 图 5.2(a)表示 main 函数执行函数调用时的状态,数组 b 占用一片连续的存储空间,该存储空间的首地址为 0x0012ff58,执行 sort(b)时,将该地址传给形参数组 a,可以看到系统只给形参分配了很小的存储空间,用来存放 b 数组的首地址。

② 图 5.2(b)表示执行函数内排序过程时的状态,形参数组 a 和实参数组 b 占用同一段内存单元,在函数中对数组 a 进行了排序,实际上就是对数组 b 进行了排序,所以 sort 函数不需要返回值,将 sort 的函数类型定义为 void 即可。

③ 图 5.2(c)表示函数执行完,回到 main 函数的状态,虽然这时形参数组 a 不存在了,但是数组 b 的排序已经完成了,可以输出其排序后的结果。

用数组名作为函数参数还需说明以下几点。

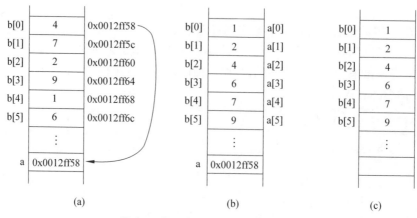

图 5.2　数组名作为函数参数示意图

（1）用数组名作为函数参数时，要求在主调函数和被调函数中分别定义实参数组和形参数组。例 5.9 中 main 函数中定义实参数组 b，在 sort 函数中定义形参数组 a。

（2）形参数组和实参数组的类型必须一致，否则会引起错误。

（3）形参数组可以不指定其长度，即在形参数组名后跟一个空的方括号。如例 5.9 中 sort 函数的首部也可以写成：void sort（int a[ ]）。有时为了能灵活地处理不同大小的数组，可以专门定义一个形参，传递需要处理的数组元素的个数。

【练习 5.2】　将选择排序写成函数，在 main 函数中输入待排序数据，输出排序后的结果。

【练习 5.3】　将插入排序写成函数，在 main 函数中输入待排序数据，输出排序后的结果。

【例 5.9】　求两个班级成绩的平均分，设两个班级的学生人数分别为 30 人和 45 人。

分析：由于两个班级的学生人数不同，在定义求平均分函数时除了定义一个形参数组外，还应定义一个形参来传递人数，这样求平均分函数就可以求任何一个班级的平均分。

例 5.9 的参考程序如下。

```
1.  #include <stdio.h>
2.  double Average(int iScore[ ], int n);  //Average 函数声明
3.  int main()
4.  {
5.      int i, iClass1[30], iClass2[45];
6.      double fAve1, fAve2 ;
7.      printf("输入班级 1 的成绩:\n");
8.      for (i=0; i<30 ; i++)
9.          scanf ("%d", &iClass1[i]);
10.     fAve1= Average (iClass1, 30);        //第 1 次调用 Average 函数
11.     printf("输入班级 2 的成绩:\n");
12.     for (i=0; i<45 ; i++)
13.         scanf ("%d", &iClass2[i]);
14.     fAve2= Average (iClass2, 45);        //第 2 次调用 Average 函数
15.     printf("班级 1 的平均分:ave1=%.2lf \n", fAve1);
16.     printf("班级 2 的平均分:ave2=%.2lf \n", fAve2);
```

```
17.        return;
18. }
19. double Average(int iScore[ ], int n)
20. {
21.        double fAve, fSum=0;
22.        for (int i=0; i<n; i++)
23.              fSum=fSum+iScore[i];
24.        fAve=fSum/n;
25.        return fAve;
26. }
```

说明：在该例中，main 函数两次调用 Average 函数，第 1 次调用 Average（iClass1，30）；将数组 iClass1 的首地址传给形参数组 s，将 30 传给形参变量 n，函数求出 30 名学生的平均分；第 2 次调用 Average（iClass2，45）；将数组 iClass2 的首地址传给形参数组 s，将 45 传给形参变量 n，函数求出 45 名学生的平均分。

掌握了数组名作为参数后，可以编写出如下问题描述 5.1 的参考程序。

```
1.  #include<stdio.h>
2.  #define   CN  5              //定义班级个数为 5
3.  #define   SN  50             //定义班级的最多人数为 50
4.  void InputScore(double a[], int n);
5.  double CalculateAve(double a[], int n);
6.  double SearchMax(double a[], int n);
7.  int main()
8.  {
9.      int i, studnum;
10.     double Class[SN], ClaAverage[CN],ClaMax[CN], AverMax, AllMax;
11.     for(i=0; i<CN; i++)
12.     {  printf("输入%d 班的学生人数:", i+1);
13.        scanf("%d", &studnum);
14.        printf("输入学生成绩:\n");
15.        InputScore(Class,studnum);           //调用函数,输入学生成绩
16.        ClaAverage[i]=CalculateAve(Class, studnum);
                                                //调用函数,计算班级平均分
17.        ClaMax[i]=SearchMax(Class, studnum);  //调用函数,查找班级最高分
18.     }
19.     AverMax=SearchMax(ClaAverage, CN);       //调用函数,查找最高的班级平均分
20.     AllMax=SearchMax(ClaMax, CN);            //调用函数,查找最高的学生成绩
21.     printf("最高班级平均分=%.4lf\n", AverMax);
22.     printf("学生最高成绩=%.2lf\n", AllMax);
23.     return 0;
24. }
25. void InputScore(double a[], int n)           //函数功能是输入学生成绩
26. {
27.     for(int i=0; i<n; i++)
28.         scanf("%lf", &a[i]);
29. }
30. double CalculateAve(double a[], int n)        //函数功能是计算班级的平均分
31. {
```

```
32.       double ave=0;
33.       for( int i=0; i<n; i++)
34.          ave=ave+a[i];
35.       ave=ave/n;
36.       return ave;
37.  }
38.  double SearchMax(double a[], int n)          //函数功能是查找最高分
39.  {
40.      float max;
41.      max=a[0];
42.      for(int i=1; i<n; i++)
43.      {  if(a[i]>max)  max=a[i];        }
44.      return max;
45.  }
```

3. 多维数组名作为函数参数

多维数组名作为函数参数,依然是将实参数组的首地址传给形参数组。

【例 5.10】 编写函数实现矩阵的转置,在 main 函数中进行矩阵的输入和输出。

分析:矩阵一般用二维数组存放,一个 n×m 的矩阵转置后将得到一个 m×n 的矩阵。

$$\mathbf{a}_{2\times3}=\begin{bmatrix}1 & 2 & 3\\4 & 5 & 6\end{bmatrix} \quad 转置后得到 \quad \mathbf{b}_{3\times2}=\begin{bmatrix}1 & 4\\2 & 5\\3 & 6\end{bmatrix}$$

定义两个数组,一个是 n×m 的二维数组存放转置前的矩阵 **a**,另一个则是 m×n 的二维数组存放转置后的矩阵 **b**,而转置函数也需要定义两个形参数组。

例 5.10 的参考程序如下。

```
1.   #include<stdio.h>
2.   #define  N  2                             //定义数组一维长度
3.   #define  M  3                             //定义数组二维长度
4.   void Transpose (int ta[N][M], int tb[M][N]);    //函数声明
5.   int main()
6.   {
7.       int i, j, a[N][M]={0}, b[M][N]={0};          //a、b 数组初始化
8.       printf("输入矩阵 a(%d 行,%d 列):\n", N, M);
9.       for (i=0; i<N; i++)                          //用双层 for 循环输入数组 a
10.          for (j=0; j<M; j++)
11.             scanf("%d", &a[i][j]);
12.      Transpose (a,b);                             //调用 Transpose 函数
13.      printf("原矩阵 a:\n");
14.      for (i=0; i<N; i++)                          //用双层 for 循环输出数组 a
15.      {  for (j=0; j<M; j++)
16.             printf("%3d", a[i][j]);
17.          printf("\n");
18.      }
19.      printf("转置后的矩阵 b:\n");
20.      for (i=0; i<M; i++)                          //用双层 for 循环输出数组 b
21.      {  for (j=0; j<N; j++)
22.             printf("%3d", b[i][j]);
```

```
23.          printf("\n");
24.      }
25.      return 0;
26. }
27. void Transpose(int ta[N][M], int tb[M][N])        //Transpose 函数定义
28. {
29.      int i, j;
30.      for (i=0; i<N; i++)
31.          for (j=0; j<M; j++)
32.              tb[j][i]=ta[i][j];                    //实现矩阵转置
33. }
```

说明：① 第 12 行，执行 Transpose(a,b);函数调用时，将实参数组 a、b 的首地址传给形参数组 ta、tb，在函数内对 tb[j][i]赋值，实际上是将数据存放到 b 所占用的存储空间中。

② 在函数定义时，对形参数组可以指定每一维的长度，也可以省去第一维的长度。

例如，以下写法是合法的。

```
void Transpose(int ta[ ][M], int tb[ ][N])
```

【练习 5.4】　编写两个函数分别实现矩阵的输入和输出，假设矩阵是 n×m 维的，n 和 m 都小于 10，在 main 函数中调用输入函数、输出函数。

【练习 5.5】　在练习 5.4 的基础上增加一个函数实现矩阵加法，在 main 中输入两个矩阵，输出这两个矩阵相加后的结果矩阵。

5.3.3　函数定义与带参数的宏定义的区别

有些简单的问题既可以用带参数的宏定义实现，也可以用函数实现，它们之间有一些类似之处，但本质上却是不同的。

【例 5.11】　编程求两个数中较大的数，要求分别用带参数的宏定义和函数实现。

例 5.11 的参考程序 1(用带参数的宏定义实现)如下。

```
1.  #include<stdio.h>
2.  #define MAX(a, b)  (a>b)?a:b
3.  int main()
4.  {
5.      int x, y, max;
6.      printf("input two numbers: ");
7.      scanf("%d%d", &x, &y);
8.      max=MAX(x, y);
9.      printf("max=%d\n", max);
10.     return 0;
11. }
```

例 5.11 的参考程序 2(用函数实现)如下。

```
1.  #include<stdio.h>
2.  int maxfun(int a, int b)
3.  {
4.      int c;
```

```
5.      c=(a>b)?a:b;
6.      return c;
7.  }
8.  int main()
9.  {
10.     int x, y, max;
11.     printf("input two numbers: ");
12.     scanf("%d%d", &x, &y);
13.     max=maxfun(x, y);
14.     printf("max=%d\n", max);
15.     return 0;
16. }
```

带参数的宏定义和函数的不同之处如下。

(1) 在带参数的宏定义中,形参不必进行类型定义,系统也不会为其分配存储单元;而函数的形参必须定义类型,在进行函数调用时,系统会为形参分配临时的存储单元,并且要求实参的类型应与形参保持一致。

(2) 使用宏时只是进行简单的字符替换。例如,例 5.11 的参考程序 1 中的 max＝MAX(x, y);只是用字符 x、y 替换形参 a、b,宏展开后为 max＝(x＞y)? x：y;经计算可直接得到结果;而例 5.11 的参考程序 2 中的函数调用是将实参 x、y 的值传给形参 a、b,在函数体内进行计算,最后通过 return 语句将结果返回到主调函数中。

(3) 若多次使用宏,经过宏展开后源程序代码会变长;而不管出现多少次函数调用,源程序的长度是不变的。

(4) 宏展开占用编译时间;而函数调用占用程序的运行时间。

一般来说,用宏定义求解比较简单的问题,这类问题通常只需要简短的表达式或者几条简单的赋值语句就能求解;对于较复杂的问题则需要定义函数,如数据排序问题等。

5.4　函数的嵌套调用

5-7 函数的
嵌套调用

函数的嵌套调用是指主调函数调用被调函数,而在被调函数的执行过程中又调用另外一个函数。例如,一个程序包含 main 函数、f1 函数、f2 函数,箭头表示函数调用,①～⑨表示程序的执行顺序,如图 5.3 所示。

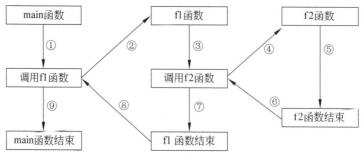

图 5.3　函数的嵌套调用

例 5.5 中就有函数的嵌套调用，main 函数调用 Pfun 函数，而 Pfun 函数又调用了 Factorial 函数。下面再举一个函数嵌套调用的例子。

【例 5.12】 编程求解 $\sum_{x=1}^{n} x^k$。

分析：若 n＝5，k＝3，则 $\sum_{x=1}^{5} x^k = 1^3 + 2^3 + 3^3 + 4^3 + 5^3$。

该问题可以分解为以下 4 个步骤。

step1：输入 n 和 k 的值。

step2：乘方运算，即计算 $1^k, 2^k, \cdots, n^k$。

step3：求和运算，将乘方运算所得结果求和，即计算 $1^k + 2^k + \cdots + n^k$。

step4：输出结果。

步骤 step1、step4 由 main 函数完成，将 step2 编写为乘方函数，step3 编写为求和函数。在 main 函数中调用求和函数，而在求和函数中调用乘方函数。

例 5.12 的参考程序如下。

```
1.  #include <stdio.h>
2.  double Sop(int m, int t);      //Sop 函数声明
3.  double Power(int p, int q);    //Power 函数声明
4.  int main()
5.  {
6.      int k, n;    double sum;   //sum 定义为 double 型可避免数值溢出
7.      printf("input:k, n: ");    //提示用户输入 k 和 n
8.      scanf("%d%d", &k, &n);
9.      sum = Sop (n, k);          //调用 Sop 函数
10.     printf("%.0lf\n", sum);
11.     return 0;
12. }
13. double Sop (int m, int t)      //定义 Sop 函数
14. {
15.     int i, p;    double sum=0; //初始化累加器，sum 为 double 型可避免数值溢出
16.     for (i=1; i<=m; i++ )
17.     {   p=Power (i, t);        //调用 Power 函数
18.         sum=sum+p;            //累加
19.     }
20.     return sum ;              //返回值 sum
21. }
22. double Power (int p, int q)    //定义 Power 函数
23. {
24.     double product=1;          //初始化累乘器，product 为 double 型可避免数值溢出
25.     for(int i=1; i<=q; i++)
26.         product=product * p;   //累乘
27.     return product;            //返回值 product
28. }
```

说明：该例中 main 函数中进行 Sop (n, k)调用，将 n、k 的值分别传给 Sop 函数中形参 m、t；在 sop 函数中又进行 Power (i, t)调用，将 i、t 的值分别传给 Power 函数中形参 p、q。参数传递过程如图 5.4 所示。

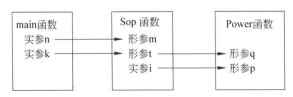

图 5.4 函数嵌套调用中参数传递过程示意图

5-8 递归
函数

5.5 递归与分治算法

5.5.1 递归函数

一个函数在它的函数体内直接或间接调用它自身,称为函数的递归调用,这种函数称为递归函数。

例如,计算 n!,一般将 n! 描述成为 n!=1×2×3···×(n−1)×n。实际上,n! 还可以描述为 n!=n×(n−1)···×3×2×1,而该式可以写成 n!=n×(n−1)!。这样,一个整数的阶乘就被描述成为一个规模较小整数的阶乘与一个数的积,所以求解 n! 就要先求(n−1)!,而求(n−1)! 则要先求出(n−2)! ……最终问题变成求 1!。这时问题变得很简单,可以直接给出答案 1!=1,然后再将该结果逐步返回,直到最终得到 n! 的结果。

用递归函数求解问题的基本原理是将复杂问题逐步简化,最终转换为一个可以直接求解的简单问题,这个简单问题的解决就意味着原复杂问题的解决。所以用递归求解问题时必须包括以下两部分:

(1) 递归的结束条件,即在此条件下可以直接求解问题。

(2) 求解问题的递归方式,即有明确的递归定义规则,可将原问题简化成较小规模的同类问题。

【例 5.13】 用递归函数求 n!。

分析:由上面的说明,可以得到 n! 的递归公式如下。

$$n! = \begin{cases} 1 & n=0,1 \\ n \times (n-1)! & n>1 \end{cases}$$

当 n=0 或 1 时,n!=1,这就是递归的结束条件;而当 n>1 时,n!=n×(n−1)!,这就是求解该问题的递归方式。在 main 函数中输入 n 的值,调用函数求 n!,结果返回 main 函数,最后在 main 函数中输出。

例 5.13 的参考程序如下。

```
1.  #include <stdio.h>
2.  #include <stdlib.h>              //exit 函数的头文件
3.  double Factorial (int n);        //Factorial 函数声明
4.  int main()
5.  {
6.      int iNumber ;
7.      double y;      //若 iNumber 较大,阶乘值会超出 int 型范围,因此 y 定义为 double 型
8.      printf("输入一个整数:");
```

```
9.       scanf("%d", &iNumber );
10.      y=Factorial (iNumber);
11.      printf("%d!=%.0lf \n", iNumber , y);     //阶乘值为整数,用%.0lf 不输出小数部分
12.      return 0;
13. }
14. double Factorial (int n)
15. {
16.      double fValue;
17.      if( n<0 )                               //对 n 进行合法性检查
18.      {   printf("n<0, dataerror! ");         //提示用户输入数据错误
19.          exit(-1);                           //用 exit 函数退出程序
20.      }
21.      else
22.      {   if( n==0 || n==1 )   fValue =1;     //递归的结束条件
23.          else  fValue = n * Factorial ( n-1) ; //递归调用
24.      }
25.      return fValue;
26. }
```

程序运行结果:

测试数据 1   测试数据 2

输入一个整数:5↙   输入一个整数:-2↙
5!=120   n<0, dataerror!

说明:以 iNumber=5 为例,函数的递归调用与返回过程如图 5.5 所示。main 函数调用 Factorial(5),Factorial(5)调用 Factorial(4),Factorial(4)调用 Factorial(3),Factorial(3)调用 Factorial(2),直至 Factorial(2)调用 Factorial(1),最终在 Factorial(1)结束递归调用。fValue 赋值为 1,然后将 1 返回到上一层函数调用 Factorial(2)中,计算 fValue=2×Factorial(1)=2,再将 2 返回到上一层函数调用 Factorial(3)中,计算 fValue=3×Factorial(2)=6,依次返回,在 Factorial(5)中,计算 fValue=5×Factorial(4)=120,最后将 120 返回到 main 函数,赋给变量 y。

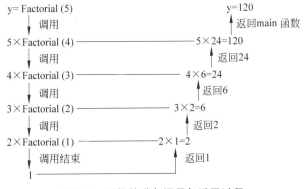

图 5.5 函数的递归调用与返回过程

【例 5.14】 用递归函数求 Fibonacci 数列的第 n 项。

分析:第 3 章中曾用循环求出 Fibonacci 数列的前 20 项,已知数列的第 0、1 项都是 1,

依次求出数列的第 2、3、4…20 项，那时用的是迭代法。为了用递归求解该问题，先写出 Fibonacci 数列的递归公式：

$$f(n)=\begin{cases} 1 & n=0,1 \\ f(n-1)+f(n-2) & n>1 \end{cases}$$

例 5.14 的参考程序如下。

```
1.  #include<stdio.h>
2.  #include<stdlib.h>
3.  int Fib(int n);                              //Fib 函数声明
4.  int main()
5.  {
6.     int n, iValue;
7.     printf("输入一个整数 n:");
8.     scanf("%d", &n);
9.     iValue = Fib(n);                          //调用 Fib 函数
10.    printf("Fibonacci 数列的第%d 项=%d \n", n , iValue ) ;
11.    return 0;
12. }
13. int Fib(int n)                               //定义 Fib 函数
14. {
15.    if (n<0)                                  //对 n 进行合法性检查
16.    {  printf("n<0, dataerror! ");           //提示用户输入数据错误
17.       exit(-1);                              //用 exit 函数退出程序
18.    }
19.    else
20.    {  if (n <= 1)  return 1;
21.       else  return Fib(n-1)+Fib(n-2);        //递归调用 Fib 函数
22.    }
23. }
```

程序运行结果：

```
输入一个整数 n:4↙
Fibonacci 数列的第 4 项=5
```

说明：当 n=4 时，Fib(4)的递归调用过程如图 5.6 所示，发现 Fib 函数一共调用了 9 次；如果用迭代法求第 4 项，只需要循环 3 次。如果 n=20，用迭代法需要执行 19 次循环；而用递归实现，需要进行 21891 次函数调用。

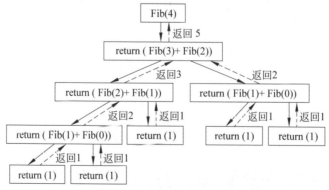

图 5.6　求 Fib(4)的递归调用过程示意图

【练习 5.6】 编写一个递归函数计算 1＋2＋3＋…＋n,在 main 函数中输入 n,输出计算结果。

【例 5.15】 汉诺(Hanoi)塔问题。

有 A、B、C 3 个塔座,在塔座 A 上有 64 个大小不等的圆盘,大圆盘在下,小圆盘在上,如图 5.7 所示,要求将塔座 A 上的 64 个圆盘移到塔座 C 上,在移动的过程中可以使用塔座 B,但是要求每次只能移动一个圆盘,并且在 3 个塔座上的圆盘必须始终保持大圆盘在下、小圆盘在上。

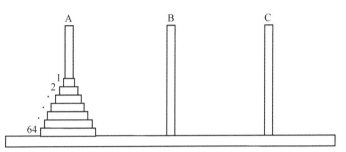

图 5.7 汉诺塔初始状态图

分析:首先将 64 个圆盘按从小到大的顺序依次编号为 1～64,由于 64 个圆盘的移动太难了,所以先从简单的情况考虑。

(1) 如果有 1 个圆盘,则需要 1 次移动,即将 1 号圆盘从 A 移动到 C。

(2) 如果有 2 个圆盘,则需要 3 次移动:

① 将 A 上的 1 号圆盘移到 B 上。

② 将 A 上的 2 号圆盘移到 C 上。

③ 将 B 上的 1 号圆盘移到 C 上。

(3) 如果有 3 个圆盘,则需要 7 次移动:

① 将 A 上的 1 号圆盘移到 C 上。

② 将 A 上的 2 号圆盘移到 B 上。

③ 将 C 上的 1 号圆盘移到 B 上。

④ 将 A 上的 3 号圆盘移到 C 上。

⑤ 将 B 上的 1 号圆盘移到 A 上。

⑥ 将 B 上的 2 号圆盘移到 C 上。

⑦ 将 A 上的 1 号圆盘移到 C 上。

对上面 7 次移动进行分析可以发现,①、②、③这 3 次移动是完成了将 A 上的 1 号和 2 号盘移到 B 上(借助于 C),而⑤、⑥、⑦这 3 次移动则是完成了将 B 上的 1 号和 2 号盘移到 C 上(借助于 A)。

从上面分析可以看出,当圆盘数 n 大于或等于 2 时,可以将圆盘分为两部分,一部分是上面的(n−1)个圆盘,而另一部分为第 n 个圆盘,这样 n 个圆盘移动过程就可分解为 3 个步骤:

step1:将 A 上的(n−1)个圆盘移到 B 上,借助于 C。

step2:将 A 上的第 n 个圆盘移到 C 上。

step3：将 B 上的(n－1)个圆盘移到 C 上，借助于 A。

步骤 step1 中将(n－1)个圆盘由 A 移动到 B，需要用递归实现，同理，步骤 step3 也应该用递归。那么递归的结束条件是什么呢？只有一个圆盘时，可以很容易地将它从塔座 A 移到塔座 C 上，所以 n＝1 即为递归的结束条件。

例 5.15 的参考程序如下。

```
1.  #include<stdio.h>
2.  void Hanoi(int n, char a, char b, char c);
3.  void Move( int n, char x, char y);
4.  int main()
5.  {
6.      int n;
7.      printf("输入圆盘个数:");
8.      scanf("%d", &n);
9.      printf("%d个圆盘的移动过程如下:\n", n);
10.     Hanoi(n, 'A', 'B', 'C');
11.     return 0;
12. }
13. //Hanoi 函数的功能是把 a 上的 n 个圆盘借助 b 移动到 c 上
14. void Hanoi(int n, char a, char b, char c)
                              //n 表示圆盘个数,a、b、c 分别表示 3 个塔座
15. {
16.     if(n==1)  Move(n,a,c);        //n 为 1 时, 把第 n 个圆盘从 a 移到 c
17.     else
18.     {   Hanoi(n-1, a, c, b);      //把 a 上的(n-1)个圆盘借助 c 移动到 b 上
19.         Move(n, a, c);            //把第 n 个圆盘从 a 移到 c
20.         Hanoi(n-1, b, a, c);      //把 b 上的(n-1)个圆盘借助 a 移动到 c 上
21.     }
22. }
23. //Move 函数的功能是将第 n 个圆盘从 x 移到 y,n 表示第 n 个圆盘,x、y 表示塔座
24. void Move( int n, char x, char y)
25. {   printf(" %d号盘从塔座%c移动到塔座%c\n", n, x, y);     }
```

程序运行结果：

```
输入圆盘个数: 3↙
3 个圆盘的移动过程如下:
1 号盘从塔座 A 移动到塔座 C
2 号盘从塔座 A 移动到塔座 B
1 号盘从塔座 C 移动到塔座 B
3 号盘从塔座 A 移动到塔座 C
1 号盘从塔座 B 移动到塔座 A
2 号盘从塔座 B 移动到塔座 C
1 号盘从塔座 A 移动到塔座 C
```

说明：阅读程序时要特别注意 Hanoi 函数中形参 a、b、c 的顺序。

当 n＝3 时，要进行 2^3-1 次 Hanoi 函数的调用，具体过程如图 5.8 所示。

递归函数的优点：结构清晰，可读性强，因此它为设计、调试程序带来很大方便。

递归函数的缺点：递归程序的运行效率较低，无论是耗费的计算时间还是占用的存储

空间都比非递归函数要多。

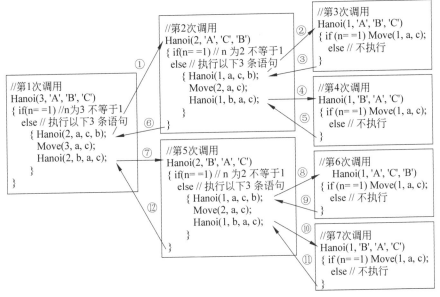

图 5.8 n＝3 时 Hanoi 函数递归调用的情况

5.5.2　分治算法

分治算法的基本思想就是"分而治之"。将一个难以直接求解的复杂问题分解成若干规模较小、相互独立但类型相同的子问题,然后求解这些子问题,如果子问题还比较复杂不能直接求解,则继续细分,直到子问题足够小能直接求解为止,最后找到一种途径将各子问题的解组合成原问题的解。

一个问题能够用分治法求解的要素如下。

(1) 问题可以分解为若干规模较小、相互独立且与原问题类型相同的子问题。

(2) 子问题足够小时可以直接求解。

(3) 可以将子问题的解组合成原问题的解。

由以上描述可知,分治法的求解是一个递归过程。下面以二分搜索为例,说明如何应用分治法求解问题。

【例 5.16】　二分搜索问题。问题描述:给定已排好序的 n 个元素,在这 n 个元素中找出一特定元素 x。

分析:二分搜索(也称折半查找),其基本思想是将 n 个元素分成个数大致相同的两半,取中间元素 a[n/2] 与 x 比较,可能出现 3 种比较结果:

① 若 x＝a[n/2],则找到 x,停止搜索。

② 若 x＜a[n/2],则在 a[0]～a[n/2−1] 中继续搜索 x。

③ 若 x＞a[n/2],则在 a[n/2+1]～a[n−1] 中继续搜索 x。

要实现二分搜索,需要设定 3 个关键下标:用 left 和 right 分别表示数组的下界和上界,初始时 left＝0,right＝n−1,用 mid 表示中间元素的下标,mid＝(left＋right)/2,搜索时应满足 left≤right,若出现 left＞right,则表示无法找到 x,应停止搜索。

在第 4 章的例 4.5 中曾用迭代法实现了二分搜索,现在可以用递归函数来实现二分搜索。

例 5.16 的参考程序如下。

```
1.  #include<stdio.h>
2.  #define N 9                                    //定义符号常量,N 表示数组的大小
3.  int Search(int a[ ], int x, int left, int right);  //函数声明
4.  int main()
5.  {
6.      int i, x, a[N], result;
7.      printf("\n 输入数组 a[%d]:\n", N);             //提示用户输入数组 a
8.      for(i=0; i<N; i++)
9.          scanf("%d", &a[i]);                       //输入数组元素
10.     printf("输入要查找的数 x:");
11.     scanf("%d", &x);                             //输入 x
12.     result=Search(a, x, 0, N-1);                  //调用 Search 函数
13.     if (result== -1)                             //判断 result 的值是否等于-1
14.         printf("在 a 中没找到%d!\n", x);
15.     else  printf("找到%d,x=a[%d]\n", x, result);
16.     return 0;
17. }
18. int Search(int a[ ], int x, int left, int right)   //二分搜索函数的定义
19. {
20.     int mid;
21.     if (left>right)  return(-1);                    //left>right 时表示搜索失败,返回-1
22.     else
23.     { mid=(left+right)/2;                          //计算中间元素的下标
24.         if(x==a[mid])  return(mid);    //x 等于中间元素,找到目标元素,返回下标值
25.         else                                      //x 不等于中间元素的情况
26.             if(x<a[mid])                          //x 小于中间元素的情况
27.                 Search (a, x, left, mid-1);         //递归调用 Search 函数
28.             else                                  //x 大于中间元素的情况
29.                 Search (a, x, mid+1, right);        //递归调用 Search 函数
30.     }
31. }
```

【例 5.17】 最大元素问题,在含有 n 个不同元素的集合中找出它的最大元素。

分析:最大元素问题可以用不同的算法实现。

算法 1:可以直接通过 n−1 次元素间的比较,找到最大元素,用一层循环即可实现。

例 5.17 的参考程序 1 如下。

```
1.  #include<stdio.h>
2.  #define N 9                                    //定义符号常量,N 表示数组的大小
3.  int Maxfun(int a[ ]);                          //函数声明
4.  int main()
5.  {
6.      int i, a[N], result;
7.      printf("\n 输入数组 a[%d]:\n", N);             //提示用户输入数组 a
8.      for(i=0; i<N; i++)
9.          scanf("%d", &a[i]);                       //输入数组元素
```

```
10.        result=Maxfun(a);                              //调用函数 Maxfun
11.        printf("a 中的最大元素是:%d\n", result);
12.        return 0;
13.  }
14.  int Maxfun(int a[ ])
15.  {
16.        int i, max=a[0];
17.        for( i=1; i<N; i++)
18.        {   if (a[i]>max)   max=a[i];   }
19.        return(max);
20.  }
```

算法2：用分治算法求解该问题。仿照二分搜索的方法,n 个元素的下界设为 left,上界设为 right,开始时 left＝0,right＝n−1,寻找最大元素可能出现3种情况:

① left＝right,即只有一个元素,则 max＝a[left]。

② right−left=1,即只有两个元素,则进行一次比较。

③ right−left>1,设中间元素下标为 mid,mid＝(left＋right)/2,把 n 个元素分成大小基本相同的两部分,在 a[left]～a[mid]中寻找最大元素 max1,在 a[mid＋1]～a[right]中寻找最大元素 max2,max1 和 max2 中较大的那个即为最大数。

例 5.17 的参考程序2如下。

```
1.   #include<stdio.h>
2.   #define N 9                                           //定义符号常量
3.   int Maxfun(int a[ ], int left, int right);            //函数声明
4.   int main()
5.   {
6.        int i, a[N], result;
7.        printf("\n 输入数组 a[%d]:\n", N);                //提示用户输入数组 a
8.        for(i=0; i<N; i++)
9.            scanf("%d", &a[i]);                          //输入数组元素
10.       result=Maxfun(a, 0, N-1);                        //调用函数 Maxfun
11.       printf("a 中的最大元素是:%d\n", result);
12.       return 0;
13.  }
14.  int Maxfun( int a[ ], int left, int right)
15.  {
16.       int mid, max, max1, max2;
17.       if (left==right) max=a[left];
18.       else
19.           if (right-left==1)
20.           {   if (a[left]>a[right])   max=a[left];
21.               else   max=a[right];
22.           }
23.           else
24.           {   mid=(left+right)/2;                       //计算中间元素的下标
25.               max1=Maxfun (a, left, mid);               //递归调用 Maxfun 函数
26.               max2=Maxfun (a, mid+1, right);            //递归调用 Maxfun 函数
27.               if (max1>max2)   max=max1;
28.               else   max=max2;
```

```
29.          }
30.    return max;
31. }
```

5.6　局部变量与全局变量

C 语言中的变量有作用域和生存周期。变量的作用域指出了变量在什么范围内有效，这种有效性导致在非作用域中引用该变量会直接产生编译错误。变量的生存周期决定了变量的存活时间，从系统为变量分配内存空间开始，到系统收回内存空间为止，在变量的生存周期以外引用该变量也会导致编译错误。

变量的作用域描述了变量的空间有效性，生存周期描述了变量的时间有效性。变量有效必然意味着变量是存活的，而反过来则未必，因变量存活不一定就能代表变量是必然可用的。

C 语言中的变量，按作用域范围可分为两种：局部变量和全局变量。

5.6.1　局部变量

5-10 局部
变量与
全局变量

局部变量是指在一个函数（或复合语句）内部定义的变量，又称内部变量。局部变量有两层含义：

（1）一个函数（或复合语句）中定义的变量只在本函数（或复合语句）范围内有效，不能在定义函数（或复合语句）之外使用。

（2）局部变量在每次函数调用时分配存储空间，在函数返回时释放存储空间。

在例 5.12 中定义了 3 个函数，这 3 个函数中各自定义了一些局部变量。

```
1.  #include <stdio.h>
2.  double Sop(int m, int t);          //Sop 函数声明
3.  double Power(int p, int q);        //Power 函数声明
4.  int main()
5.  {
6.      int k, n;                       //定义变量 k、n
7.      double sum;                     //定义变量 sum
8.      printf("input k, n: ");
9.      scanf("%d%d", &k, &n);          // 局部变量 k、n、sum
10.     sum=Sop (n, k);                 // 的有效范围
11.     printf("%.0lf\n", sum);
12.     return 0;
13. }
14. double Sop (int m, int t)           //定义形参 m、t
15. {
16.     int i, p;                       //定义变量 i、p
17.     double sum=0;                   //定义变量 sum
18.     for (i=1; i<=m; i++ )           // 局部变量 m、t、i、p、
19.     {   p=Power (i, t);             // sum 的有效范围
20.         sum=sum+p;
21.     }
22.     return (sum) ;
23. }
```

```
24. double Power (int p, int q)          //定义形参p、q
25. {
26.     double product=1;               //定义变量product
27.     for(int i=1; i<=q; i++)
28.         product=product * p;
29.     return (product);
30. }
```

局部变量 p、q、product 的有效范围

说明：① 局部变量只在本函数范围内有效，包括在 main 函数中定义的变量也只能在 main 函数中使用。

② 不同函数中可以使用相同名字的变量，因为其作用域都是自身函数。它们代表不同的对象，占用不同的内存单元，互相独立。如上例中 main 函数中定义了 sum 变量，Sop 函数中也定义了 sum 变量，但是它们不会互相混淆。

③ 函数的形参也是局部变量。如上例中 Sop 函数的形参 m、t 也只在 Sop 函数中有效。

④ 在复合语句中定义的变量是局部变量，其作用域只在本复合语句内。

【例 5.18】 在复合语句中定义局部变量。

```
1.  #include<stdio.h>
2.  int main()
3.  {
4.      int i, a=0;                    //定义第1个局部变量a
5.      for (i=1; i<=2; i++)
6.      {   int a;                     //定义第2个局部变量a
7.          a=i+1;
8.          printf("i=%d, a=%d\n", i, a);
9.      }
10.     printf("i=%d, a=%d\n", i, a);
11.     return 0;
12. }
```

程序运行结果：

```
i=1, a=2
i=2, a=3
i=3, a=0
```

说明：程序中有两个同名局部变量 a，第 2 个变量 a 是在复合语句中定义，其作用域是本复合语句，而第 1 个变量 a 在此复合语句中不起作用。

5.6.2 全局变量

全局变量是指在函数外定义的变量，又称外部变量。它们在程序开始运行时分配存储空间，在程序结束时释放存储空间。其作用域是从源程序文件中定义该变量的位置开始，到本源程序文件结束，即位于全局变量定义后的所有函数都可以使用该变量，如图 5.9 所示。

在图 5.9 中，函数 fun1、fun2 和 main 函数都可以使用变量 p 和 q，fun2 和 main 函数可以使用数组变量 s，但是 fun1 函数就不能使用 s，因为数组 s 的定义在函数 fun1 的定义之后；同理，main 函数可以使用变量 m、n，但 fun1、fun2 函数不能使用 m、n。如果 fun1 函数想使用全局变量 s、m、n，则需要进行特殊的说明，具体方法将在 5.7 节中详细介绍。

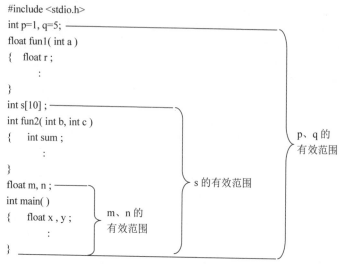

图 5.9　全局变量的有效范围

　　由于全局变量定义后在任何函数中都可以访问，所以可以利用全局变量从函数中得到一个以上的返回值。也就是说，全局变量提供给整个程序使用。但同时也容易造成数据值的混乱，使用时必须清楚地知道变量值的变化情况。使用全局变量过多，将难以清楚地判断程序执行过程中全局变量的值，会降低程序的清晰性。建议不要过多地使用全局变量。

　　【例 5.19】　编写一个函数求某班学生成绩的最高分、最低分和平均分。

　　分析：由于题目要求得到最高分、最低分和平均分 3 个值，但一个函数最多有一个返回值，为解决这个问题，可以通过使用全局变量来实现。编写函数用 3 个全局变量分别得到平均分、最高分和最低分。

　　例 5.19 的参考程序如下。

```
1.  #include<stdio.h>
2.  int g_max, g_min;                                  //定义全局变量 g_max 和 g_min;
3.  double g_ave;                                       //定义全局变量 g_ave
4.  void count(int a[], int n);
5.  int main()
6.  {
7.      int i, n, s[50];
8.      printf("请输入班级人数:");
9.      scanf("%d", &n);
10.     for(i=0; i<n; i++)                              //输入每个学生的成绩
11.         scanf("%d", &s[i]);
12.     count(s, n);                                    //调用 count 函数
13.     printf("平均分为%.2lf, 最高分为%d, 最低分为%d\n", g_ave, g_max, g_min);
14.     return 0;
15. }
16. void count(int a[], int n)                          //定义 count 函数
17. {
18.     double fSum=a[0];                               //fSum 初始化为 a[0]
19.     g_max=g_min=a[0];                               //全局变量 g_max 和 g_min 赋初值为 a[0]
```

```
20.     for(int i=1; i<n; i++)
21.     {   if(a[i]>g_max)  g_max=a[i];        //若 a[i]>g_max,则更新 g_max
22.         else if(a[i]<g_min)  g_min=a[i];   //若 a[i]<g_min,则更新 g_min
23.         fSum=fSum+a[i];                    //计算总分
24.     }
25.     g_ave=fSum/n;                          //计算平均分
26. }
```

【例 5.20】 程序调用对全局变量值的影响。

```
1.  #include<stdio.h>
2.  int m=1;
3.  void fun1(int x)
4.  {
5.      m=m+x;
6.      printf("m=%d\n", m++);
7.  }
8.  void fun2(int y)
9.  {
10.   m=m+y;
11.   printf("m=%d\n", ++m);
12. }
13. int main()
14. {
15.     int a=2;
16.     m=m+a;
17.     printf("m=%d\t", m);
18.     fun1(a);
19.     printf("m=%d\t", m);
20.     fun2(a);
21.     return 0;
22. }
```

程序运行结果:

```
m=3     m=5
m=6     m=9
```

说明:该例中 m 是全局变量,初值为 1,从 main 开始执行,先执行 m=m+a=1+2=3,输出 m=3;然后执行函数调用 fun1(a),在 fun1 函数内 m=m+x=3+2=5,输出 m=5后 m 自加 1 变为 6,返回 main 函数,输出 m=6;再执行函数调用 fun2(a),fun2 函数内先执行 m=m+y=6+2=8,输出时因++是前缀,所以 m 先自加 1 变为 9,再输出 m=9。

若程序中全局变量与局部变量同名,且同时有效,则局部变量优先。即在局部变量的作用范围内,全局变量不起作用。

【例 5.21】 局部变量与全局变量同名的情况。

```
1.  #include <stdio.h>
2.  int x=10;                    //定义全局变量 x
3.  void fun(void)
4.  {
```

```
5.      int x=1;                        //定义局部变量 x
6.      x=x+1;
7.      printf("x=%d\n", x );
8.   }
9.   int main()
10.  {
11.     x=x+1;
12.     printf("x=%d\n", x);
13.     fun( );
14.     return 0;
15.  }
```

程序运行结果：

```
x=11
x=2
```

说明：该例中从 main 函数开始执行程序，先执行 x=x+1，这里的 x 是全局变量 x，所以 x=11，然后执行输出语句将其输出，再调用 fun 函数，转去执行 fun 函数中的语句，初始化 x 为 1，这里的 x 是 fun 函数的局部变量 x，执行 x=x+1，得 x=2，再输出 x=2，fun 函数结束回到 main 函数，最后 main 函数结束。

全局变量生存周期长，占用更多的内存。由于全局变量一次分配内存，多次使用，相对局部变量减少了内存分配的次数，提高了运行效率。

由于全局变量在任何函数中都可以访问，所以在程序运行过程中，全局变量被使用的顺序从源代码中是看不出来的，源代码的书写顺序并不能反映函数的调用顺序。程序出现 Bug 往往就是因为全局变量被多个函数使用，导致变量值的不确定而引起的。如果代码规模很大，这种错误是很难找到的。但是对局部变量的访问不仅局限在一个函数内部，而且局限在一次函数调用之中，从函数的源代码很容易看出访问的先后顺序，所以比较容易找到 Bug。因此，虽然全局变量用起来方便，但一定要慎用，能用函数参数的就不要用全局变量。

5.7　变量的存储类别

5-11 变量的存储类别

C 语言中，每个变量和函数有两个属性：数据类型和数据的存储类别。数据类型即整型、浮点型、字符型等。存储类别是指数据在内存中的存储方式，具体包含自动的（auto）、静态的（static）、寄存器的（register）、外部的（extern）4 种存储类别。

5.7.1　auto 变量

函数中的局部变量，如果不特别声明变量的存储类别，那么都是自动变量。自动变量的特点：在调用函数时，系统会自动给自动变量分配存储空间；在函数调用结束时，系统会自动释放这些存储空间。

自动变量用关键字 auto 进行声明，其一般形式：

auto　数据类型　变量名；

例如：

```
1.  #include <stdio.h>
2.  int main()
3.  {
4.      int a=3, b=5;          //定义自动变量 a 和 b, 但省略了 auto
5.      auto int c;            //使用 auto,明确定义自动变量 c
6.      c=a+b;
7.      printf("c=%d\n", c);
8.      return 0;
9.  }
```

5.7.2　static 变量

如果希望函数中局部变量的值在函数调用结束后不消失而保留原值(即局部变量所占用的存储空间不被释放),那么就可用关键字 static 声明该局部变量为静态局部变量,其一般形式:

static　数据类型　变量名；

【例 5.22】　考察静态局部变量的值。

```
1.  #include<stdio.h>
2.  void fun(void);
3.  int main()
4.  {
5.      int i;
6.      for(i=1; i<=3; i++)
7.      {   printf("第%d次调用函数:", i);
8.          fun( );
9.      }
10. }
11. void fun(void)
12. {
13.     int a=1;
14.     static int b=1;         //定义静态局部变量 b,并初始化
15.     a=a+1;   b=b+1;
16.     printf("a=%d, b=%d\n", a, b);
17. }
```

程序运行结果:

```
第 1 次调用函数:a=2, b=2
第 2 次调用函数:a=2, b=3
第 3 次调用函数:a=2, b=4
```

说明:在 fun 中定义了自动变量 a 和静态局部变量 b,第 1 次调用函数时,a、b 都初始化为 1,分别进行加 1 运算后输出 a、b 的值都是 2,然后函数调用结束,这时 a 的存储空间被释放,而 b 的存储空间被保留。程序回到 main 函数,i 的值由 1 变为 2,进行第 2 次函数调用,系统重新给 a 分配存储空间,且初始化为 1,而 b 不再分配空间(也不进行初始化),b 的值为 2,因此 a、b 分别加 1 后输出结果为 a=2,b=3,第 2 次调用结束,a 的存储空间被释放,b 的存储空间被保留。同样,程序回到 main 函数,i 的值由 2 变为 3,进行第 3 次函数调用,系统

重新给 a 分配存储空间,且初始化为 1,而 b 仍用原来的存储空间,b 的值为 3,所以输出结果为 a=2,b=4。

静态局部变量与自动变量的区别:

(1) 静态局部变量属于静态存储方式,在静态存储区内分配存储空间,在程序整个运行期间都不释放。自动变量属于动态存储方式,其存储空间在函数调用结束后被释放。

(2) 静态局部变量在编译时只进行一次初始化操作,以后每次函数调用都不再进行初始化。自动变量的初始化在每一次的函数调用中都会重复执行。

(3) 静态局部变量如果不进行初始化,则编译时系统会自动赋初值 0(对数值型变量)或空字符(对字符变量)。自动变量如果不初始化,则它的值是不确定的(即随机值)。

(4) 虽然静态局部变量所占的存储空间在函数调用结束后仍然存在,但是其他函数不能引用它。自动变量所占的存储空间在函数调用结束后将被释放。

【例 5.23】 编写一个售票程序,用一个函数来销售火车票,初始时有 100 张票,函数参数表示销售火车票的数量,每执行一次销售函数,就减掉参数对应的数量。

```
1.  #include<stdio.h>
2.  #include<stdlib.h>
3.  int saleTicket(int num);
4.  int main()
5.  {
6.      int num;   char ch;
7.      do
8.      {  printf("请输入您要的票数:\n");
9.          scanf("%d", &num);   getchar();
10.         if( saleTicket(num)!=0 )  printf("买了%d张票!\n", num);
11.         else
12.         {   printf("对不起,票已售空或余票数不足!\n");
13.             exit(0);
14.         }
15.         printf("继续买票,请录入 Y,退出请录入 N!\n");
16.         ch=getchar();
17.     }while(ch=='Y'||ch=='y');
18.     return 0;
19. }
20. int saleTicket(int num)
21. {
22.     static int total=100;           //一共有 100 张火车票
23.     if(total-num>=0)
24.     {   total=total-num;            //减掉相应的票数
25.         return 1;
26.     }
27.     else  return 0;                 //票不够了
28. }
```

【例 5.24】 输出 1~4 的阶乘值。

分析:编写一个函数来求 n 的阶乘,可以简单地用一层循环实现,题目要求输出 1~4 的阶乘值,则需要 4 次调用该函数,可以在 main 函数中用循环实现,用 auto 变量编写程序如下。

例 5.24 的参考程序如下。

```
1.  #include<stdio.h>
2.  int Factorial (int n);
3.  int main()
4.  {
5.      for(int i=1; i<=4; i++)
6.          printf("%d!=%d\n", i, Factorial (i));
7.      return 0;
8.  }
9.  int Factorial (int n)
10. {
11.     int i, f=1;
12.     for(i=1; i<=n; i++)
13.     {   f=f * i;    }
14.     return(f);
15. }
```

现在将 Factorial 函数中的变量 f 改为静态局部变量,则可以保留函数调用结束时 f 的值,这样,在 Factorial 函数中不再需要使用 for 循环,修改后的 Factorial 函数代码如下。

```
int Factorial (int n)
{
    static int f=1;
    f=f * n;
    return(f);
}
```

说明:当 Factorial (1)调用结束后,f 值为 1;在进行 Factorial (2)调用时 f=f * 2,f 值为 2 即为 2! 的值;同理,Factorial (3)调用时 f=f * 3,f 值为 6,即为 3! 的值;Factorial (4)调用时 f=f * 4,f 值为 24,即为 4! 的值。

使用静态局部变量存在的问题:一是会占用较多的内存空间,因为 static 变量在程序运行期间一直要占用内存;二是会降低程序的可读性,因为函数调用次数太多时,很难确定 static 变量的当前值。

注意:不要过多使用静态局部变量。

5.7.3　register 变量

由于计算机的 CPU 内部都包含若干通用寄存器,硬件在对数据操作时,通常是先把数据(或一部分数据)取到寄存器,然后进行操作。所以,计算机对寄存器中数据的操作速度要远远快于对内存中数据的操作速度。为提高程序的运行速度,可将使用十分频繁的局部变量说明为寄存器变量,将其存储在 CPU 的寄存器中。C 语言允许将局部变量的值存放在寄存器中,这种变量称为寄存器变量,用关键字 register 作声明,其一般形式:

register　数据类型　变量名;

例如,求 n!,当 n 的值较大时,用寄存器变量可以节约程序的执行时间。

```
1.  #include<stdio.h>
2.  int main()
```

```
3.  {
4.      int n;
5.      register int i, f=1;                    //将 i 和 f 声明为寄存器变量
6.      scanf("%d", &n);
7.      for(i=1; i<=n; i++)
8.      {   f=f*i;   }
9.      printf("%d!=%d\n", n, f);
10.     return 0;
11. }
```

说明：只有自动变量和形式参数可以作为寄存器变量。一个计算机系统中的寄存器数目是有限的，不能定义任意多个寄存器变量，另外静态局部变量不能定义为寄存器变量。

5.7.4　extern 变量

外部变量(即全局变量)是在函数的外部定义的，它的作用域是从变量定义处开始到本程序文件的末尾。如果在外部变量定义点之前的函数想引用该全局变量，则应该在函数内用关键字 extern 对该变量进行"外部变量声明"，表示该变量是一个已经定义的外部变量。

注意：extern 与前面介绍的 3 种存储类别不同，前 3 种都是在变量定义时在数据类型前加上关键字 auto、static 或 register，而 extern 是对已经定义好的全局变量进行声明，并不是在变量定义时加关键字 extern。

【例 5.25】 用 extern 声明外部变量，扩展程序文件中全局变量的作用域。

```
1.  #include<stdio.h>
2.  int Max(int x, int y);
3.  int main()
4.  {
5.      extern int g_a, g_b;                //声明 g_a 和 g_b 是外部变量，
6.      printf("max=%d\n", Max(g_a, g_b));
7.      return 0;
8.  }
9.  int g_a=15, g_b=8;                       //定义全局变量 g_a 和 g_b
10. int Max(int x, int y)
11. {
12.     int z;
13.     z=x>y? x:y;
14.     return(z);
15. }
```

说明：由于外部变量 g_a 和 g_b 定义的位置在 main 函数之后，本来在 main 函数中是不能引用外部变量 g_a 和 g_b 的。现在由于在 main 函数中用 extern 对 g_a 和 g_b 进行了外部变量声明，所以就可以从"声明"处起，合法地使用该外部变量 g_a 和 g_b 了。

用 extern 声明外部变量时，变量的数据类型可以写也可以省略不写。

例如，extern int g_a, g_b; 也可以写成 extern g_a, g_b;。

一个 C 程序可以由多个源程序文件组成，如果在一个文件中想引用另一个文件中已定义的外部变量，则也需要使用 extern。

【例 5.26】 输入 x 和 n,求 x^n。通过 extern 使用其他文件中定义的外部变量。

分析:编写一个 Power 函数,求 x^n,在 main 函数中输入 x、n,输出其计算结果。原来是将 Power 函数和 main 函数放在同一个源程序文件中,现在将 Power 函数和 main 函数分别放在两个源程序文件中,将 x 定义成外部变量,而 n 作为函数参数。

源程序文件 ex1.c 的内容如下。

```
1.  #include<stdio.h>
2.  int x;
3.  extern int Power(int m);              //声明 Power 函数是外部函数
4.  int main()
5.  {
6.      int y, n;
7.      printf("计算 x 的 n 次幂,输入 x 和 n:\n");
8.      scanf("%d%d", &x, &n);
9.      y=Power(n);
10.     printf("%d 的%d 次幂=%d\n",x, n, y);
11.     return 0;
12. }
```

源程序文件 ex2.c 的内容如下。

```
1.  extern x;                            //声明 x 是外部变量
2.  int Power(int m)
3.  {
4.    int i, r=1;
5.    for(i=1; i<=m; i++)
6.      r=r * x;
7.    return(r);
8.  }
```

说明:① 在文件 ex1.c 中定义了全局变量 x,在 main 函数中对 Power 函数进行函数声明,这里需要注意,由于 Power 函数定义在 ex2.c 文件中,所以在声明时要加关键字 extern。

② 在文件 ex2.c 中声明 x 是外部变量。

③ 该例在 VS 2013 环境下编程时,应先新建一个空工程,然后再添加这两个文件,对 ex1.c 文件进行编译连接和运行。

另外,如果全局变量仅限于被本文件中的函数引用,而其他文件不能使用,则在定义全局变量时需要用 static 进行声明。

例如,将例 5.26 中的源文件 ex1.c 改写成以下形式。

```
1.  #include<stdio.h>
2.  static int  x;                       //在全局变量前加 static
3.  extern int Power(int);
4.  int main()
5.  {
6.    int y, n;
7.    printf("计算 x 的 n 次幂,输入 x 和 n:\n");
8.    scanf("%d%d", &x, &n);
9.    y=Power(n);
```

```
10.    printf("%d的%d次幂=%d\n", x, n, y);
11.    return 0;
12. }
```

　　说明：现在文件 ex2.c 中的 Power 函数就不能使用 x 了，因为文件 ex1.c 中定义全局变量 x 时加上了关键字 static，限制了变量 x 的作用域，在其他文件中就不能引用 x 了。

　　注意：不管是否加上关键字 static，变量 x 都是按静态存储方式存放。

5.8　内部函数与外部函数

　　C 语言程序系统由若干函数组成，这些函数既可在同一文件中，也可分散在多个不同的文件中。根据函数能否被其他源文件调用，可将函数分为内部函数和外部函数。

5.8.1　内部函数

　　只能在定义它的文件中被调用的函数，称为内部函数，又称静态函数。定义内部函数只需在函数定义的前面冠以 static 说明符，其语法形式为

static 类型标识符 函数名**(<形参表>)**

例如：

```
static int func(int x)
{
    ...
}
```

　　使用内部函数，可以使函数只局限于该函数所在的源文件，如果在其他文件中有同名的内部函数，则互不干扰。通常把只能由同一文件使用的函数和外部变量放在一个文件中，在它们前面都冠以 static 使之局部化，其他文件不能引用。

　　【例 5.27】　修改例 5.26，限定全局变量 x 和 Power 函数只在本文件中使用。

```
1.  #include<stdio.h>
2.  static int   x;                     //在全局变量前加 static
3.  static int Power(int m)             //在函数类型前加 static
4.  {
5.      int i, r=1;
6.      for(i=1; i<=m; i++)
7.          r=r*x;
8.      return r;
9.  }
10. int main()
11. {
12.     int y, n;
13.     printf("计算 x 的 n 次幂,输入 x 和 n:\n");
14.     scanf("%d%d",&x, &n);
15.     y=Power(n);
16.     printf("%d的%d次幂=%d\n", x, n, y);
```

```
17.    return 0;
18. }
```

在进行软件开发时,通常会把那些只能由同一文件使用的函数和外部变量放在一个文件中,在它们之前都加上 static,使其他文件不能使用这些函数和变量。

5.8.2 外部函数

函数在本质上都具有外部性质。如果一个函数能被本文件和其他文件中的函数调用,那么这个函数称为外部函数。外部函数不仅可被定义它的源文件调用,而且可以被其他文件中的函数调用,即其作用范围不只局限于本源文件,而是整个程序的所有文件。

定义外部函数在函数定义的前面冠以 extern 说明符,其语法形式为

extern 类型标识符 函数名(<形参表>)

【例 5.28】 输入一个字符串和一个字符,删除字符串中出现的该字符,用外部函数实现。

分析:定义一个删除字符的函数,该函数应设置两个参数,一个用字符数组作为参数,从 main 中获取字符串;另一个用字符变量作为参数,从 main 中获取要删除的字符。

源程序文件 f1.c 的内容如下。

```
1.  #include<stdio.h>
2.  extern void Del(char str[], char ch);    //外部函数声明
3.  int main()
4.  {
5.      char c, a[81];
6.      gets(a);                             //输入一个字符串
7.      c=getchar();                         //输入一个字符
8.      Del(a,c);                            //调用函数
9.      puts(a);
10.     return 0;
11. }
```

源程序文件 f2.c 的内容如下。

```
1.  extern void Del(char str[], char ch)     //外部函数定义
2.  {
3.      int i, j;
4.      for(i=0, j=0; str[i]!='\0'; i++)
5.      {   if(str[i]!=ch)
6.          {   str[j]=str[i];   j++;   }
7.      }
8.      str[j]='\0';
9.  }
```

说明:在定义函数时省略了 extern 说明符时,则隐含为外部函数。在需要调用外部函数的文件中,应该用 extern 说明所用的函数是外部函数。

5.9 本章小结

C语言程序是由函数构成的，每个函数都是独立的。本章详细讲解了函数的定义和调用、函数的参数与返回值、如何用递归求解问题及分治算法的应用、局部变量和全局变量的区别、变量的存储类型以及静态存储变量的使用方法等内容。

函数定义时要注意参数的设置，函数调用时，实参的个数、类型、次序都必须同形参相对应。递归函数是一种特殊的函数，它在函数体内又调用了自己。在编写递归函数时，要注意递归结束条件的设置和递归方式的设计。定义在函数内部的变量称为局部变量，定义在所有函数外部的变量称为全局变量，程序中应尽量使用局部变量，少使用全局变量。在函数定义的静态存储变量，函数调用结束后其存储空间不会被释放。

模块化程序设计首先要进行模块分解，即将一个复杂的大问题分解为几个功能相对独立的模块，根据情况可以将模块继续分解为更小的模块。模块划分的原则是：高聚合、低耦合。高聚合是对模块本身的要求，高聚合的模块功能应该单一，不能身兼数职。一个模块就解决一个单一问题。低耦合是对模块之间关系的要求，希望模块间的联系越小越好，最终的模块便于程序编写。

5.10 程序举例

1. 最大公约数和最小公倍数问题

【例5.29】 输入两个整数，求两数的最大公约数和最小公倍数。

分析：用辗转相除法求两数的最大公约数，方法是：如果两数相除的余数不是0，则除数作为新的被除数，余数作为新的除数，再进行下一次除法运算，直到最后两数相除的余数是0，此时除数就是最大公约数。

求两数最小公倍数的方法是：用两数的乘积除以两数的最大公约数，其结果即为两数的最小公倍数。数据输入和结果输出在main函数中进行，编写一个函数求两数的最大公约数，因为求最小公倍数比较简单，所以在main函数直接计算即可。

例5.29的参考程序如下。

```
1.  #include<stdio.h>
2.  int Gcd(int a, int b);
3.  int main()
4.  {
5.      int x, y, r, t;
6.      printf("please input 2 numbers:");
7.      scanf("%d%d", &x, &y);
8.      r=Gcd(x, y);
9.      t= x * y/r;                          //计算最小公倍数
10.     printf("%d和%d的最大公约数为:%d\n", x, y, r);
11.     printf("%d和%d的最小公倍数为:%d\n", x, y, t);
12.     return 0;
13. }
14. int Gcd(int a, int b)
```

```
15. {
16.    int temp;
17.    while(b!=0)
18.    {  temp=a%b;
19.       a=b;
20.       b=temp;
21.    }
22.    return a;
23. }
```

2. 判断素数

【例 5.30】 编写函数，判断一个整数是否为素数。

分析：判断素数的方法在第 3 章已经介绍过了，这里将判断素数的过程编成一个函数，该函数需要设一个参数，从 main 函数将需要判断的数据传送给该参数，若是素数，则函数返回 1；若不是素数，则函数返回 0。最后在 main 函数中输出判断结果。

例 5.30 的参考程序如下。

```
1.  #include <stdio.h>
2.  #include <math.h>
3.  int Prime(int m);                 //函数声明
4.  int main()
5.  {
6.     int i, n, flag;
7.     scanf("%d", &n);
8.     flag=Prime(n);
9.     if(flag)  printf("%d是素数\n", n);
10.    else    printf("%d不是素数\n", n);
11.    return 0;
12. }
13. int Prime(int m)                 //函数 Prime 的定义
14. {
15.    int i, k;
16.    if(m<=1)  return 0;           //处理特殊数据 1、0 和负数
17.    k=sqrt(m);
18.    for(i=2; i<=k; i++)
19.        if(m%i==0)  return 0;     //如果 m 能整除 i，说明 m 不是素数，则直接返回 0
20.    return 1;
21. }
```

3. 递归法求 x 的 n 次幂

【例 5.31】 编写一个递归函数，求 x^n（只考虑 n>0 的情况）。

分析：首先写出递归公式，然后根据公式写出程序代码。

$$x^n=\begin{cases}1 & n=0\\x & n=1\\x\times x^{(n-1)} & n>1\end{cases}$$

例 5.31 的参考程序如下。

```
1.  #include<stdio.h>
```

```
2.  #include<stdlib.h>
3.  double Power(double x, int n);
4.  int main()
5.  {
6.      double x, y;    int n;
7.      printf("输入 x 和 n: ");
8.      scanf("%lf%d", &x, &n);
9.      y=Power(x, n);
10.     printf("y=%.2lf\n", y);
11.     return 0;
12. }
13. double Power(double x, int n)
14. {
15.     if(n<0)
16.     {  printf("n<0, error!\n");   exit(0);  }
17.     if(n==0)   return 1;
18.     else
19.     {  if(n==1)   return x;
20.         else    return (x * Power(x, n-1));
21.     }
22. }
```

4. 统计字符串中字母的个数

【例 5.32】 编写函数,统计字符串中字母的个数,要求用数组名作为函数参数。

```
1.  #include<stdio.h>
2.  int Count(char c[]);
3.  int main()
4.  {
5.      int num;    char str[80];
6.      printf("输入一行字符:");   gets(str);
7.      num=Count(str);
8.      printf("字母个数为:%d\n", num);
9.      return 0;
10. }
11. int Count(char c[])
12. {
13.     int i, n=0;
14.     for(i=0; c[i]!='\0'; i++)
15.     {  if((c[i]>'a'&&c[i]<='z')||(c[i]>='A'&&c[i]<='Z'))   n++;   }
16.     return n;
17. }
```

5. 矩阵相乘

【例 5.33】 编写程序,实现 m×n 矩阵 A 和 n×p 矩阵 B 相乘,结果为 m×p 矩阵 C。设 m、n、p 均小于 10,矩阵元素为整数。

例如,已知矩阵 A 和矩阵 B,计算 $A×B$,其结果为矩阵 C。

$$A_{3\times2}=\begin{bmatrix}1&2\\0&3\\4&0\end{bmatrix},\quad B_{2\times4}=\begin{bmatrix}5&1&2&6\\4&0&3&1\end{bmatrix},\quad A_{3\times2}\times B_{2\times4}=C_{3\times4}=\begin{bmatrix}13&1&8&8\\12&0&9&3\\20&4&8&24\end{bmatrix}$$

分析：矩阵乘法的计算公式为

$$C_{i,j} = \sum_{k=1}^{n} A_{i,k} \times B_{k,j}, \quad i=1\cdots m, j=1\cdots p$$

以矩阵 *C* 的第 1 行数据为例，具体的计算过程如下。

$C_{1,1} = A_{1,1} \times B_{1,1} + A_{1,2} \times B_{2,1} = 1 \times 5 + 2 \times 4 = 13$，

$C_{1,2} = A_{1,1} \times B_{1,2} + A_{1,2} \times B_{2,2} = 1 \times 1 + 2 \times 0 = 1$

$C_{1,3} = A_{1,1} \times B_{1,3} + A_{1,2} \times B_{2,3} = 1 \times 2 + 2 \times 3 = 8$，

$C_{1,4} = A_{1,1} \times B_{1,4} + A_{1,2} \times B_{2,4} = 1 \times 6 + 2 \times 1 = 8$

矩阵相乘时需要使用 3 层嵌套的循环，最外层即第 1 层循环控制行，第 2 层循环控制列，第 3 层循环用来计算矩阵中的每个元素。可以定义矩阵相乘的函数为

```
void MatrixMutiply(int m, int n, int p, int A[N][N], int B[N][N], int C[N][N])
```

其中，*A* 和 *B* 分别是输入的 m×n 矩阵和 n×p 矩阵，*C* 是计算结果 m×p 矩阵。这里统一把 3 个矩阵都定义为 N×N 大小的，N 是一个符号常量，表示 m、n 和 p 的最大取值，m、n 和 p 都是变量，从键盘输入数据，但要求它们都小于或等于 N。

例 5.33 的参考程序如下。

```
1.  #include<stdio.h>
2.  #define N 10
3.  void MatrixMutiply(int m,int n,int p,int A[N][N],int B[N][N],int C[N][N]);
4.  int main()
5.  {
6.      int i, j, m, n, p, Matrix1[N][N], Matrix2[N][N], Matrix3[N][N];
7.      printf("\n输入矩阵 1 的行列数 m, n:\n");
8.      scanf("%d%d", &m, &n);
9.      printf("输入矩阵 2 的列数 p :\n");
10.     scanf("%d", &p);
11.     printf("\n输入矩阵 1 的元素(%d * %d):\n", m, n);
12.     for(i=0; i<m; i++)
13.         for(j=0; j<n; j++)
14.         {  scanf("%d", &Matrix1[i][j]);   }
15.     printf("\n输入矩阵 2 的元素(%d * %d):\n", n, p);
16.     for(i=0; i<n; i++)
17.       for(j=0; j<p; j++)
18.       {  scanf("%d", &Matrix2[i][j]);   }
19.     MatrixMutiply(m, n, p, Matrix1, Matrix2, Matrix3);
                                    //调用函数进行矩阵乘法运算
20.     printf("\nResult matrix: \n");
21.     for(i=0; i<m; i++)                    //输出结果矩阵 3
22.     {  for(j=0; j<p; j++)
23.         printf("%d ", Matrix3[i][j]);
24.         printf("\n");
25.     }
26.     return 0;
27. }
28. void MatrixMutiply(int m,int n,int p,int A[N][N],int B[N][N],int C[N][N])
29. {
```

```
30.      int i, j, k, iSum;                    //变量 iSum 用于计算结果矩阵中的每个元素
31.      for(i=0; i<m; i++)
32.        for(j=0; j<p; j++)
33.        { iSum=0;                            //进行累加前,必须对变量 iSum 清零
34.          for(k=0; k<n; k++)
35.          {  iSum=iSum+A[i][k] * B[k][j];   }
36.          C[i][j]=iSum;
37.        }
38. }
```

程序运行结果:

```
输入矩阵 1 的行列数 m, n:
3  2
输入矩阵 2 的列数 p :
4
输入矩阵 1 的元素(3 * 2):
1  2  0
3  4  0
输入矩阵 2 的元素(2 * 4):
5  1  2  6
4  0  3  1
Result matrix:
13  1  8  8
12  0  9  3
20  4  8  24
```

5.11　扩 展 阅 读

共和国首台自主设计计算机的缔造者——"中国计算机之母"夏培肃院士

夏培肃,女,1923 年 7 月出生于四川江津,电子计算机专家,中国计算机事业的奠基人之一。1945 年毕业于中央大学电机系,1950 年获英国爱丁堡大学博士学位,主持研制了中国第一台电子计算机——107 计算机,编写了中国第一本电子计算机原理书,为中国计算机科技界培养了大批人才,创办《计算机学报》和英文学报 *Journal of Computer Science and Technology*,1991 年当选为中国科学院院士(学部委员),被誉为"中国计算机之母"。2010 年获首届中国计算机学会 CCF 终身成就奖。

夏培肃在 20 世纪 50 年代成功设计了中国第一台通用电子数字计算机。从 20 世纪 60 年代开始在高速计算机的研究和设计方面取得了创造性的成果,解决了数字信号在大型高速计算机中传输的关键问题。20 世纪 70 年代末,夏培肃提出总体功能设计、逻辑设计和工程设计一体化的设计思想,她主持研制的高速阵列处理机 150-AP 最高运算速度为每秒 1400 万次,高于美国当时对中国禁运的同类产品的运算速度。在研发过程中,夏培肃深刻意识到高性能处理器芯片的重要性和研发困难,为此她在 20 世纪 80 年代亲自设计并试制成功高速算术逻辑部件芯片。2002 年,中科院计算所自主研发了一款通用 CPU"龙芯一号",这是我国首枚拥有自主知识产权的通用高性能微处理芯片。该款芯片又被命名为"夏 50",以表示对夏培肃院士的敬意。

2014 年,中国计算机学会设立了中国计算机学会夏培肃奖,授予在学术、工程、教育及产业等领域,为推动中国的计算机事业做出杰出贡献、取得突出成就的女性科技工作者。

夏培肃作为中国计算机事业奠基人之一,她身上所体现出的逆境励志、自强不息、孜孜不倦的探索精神,严谨治学、创新求实的思想,淡泊名利、甘为人梯的品质,为后人树立了做人、做事、做学问的楷模,是取之不尽、用之不竭的宝贵精神财富。

第 6 章

指针

指针是 C 语言的重要特色,是 C 语言中的重要概念。指针类型是 C 语言的一种特殊数据类型。正确而灵活地应用指针,可以有效地表示复杂的数据类型、有效地处理字符串和数组,动态地分配内存、处理内存地址,实现主调函数和被调函数之间共享变量。正确、灵活地使用指针可以设计出结构紧凑、效率更高的应用程序。指针是 C 语言的精华所在,也是 C 语言的难点所在。

6.1 指针定义与使用

首先需要明确的是,C 语言中的指针是一种数据类型。从这个意义上,指针和 int、float 等数据类型没什么大区别,需要特别关注的是指针这种数据类型所存储的数据的属性。学习指针应该充分地理解变量名、变量的值、变量的地址的概念,理解三者之间的关系。

6.1.1 指针的引出

6-1 指针的概念

1. 变量在内存中的存储

计算机内存是由一片连续的存储单元组成,操作系统给每个内存单元一个编号,这个编号称为内存单元的地址(简称地址)。每个存储单元占用内存一个字节。在运行程序时,变量的值一般是存储在计算机的内存中,变量通过内存地址存取变量的值。寻找地址的过程由系统完成,对用户是不可见的,在存取数据时,变量的地址是第一个存储单元的地址,系统根据变量的类型确定存取的内存单元数。

例如,若有以下变量定义,则变量名、变量值、变量地址之间的关系如图 6.1 所示。

```
char c='W';
int  x=123;
```

说明:图 6.1(a)模拟了变量可能的内存分配模式,图 6.1(b)则是更为简约的描述,意在帮助读者理解 3 个概念间的联系与区别。在实际编程过程中,程序员只需遵循 C 语言规则,正确使用即可。

既然变量是通过内存地址存取数据的,那么如果知道内存地址也是可以存取数据的。

2. 指针的引出

【问题描述 6.1】 利用函数实现 3 个数按从小到大的顺序输出。

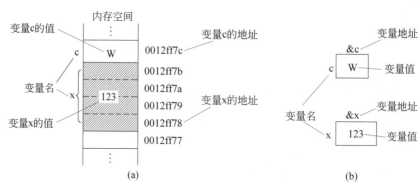

图 6.1 变量名、变量值、变量地址的关系

分析：该问题 3 次用到了数据交换方法。本着结构化程序设计的理念，用函数实现数据的交换。

问题描述 6.1 的参考程序如下。

```
1.  #include <stdio.h>
2.  int swap(int a, int b)
3.  {
4.      int temp;
5.      temp=a;
6.      a=b;
7.      b=temp;
8.      return;        //因 C 语言中的函数只能返回一个值,无法将交换后的两个数据都返回
9.  }
10. int main( )
11. {
12.     int x1, x2, x3;
13.     printf("输入 3 个整数:");
14.     scanf("%d%d%d", &x1, &x2, &x3);
15.     if (x1>x2)   swap(x1, x2);
16.     if (x1>x3)   swap(x1, x3);
17.     if (x2>x3)   swap(x2, x3);
18.     printf("%d, %d, %d", x1, x2, x3);
19.     return 0;
20. }
```

程序运行结果：

```
输入 3 个整数:6  4  9↙
6, 4, 9
```

说明：该程序运行后，数据并没有排序，究其原因是 swap 函数中的 a 和 b 与 main 函数 x1、x2、x3 是不同的变量，存储在不同的内存空间中。main 函数向 swap 函数传递了两个数，但是 swap 函数却无法返回两个数，如图 6.2 所示。

如何解决上述问题？如果 main 函数传递给 swap 函数的不是数据本身，而是存放数据的地址会怎样？swap 函数可以从 x1 和 x2 的地址 &x1 和 &x2 取出数据，交换后再放回 &x1 和 &x2，main 再去 &x1 和 &x2 取出的数据一定是交换后的数据。这样就实现了调

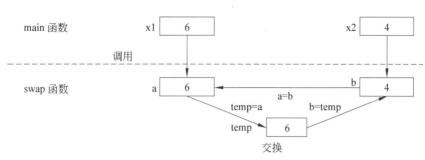

图 6.2　函数的执行过程

用函数和被调用函数的数据共用。

　　由此,C 语言系统定义了称为指针的数据类型,专门用于存放其他变量的地址。

　　在图 6.3 中,指针变量 p 的数值为 0012FF7c,是字符变量 c 的地址。依据这个地址取值,可以得到变量 c 的值。这种存储方式是以 p 的值为地址,间接地访问变量 c 的值。把通过指针变量访问某内存单元值的方法称对变量的间接访问。相对应的通过变量名访问该内存单元值的方法,称为对变量的直接访问。

　　通过指针变量来间接引用普通变量也可通过图 6.4 的描述来理解,同时也是对图 6.3 的一种简化。其中,箭头"→"代表"指向",即指针变量 p 存储的是字符变量 c 的地址,在程序中可通过 p＝&c 来实现。

图 6.3　指针变量与变量地址的关系　　图 6.4　指针变量间接引用普通变量示意图

　　变量的地址就是变量的指针。变量的值和变量的地址是不同的概念,变量的值是该变量在内存单元中的数据。而指针变量也是一类变量,是一类存取其他变量或函数的地址的变量。指针变量与其他变量不同的是:一般的变量包含的是实际的真实的数据;而指针变量是一个指示器,它告诉程序在内存的哪块区域可以找到数据。通常把指针变量简称为指针,一定要注意辨别。

6.1.2　指针变量的定义

　　指针变量定义的一般形式:

类型标识符　　＊指针变量名;

　　说明:① ＊表示这是定义一个指针变量。

　　② 变量名即为定义的指针变量名,命名遵循 C 语言标识符命名规则。

③ 类型标识符表示本指针变量所指向的变量的数据类型，称为指针变量的基类型。例如：

```
int * p1;
```

p1 是一个指向整型变量的指针变量，通过 p1 可以存取一个整型变量。像使用其他变量一样，可以对 p1 赋值，只是对 p1 所赋予的值只能是地址。

再如：

```
double * p2;                    //p2 是指向双精度浮点型变量的指针变量
float * p3;                     //p3 是指向单精度浮点型变量的指针变量
char ch, * p4;                  //p4 是指向字符型变量的指针变量
```

注意：一个指针变量只能指向同类型的变量。指针变量与其所指向的数据类型密切相关。

例如，p1 的值（某个地址）存取数据时，会针对 4 个连续的内存单元（VS 2013 中整型数占用 4 个内存单元）；而 p4 是指向字符数据的指针，只会针对一个内存单元。

6.1.3 指针变量的使用

1. 指针变量的赋值

指针变量可以通过不同的方法获得一个地址值。

（1）通过地址运算 & 赋值。

地址运算符 & 是单目运算符，运算对象放在地址运算符 & 的右边，用于求出运算对象的地址。通过地址运算符 & 可以把一个变量的地址赋给指针变量。例如：

```
float f, * p;
p=&f;
```

执行后把变量 f 的地址赋值给指针变量 p，指针变量 p 就指向了变量 f，如图 6.5 所示。

图 6.5　指针变量 p 指向实型变量 f 示意图

（2）指针变量的初始化。

与变量赋初值一样，在定义了一个指针变量之后，其初值也是一个不确定的值，可以在定义变量时给指针变量赋初值。例如：

```
float f, * p=&f;               //把变量 f 的地址赋值给指针变量 p
```

（3）通过其他指针变量赋值。

可以通过赋值运算符，把一个指针变量的地址值赋给另一个指针变量，这样两个指针变量均指向同一地址。例如：

```
int i, * p1=&i, * p2;
p2=p1;
```

执行后指针变量 p1 与 p2 都指向整型变量 i，如图 6.6 所示。

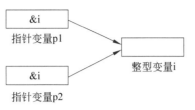

图 6.6　指针变量 p1、p2 指向整型变量 i 示意图

注意：当把一个指针变量的地址值赋给另一个指针变量时，赋值号两边指针变量所指的数据类型必须相同。

例如：

```
int i, * pi=&i;
float * pf;
pf=pi;                    //该赋值语句非法,因为 pf 只能指向实型变量,而不能指向整型变量
```

（4）用 NULL 给指针变量赋空值。

除了给指针变量赋地址值外，还可以给指针变量赋空值。例如：

```
p=NULL;
```

NULL 是在 stdio.h 头文件中定义的预定义标识符，在 stdio.h 头文件中 NULL 被定义成符号常量，与整数 0 对应。执行以上的赋值语句后，称 p 为空指针，在 C 语言中当指针值为 NULL 时，指针不指向任何有效数据，因此在程序中为了防止错误地使用指针来存取数据，常常在指针未使用前先赋初值为 NULL。由于 NULL 与整数 0 相对应，所以下面 3 条语句等价。

```
p=NULL;
```

等价于

```
p=0;
```

等价于

```
p='\0';
```

通常都使用 p＝NULL；的形式，因为这条语句的可读性好。NULL 可以赋值给指向任何类型的指针变量。

有关指针变量的赋值，不仅仅是上述 4 种，指针变量还可以指向数组、字符串、结构体、函数、文件以及调用标准函数等。

2. 指针运算符

通过指针变量可以间接地存取变量的数据。为此，C 语言中提供了指针运算符 ∗。指针运算符是单目运算符，运算对象只能是指针变量或地址，可以用指针运算符来存取相应的存储单元中的数据。

若有定义：

```
int x, * p
p=&x;
```

说明：指针 p 指向 x，x 是 p 指向的对象，可以用 * p 来引用 x，此时 * p 与 x 都代表 x 的值，而 p 与 &x 都代表变量 x 的地址。

例如：

```
x= 6;
```

等价于

```
* p= 6;
```

再如：

```
scanf("%d", &x);
```

等价于

```
scanf("%d", p);
```

【例 6.1】 由键盘输入一个正整数，求出其最高位数字，用指针变量来完成本题。

例 6.1 的参考程序如下。

```
1.  #include<stdio.h>
2.  int main()
3.  {
4.      int i, * p;
5.      p=&i;                       //指针变量指向变量 i
6.      printf("请输入一个正整数:");
7.      scanf("%d", p);             //本语句等价于 scanf("%d", &i);
8.      while ( * p>=10)            //本语句中的 * p 即变量 i
9.          * p= * p/10;            //求出该正整数的最高位数字
10.     printf("最高位数字是:%d\n", * p);
11.     return 0;
12. }
```

程序运行结果：

```
请输入一个正整数:47586↙
最高位数字是:4
```

【例 6.2】 输入两个整数，按照由小到大的顺序输出。下面给出了 3 个不同的参考程序，哪个程序能正确实现题目要求？

例 6.2 的参考程序 1 如下。

```
1.  #include<stdio.h>
2.  int main()
3.  {
4.      int a, b, * p, * q, t;
5.      printf("请输入两个整数:");
6.      scanf("%d%d", &a, &b);
7.      p=&a;   q=&b;
8.      if( * p> * q)
9.      { t= * p;    * p= * q;    * q=t;  }
10.     printf("由小到大的顺序输出为:%d,%d\n", a, b);
```

196

```
11.    return 0;
12. }
```

例 6.2 的参考程序 2 如下。

```
1.  #include<stdio.h>
2.  int main()
3.  {
4.      int a, b, * p, * q, * t;
5.      printf("请输入两个整数:");
6.      scanf("%d%d", &a, &b);
7.      p=&a;    q=&b;
8.      if(* p> * q)
9.        {  t=p;    p=q;    q=t;  }
10.     printf("由小到大的顺序输出为:%d,%d\n", a, b);
11.     return 0;
12. }
```

例 6.2 的参考程序 3 如下。

```
1.  #include<stdio.h>
2.  int main()
3.  {
4.      int a, b, * p, * q, * t;
5.      printf("请输入两个整数:");
6.      scanf("%d%d", &a, &b);
7.      p=&a;    q=&b;
8.      if(* p> * q)
9.        {  * t= * p;    * p= * q;    * q= * t;  }
10.     printf("由小到大的顺序输出为:%d,%d\n", a, b);
11.     return 0;
12. }
```

说明: 在参考程序 1 中, 当 if 条件成立时, * p(即变量 a)与 * q(即变量 b)借助于整型变量 t 来实现整型变量 a、b 值的交换,从而保证最终输出正确的结果,所以参考程序 1 是正确的。

在参考程序 2 中,当 if 条件成立时,指针变量 p 与指针变量 q 借助于同类型的指针变量 t 完成的是 p、q 值(即 &a、&b)的交换,并未实现整型变量 a、b 值的交换,如图 6.7 所示。

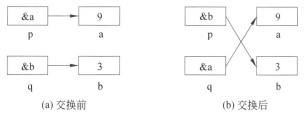

(a) 交换前   (b) 交换后

图 6.7　指针变量交换

想一想: 若参考程序 2 中的输出语句改为以下形式,那么最终结果是否正确?

```
printf("由小到大的顺序输出为:%d,%d\n", * p, * q);
```

在参考程序 3 中，当 if 条件成立时，＊p（即变量 a）与 ＊q（即变量 b）欲借助于 ＊t 来实现整型变量 a、b 值的交换，但由于指针变量 t 之前并未被赋值，它所指向的内存单元是不可预见的，所以如此引用可能会破坏系统的正常工作状态，从而导致程序运行失败。

【练习 6.1】 编程实现将整型数组中的元素逆序存放，数组长度为 10，数组元素从键盘输入，要求用指针实现。

6.2　指针与函数

前面学习了在函数之间传递普通变量的值，同样在函数之间可以传递指针。利用函数指针传递参数有如下 3 种方式。

（1）指针作为函数的参数。

（2）指针作为函数的返回值。

（3）指向函数的指针。

6-3 指针作为函数参数

6.2.1　指针作为函数参数

指针是一种数据类型，指针变量用来存放地址的变量。函数的参数不仅可以是整型、实型、字符型等数据，还可以是指针类型，因此可以像其他变量一样在函数间传递指针变量，但在使用指针时需要注意它存储的是一个变量的地址，而不是变量的值。

【例 6.3】 编写一个函数，实现 main 函数中两个变量的值的交换。

```
1.  #include <stdio.h>
2.  void swap(int * p, int * q);
3.  int main()
4.  {
5.      int x1, x2;
6.      printf("请输入 x1,x2:");
7.      scanf("%d%d", &x1, &x2);
8.      swap(&x1, &x2);              //注意实参是变量 x1 和 x2 的地址
9.      printf("x1=%d, x2=%d\n", x1, x2);
10.     return 0;
11. }
12. void swap(int * p, int * q)      //由于传递的是地址，相应的定义指针变量作为形参
13. {
14.     int temp;
15.     temp= * p;
16.     * p= * q;
17.     * q=temp;
18. }
```

程序运行结果：

```
请输入 x1,x2:5  6↙
x1=6,x2=5
```

说明：swap 函数的功能是实现指针变量 p 和 q 所指向变量的值的交换。在调用函数 swap 时，p、q 分别接收实参 &x1、&x2 的值，即 main 函数中变量 x1、x2 的地址值，使得指针变

量 p 指向变量 x1,指针变量 q 指向变量 x2。在执行 swap 函数体时,通过 *p(即 main 中的变量 x1)和 *q(即 main 中的变量 x2)的值的交换,从而实现 main 函数中 x1、x2 的值的交换。函数返回时,虽然形参 p,q 已经被释放,但变量 x1、x2 的值已经被交换,如图 6.8 所示。

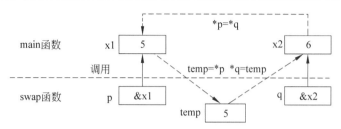

图 6.8　例 6.3 的执行过程

上述函数调用时虽然传递的变量的地址(即 &x1,&x2),但由于形参是指针变量的形式,指针变量恰恰是以普通变量的地址作为"值"的,所以依然遵循了 C 语言中实参向形参单向"值传递"的规则。也可以这样理解,实参向形参的"值传递",本质是就是实参赋值给形参,即 p=&x1,q=&x2,只要赋值运算符左边变量与右边表达式类型匹配或兼容即可。

至此,问题描述 1 可以顺利解决了。

问题描述 1 的参考程序如下。

```
1.  #include <stdio.h>
2.  void swap(int * a, int * b)        //形参定义为指针变量
3.  {
4.      int temp;
5.      temp= * a;
6.      * a= * b;
7.      * b=temp;
8.  }
9.  int main( )
10. {
11.     int x1, x2, x3;
12.     scanf("%d%d%d", &x1, &x2, &x3);
13.     if (x1>x2)   swap(&x1, &x2);    //将实参 x1 和 x2 的地址传给形参 a 和 b
14.     if (x1>x3)   swap(&x1, &x3);
15.     if (x2>x3)   swap(&x2, &x3);
16.     printf("%d,%d,%d", x1, x2, x3);
17.     return 0;
18. }
```

想一想:若 swap 函数写成如下两种形式,程序是否还能正确执行?

形式 1	形式 2

``void swap(int * a, int * b)
{
    int * temp;
    temp=a;
    a=b;
    b=temp;
}```
	``void swap(int * a, int * b)
	{
	    int * temp;
	    * temp= * a;
	    * a= * b;
	    * b= * temp;
	}```

请参考前面例 6.2 所讲的内容自行分析。

通常,借助于函数返回值一次只能返回一个结果,若主函数中一次同时需要多个值的调整时,那么使用指针作为函数参数更为方便、快捷。

【例 6.4】 编写函数实现对 main 函数传来的两个浮点数计算出两个数的和与差,并存储到主函数的相应变量中。

```
1.  #include<stdio.h>
2.  void fun(float a, float b, float * c, float * d)
                            //前两个形参为普通变量,后两个为指针变量
3.  {
4.      * c=a+b;            //借助于指针变量 c 来修改 main 函数中变量 sum 的值
5.      * d=a-b;            //借助于指针变量 d 来修改 main 函数中变量 diff 的值
6.  }
7.  int main()
8.  {
9.      float x, y, sum, diff;
10.     printf("请输入两个浮点数:");
11.     scanf("%f%f", &x, &y);
12.     fun(x, y, &sum, &diff);   //函数调用,即实参赋值给相应形参
13.     printf("两数之和为:%.2f\n两数之差为:%.2f\n", sum, diff);
14.     return 0;
15. }
```

程序运行结果:

```
请输入两个浮点数:9.5    6.3↙
两数之和为:15.8
两数之差为:3.2
```

说明:该例中形参和实参的数据传递如图 6.9 所示。

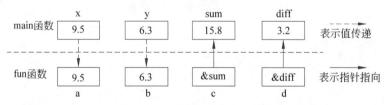

图 6.9　例 6.4 形参和实参的数据传递

字符型指针变量的使用与整型、实型指针变量类似,只是定义指针变量时的基类型做相应调整即可。使用指针作为函数参数更为方便、快捷。

【例 6.5】 在主函数中从键盘输入一串字符,以回车键结束,要求将字符中的所有小写字母转换为大写字母,然后显示在屏幕上。编写函数实现其中的字母大小写转换功能。

```
1.  #include<stdio.h>
2.  void lowtoupper(char * p)         //字符型指针变量作为形参
3.  {
4.      * p= * p-32;
5.  }
6.  int main()
```

```
7.  {
8.      char ch;
9.      printf("请输入一行字符,以回车键结束:");
10.     while( (ch=getchar())!='\n' )
11.     {   if(ch>='a' && ch<='z')
12.             lowtoupper(&ch);        //将字符型变量 ch 的地址传递给形参指针变量 p
13.         putchar(ch);
14.     }
15.     printf("\n");
16.     return 0;
17. }
```

程序运行结果:

```
请输入一行字符,以回车键结束:akd67E 4t↙
AKD67E 4T
```

6.2.2 函数返回指针

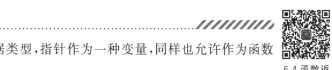

6-4 函数返回指针

函数返回值的类型不仅仅有简单的数据类型,指针作为一种变量,同样也允许作为函数的返回值。

返回指针的函数定义的一般形式:

类型标识符 * 函数名(形参表)
{
    函数体语句;
}

其中,函数名之前加 * 号表明这是一个指针型函数,即返回值是一个指针。类型标识符表示返回的指针值所指向的数据类型。

例如:

```
int * fun(int x, int y)
{
    …                           //函数体
}
```

fun 是一个返回指针值的指针型函数,它返回的指针指向一个整型变量,这就要求在函数体中至少有一条返回指针或地址的语句形如:

```
return  & 变量名;
```

或

```
return  指针变量;
```

【例 6.6】 利用指针函数求两个数中的最大值。

```
1.  #include <stdio.h>
2.  int * maxp(int *, int *);            //函数声明,注意形参类型
3.  int main()
```

```
4.  {
5.      int x, y, * p=NULL;
6.      printf("请输入整数 x,y:");
7.      scanf("%d%d", &x, &y);
8.      p=maxp(&x, &y);
9.      printf("maxp=%d\n", * p);
10.     return 0;
11. }
12. int * maxp(int * a, int * b)
13. {  return * a> * b? a:b;  }
```

程序运行结果：

```
请输入整数 x,y:5  6↙
maxp=6
```

说明：函数调用时,maxp 采用的是地址传递,返回两个形参中值较大的变量的地址。参数的传递过程如图 6.10 所示。

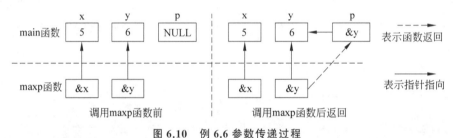

图 6.10   例 6.6 参数传递过程

注意：指针函数的返回值一定是地址,且返回值的类型要与函数类型保持一致。

6.2.3 指向函数的指针

在 C 语言中,一个函数所包含的指令序列在内存中总是占用一段连续的存储空间的,这段存储空间的首地址称为函数的入口地址,而通过函数名就可以得到这一地址。反过来,也可以把函数的这个首地址(或称入口地址)赋予一个指针变量,使该指针变量指向该函数,然后通过指针变量就可以找到并调用这个函数。有时把这种指向函数的指针变量称为函数指针变量。

显然,通过指向函数的指针变量调用函数和通过函数名调用函数的方式是不一样的,其差别类似于用指针来访问所指向的变量和用变量名来访问变量,前者是间接访问,后者是直接访问。

定义指向函数的指针变量的一般形式：

类型标识符 (* 指针变量名) (形参列表)；

这里的类型标识符表示被指函数的返回值的类型,"(* 指针变量名)"表示 * 后面的变量是定义的指针变量,最后的括号表示指针变量所指的是一个函数所具备的形参情况。

例如：

```
int ( * pf)();
```

其中，pf 是一个指向函数的指针变量，该函数为无参函数且返回值（函数值）是整型。

利用函数指针调用函数的一般形式：

(* 指针变量名) (实参表)

【例 6.7】 利用指向函数的指针实现比较两个数的大小。

```
1.  #include <stdio.h>
2.  int max(int a, int b)
3.  {
4.      if(a>b)  return a;
5.      else  return b;
6.  }
7.  int min(int a, int b)
8.  {  return a<b? a:b;  }
9.  int main()
10. {
11.     int(*p)(int, int);              //p 为指向函数的指针变量
12.     int x, y, z;
13.     scanf("%d%d", &x, &y);
14.     p=max;                          //通过赋值,让 p 指向 max 函数
15.     z=(*p)(x, y);                   //通过 p 调用 max 函数
16.     printf("\nmaxmum=%d", z);
17.     p=min;                          //通过赋值,让 p 指向 min 函数
18.     z=(*p)(x,y);                    //通过 p 调用 min 函数
19.     printf("\nminmum=%d", z);
20.     return 0;
21. }
```

说明：从上述程序可以看出，通过指向函数的指针变量调用函数的步骤如下。

① 先定义指向函数的指针变量，如程序中 int (* p) (int，int)。

② 把被调函数的入口地址（即函数名）赋给该指针变量，如程序中 p＝max；和 p＝min；。

③ 用指向函数的指针变量调用函数，如程序中 z＝(* p)(x,y)；。

注意：指向函数的指针变量与指针类型的函数两者在写法和意义上的区别。

例如：

```
int ( * p)(int);
```

是定义一个指针变量，说明 p 是一个指向函数的指针变量，该函数有一个整型的形参，函数的返回值是整型量，* p 的两边的括号不能少。

```
int * p(int);
```

是函数声明，不是变量定义，p 是函数的名字，声明 p 是一个指针型函数，其返回值是一个整型指针，* p 两边没有括号。

6.3 指针与数组

数组一旦被定义，数组元素将在内存中占用一块连续的存储单元，数组名就是这块连续内存单元的首地址。因此，能够通过定义指针变量，运用指针运算方便地使用数组。

6.3.1 一维数组与指针

6-5 一维数组与指针

一个变量有地址,一个数组包含若干元素,每个数组元素都在内存中占用存储单元,它们也有相应的地址。指针变量既然可以指向普通变量,当然也可以指向数组元素,即把某个数组元素的地址存放到一个指针变量中。所谓数组元素的指针,也就是数组元素的地址。

例如:

```
int a[5], * p, * q;
p=&a[0];
q=&a[3];
```

执行赋值语句后,指针变量 p 指向数组元素 a[0],指针变量 q 指向数组元素 a[3],如图 6.11 所示。然后,* p、* q 就分别等价于数组元素 a[0]、a[3]。

C 语言中,数组名并不代表整个数组中的全部数据,而是代表该数组存储空间的首地址,在数值上等于数组首元素的地址,即 &a[0]。数组首地址的值在 C 语言中是一个地址常量(即指针常量),是不能改变的。

C 语言同时规定:对于指针的算术运算,是以指针指向的数据类型所占用的内存单元数为单位 1。由此,数组 a 代表数组元素 a[0] 的地址,那么 a+1 代表元素 a[1] 的地址,a+i 代表元素 a[i] 的地址。至此,数组元素及其地址的表示形式就各有两种方式了,如图 6.12 所示。

数组元素		数组元素的地址	
a[0]	*a	&a[0]	a
a[1]	*(a+1)	&a[1]	a+1
a[2]	*(a+2)	&a[2]	a+2
a[3]	*(a+3)	&a[3]	a+3
a[4]	*(a+4)	&a[4]	a+4

图 6.11 指针指向数组元素   图 6.12 一维数组的元素及其地址表示

对数组元素的访问可以有多种写法。例如:

```
int a[5], * p;
p=a;
a[0]=2;          //最常用的下标法,格式为:数组名[下标]
p[1]=4;          //p[1]即 a[1],这种写法也正确,格式为:指针变量[下标]
* (a+2)=6;       //指针表示法,格式为:* (数组名+下标)
* (p+3)=8;       //指针表示法,格式为:* (指针变量+下标)
```

由于通过赋值语句 p=a;指针变量 p 中存放的就是数组 a 的首地址,所以数组 a 的元素及其地址还可以用指针变量 p 来表示,具体形式如图 6.13 所示。

【例 6.8】 用多种方式输入并输出数组元素。

```
1.  #include <stdio.h>
2.  #define N 5
3.  int main()
4.  {
```

```
5.      int a[N], * p=a, i;
6.      for(i=0; i<N; i++)
7.          scanf("%d",&a[i]);           //读者可试验 a+i、&p[i]、p+i等其他形式
8.      for(i=0; i<N; i++)
9.          printf("%d ", a[i]);          //使用数组下标法输出数组元素
10.     printf("\n");
11.     for(i=0; i<N; i++)
12.         printf("%d ", * (a+i));       //使用数组名指针法输出数组元素
13.     printf("\n");
14.     for(i=0; i<N; i++)
15.         printf("%d ", p[i]);          //使用指针变量下标法输出数组元素
16.     printf("\n");
17.     for(i=0; i<N; i++)
18.         printf("%d ", * (p+i));       //使用指针变量指针法输出数组元素
19.     printf("\n");
20.     for(p=a; p<a+N; p++)
21.         printf("%d ", * p);           //通过指针变量访问数组元素
22.     printf("\n");
23.     return 0;
24. }
```

数组元素				数组元素的地址表示			
a[0]	*(a)	p[0]	*p	&a[0]	a	&p[0]	p
a[1]	*(a+1)	p[1]	*(p+1)	&a[1]	a+1	&p[1]	p+1
a[2]	*(a+2)	p[2]	*(p+2)	&a[2]	a+2	&p[2]	p+2
a[3]	*(a+3)	p[3]	*(p+3)	&a[3]	a+3	&p[3]	p+3
a[4]	*(a+4)	p[4]	*(p+4)	&a[4]	a+4	&p[4]	p+4

图 6.13　用指针变量表示一维数组的元素及其地址

【例 6.9】　输出数组中元素的最大值。

```
1.  #include <stdio.h>
2.  int main()
3.  {
4.      int a[10], max, i;
5.      int * p=a;
6.      for(i=0; i<10; i++)
7.          scanf("%d", &a[i]);           //输入数据元素
8.      max = * p;                         //通过指针变量访问数组元素
9.      for(p=a; p<a+10; p++)
10.     {  if(* p>max)  max= * p;  }
11.     printf("MaxValue=%d\n", max);
12.     max = * a;                         //通过数组名访问数组元素
13.     for(i=0; i<10; i++)
14.     {  if(* (a+i)>max)  max= * (a+i);  }
15.     printf("MaxValue=%d\n", max);
16.     return 0;
17. }
```

说明：例 6.9 中指针变量与数组元素及其地址的关系如图 6.14 所示。

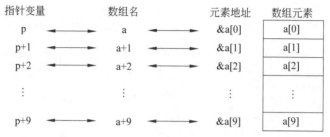

指针变量	数组名	元素地址	数组元素
p	a	&a[0]	a[0]
p+1	a+1	&a[1]	a[1]
p+2	a+2	&a[2]	a[2]
⋮	⋮	⋮	⋮
p+9	a+9	&a[9]	a[9]

图 6.14　指针变量与数组元素及其地址的关系

　　一般来说,引用数组元素使用指针法(如 * p)要比使用下标法(如 a[i])效率高,占用内存少,运算速度快,能提高目标程序的质量。

　　注意：由于 p 为指针变量,所以 p++、p-- 等运算是合法的,而数组名 a 为指针常量,因此语句 a=p; 或 a++; 都是非法的。

6-6 数组名作为函数参数

6.3.2　数组名作为函数参数

　　在 5.3.2 节介绍过用一维数组名作为函数参数,要求在主调函数和被调函数中分别定义实参数组和形参数组,如果形参数组中各元素的值发生变化时,那么实参数组的值也会随之变化。学习完指针之后,这个问题就更容易理解了。

　　实参数组名代表该数组首元素的地址,是一个固定的地址,是指针常量;而形参作为一个指针变量,是用来接收从实参传递过来的数组首元素地址的。因此,在调用开始时,形参的值等于实参数组首元素的值,但在函数执行过程中,它可以再次被赋值。实际上,C 编译都是将形参数组名作为指针变量来处理的。

　　例如：

```
void fun1(int b[],int n)              //形参是数组
{
    ...
}
void fun2(int * c,int n)              //形参是指针变量
{
    ...
}
int main()
{
    int a[5];
    ...
    fun1(a,5);                        //数组名作为实参
    ...
    fun2(a,5);                        //数组名作为实参
    ...
    return 0;
}
```

　　在实际运行时,C 编译程序认为函数 fun1、fun2 的两种写法是等价的。函数调用时,系

统会在被调函数中建立相应的指针变量来接收从主调函数中传来的数组首地址,如图 6.15 所示。

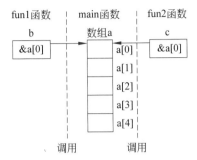

图 6.15　数组名、指针变量作为函数参数

【例 6.10】　编程实现数组元素的逆置,即将数组中元素按相反顺序存放。

例 6.10 的参考程序 1 如下,程序中实参是数组名,形参是数组。

```
1.  #include<stdio.h>
2.  void reverse1(int x[ ], int n)          //形参是数组
3.  {
4.      int temp, i, j, m=(n-1)/2;
5.      for( i=0 ; i<=m ; i++)
6.      {   j=n-1-i;     temp=x[i];
7.          x[i]=x[j];     x[j]=temp;
8.      }
9.  }
10. int main( )
11. {
12.     int i, a[6]={ 1, 3, 4, 6, 7, 9 };
13.     reverse1(a , 6 );                  //实参是数组名
14.     for( i=0; i<6; i++ )
15.         printf("%3d", a[i] );
16.     printf("\n");
17.     return 0;
18. }
```

例 6.10 的参考程序 2 如下,程序中实参是数组名, 形参是指针变量。

```
1.  #include<stdio.h>
2.  void reverse2(int * x , int n)          //形参是指针变量
3.  {
4.      int *p, * i, * j, temp, m=(n-1)/2;
5.      i=x ;  j=x+n-1;  p=x+m;
6.      for(  ; i<=p ; i++, j-- )            //注意表达式 1 省略没写
7.      { temp= * i;  * i= * j;  * j=temp;  }
8.  }
9.  int main( )
10. {
11.     int i, a[6]={ 1, 3, 4, 6, 7, 9 };
12.     reverse2(a, 6 );                    //实参是数组名
```

```
13.      for( i=0; i<6; i++ )
14.          printf("%3d", a[i] );
15.      printf("\n");
16.      return 0;
17.  }
```

例 6.10 的参考程序 3 如下,程序中实参和形参都是指针变量。

```
1.   #include<stdio.h>
2.   void reverse3(int * x , int n)                //形参是指针变量
3.   {
4.       int *p, * i, * j, temp, m=(n-1)/2;
5.       i=x;     j=x+n-1;    p=x+m;
6.       for(  ; i<=p ; i++, j-- )
7.       { temp= * i;      * i= * j;    * j=temp;   }
8.   }
9.   int main( )
10.  {
11.      int * p, a[6]={1, 3, 4, 6, 7, 9};
12.      p=a;
13.      reverse3( p, 6 );                      //实参是指针变量
14.      for( p=a; p<a+6; p++ )
15.          printf("%3d", * p );
16.      printf("\n");
17.      return 0;
18.  }
```

例 6.10 的参考程序 4 如下,程序中实参是指针变量,形参是数组。

```
1.   #include<stdio.h>
2.   void reverse4(int x[ ] , int n)                //形参是数组
3.   {
4.       int temp, i, j, m=(n-1)/2;
5.       for( i=0; i<=m; i++)
6.       { j=n-1-i ;     temp=x[i];
7.           x[i]=x[j];     x[j]=temp;
8.       }
9.   }
10.  int main( )
11.  {
12.      int * p, a[6]={1, 3, 4, 6, 7, 9};
13.      p=a;
14.      reverse4( p, 6 );                      //实参是指针变量
15.      for( p=a; p<a+6; p++ )
16.          printf("%3d", * p );
17.      printf("\n");
18.      return 0;
19.  }
```

以上 4 种形式虽然略有不同,但实际上殊途同归,均能实现题目要求。

【例 6.11】 编程实现数组元素从小到大的选择法排序,要求输入、排序、输出均通过编

写相应函数来实现。

例 6.11 的参考程序如下。

```
1.   #include <stdio.h>
2.   #define N 20
3.   void input(int * c, int n);
4.   void sort(int b[ ], int n);
5.   void output(int * d, int n);
6.   int main( )
7.   {
8.       int a[N], n;
9.       printf("输入数组元素的个数(不超过 20):");
10.      scanf("%d", &n);
11.      input(a, n);
12.      sort(a, n);
13.      output(a, n);
14.      return 0;
15.  }
16.  void input(int * c, int n)
17.  {
18.      for(int i=0; i<n; i++)
19.          scanf("%d",c+i);
20.  }
21.  void sort(int b[ ], int n)
22.  {
23.      int i, k, j, t;
24.      for(i=0; i<n-1; i++)
25.      {   k=i;
26.          for(j=i+1; j<n; j++)
27.          {   if (b[j]<b[k])   k=j;   }
28.          if(k!=i)
29.          {   t=b[i];   b[i]=b[k];   b[k]=t;   }
30.      }
31.  }
32.  void output(int * d, int n)
33.  {
34.      for(int i=0; i<n; i++)
35.          printf("%d  ", * (d+i));
36.  }
```

说明：引入函数后，主函数变得结构清晰、语句简洁，只需调用相应函数即可。

请读者考虑，若函数调用调整为 sort(a+1,3)，结果将会如何？

【例 6.12】 给定某一个日期，计算该天是当年的第几天。

例 6.12 的参考程序如下。

```
1.   #include <stdio.h>
2.   int day_of_year (int * pd, int year, int month, int day);
3.   int main( )
4.   {
5.       int year, month, day, d;
```

```
6.      int days[12]={31,28,31,30,31,30,31,31,30,31,30,31};
7.      printf("请输入年月日:");
8.      scanf("%d%d%d", &year, &month, &day);
9.      d=day_of_year (days, year, month, day);
10.     printf("\n天数=%d\n", d);
11.     return 0;
12.  }
13.  int day_of_year(int * pd, int year,int month, int day)
14.  {
15.     int i, j;
16.     i=((year%4==0 && year%100 !=0 ) || (year%400==0));
17.     if(i==1 && month>2)  day++;
18.     for(j=0; j<month-1; j++)
19.         day=day+ * (pd+j);
20.     return day;
21.  }
```

【练习 6.2】 编程实现从一个数组里查找一个数，将查找过程写成一个函数 search(int ＊ p，int x)，其中 x 为要查找的数，若找到 x 则输出"find"，否则输出"can not find"。

6.3.3 二维数组与指针

6-7 二维数组与指针

1. 二维数组地址关系

用指针变量处理二维数组和多维数组，相对要复杂一些。现在介绍二维数组指针，设定义的二维数组为

```
int a[3][4]={{1,2,3,4},{5,6,7,8},{11,12,13,14}};
```

可以把数组 a 看作只有 3 个元素的一维数组，即 a[0]、a[1]、a[2]，而每一个元素又是一个包含有 4 个元素的一维数组。二维数组元素在内存的存放顺序及其对应关系如图 6.16 所示。

数组名增量	一维下标	一维下标增量	地址	元素值	指针访问元素
a	a[0]	a[0]+0	&a[0][0]	a[0][0]	**a
		a[0]+1	&a[0][1]	a[0][1]	*(*(a)+1)
		a[0]+2	&a[0][2]	a[0][2]	*(*(a)+2)
		a[0]+3	&a[0][3]	a[0][3]	*(*(a)+3)
a+1	a[1]	a[1]+0	&a[1][0]	a[1][0]	**(a+1)
		a[1]+1	&a[1][1]	a[1][1]	*(*(a+1)+1)
		a[1]+2	&a[1][2]	a[1][2]	*(*(a+1)+2)
		a[1]+3	&a[1][3]	a[1][3]	*(*(a+1)+3)
a+2	a[2]	a[2]+0	&a[2][0]	a[2][0]	**(a+2)
		a[2]+1	&a[2][1]	a[2][1]	*(*(a+2)+1)
		a[2]+2	&a[2][2]	a[2][2]	*(*(a+2)+2)
		a[2]+3	&a[2][3]	a[2][3]	*(*(a+2)+3)

图 6.16 二维数组元素在内存的存放顺序及其对应关系

说明：a 和 a[0] 的值都是元素 a[0][0] 的地址 &a[0][0]。但由于其类型不同，a 是二

维数组,而 a[0]是一维数组名。因此,a+1 指向下一个一维数组,而 a[0]+1 指向一维数组的下一个元素。*a 是 a[0]的值,*a[0]是 a[0][0]的数值。

由于 *a 和 a[0]等价,所以 *(a+1)和 a[1]等价,都是 a[1][0]的地址;又由于 **(a+1)和 *a[1]等价,所以都是 a[1][0]的值。

这种通过数组名访问数组元素比较复杂,容易出错。由于二维数组在内存中,是先存放第一行的每个元素,然后依次存放其他行的每个元素。因此,可以定义指针来依次访问二维数组的每个元素。

【例 6.13】 采用不同的处理方式输出二维数组元素。

```
1.  #include <stdio.h>
2.  int main()
3.  {
4.      int a[3][4]={0,1,2,3,4,5,6,7,8,9,10,11};
5.      int k, j, * p;
6.      //下标表示法输出二维数组元素
7.      for(j=0; j<3; j++)
8.      {   for(k=0; k<4; k++)
9.              printf("%4d,", a[j][k]);
10.         printf("\n");
11.     }
12.     printf("\n");
13.     //行用下标表示, 输出二维数组元素
14.     for(j=0; j<3; j++)
15.     {   for(k=0; k<4; k++)
16.             printf("%4d,", * (a[j]+k));
17.         printf("\n");
18.     }
19.     printf("\n");
20.     //列用下标表示, 输出二维数组元素
21.     for(j=0; j<3; j++)
22.     {   for(k=0; k<4; k++)
23.             printf("%4d,", (* (a+j)) [k]);
24.         printf("\n");
25.     }
26.     printf("\n");
27.     //指针表示法输出二维数组元素
28.     for(j=0; j<3; j++)
29.     {   for(k=0; k<4; k++)
30.             printf("%4d,", * (* (a+j)+k));
31.         printf("\n");
32.     }
33.     printf("\n");
34.     //指针变量表示法输出二维数组元素
35.     p=a[0];
36.     for(j=0; j<3; j++)
37.     {   for(k=0; k<4; k++)
38.             printf("%4d,", * (p++));
39.         printf("\n");
```

```
40.    }
41.    return 0;
42. }
```

注意：对于二维数组 a,以下表示形式具有不同的含义。

① a 作为二维数组名是数组的首地址,是指针常量。

② a+i、&a[i]指向第 i 行(第 i 行的首地址)。

③ a[i]、*(a+i)、&a[i][0]均指向第 i 行第 0 列,其地址值与 a+i、&a[i]相同,但不要认为 *(a+i)是 a+i 指向的对象,因为在二维数组中,a+i 是指向行,而不是指向具体元素(但在一维数组中指向具体元素)。

④ a[i]+j、*(a+i)+j 表示元素 a[i][j]的地址。

⑤ *(a[i]+j)、*(*(a+i)+j)表示元素 a[i][j]。

综上所述,二维数组中元素及其地址的表示形式如图 6.17 所示。

int a[3][4], i, j;

二维数组元素			二维数组元素的地址		
a[0][0]	*a[0]	**a	&a[0][0]	a[0]	*a
a[0][1]	*(a[0]+1)	*(*a+1)	&a[0][1]	(a[0]+1)	*a+1
a[1][0]	*a[1]	**(a+1)	&a[1][0]	a[1]	*(a+1)
a[2][3]	*(a[2]+3)	*(*(a+2)+3)	&a[2][3]	(a[2]+3)	*(a+2)+3
a[i][j]	*(a[i]+j)	*(*(a+i)+j)	&a[i][j]	(a[i]+j)	*(a+i)+j

图 6.17 二维数组的元素及其地址表示

2. 行指针变量

利用指针处理二维数组可以用指向数组元素的指针变量(如例 6.12),还可以定义一个指向一维数组的指针变量,并将行地址赋给该指针变量。此时,指针变量的值加 1,表示指针的移动长度为一维数组的长度,即指向下一行。

指向一维数组的指针变量(即行指针)的定义形式:

类型标识符 (* 指针变量名) [长度];

这里的类型标识符为所指向的数组的数据类型。* 表示其后的变量是指针类型。长度表示二维数组分解为多个一维数组时一维数组的长度,也就是二维数组的列数。应注意"(* 指针变量名)"两边的括号不可少,如缺少括号则表示是指针数组(将在 6.5 节介绍),意义就完全不同了。

例如:

```
int a[3][2], * p;
int (* prt)[2];
p=a;                    //非法赋值,不能将二维数组的数组名直接赋值给指针变量 p
prt=a;                  //合法赋值,prt+1 等价于 a+1,等价于 a[1]
```

当 prt 指向二维数组 a 首地址时,可以通过以下形式来引用二维数组元素 a[i][j]。

```
① prt[i][j]              //等价于 a[i][j]
```

```
②  * (prt[i]+j)              //等价于 * (a[i]+j)
③  ( * (prt+i))[j]           //等价于 ( * (a+i))[j]
④  * ( * (prt+i)+j)          //等价于 * ( * (a+i)+j)
```

【例 6.14】 利用行指针输出二维数组元素。

```
1.  #include <stdio.h>
2.  int main()
3.  {
4.      int a[3][4]={0,1,2,3,4,5,6,7,8,9,10,11}, i, j;
5.      int ( * p)[4];              //定义 p 为指向一个包含 4 个元素的一维数组的行指针变量
6.      p=a;                        //p 指向第 0 行
7.      for(i=0; i<3; i++)
8.      {   for(j=0; j<4; j++)
9.              printf("%2d  ", * ( * (p+i)+j) );
10.         printf("\n");
11.     }
12.     return 0;
13. }
```

【例 6.15】 有 3 个字符串,要求编写程序找出其中最大者。

分析: 3 个字符串可以考虑用二维字符数组来存放,设一个二维字符数组 str[3][20],
即有 3 行 20 列,每一行最多可以容纳 20 个字符,图 6.18 表示此二维数组的情况。

str[0]	C	h	i	n	a	\0	\0	…	\0	\0
str[1]	J	a	p	a	n	\0	\0	…	\0	\0
str[2]	I	n	d	i	a	\0	\0	…	\0	\0

图 6.18   二维字符数组 str[3][20]

可以把 str[0]、str[1]、str[2]看作 3 个一维字符数组,它们各有 20 个元素,把它们像一
维数组那样进行处理。可以用 gets 函数分别读入 3 个字符串。经过二次比较,就可得到最
大者,把它放在一维字符数组 string 中。

例 6.15 的参考程序如下。

```
1.  #include <stdio.h>
2.  #include <string.h>
3.  int main()
4.  {
5.      char string[20];                  //数组 string 用来存放最大字符串
6.      char str[3][20];
7.      for( int i=0; i<3; i++)           //输入 3 个字符串
8.          gets(str[i]);                 //str[i]为第 i 个字符串的首地址
9.      if (strcmp(str[0], str[1])>0)  strcpy(string, str[0]);
10.     else  strcpy(string, str[1]);
11.     if (strcmp(str[2], string)>0)  strcpy(string, str[2]);
12.     printf("\nthe largest string is:\n%s\n", string);
13.     return 0;
14. }
```

说明：代码中使用 strcmp 和 strcpy 函数，形式参数都是字符指针，这里用的 string、str[0]、str[1]、str[2]都是地址。

214

6.4　指针与字符串

通过第4章的学习，我们知道可以借助字符数组存放字符串，然后用字符数组名和下标可以访问字符数组中的元素，也可以通过字符数组名用%s格式来输出一个字符串。与其他类型的数组不同，存放字符串的字符数组在初始化时，系统会自动接一个'\0'到字符串的末尾。我们可以定义一个字符指针变量，让字符指针变量指向一个字符数组，然后通过字符指针对字符串进行操作。

6-8 指针与字符串

【例6.16】 利用指针的不同方式，输出字符串。

```
1.  #include <stdio.h>
2.  int main()
3.  {
4.      char str[]="Hello", * p=str;
5.      int i;
6.      printf("方式1: ");            //方式1用%s输出字符串
7.      printf("%s\n", p);
8.      printf("方式2: ");            //方式2用puts函数输出字符串
9.      puts(p);
10.     printf("方式3: ");            //方式3用*(字符指针+下标)的方式输出
11.     for(i=0; * (p+i)!='\0'; i++)
12.         printf("%c", * (p+i));
13.     printf("\n");
14.     printf("方式4: ");            //方式4直接用指针变量输出
15.     for(p=str; * p!='\0'; p++)
16.         printf("%c", * p);
17.     printf("\n");
18.     return 0;
19. }
```

说明：首先对字符数组 str 进行初始化，按字符串"Hello"的字符个数加1分配给 str 数组6字节的存储空间，并将'H'、'e'、'l'、'l'、'o'、'\0'这6个字符放入其中，然后将数组的首地址赋给指针变量 p。此时，既可以通过字符数组 str 来操作字符串，也可以通过指针变量来操作字符串。

在方式1中，p 作为 printf 的输出项，同写数组名 str 的效果是一样的。方式2使用 puts 函数进行输出，同使用数组名称的效果是一样的。方式3利用指针变量 p 和字符串结束符'\0'，逐个将字符串里的字符输出。方式4和方式3类似，不同的是指针变量 p 的值在循环中变化，每次 * p 指向不同的数组元素。

虽然字符数组和字符指针变量都可以用来完成对字符串的操作，但二者是有区别的。

（1）字符串的存储方式不同。字符数组里存放的是字符串中的字符和字符串结束标识'\0'；而字符指针变量里存放的只是字符串在内存空间的首地址。例如：

6-9 字符数组和字符指针变量的区别

```
char s[8]= "abcd";
char * p="xyz";
```

数组 s 在内存中有 8 字节的存储空间,其中存放了 5 个字符,分别是'a'、'b'、'c'、'd'和'\0',还有 3 字节的空间是空闲的。而字符指针变量 p 在内存中只有 2 字节的空间用来存放地址,并没有空间存放字符串"xyz",关于这点用例 6.17 来说明。

【例 6.17】 定义指向字符串的字符指针,利用指针完成字符串的输出。

```
1.  #include <stdio.h>
2.  int main()
3.  {
4.      char * p;
5.      p="HELLO";
6.      printf("%s\n", p);
7.      return 0;
8.  }
```

说明:在 C 语言中,字符串常量是按照字符数组来处理的。如果程序中有一个字符串常量,系统会自动在内存中创建一个字符数组,将字符串的内容保存在字符数组中,并加字符串结束符'\0'。只不过该数组是没有名字的,不能通过数组名来引用,只能通过指针变量来引用。该程序中,系统首先为字符串常量"HELLO"分配一长度为 6 字节的连续的存储空间,然后将该空间首地址赋值给字符指针变量,注意此时的赋值只是把字符串的首地址赋给 p,而不是把字符串赋给 p,p 只是一个指针变量,它不能存放一个字符串,只能存放一个地址,如图 6.19 所示。

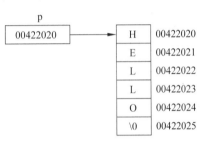

图 6.19　字符指针 p 指向字符串常量

(2) 字符串的赋值方式不同。字符数组可以初始化,但不能将字符串直接赋值给字符数组,赋值操作是通过字符串函数 strcpy 实现的。而字符指针变量既可以初始化,也可以直接赋值。字符指针与字符数组赋值的区别如表 6.1 所示。

表 6.1　字符指针与字符数组赋值的区别

正确赋值方式		错误赋值方式	
char * p="Hello"; 等价于 char * p; p="Hello";	char str[80]="Hello";	char str[80]; str="Hello";	char str[]="hello", * p; strcpy(p,str);
说明:定义了一个指向 char 型变量的指针变量 p,系统自动在内存中创建一个 6 个元素的字符数组,分别赋值为'H'、'e'、'l'、'l'、'o'、'\0',并将字符数组的首地址赋给指针变量 p	说明:定义了 char 型数组,系统首先为数组分配长度为 80 字节的存储空间,然后将字符'H'、'e'、'l'、'l'、'o'、'\0' 存放在 str 数组的前 6 个存储单元内	说明:str 是字符数组首地址常量,不能被赋值	说明:p 是未经赋值的指针变量,p 本身的值是随机值。strcpy 将把字符串复制到 p 开始的内存中。这种操作很危险,可能导致异常

指向字符串的指针实际上是指向字符数组的指针,它属于指向一维数组指针的一个特

例。在处理指向字符数组的指针时，只要注意处理字符串结束符'\0'就可以了。

（3）字符数组具有一片连续的存储空间，数组名即为该存储空间的首地址。而字符指针变量的存储单元是用来存放字符串首地址的，但是在对字符指针变量赋值之前，该指针变量的值是不确定的，此时不应该对字符指针变量进行操作，否则可能出现异常。例如：

```
char s1[5], s2[10];
scanf("%s", s1);
strcpy(s2, "Hello");
```

s1 和 s2 都是字符数组，这样输入字符串和复制字符串都是对的。但是如果把字符数组换为字符指针变量，例如：

```
char * p1, * p2;
scanf("%s", p1);
strcpy(p2, "Hello");
```

这种字符指针变量的用法非常危险，因为指针变量 p1 和 p2 未赋值，即它们都是随机值，无法确定它们指向内存中的具体位置（或者说它们没有指向一个明确的存储空间来存放字符串），所以执行操作后可能会导致出现异常。

【例 6.18】 利用字符指针编写程序实现 strcat 的功能，即将两个字符串连接起来。

分析：可以定义两个字符数组，接收用户输入的字符串；同时定义两个指针 p1 和 p2，将两个字符数组的首地址分别赋值给 p1 和 p2。然后利用循环依次向后移动 p1，直到 * p1 是字符串结束符为止。这样 p1 就指向了字符串 1 的末尾。再使用一个循环，依次将 * p2 复制到 * p1，直到 * p2 是字符串结束符为止。这样就把字符串 2 连接到字符串 1 后。最后要保证连接后的字符串 1 一定要有字符串结束符。

例 6.18 的参考程序如下。

```
1.  #include <stdio.h>
2.  int main()
3.  {
4.      char s1[100], s2[100], * p1, * p2;
5.      p1=s1;   p2=s2;
6.      printf("\nInput first string: ");   gets(s1);     //输入字符串 s1
7.      printf("Input second string: ");  gets(s2);     //输入字符串 s2
8.      while( * p1)  p1++;                        //通过循环将 p1 移动到 s1 的末尾
9.      while(( * p1= * p2)!='\0')               //通过循环将 s2 的内容接到 s1 后面
10.     {  p1++;   p2++;   }
11.     printf("Catenated string: %s", s1);     //输出连接后的字符串 s1
12.     return 0;
13. }
```

说明：第 9、10 行的 while 循环还可以简写为

```
while( * p1++= * p2++) ;
```

注意，最后的分号表示空语句，即 while 的循环体是空语句。执行时，先进行赋值，即 * p1= * p2，然后判断 * p1 是否为'\0'，若是'\0'则结束循环，若不是'\0'则执行循环体 p1++;和 p2++;。

借助于字符指针,也可在不同函数间传递"字符串",即用地址传递的方法,既可以用字符数组名作为参数,也可以用指向字符的指针变量作为参数,从而实现在被调用的函数中可以改变主调函数中字符串的内容。

【例 6.19】 编写函数,将小写字母转换成大写字母。

```
1.   #include <stdio.h>
2.   void upp(char * p);
3.   int main()
4.   {
5.       char ch[]="Book No.1 is 10$!";
6.       upp(ch);
7.       printf("The result is: %s\n",ch);
8.       return 0;
9.   }
10.  void upp(char * p)
11.  {
12.      for( ; * p!= '\0';p++)
13.      {   if( * p>='a' && * p<='z')
14.              * p= * p-32;
15.      }
16.  }
```

程序运行结果:

```
The result is:BOOK NO.1 IS 10$!
```

说明:ch 是字符数组,p 是字符型指针变量,当调用 upp 函数时,将数组 ch 的首地址作为实参传递给 p 后,p 就是指向数组 ch 首地址的指针变量,所以利用指针 p 就可以直接操作 ch 数组各单元的值,从而达到在被调函数中修改调用函数数据值的目的,如图 6.20 所示。

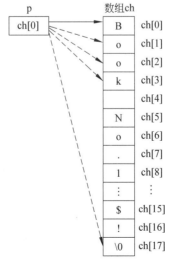

图 6.20 例 6.19 指针指向

学习字符指针的内容后,再补充几个常用的字符串函数。

1) 搜索字符串中的字符函数 strchr

函数原型:

```
char * strchr(const char * s, int c);
```

调用格式:

```
strchr(字符串 s,字符 c)
```

功能:查找字符串 s 中首次出现字符 c 的位置,返回字符 c 的位置指针,如果没有找到字符 c,则返回空指针 NULL。

例如:

```
char string[20]= "How are you";
printf("%s\n", strchr(string, 'y'));
```

输出:

```
you
```

说明:strchr 函数的返回值是找到字符的地址(指针),上例中实际返回的是字符 y 的地址,用%s 输出,即从该地址开始输出字符串,直到遇到结束标志'\0'为止。

2) 搜索字符串的子字符串函数 strstr

函数原型:

```
char * strstr(const char * s1, const char * s2);
```

调用格式:

```
strstr(字符串 s1,字符串 s2 )
```

功能:从字符串 s1 中查找是否有字符串 s2,如果有则返回 s2 首次出现的位置指针,如果没有则返回空指针 NULL。

例如:

```
char s[20]="I have a book!";
printf("%s\n", strstr(s, "have"));
```

输出:

```
have a book!
```

说明:strstr 函数的返回值是找到字符串 s2 的首地址(指针),上例中返回的是字符'h'的地址,用%s 输出,即从该地址开始输出字符串,直到遇到结束标志'\0'为止。

3) 大小写转换函数 strupr 和 strlwr

函数原型:

```
char * strupr(char * s);   char * strlwr(char * s);
```

调用格式:

```
strupr(字符串)    strlwr(字符串)
```

功能：strupr 函数将字符串中的小写字母转换为大写字母；strlwr 函数将字符串中的大写字母转换为小写字母。

例如：

```
char s[10]="abcD";
printf("%s\n", strupr(s));
printf("%s\n", strlwr(s));
```

输出：

```
ABCD                          //将小写字母 abc 转换为大写字母 ABC
abcd                          //将大写字母 D 转换为小写字母 d
```

【练习 6.3】 利用字符指针，编程判断输入的一个字符串是否是回文。

【练习 6.4】 编写函数将输入的一个字符串中的所有数字字符删除，用指针实现，函数形式为：void del _digit（char ＊p）；删除完成后在 main 函数中输出字符串。

【练习 6.5】 对一个长度为 n 的字符串从其第 k 个字符起（下标为 k），删去 m 个字符，组成长度为 n－m 的新字符串，并输出处理后的字符串。要求编写函数实现，函数形式为

```
void del(char ＊ s, int k, int m)。
```

例如，原字符串为"ABCDEFGHIJK"，长度 n＝11，若 k＝3，m＝4，即从下标为 3 的字符开始删除 4 个字符，删除后的字符串为"ABCHIJK"。

6.5 指针数组与多级指针

6.5.1 指针数组的定义和引用

6-10 指针
数组

指针数组也是一种数组。但需要注意的是，指针数组的数组元素都是指针变量。

指针数组定义的一般形式：

类型标识符 ＊ 数组名称 [数组长度]；

例如：

```
float ＊pf[3];
```

作为指针，最需要关注的是其指向的数据类型，指针数组的每个数组元素都用来保存一个地址值，指针数组定义后，可以使数组元素指向一个变量和其他数组的首地址。

一个字符指针可以指向一个字符串，对于多个字符串可以用字符类型的指针数组。例如：

```
char ＊p[3]={ "I","love","China"};
```

指针数组 p 的存储分配如图 6.21 所示。

使用指针数组存取字符串时，数组的每一个元素会根据字符串的长度分配相应的空间，能够有效地利用内存。如果使用二维字符数组，将根据字符串最长的元素选取每一个元素的长度。

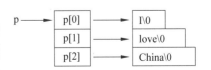

图 6.21 指针数组 p 的存储分配

使用指针数组和二维数组在输出方式上是一样的。例如：

```
for (i=0; i<3; i++)
    printf("%s\n", p[i]);
```

【例 6.20】 利用指针数组对多个字符串进行排序。

分析：前面学过对一个数组内的元素进行排序后输出。如果对多个字符串进行排序输出，应该怎样实现呢？一个字符串本身占用一个一维字符数组，可以定义一个很大的二维char 型数组，数组的每一行保存一个字符串。但字符串的长度也可能不同，这样做会浪费许多内存空间。

使用指针数组可以比较好地解决这个问题。假设有 n 个字符串，这 n 个字符串对应 n 个字符数组的首地址。可以定义一个长度为 n 的指针数组，使第 i 个数组元素保存第 i 个字符串的首地址(i＝0～n−1)，这样指针数组里记录的是未排序前的 n 个字符串的首地址。

然后，调用 strcmp 函数比较两个字符串的大小。strcmp 函数只要输入两个字符数组的首地址，就可以判断两个字符数组中字符串的大小，可以将指针数组里记录的字符数组作为 strcmp 函数的实际参数。

以冒泡法为例，以前的例子中，需要把排序的数组元素直接交换。现在字符串用字符数组保存，不能直接交换。但是，可以按照算法交换指针数组里字符数组的首地址，这样排序后的指针数组如果用循环依次输出字符串，那么最终的结果就是排序后的多个字符串。

例 6.20 的参考程序如下。

```
1.  #include <stdio.h>
2.  void sortstring(int n, char * str[]);
3.  int main()
4.  {
5.      int i;
6.      char * address[]={"JINAN","BEIJING","SHANGHAI"};
7.      sortstring(3, address);
8.      for(i=0; i<3; i++)
9.          printf("\n%s ", address[i]);
10.     return 0;
11. }
12. void sortstring(int n, char * str[])
13. {
14.     char * c;     int i, j;
15.     for(i=0; i<n-1; i++)
16.         for(j=0; j<n-i-1; j++)
17.         {   if(strcmp(str[j], str[j+1])>0)
18.             {   c=str[j];    str[j]=str[j+1];    str[j+1]=c;   }
19.         }
20. }
```

排序前后指针数组中的内容如图 6.22 所示。

注意：指针数组和二维数组指针变量是有区别的。二者虽然都可用来表示二维数组，但是其表示方法和意义是不同的。

例如：

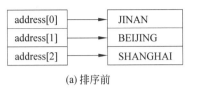 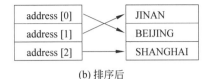

(a) 排序前　　　　　　　　　　　　　　　(b) 排序后

图 6.22　排序前后指针数组中的内容

```
int (* p)[3];                 //注意必须用小括号将 * p 括起来
```

p 是一个行指针变量,它指向一个长度为 3 的一维数组。

```
int * p[3];                                //注意这里没有小括号
```

p 是一个指针数组,有 3 个数组元素 p[0]、p[1]、p[2],均为指针变量。

6.5.2　多级指针

6-11 多级
指针

如果一个指针变量存放的又是另一个指针变量的地址,则称这个指针变量为二级指针变量,也称指向指针的指针。

二级指针变量定义的一般形式:

类型标识符 ∗∗指针变量名;

这里的类型标识符为二级指针所指向的变量的类型。

例如:

```
int **p, * q, a=3;
q=&a;
p=&q;
```

3 个变量的关系如图 6.23 所示。因为 p 是二级指针,它只能指向另一个指针变量,所以 p＝&q。

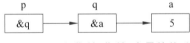

图 6.23　二级指针、指针、变量的关系

【例 6.21】　使用二级指针处理指针数组。

```
1.   # include <stdio.h>
2.   int main()
3.   {
4.       char * name[ ]={"Follow me","BASIC","Great Wall","FORTRAN"};
5.       char **p;                        //定义 p 为指向指针的指针变量
6.       int i;
7.       for(i=0;i<4;i++)
8.       {   p=name+i;                     //把第 i 行的指针赋值给 p
9.           printf("%s\n", * p);
10.      }
```

```
11.    return 0;
12. }
```

程序运行结果:

```
Follow me
BASIC
Great Wall
FORTRAN
```

理论上可以继续定义三级指针、四级指针,但是指针级数越多越容易出错,因此一般不使用三级以上指针。

6.6　指针与动态内存分配

在 C 语言程序设计中,变量采用先定义后使用的原则,变量一旦被定义,其内存地址及存储的数据类型就确定了。数组的长度是预先定义好的,在整个程序中固定不变。C 语言不允许数组类型和长度是动态变化的。

但是在实际的编程中,所需的内存空间取决于实际输入的数据而无法预先确定。例如,一个字处理程序,很难预测用户到底要输入多少个字符。在这种情况下,用一般的变量或数组将无法处理。为了解决上述问题,C 语言提供了一些内存管理函数,这些内存管理函数可以按照需要动态地分配内存空间,也可以将不再使用的空间回收待用,为有效地利用内存资源提供了手段。

6.6.1　内存管理

一个已编译完成的 C 程序在程序运行期间取得并使用 4 块逻辑上不同且用于不同目的的内存区域,以现在常用的 Intel 处理器在 Windows 系统下,C 程序的内存存储划分如图 6.24 所示。

(1) 栈存储区:用来保存程序的运行信息。例如,在函数调用时,保存函数的返回地址,为局部变量和形参分配内存空间,函数调用结束时这些内存空间将自动被释放。

(2) 程序代码区:用来存放可执行的程序代码。

(3) 静态存储区:用来存放全局变量和静态变量,在编译时就已分配好,整个程序运行期间都一直存在,在程序结束时才会被操作系统收回。

图 6.24　C 程序的内存
存储划分

(4) 堆存储区:程序运行期间,用动态内存分配函数申请的内存空间从堆存储区上进行分配。动态内存的生存期由程序员决定,但必须注意,当这些内存不再使用时一定要用释放函数将它们释放,归还给系统。

C 语言动态内存分配机制的核心由 malloc 函数和 free 函数构成,它们协调工作,malloc 函数用于分配内存,free 函数用于释放分配的内存。指针对动态内存分配机制提供了必要的支持,动态内存分配函数和 void 类型指针密切相关。

6.6.2　void 类型指针

void 类型是一种特殊的类型,表示"无类型"。变量不能定义为 void 类型,但 C 语言允许定义 void 类型的指针变量,称为无类型指针变量,初始值通常设为 NULL。

void 类型指针通常用在以下两种情况。

（1）一些标准函数的返回值是无类型指针。例如,动态内存分配函数 malloc 的返回值,这种类型的指针不能直接赋给其他类型的指针变量,所以需要定义一个无类型指针变量来接受它的返回值。但在使用时,要根据情况将无类型指针强制转换为其他类型的指针,其转换的语法为

> (数据类型 ＊) 无类型指针变量名

（2）如果一个函数的形式参数被定义为无类型指针,则在用实际参数调用该函数时,不需要对实际参数进行强制转换。

6.6.3　动态内存分配和释放函数

6-12 动态
内存分配

使用动态内存分配函数时需要包含头文件 stdlib.h 或 malloc.h。

1. 分配内存空间函数 malloc

函数原型:

> void ＊malloc(unsigned int size)

函数调用形式:

> (类型标识符 ＊)malloc(size)

这里的类型标识符表示把该区域用于何种数据类型,"(类型标识符 ＊)"表示把返回值强制转换为该类型指针,size 是一个无符号整数。

函数功能:在内存的动态存储区中分配一块长度为 size 字节的连续区域。函数的返回值为该区域的首地址。

例如:

```
char * pc;
pc=(char *)malloc(100);
```

表示分配 100 字节的内存空间,并强制转换为字符型指针,函数的返回值为该内存空间的首地址,并把该地址赋予指针变量 pc,若申请失败则返回 pc＝NULL。实际上,这里用 malloc 函数实现了动态分配一个字符数组。

2. 分配内存空间函数 calloc

函数原型:

> void ＊ calloc(unsigned int size, int count)

函数调用形式:

> (类型标识符 ＊)calloc(n, size)

函数功能:在内存动态存储区中分配 n 块长度为 size 字节的连续区域。函数的返回值

为该区域的首地址。

calloc 函数与 malloc 函数的区别首先在于一次可以分配 n 块区域。例如：

```
double ps;
ps=(double*)calloc(20, sizeof(double));
```

表示按 double 类型的长度分配 20 块连续区域,强制转换为 double 型指针,并将存储空间的首地址赋予指针变量 ps。

函数 calloc 和 malloc 另一个差别是:calloc 函数会清空它申请到的内存空间,即将其分配的所有内存单元都初始化为 0,而 malloc 函数不这样做。

3. 释放内存空间函数 free

函数原型:

void free(void * ptr)

函数调用形式:

free(ptr)

函数功能:释放 ptr 所指向的一块内存空间,ptr 是一个 void 类型的指针变量,它指向被释放区域的首地址。被释放的区域必须是由 malloc 或 calloc 函数所分配的区域。

【例 6.22】 内存的动态分配和释放。

```
1.   #include <stdio.h>
2.   #include <stdlib.h>
3.   int main(void)
4.   {
5.       int * p=NULL;                       //定义的整型指针变量 p
6.       p=(int *)malloc(sizeof(int));       //p 指向 malloc 函数分配的存储 int 型数据
                                             //的存储空间
7.       * p=100;                            //将整数 100 存储到 p 指向的存储空间
8.       printf("%d\n", * p);
9.       free(p);                            //释放由 malloc 函数分配的存储空间
10.      return 0;
11.  }
```

【例 6.23】 编程输入某班学生的某门课程的成绩,计算其平均分并输出,班级人数由键盘输入,每次输入的人数可能都不相同。

```
1.   #include <stdio.h>
2.   #include <stdlib.h>
3.   int main()
4.   {
5.       int n, i, * p=NULL;    double sum=0, ave;
6.       scanf("%d", &n);                         //输入学生人数
7.       p=(int *)malloc(n * sizeof(int));  //向系统申请 n 个 sizeof(int)字节的连续
                                            //存储空间
8.       if(p==NULL)                        //若动态分配空间失败则输出提示信息并退出
9.       {   printf("No enough memory\n");
10.          exit(1);
```

```
11.    }
12.    for(i=0; i<n; i++)
13.    {   scanf("%d", p+i);
14.        sum=sum+ * (p+i);
15.    }
16.    ave=sum/n;
17.    printf("average=%5.2lf\n", ave);
18.    free(p);
19.    return 0;
20. }
```

6.7   本 章 小 结

本章主要介绍指针的概念、指针作为函数参数传递、利用指针处理数组的方法以及利用指针实现动态内存存储的方法。使用指针最重要的是把握指针的内涵,指针是一类包含了其他变量或函数的地址的变量。

指针具有两大特点。第一个特点是指针变量的值。指针是用来存放地址的,指针存放其他变量或函数的地址,它是一个指示器,告诉程序在内存的哪块区域可以找到数据。指针和其他变量一样有自己的存储空间,指针变量的长度就是其所在机器地址总线的长度,例如在 32 位的 80×86 处理器上,指针一般是 32 位。第二个特点是指针变量的类型。在声明指针变量时需要指明类型,可以把这些类型理解成一种尺度或者权限。指针的值指明了可以访问的位置,指针的类型则限定了指针从该位置所能访问的长度。

无论指针指向变量,还是指针作为函数参数进行传递,需要注意指针的属性。另外,指针可以进行关系运算或加减运算,与整数进行运算时,每单位增量所移动的是该指针类型所占用的内存单元数;两个指针变量具有相同的类型时可以做相减运算,其含义是得到这两个指针变量所指向的变量之间间隔的基类型单元个数。这种操作通常当这两个指针均指向同一个数组时才有实际意义。

指针是 C 语言的精华,其本质体现在对内存的操作。指针的灵活性给了编程人员很大的发挥空间,指针可以直接操作内存单元数据。但程序员必须清楚指针究竟指向哪里。在用指针访问数组时,也要注意不要超出数组的低端和高端界限,否则也会造成严重错误。

6.8   程 序 举 例

1. 猴子选大王

【例 6.24】 山上有 50 只猴子要选出大王,选举办法为:所有猴子从 1 到 50 进行编号并围坐一圈,从第 1 号开始按顺序 1,2,…,n 连续报数,凡是报 n 号的猴子都退出到圈外,以此循环报数,直到圈内只剩下一只猴子时,这只猴子就是大王,输出大王的编号。

分析:该问题使用数组比较方便,将数组元素按 1 到 50 赋值。出局的猴子赋 0 值,方便下一次计数。

例 6.24 的参考程序如下。

```
1.  #include<stdio.h>
2.  #include<stdlib.h>
3.  #define  N  50
4.  int main()
5.  {
6.      int i, k, m, n, num[N], * p;
7.      system("cls");                    //清屏
8.      printf("\n 报 n 号的猴子退出，输入 n=");
9.      scanf("%d", &n);
10.     p=num;
11.     for(i=0; i<N; i++)
12.         * (p+i)=i+1;
13.     i=0;   k=0;   m=0;
14.     while(m<N-1)
15.     {
16.         if ( * (p+i)!=0 )   k++;
17.         if(k==n)
18.         { * (p+i)=0;   k=0;   m++;  }
19.         i++;
20.         if(i==N)   i=0;
21.     }
22.     while( * p==0)   p++;
23.     printf("The last one is NO:%d\n", * p);
24.     return 0;
25. }
```

2. 筛选法求素数

【例 6.25】 输入任意数 N，求 N 以内的所有素数。

分析：为求 N 以内的素数，首先用动态内存分配函数分配一个大小是 N+1 的数组，将数组下标为 0 和 1 的元素设置为 0，下标为 2～N 的元素设置为 1；然后依次考查下标为 2～N 的元素，当发现当前下标的数组元素值为 1 时，将下标是当前下标 2 倍、3 倍、4 倍……的元素全部设置为 0；最后元素值仍为 1 的元素的下标就是素数。

例 6.25 的参考程序如下。

```
1.  #include <stdio.h>
2.  #include <malloc.h>
3.  #include <stdlib.h>
4.  int main()
5.  {
6.      int n, i, j, k;     char * p;
7.      printf("请输入一个正整数:");
8.      scanf("%d", &n);
9.      p=( char *)malloc((n+1) * sizeof(char));
10.     if(p==NULL)
11.     {  printf("内存分配失败!\n");
12.         exit(1)                     //当分配失败时,终止程序
13.     }
14.     * p=0;     * (p+1)=0;
```

```
15.        for(i=2; i<=n; i++)   * (p+i)=1;
16.        for(i=2; i<=n; i++)
17.        {  if( * (p+i)==1)
18.           {  for(j=2; j<n; j++)
19.              {   k=j * i;
20.                  if(k>n)  break;
21.                  * (p+k)=0;
22.              }
23.           }
24.        }
25.        printf("%d 以内的所有素数:\n", n);
26.        for(i=2;i<=n;i++)
27.        {  if( * (p+i)==1)
28.              printf("\n%d", i);
29.        }
30.        if(p)  free(p);
31.        return 0;
32.     }
```

3. 数组元素的逆序存放

【例 6.26】 将数组 a 中的 n 个整数按相反顺序存放。

分析:将 a[0] 与 a[n−1] 对换,a[1] 与 a[n−2] 对换,……,直到将 a[(n−1)/2] 与 a[n−1−(n−1)/2] 对换。用循环处理此问题,设两个位置指示变量 i 和 j,i 的初值为 0,j 的初值为 n−1。将 a[i] 与 a[j] 交换,然后使 i 的值加 1,j 的值减 1,再将 a[i] 与 a[j] 交换,直到 i=(n−1)/2 为止,如图 6.25 所示。

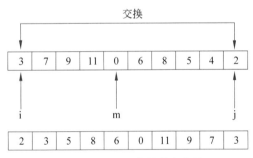

图 6.25 数组元素的逆序存放

例 6.26 的参考程序如下。

```
1.  # include <stdio.h>
2.  void reverse(int x[], int n)           //形参 x 是数组名
3.  {
4.      int temp, i, j, m=(n-1)/2;
5.      for(i=0; i<=m; i++)
6.      {  j=n-1-i;     temp=x[i];
7.         x[i]=x[j];    x[j]=temp;
8.      }
9.  }
```

```
10.  int main()
11.  {
12.      int i, a[10]={3,7,9,11,0,6,8,5,4,2};
13.      printf("The original array:\n");
14.      for(i=0; i<10; i++)  printf("%d,", a[i]);
15.      printf("\n");
16.      reverse(a,10);
17.      printf("The array has benn inverted:\n");
18.      for(i=0; i<10; i++)  printf("%d,",a[i]);
19.      printf("\n");
20.      return 0;
21.  }
```

对此程序可以做些改动。将函数 reverse 中的形参 x 改成指针变量,改后的代码如下。

```
void reverse(int * x, int n)          //形参 x 为指针变量
{
    int * p, * i, * j, temp;
    for(i=x, j=x+n-1; i<j; i++, j--)
    {  temp= * i;   * i= * j;   * j=temp;  }
}
```

4. 单词数量统计

【例 6.27】 输入一行句子,统计单词的个数(包括单词间有多个空格的情况)。

分析:本题有多种解法,这里用移动指针的方法实现。具体算法是:从头开始检查字符数组的每个字符,如果是空格则将指针移动到下一个字符,略过这个空格,继续上面的过程;如果不是空格,则探索下一个空格的位置(当前位置到下一个空格之间是一个单词),将指针移动到下一个空格处,同时单词数加一,继续检查后续的字符。

例 6.27 的参考程序如下。

```
1.   #include<stdio.h>
2.   int main()
3.   {
4.       char str[100], * p;    int i=0, nCount=0;
5.       p=str;
6.       printf("\n请输入一行英文:");   gets(str);
7.       while( * p!='\0')  //用指针变量p遍历字符串的每个字符, 当 * p不是'\0'时循环
8.       {  if( * p==' ')   //如果 * p是空格,则指针p加1,结束本次循环,进入下一次循环
9.          {  p++;  continue;    }
10.         else            //如果 * p不是空格
11.         {  nCount++;  //单词个数加 1
12.            i=0;          //位置清零
13.            //当第 i 个位置上的字符不是空格且不是'\0'时执行 i 值加 1
14.            while( * (p+i)!=' '&& * (p+i)!='\0')   i++;
15.            p=p+i;      //赋值后,p指向当前单词后面的空格或'\0'
16.         }
17.      }
18.      printf("这行英文中有 %d 个单词。\n", nCount);
```

```
19.    return 0;
20. }
```

程序运行结果：

```
请输入一行英文:hi good morning↙
这行英文中有 3 个单词。
```

5. 任意数量的整数排序

【例 6.28】 编写一个可以对任意数量的整数进行排序的程序。

分析：由于参加排序的整数是任意个数，使用动态内存分配能有效地节省存储空间。使用指针操作可以像使用数组一样方便。

例 6.28 的参考程序如下。

```
1.  #include <stdio.h>
2.  #include <stdlib.h>                //calloc、exit 函数需要该头文件
3.  int main()
4.  {
5.     int n, * p, i, j, m;
6.     printf("请输入待排序整数的个数：");
7.     scanf("%d", &n);
8.     p=(int *)calloc(n,sizeof(int)); //调用 calloc 函数
9.     if(p==NULL)
10.    {  printf("分配失败!\n");    exit(1);   }
11.    printf("请输入这些整数:\n");
12.    for(i=0; i<n; i++)  scanf("%d", p+i);
13.    for(i=1; i<n; i++)                //冒泡排序
14.       for(j=0; j<n-i; j++)
15.       {  if( * (p+j)> * (p+j+1))
16.          { m= * (p+j);    * (p+j)= * (p+j+1);   * (p+j+1)=m;  }
17.       }
18.    printf("将这些整数从小到大排列输出为:");
19.    for(i=0; i<n; i++)
20.    {  if(i%5==0)  printf("\n");    //每隔 5 个数换行
21.       printf(" %8d ", * (p+i));     //每个数占 8 列可以保证输出数据整齐排列
22.    }
23.    printf("\n");
24.    free(p);                        //释放空间
25.    return 0;
26. }
```

6.9 扩展阅读

科教兴国的楷模，为人师表的典范——"当代毕昇"王选院士

王选，男，江苏无锡人，1937 年 2 月出生于上海，1958 年毕业于北京大学数学力学系，计算机文字信息处理专家，计算机汉字激光照排技术创始人，当代中国印刷业革命的先行者，被称为"汉字激光照排系统之父"和"有市场眼光的科学家"。曾任全国政协副主席、中国科协副主席。1991 年当选为中国科学院院士，

1994 年当选为中国工程院院士,2002 年获得国家科学技术奖,是陈嘉庚科学奖获得者。

自 1975 年开始,王选主持我国计算机汉字激光照排系统,针对汉字印刷的特点和难点,发明了高分辨率字形的高倍率信息压缩技术和高速复原方法,率先在华光 Ⅳ 型和方正 91 型、93 型上设计了专用超大规模集成电路实现复原算法,显著改善了系统的性能价格比,在世界上首次使用控制信息(参数)描述笔画特性的方法。这些成果的产业化和应用,推动了我国报业和印刷出版业的发展。王选相继提出并领导研制了大屏幕中文报纸编排系统、彩色中文激光照排系统、远程传版技术和新闻采编流程管理系统等,并在国内外迅速推广应用,使中国报业技术和应用水平处于世界前列,创造了极大的经济效益和社会效益。

王选院士以自己崇高的人品、卓越的贡献和对中国共产党、对社会主义事业的无限热爱,赢得了广泛的赞誉和爱戴。他的先进事迹是对坚持中国共产党领导的多党合作和政治协商制度、树立社会主义荣辱观、走中国特色自主创新道路的生动诠释,体现了鲜明的时代精神。

"科教兴国,人才强国"和"超越王选,走向世界"。这是王选院士的临终箴言。这位被誉为"当代毕昇"的大师的话,就像一面明澈的镜子,折射出将一生献给祖国的当代知识分子的伟岸人格;又像一声洪亮的号角,鼓舞着千千万万的后来者在自主创新的征程上前赴后继。

第 7 章
结构体与链表

结构体是 C 语言中功能强大的一种构造数据类型,它可以将多个不同数据类型的数据集合在一个用户自定义的数据类型中。链表是将结构体、指针融合在一起的一种数据结构,链表通过动态分配结点空间使用户可以更加灵活地使用内存,丰富了 C 语言的功能。

7.1　结构体的引出

7-1 结构体的引出

【问题描述 7.1】　学生信息包括:学号、姓名、年龄、3 门课的成绩和总成绩,编程实现以下功能:①输入 3 个学生的信息;②计算每个学生的总成绩并输出。

分析:首先可以把学生信息用表格的形式表现出来,如表 7.1 所示。

表 7.1　学生信息

学　号	姓名	年龄	英语	数学	C 语言	总成绩
20131234001	赵岩	18	86	90	82	258
20131234002	王洋	19	92	88	89	269
20131234003[1]	李玲	18	80	85	79	244

根据已有知识肯定会采用数组来编程,但是因为学生信息中的数据类型不一致,可能需要分别定义以下 5 个数组。

```
char num[3][16];          //学号用二维字符数组存放
char name[3][12];         //姓名用二维字符数组存放
int age[3];               //年龄用一维整型数组存放
int score[3][3];          //3 门课成绩用二维整型数组存放
int total[3];             //总成绩用一维整型数组存放
```

显然,这种数据存放方式不太理想,把一个学生的信息分散到 5 个不同的数组中,对数据的输入、输出、计算等操作都不方便,也不易管理。为了解决这个问题,C 语言中给出了一种构造数据类型——结构体。结构体是由若干"成员"组成的,每一个成员可以是一个基本数据类型,或者是一个构造类型。

对于上述学生信息,可以定义一个结构体类型,它包含 5 个成员,每个成员的数据类型如表 7.2 所示。

表 7.2　学生信息的结构体类型

学号	姓名	年龄	3 门课成绩	总成绩
char num[16]	char name[12]	int age	int score[3]	int total

定义结构体类型的一般形式：

```
struct 结构体类型名
{
    类型名 1   成员名表 1;
    类型名 2   成员名表 2;
    ⋮          ⋮          } 成员表列
    类型名 n   成员名表 n;
};
```

说明：① struct 是 C 语言的关键字，用于说明结构体类型。

② 结构体类型名是由用户命名的，命名规则应符合自定义标识符命名规则。

③ 结构体成员的类型可以是基本类型、数组、共用体、指针、空类型或已说明过的结构体类型等。

④ 每个"成员名表"都可以包含多个相同类型的成员名，它们之间以逗号隔开。结构体成员的命名规则也应符合自定义标识符命名规则。成员表列必须写在一对花括号内。

⑤ 右花括号后面的分号表示结构体类型定义的结束，不能省略。

例如，上述学生信息可以定义以下结构体类型。

```
struct student              //结构体类型名为 student
{
    char num[16];           //学号
    char name[12];          //姓名
    int age;                //年龄
    int score[3];           //3 门课成绩
    int total;              //总成绩
};                          //注意括号后的分号是不可少的
```

结构体成员也可以是一个结构体变量，即结构体类型允许嵌套定义。例如，上面 student 结构体类型中的 age（年龄）成员，在实际使用时并不方便（年龄是随着时间不断变化的），所以用"出生日期"代替"年龄"，可以把出生日期也定义为一个结构体类型，它包含 3 个成员：year（年）、month（月）、day（日），类型定义如下。

```
struct date
{   unsigned int year;
    unsigned int month;
    unsigned int day;
};
```

将学生信息定义成以下 stud 类型。

```
struct stud
{
    char num[16];
```

```
        char name[12];
        struct date birthday;          //生日成员是 date 类型的结构体变量
        int score[3];
        int total;
};
```

对于 stud 类型可以用表 7.3 来表示其嵌套结构。

表 7.3　结构体类型的嵌套

学号	姓名	出生日期			3 门课成绩	总成绩
char num[16]	char name[12]	struct birthday			int score[3]	int total
		year	month	day		

注意：结构体类型定义只是定义了一个构造型的数据类型，系统并不会对数据类型分配存储空间；数据类型是用来定义变量的，只有定义了相应类型的变量，系统才能为该变量分配存储空间，用户也才能在程序中使用这些变量。

7.2　结构体变量

前面仅仅是定义了结构体类型，它相当于是一个数据类型，为了在程序中使用结构体类型的数据，必须定义结构体变量。

7.2.1　结构体变量的定义

7-2 结构体
变量

定义结构体变量有以下 3 种方法。

1. 先定义结构体类型，再定义结构体变量

先定义结构体类型，再定义结构体变量的一般形式：

struct 结构体类型名
{
　　结构体成员表列
};
struct 结构体类型名　变量名表；

例如：

```
struct student
{
    char num[16];
    char name[12];
    int age;
    int score[3];
    int total;
};
struct student st1, st2;              //定义了两个变量 st1 和 st2
```

2. 在定义结构体类型的同时定义结构体变量

在定义结构体类型的同时定义结构体变量的一般形式：

```
struct 结构体类型名
{
    结构体成员表列
} 变量名表;
```

例如：

```
struct student
{
    char num[16];
    char name[12];
    int age;
    int score[3];
    int total;
} st1, st2;
```

3. 直接定义结构体变量

直接定义结构体变量的一般形式：

```
struct
{
    结构体成员表列
} 变量名表;
```

例如：

```
struct                          //注意在 struct 后没有结构体类型名
{
    char num[16];
    char name[12];
    int age;
    int score[3];
    int total;
} st1, st2;
```

说明：第三种方法中省去了结构体类型名，而直接给出结构体变量，但用这种方式只能一次性定义变量。若程序中需要多次定义某个结构体类型的变量，则必须使用第一种和第二种方法。

建议：使用第一种方法。若程序由多个函数组成，且在函数中需要使用相同结构体类型的变量或参数，则应在所有函数的外面定义结构体类型。

7-3 结构体
变量的引用
和初始化

7.2.2 结构体变量的引用和初始化

1. 结构体变量的引用

在程序中使用结构体变量时，除了允许具有相同类型的结构体变量进行"整体"赋值操作以外，一般对结构体变量的使用，如赋值、输入、输出、运算等都是通过结构体变量的成员来实现的。

表示结构体变量成员的一般形式：

结构体变量名.成员名

说明：圆点"."称为结构体成员运算符，其运算优先级是最高的。可以把"结构体变量名.成员名"看作一个整体，像使用一个简单变量一样使用"结构体变量名.成员名"。

对于多层嵌套结构体成员的使用，应按照从最外层到最内层的顺序逐层使用成员名，每层成员名之间用结构体成员运算符"."隔开，只能对最内层的成员进行存取、运算及输入、输出等操作。

【例 7.1】 对结构体变量赋值并输出其值。

```
1.  #include<stdio.h>
2.  #include<string.h>
3.  struct date
4.  {
5.      unsigned int year;
6.      unsigned int month;
7.      unsigned int day;
8.  };
9.  struct std
10. {
11.     char num[16];
12.     char name[12];
13.     struct date birthday;
14.     int score;
15. };
16. int main()
17. {
18.     struct std a;
19.     strcpy(a.num, "20131234001");      //对变量 a 的 num 成员进行字符串复制
20.     strcpy(a.name, "赵岩");            //对变量 a 的 name 成员进行字符串复制
21.     a.birthday.year=1994;              //对变量 a 的 birthday 成员赋值
22.     a.birthday.month=11;
23.     a.birthday.day=25;
24.     a.score=85;                        //对变量 a 的 score 成员赋值
25.     printf("学号:%s\n姓名:%s\n", a.num, a.name);
26.     printf("出生日期:%d.%d.%d\n ", a.birthday.year, a.birthday.month, a.birthday.day);
27.     printf("成绩:%d\n", a.score);
28.     return 0;
29. }
```

程序运行结果：

```
学号:20131234001
姓名:赵岩
出生日期:1994.11.25
成绩:85
```

2. 结构体变量的初始化

对结构体变量进行初始化时，将数据按照结构体中成员的顺序依次放在一对花括号中。初始化时，可以只给前面的若干成员赋初值，对于后面未赋初值的成员，系统会自动赋初值，数值型数据赋初值为 0，字符型数据赋初值为'\0'。

【例 7.2】 对结构体变量进行初始化。

```
1.  #include<stdio.h>
2.  struct date
3.  {
4.      unsigned int year;
5.      unsigned int month;
6.      unsigned int day;
7.  };
8.  struct person                          //定义职员类型
9.  {
10.     char name[12];                     //姓名
11.     struct date birthday;              //出生日期
12.     double wage;                       //工资
13. };
14. int main()
15. {
16.     struct person a={ "李立", 1975, 8, 12, 3256.78};    //对全部成员进行初始化
17.     struct person b={ "张红" };        //只对姓名成员赋初值
18.     printf(" 姓名:%s, ", b.name);
19.     printf(" 出生日期: %d.%d.%d, ", b.birthday.year, b.birthday.month, b.
        birthday.day);
20.     printf(" 工资:%8.2lf\n ", b.wage);
21.     b.birthday=a.birthday;             //对出生日期这个结构体成员进行整体赋值
22.     b.wage=4786.45;                    //对变量 b 的工资成员赋值
23.     printf(" 姓名:%s, ", b.name);
24.     printf(" 出生日期:%d.%d.%d, ", b.birthday.year, b.birthday.month, b.
        birthday.day);
25.     printf(" 工资:%8.2lf\n ", b.wage);
26.     return 0;
27. }
```

程序运行结果:

```
姓名:张红,出生日期:0.0.0,工资:     0.00
姓名:张红,出生日期:1975.8.12,工资: 4786.45
```

说明:第一次输出结构体变量 b 的全部成员时,出生日期为 0.0.0,工资为 0.00,这是因为在初始化变量 b 时,只对姓名成员赋初值了,出生日期和工资成员的值是系统自动赋给的零值。第二次输出 b 的全部成员时,出生日期为 1975.8.12,这个数据与变量 a 的出生日期是一样的,因为程序中使用了整体赋值语句 b.birthday＝a.birthday;。

有了以上知识,现在可以将问题描述 7.1 的程序完整地编写出来了。

问题描述 7.1 的参考程序:

```
1.  #include<stdio.h>
2.  struct student                        //定义结构体类型
3.  {
4.      char num[16];
5.      char name[12];
6.      int age;
```

```
7.      int score[3];
8.      int total;
9.  };
10. int main()
11. {
12.     struct student  st1, st2, st3;      //定义 3 个结构体变量存放 3 个学生的信息
13.     int i, sum;
14.     printf("按顺序输入学号、姓名、年龄、英语、数学、C 语言的成绩:\n");
15.     printf("\n 输入学生 1 的信息:\n");
16.     scanf("%s%s%d", st1.num, st1.name, &st1.age);
17.     for(i=0; i<3; i++)  scanf("%d", &st1.score[i]);
18.     printf("\n 输入学生 2 的信息:\n");
19.     scanf("%s%s%d", st2.num, st2.name, &st2.age);
20.     for(i=0; i<3; i++)    scanf("%d", &st2.score[i]);
21.     printf("\n 输入学生 3 的信息:\n");
22.     scanf("%s%s%d", st3.num, st3.name, &st3.age);
23.     for(i=0; i<3; i++)    scanf("%d", &st3.score[i]);
24.     for(i=0,sum=0; i<3; i++)  sum=sum+st1.score[i];
25.     st1.total=sum;
26.     printf("学生 1 的总成绩=%-4d\n", st1.total);
27.     for(i=0, sum=0; i<3; i++)  sum=sum+st2.score[i];
28.     st2.total=sum;
29.     printf("学生 2 的总成绩=%-4d\n", st2.total);
30.     for(i=0, sum=0; i<3; i++)  sum=sum+st3.score[i]
31.     st3.total=sum;
32.     printf("学生 3 的总成绩=%-4d\n", st3.total);
33.     return 0;
34. }
```

说明:程序中定义了 3 个结构体变量,先对结构体变量进行输入数据操作,然后计算每个学生的总成绩并输出。由于对 3 个学生的操作都是类似的,所以程序代码看起来显得比较烦琐。如果学生人数增加,用结构体变量进行编程显然是不合适的,这时就需要使用结构体数组。

7.3　结构体数组

7-5 结构体
数组

结构体变量只能表示一个个体,而在实际应用中,多数情况下是对一个群体进行操作。由于结构体变量本身也是一种变量,因此就可以定义结构体数组。结构体数组的每一个元素都是具有相同结构体类型的变量。

7.3.1　结构体数组的定义

定义结构体数组和定义结构体变量相似,也有 3 种方式,只需说明它为数组类型即可。

1. 先定义结构体类型,再定义结构体数组

例如:

```
struct stu
```

```
{
    char num[16];
    char name[12];
    int score;
};
struct stu st[10];                              //定义了一个结构体数组 st
```

2. 在定义结构体类型的同时定义结构体数组

例如：

```
struct stu
{
    char num[16];
    char name[12];
    int score;
} st[10];
```

3. 直接定义结构体数组

例如：

```
struct
{
    char num[16];
    char name[12];
    int score;
} st[10];
```

7.3.2 结构体数组的初始化

结构体数组初始化的方法与数组的初始化类似。由于数组中的每个元素都是一个结构体类型的数据，可以将每个元素中成员的初值依次放在一对花括号内以区分各个元素。例如：

```
struct stu
{
    char num[16];
    char name[12];
    int score;
};
struct stu st[4]={ { "20131234001", "赵岩", 86}, { "20131234002", "王洋", 92},
                   { "20131234003", "李玲", 78}, { "20131234004", "张强", 88} };
```

说明：① 如果对全部数组元素赋初值，则可以不给出数组长度。例如：

```
struct stu st[ ]={ { "20131234001", "赵岩", 86}, { "20131234002", "王洋", 92},
                   { "20131234003", "李玲", 78}, { "20131234004", "张强", 88} };
```

② 可以只对数组中的某些元素赋初始值。例如：

```
struct stu st[4]={ { "20131234001", "赵岩", 86}, { "20131234002", "王洋", 92} };
```

这样写是对数组的前 2 个元素赋初值，而系统会自动给第 3、4 个元素赋初值为 0（即元素 st[2]和 st[3]的成员值依次为 0，"\0"，0)。

```
struct stu st[4]={ { "20131234001", "赵岩", 86}, {0}, { "20131234003","李玲", 78} };
```

这样写是对数组的第 1、3 个元素赋初值，而第 2、4 个元素的成员值依次为 0，"\0"，0。
③ 初始化时也可以省略内层的花括号。例如：

```
struct studt st[4]={ "20131234001", "赵岩", 86, "20131234002", "王洋", 92,
                     "20131234003", "李玲", 78, "20131234004", "张强", 88};
```

这样写各元素的初值连成一片，容易混淆，所以建议一般不要省略内层的花括号。

7.3.3 结构体数组的使用

一个结构体数组的元素相当于一个结构体变量。引用结构体数组元素有如下规则。

(1) 可以引用某一元素的一个成员。例如：

```
st[0].num=2009001;
puts(st[1].name);
```

(2) 可以将一个结构体数组元素赋值给同一结构体类型数组中的另一个元素，或赋值给同一个类型的变量。例如：

```
struct stu st[4]= { { "20131234001", "赵岩", 86}, { "20131234002", "王洋", 92},
                    { "20131234003", "李玲", 78}, { "20131234004", "张强", 88} };
struct stu a[3], b;
a[1]=st[0];
b=st[1];
```

(3) 结构体数组元素不能直接进行输入输出，只能对数组元素的成员进行输入输出。例如：

```
scanf("%d%s%d", &st[0]);        //错,不能直接输入结构体类型的数组元素
printf("%d%s%d", st[1]);        //错,不能直接输出结构体类型的数组元素
scanf("%s", st[0].name);        //正确
printf("%d", st[1].score);      //正确
```

【例 7.3】 设有学生 40 人，学生信息包括：学号、姓名、3 门课的成绩和总成绩，编程实现以下功能：①输入学生的信息；②计算每个学生的总成绩；③输出总成绩高于 270 分的学生的信息。

7-6 例 7.3
讲解

```
1.  #include<stdio.h>
2.  #define N 40                //定义符号常量 N,表示学生人数
3.  struct student               //定义结构体类型
4.  {
5.      char num[16];
6.      char name[12];
7.      int score[3];
8.      int total;
9.  };
10. int main()
11. {
12.     struct student  st[N];    //定义结构体数组 st
```

```
13.      int i, j, sum;
14.      printf("按顺序输入学号、姓名、英语、数学、C语言的成绩:\n");
15.      for(i=0; i<N; i++)
16.      {   printf("\n输入学生%d的信息:", i+1);
17.          scanf("%s%s", st[i].num, st[i].name);
18.          for(j=0; j<3; j++)   scanf("%d", &st[i].score[j]);
19.      }
20.      for(i=0; i<N; i++)                    //计算每个学生的总成绩
21.      {   sum=0;
22.          for(j=0; j<3; j++)   sum=sum+st[i].score[j];
23.          st[i].total=sum;
24.      }
25.      printf("\n输出总成绩高于270分的学生的信息:\n");
26.      for(i=0; i<N; i++)
27.      {   if(st[i].total>270)
28.          {   printf("%16s %12s ", st[i].num, st[i].name);
29.              for(j=0; j<3; j++)
30.              {   printf("%4d ", st[i].score[j]);      }
31.              printf("%5d\n", st[i].total);
32.          }
33.      }
34.      return 0;
35. }
```

说明：程序中是先输入学生的信息，再计算每个学生的总成绩，实际上也可以在输入学生 3 门课的成绩的同时计算总成绩，读者可以考虑应如何进行修改。

【练习 7.1】 设一个单位有 30 名员工，每个员工的信息包括：员工编号、姓名、工资，请编程完成以下功能：①定义员工结构体类型；②输入每个员工的信息；③计算该单位员工的平均工资（保留 2 位小数）；④输出工资高于平均工资的员工的姓名（每行输出一个姓名）。

7.4 结构体类型的指针变量

结构体类型的指针变量就是指向一个结构体变量的指针变量。结构体指针变量中的值是所指向的结构体变量的首地址。通过结构体指针即可访问该结构体变量，结构体指针变量也可以用来指向结构体数组中的元素。

7-7 结构体类型的指针变量

7.4.1 指向结构体变量的指针

结构体指针变量的一般定义形式：

struct 结构体名 *结构体指针变量名;

例如：

```
struct stu
{
    char num[20];
    char name[20];
```

```
    int score;
};
struct stu  a, * p;                    //定义一个结构体变量 a,一个结构体指针变量 p
```

当然也可以在定义 stu 结构体时同时定义变量 p,结构体指针变量的定义方法与结构体
变量的定义方法相同。

注意:结构体指针变量必须先赋值,然后才能使用该指针变量。赋值是把结构体变量
的首地址赋予该指针变量。

例如,p=&a;。

通过结构体指针变量可以访问结构体变量的各个成员,访问结构体成员的方法有两种。

(1)使用结构体成员运算符。其访问形式:

(* 结构体指针变量).成员名

注意:小括号是必不可少的,因为成员符运算符“.”的优先级高于指针运算符 * 。若去
掉括号写成“ * 结构体指针变量.成员名”则等效于“ * (结构体指针变量.成员名)”,意义就
完全不对了。

(2)使用指向运算符(也称箭头运算符)。其访问形式:

结构体指针变量->成员名

【例 7.4】 结构体指针变量的使用。

```
1.   #include<stdio.h>
2.   struct stu
3.   {
4.       char num[20];
5.       char name[20];
6.       int score;
7.   };
8.   int main()
9.   {
10.      struct stu  boy1={ "20131234001","赵岩", 86}, * p;
11.      p=&boy1;
12.      printf("学号=%s\n", boy1.num);
13.      printf("姓名=%s\n", ( * p).name);
14.      printf("成绩=%d\n", p->score);
15.      return 0;
16. }
```

程序运行结果:

```
学号= 20131234001
姓名=赵岩
成绩=86
```

说明:本例定义了一个结构体 stu,定义了一个结构体变量 boy1 并进行了初始化赋值,
还定义了一个指向结构体指针变量 p。在 main 函数中,p 被赋予 boy1 的地址,因此 p 指向
boy1。然后用 3 种形式输出 boy1 的各个成员值。

可以看出,以下 3 种表示结构体成员的形式是完全等效的。

> **结构体变量.成员名**
> **(* 结构体指针变量).成员名**
> **结构体指针变量->成员名**

7.4.2 指向结构体数组的指针

结构体指针变量可以指向一个结构体数组,这时结构体指针变量的值是结构体数组的首地址。结构体指针变量也可以指向结构体数组中的一个元素,这时结构体指针变量的值是该结构体数组元素的地址。

【例 7.5】 用指向结构体数组的指针变量输出数组中数据。

```
1.  #include<stdio.h>
2.  struct stu
3.  {
4.      char num[20];
5.      char name[20];
6.      int score;
7.  } st[4]= { { "20131234001", "赵岩", 86}, { "20131234002", "王洋", 92},
8.              { "20131234003", "李玲", 78}, { "20131234004", "张强", 88} };
9.  int main()
10. {
11.     struct stu * ps;
12.     for(ps=st; ps<st+4; ps++)
13.         printf("%s, %s, %d\n", ps->num, ps->name, ps->score);
14.     return 0;
15. }
```

程序运行结果:

```
20131234001, 赵岩, 86
20131234002, 王洋, 92
20131234003, 李玲, 78
20131234004, 张强, 88
```

说明:for 循环的表达式 1 为 ps＝st;,这是将数组 st 的首地址赋给指针变量 ps,即指针变量 ps 指向了数组元素 st[0],也可以写成 ps＝&st[0];。for 循环的表达式 3 为 ps＋＋,执行自加运算后,ps 将指向数组的下一个元素。

【练习 7.2】 将练习 7.1 的程序用指向结构体数组的指针重新写一遍代码。

7.5 结构体与函数

结构体作为一种用户自定义的新的数据类型,一旦定义相应变量后即可在函数之间传递相关数据。

7.5.1 结构体变量作为函数参数

结构体变量作为函数参数,要求实参与形参是同一种结构体类型,函数调用时,将实参的值传给形参,在函数执行过程中,形参的任何修改、变化都不会影响实参的值。

【例 7.6】 统计成绩不及格的学生人数,要求用结构体变量作为函数参数。

分析:在此题中,定义一个 judge 函数判断成绩是否及格,若成绩不及格则返回 1,否则返回 0。在 main 函数中,对每个学生调用一次 judge 函数,如果返回值是 1,则计数器加 1。

例 7.6 的参考程序 1 如下。

```
1.  #include<stdio.h>
2.  #define N 10
3.  struct stu
4.  {
5.      char num[20];
6.      char name[20];
7.      int score;
8.  };
9.  int judge(struct stu x)              //函数定义,结构体变量作为形参
10. {
11.     if (x.score<60)   return 1;
12.     else   return 0;
13. }
14. int main()
15. {
16.     struct stu st[N];      int i, n=0;
17.     printf("请输入%d个学生的信息:\n", N);
18.     for(i=0; i<N; i++)
19.         scanf("%s%s%d", st[i].num, st[i].name, &st[i].score);
20.     for(i=0; i<N; i++)
21.     {   if (judge(st[i]) )            //函数调用,将元素 st[i]的值传给形参变量 x
22.             n++;
23.     }
24.     printf("不及格的学生人数为:%d\n", n);
25.     return 0;
26. }
```

说明:程序中的 judge 函数用结构体变量作为形参,在 main 函数中需要对每个学生调用一次 judge 函数,调用时实参为数组元素,judge 函数的返回值不是 1 就是 0,所以使用 if 语句对其返回值进行判断,当其值为 1 时表明该学生成绩不及格,此时计数器 n 加 1。

7.5.2 指向结构体变量的指针作为函数参数

结构体指针变量或结构体数组名作为函数实参,在函数调用时,形参实际上得到是一个地址,此时在函数执行过程中,形参的任何变化都会影响到实参。

对于例 7.6 还可采用另一种方法,编写 count 函数,在该函数中统计不及格的学生人数,然后返回计算结果,这次函数形参用结构体数组.调用函数时用结构体数组名作为实参。

例 7.6 的参考程序 2 如下。

```
1.  #include<stdio.h>
2.  #define N 10
3.  struct stu
```

```
4.  {
5.      char num[20];
6.      char name[20];
7.      int score;
8.  };
9.  int count(struct stu x[ ])              //函数定义,结构体数组作为参数
10. {
11.     int i, n=0;
12.     for( i=0; i<N; i++)
13.     {   if (x[i].score<60)    n++;    }
14.     return n;
15. }
16. int main()
17. {
18.     struct stu st[N];         int num;
19.     printf("请输入%d个学生的信息:\n", N);
20.     for(i=0; i<N; i++)
21.         scanf("%s%s%d", st[i].num, st[i].name, &st[i].score);
22.     num=count(st);                      //函数调用,数组名作为实参
23.     printf("不及格的学生人数为:%d\n", num);
24.     return 0;
25. }
```

【例 7.7】　设有学生 10 人,学生信息包括：学号,姓名,成绩。编写函数按成绩由高到低对学生进行排序,要求用结构体数组名作为函数参数。

分析：排序方法有冒泡排序、选择排序和插入排序,根据题目这里采用冒泡排序或选择排序比较合适,注意在排序时比较的是学生的成绩(结构体变量的一个成员),而在交换时需要对学生的全部信息进行交换,即对结构体变量进行交换。

例 7.7 的参考程序如下。

```
1.  #include<stdio.h>
2.  #define N 10
3.  struct stu
4.  {
5.      char num[20];
6.      char name[20];
7.      int score;
8.  };.
9.  void sort(struct stu x[ ])              //函数定义,结构体数组作为形参
10. {
11.     struct stu temp;                    //定义一个结构体变量,用作交换时的临时变量
12.     int i, j, k,m;
13.     for(i=0; i<N-1; i++)
14.     {   k=i;
15.         for(j=i+1; j<N; j++)
16.         {   if(x[k].score<x[j].score)   //对结构体数组元素中的 score 成员进行比较
17.                 k=j;
18.         }
19.         if (k!=i)                       //当 k 不等于 i 时,应交换数组元素 x[k]和 x[i]
```

```
20.          {  temp=x[k];      x[k]=x[i];    x[i]=temp;  }
21.          //以上 3 条赋值语句都是结构体变量的整体赋值
22.      }
23. }
24. int main()
25. {
26.      struct stu st[N];        int i;
27.      printf("请输入%d个学生的信息:\n", N);
28.      for(i=0; i<N; i++)
29.          scanf("%s%s%d", st[i].num, st[i].name, &st[i].score);
30.      sort(st);                        //函数调用,将数组 st 的首地址传给形参 x
31.      printf("按成绩高低顺序输出学生信息:\n");
32.      for(i=0; i<N; i++)
33.          printf("%s, %s, %d\n", st[i].num, st[i].name, st[i].score);
34.      return 0;
35. }
```

说明:程序中在调用 sort 函数时使用结构体数组名作为实参,在 sort 函数中对数组 x 进行排序,实际上就是对 main 函数中的数组 st 进行排序,当函数调用结束后,在 main 函数中输出数组 st 的元素,即为已排序的学生信息。

【例 7.8】 设有学生 10 人,学生信息包括:学号,姓名,成绩。编写函数计算学生的平均分,在主函数中输入学生数据,最后输出学生的学号、姓名和平均分,要求用结构体指针变量作为函数参数。

```
1. #include<stdio.h>
2. #define N 10                         //定义符号常量 N,表示学生人数
3. struct student                       //定义结构体类型
4. {
5.      char num[20];
6.      char name[20];
7.      int score[3];
8.      double ave;
9. };
10. void average(struct student * p)   //函数定义,结构体指针变量作为形参
11. {
12.      int i, sum=0;
13.      for(i=0; i<3; i++)   sum=sum+p->score[i];
14.      p->ave=sum/3.0;
15. }
16. int main()
17. {
18.      struct student   st[N], * ps;   //定义一个结构体数组 st,一个结构体指针变量 ps
19.      int i, j;
20.      printf("请输入%d个学生的信息:\n", N);
21.      for(i=0; i<N; i++)
22.      {   scanf("%s%s", st[i].num, st[i].name);      //输入学号、姓名
23.          for(j=0; j<3; j++)          //输入 3 门课的成绩
24.              scanf("%d", &st[i].score[j]);
25.      }
```

```
26.      for(i=0; i<N; i++)                 //计算每个学生的平均分
27.      {   ps=&st[i];                      //指针变量指向数组元素 st[i]
28.          average(ps);                    //函数调用,将实参 ps 中的元素地址传给形参 p
29.      }
30.      printf("\n输出学生的平均分:\n");
31.      for(i=0; i<N; i++)
32.          printf("%s, %s, %5.2lf\n", st[i].num, st[i].name, st[i].ave);
33.      return 0;
34.  }
```

说明:程序中令结构体指针变量 ps 指向数组元素 st[i],然后在调用 average 函数时使用指针变量 ps 作为实参,将元素 st[i] 的地址传给形参 p,在 average 函数中计算学生的平均分,并赋值给 ave 成员,实际上就是对 main 函数中的数组元素 st[i] 的 ave 成员进行赋值。

【练习 7.3】 将练习 7.1 中的功能②、③、④分别用 3 个函数实现。

7.5.3 函数返回值为结构体类型

结构体类型一旦定义后,就如同 C 语言的基本类型一样使用,也可以作为函数返回值的类型,其一般形式:

> **结构体类型名 函数名(形参表)**
> **{ 函数体; }**

【例 7.9】 设有学生 10 人,学生信息包括:学号,姓名,成绩。编写函数实现结构体变量的输入,主函数中通过调用该函数使结构体数组元素得到相应的数据。

```
1.   #include<stdio.h>
2.   #define N 10
3.   struct stu
4.   {
5.       char num[16];
6.       char name[12];
7.       double score;
8.   };
9.   struct stu input(void)          //定义函数,该函数没有参数,函数返回值为结构体类型
10.  {
11.      struct stu b;               //定义一个结构体变量b
12.      gets(b.num);    gets(b.name);
13.      scanf("%lf", &b.score);
14.      getchar();                  //空读
15.      return(b);                  //返回结构体变量b的值
16.  }
17.  int main()
18.  {
19.      struct stu a[N];      int i;
20.      printf("请按学号、姓名、成绩的顺序输入%d个学生的信息:\n", N);
21.      for(i=0; i<N; i++)
22.          a[i]=input();           //调用函数,函数的返回值赋值给数组元素a[i]
23.      for(i=0; i<N; i++)
24.          printf("%s, %s, %5.2lf\n", a[i].num, a[i].name, a[i].score);
```

```
25.    return 0;
26. }
```

说明：程序中通过调用 N 次 input 函数，实现输入 N 个学生的信息，每次调用 input 函数，都是将一个学生的数据输入到函数中的结构体变量 b 中，然后通过 return(b)；语句将结构体数据返回到 main 函数中，并赋值给数组元素 a[i]。

7.6　链　表

7-9 链表引出

7.6.1　链表引出

链表是一种常见的动态地进行内存分配的重要数据结构，它可以根据需要随时开辟或释放相应的内存空间。

【问题描述 7.2】　编程实现以下学生信息的管理工作：①输入学生信息（各班级人数都不相同）；②出现留级、休学或退学的学生时，将他们的信息从该班的学生信息中删除；③出现跳级、插班的学生时，将他们的信息添加到该班的学生信息中。

分析：在第 6 章中介绍了动态内存分配函数和动态数组，对于问题描述 7.2 中的第①项工作，可以用动态数组来实现，首先输入班级的学生人数，然后按此人数进行动态数组分配，一旦分配了存储空间，这个空间的大小就固定了。对于第②项工作，删除某个学生的信息实际上就是删除某个数组元素，有两种方法：一是将该数组元素置空，二是通过移动其后的数组元素将该元素覆盖，但是数组的大小并不会改变。对于第③项工作，添加一个学生的信息，由于是按原有的班级人数定义数组的，在没有出现留级、休学或退学的情况下，数组是"满"的，并没有多余的空间来存放新增加的学生信息，这时只能重新定义一个更大的数组，显然这种方法并不可取。

使用链表可以很好地解决以上问题，因为链表由结点组成，用户可以根据需要随时添加或删除结点。可以为一个班级建立一个链表，而链表中的一个结点正好用来存放一个学生的信息，无须预先确定班级的学生人数，某学生留级、休学或退学时，可删去该结点，并释放该结点占用的存储空间；出现跳级、插班的学生时，则可以在链表中添加一个结点。另外，数组在内存中会占用一块连续的内存区域，而链表中的结点可以是不连续存放的。

结点是一个结构体类型的数据，每个结点包括两部分：一是数据成员，用于存储数据项；二是指针成员，用于存储下一结点的首地址。这样在第一个结点的指针成员内存入第二个结点的首地址，在第二个结点的指针成员内又存放第三个结点的首地址，如此串连下去直到最后一个结点，最后一个结点的指针成员赋为 NULL，表示它不指向任何存储单元。单链表的结构如图 7.1 所示。

图 7.1　单链表的结构

说明：① 结点类型的定义形式如下(约定本节例题均使用以下结点类型)。

```
struct stu_node
{
    int num;
    double score;
    struct stu_node * next;       //next 是指向 struct stu_node 结点类型数据的指针成员
};
```

② 结点 1 称为表头结点，结点 n 称为表尾结点，而结点 2～n−1 称为中间结点。表头结点的地址最为重要，通常会定义一个头指针存放表头结点的地址，目的是找到链表。

③ 对链表的主要操作有建立链表、输出链表、删除结点和插入结点。

7.6.2 链表的建立

建立动态链表，是指在程序执行过程中从无到有地建立起一个链表，即一个一个地开辟结点和输入各结点数据，并建立起结点间的连接关系。

建立链表通常有两种方法：表尾添加法和表头添加法。

(1) 表尾添加法：从一个空表开始，将生成的新结点插入到当前链表的表尾，直至建立所有的结点。链表中结点的次序与输入数据的次序是一致的。

(2) 表头添加法：从一个空表开始，将生成的新结点插入到当前链表的表头，直至建立所有的结点。链表中结点的次序和输入数据的次序是相反的。

7-10 建立
链表

【例 7.10】 用表尾添加法编写函数建立一个链表，存放若干学生的数据，直到输入的学号是 0 为止。

建立链表的步骤如下。

step1：定义 3 个结点类型的指针变量：head、p1、p2，并赋初值为 NULL。

step2：输入一名学生的学号和成绩。

step3：判断学号是否为 0，若学号不为 0，则转 step4；若学号为 0，则转 step7。

step4：调用 malloc 函数产生一个新结点，令 p1 指向该新结点，并给数据成员赋值。

step5：判断头指针是否为 NULL，若 head 为 NULL，则令头指针指向表头结点，即 head=p1；若 head 不为 NULL，则令当前表尾结点的指针成员指向新结点，即 p2->next=p1。

step6：令指针变量 p2 指向新的表尾结点，即 p2=p1。

step7：输入一名学生的学号和成绩；然后转 step3。

step8：表尾结点的指针成员赋空值，即 p2->next=NULL。

step9：返回链表的头指针，即 return(head)。

例 7.10 建立链表函数的参考程序如下。

```
1.   #include<stdio.h>
2.   #include<stdlib.h>
3.   struct stu_node
4.   {
5.       int num ;
6.       double score ;
7.       struct stu_node * next ;
8.   };
```

```
9.  #define  LEN  sizeof(struct stu_node)
10. struct stu_node * creat(void)    //creat 函数无参数,函数返回值为结点类型的指针
11. {
12.     struct stu_node * p1=NULL, * p2=NULL, * head=NULL;
13.     int n;        double s;
14.     printf("请输入学号和成绩(输入 0 时结束)\n");
15.     scanf("%d%lf", &n, &s);        //输入学号和成绩
16.     while ( n!=0 )                 //判断学号是否为 0,学号不为 0 时执行循环体
17.     {   p1=( struct stu_node * ) malloc (LEN);    //令 p1 指向新结点
18.         p1->num=n;
19.         p1->score=s;
20.         if (head==NULL)   head=p1;   //若头指针为空,则令头指针指向表头结点
21.         else  p2->next=p1;           //若头指针不为空,则令 p2 的指针成员指向 p1
22.         p2=p1;                       //p2 指向新的表尾结点
23.         scanf("%d%lf", &n, &s);
24.     }
25.     p2->next =NULL;                  //表尾结点的指针成员赋空值
26.     return(head);                    //返回头指针
27. }
```

用表尾添加法建立链表的详细过程如图 7.2 所示。

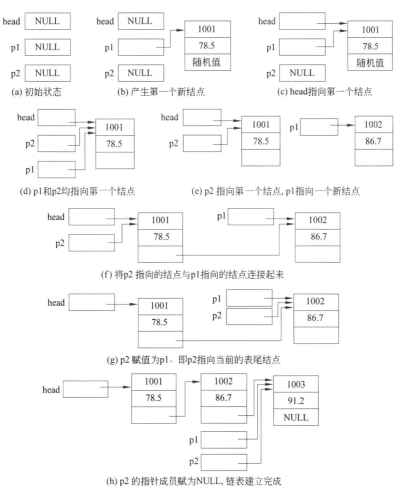

图 7.2 用表尾添加法建立链表的详细过程

7.6.3　链表的输出

链表的输出是链表遍历中的基本操作，就是让一个指针变量依次指向链表中的各个结点，并输出其数据成员的值。

输出链表的方法：首先要知道头指针的值，当头指针不为空时，将头指针赋值给一个指针变量 p，即 p 指向表头结点，输出 p 所指向的结点的数据成员的值，再使 p 指向下一个结点，再输出其数据成员，这样重复操作直至链表的表尾结点。

7-11 链表
的输出

【例 7.11】　编写函数输出链表中所有结点的数据成员的值。

输出链表的步骤如下。

step1：判断链表的头指针是否为 NULL，若 head 为 NULL，则输出"链表为空"的信息，然后结束；若 head 不为空，则执行 step2。

step2：令一个指针变量 p 赋值为 head，即 p＝head。

step3：判断 p 是否为 NULL，若 p 不为 NULL 则执行 step4，否则结束循环。

step4：输出 p 数据成员的值，然后使 p 指向下一个结点，即 p＝p->next；再转 step3。

例 7.11 输出链表函数的参考程序如下。

```
1.  void list(struct stu_node * head)
2.  {
3.      struct stu_node * p;
4.      if (head==NULL)    printf("链表为空!\n");  //判断头指针是否为空
5.      else
6.      {   printf("链表信息如下:\n");
7.          p=head;                              //p 赋值为 head,即 p 指向表头结点
8.          while (p!=NULL)
9.          {   printf("%d, %5.2lf\n", p->num, p->score);
10.             p=p->next;                       //令 p 指向下一个结点
11.         }
12.     }
13. }
14. int main()
15. {
16.     struct stu_node * head;                  //定义一个结点类型的指针变量
17.     head=creat();           //调用 creat 函数,建立一个链表,该链表的头指针赋给 head
18.     list(head);                              //输出 head 所指向的链表
19.     return 0;
20. }
```

7.6.4　链表的删除操作

链表的删除操作，就是将链表中的某个指定的结点从链表中分离出来，不再与链表的其他结点有任何联系，并且释放已删除结点所占据的内存空间。

删除结点的方法：首先设法令指针变量 p1 指向要删除的结点，指针变量 p2 指向要删除结点的前驱结点，然后通过调整 p2 所指向的结点指针成员的值实现删除操作。对于不同的结点，其删除操作也略有不同。

从链表中删除一个结点的操作如图 7.3 所示。删除表头结点时，头指针必须重新赋值

7-12 删除结点

为 p1 指针成员的值;删除中间结点时,将 p1 指针成员的值赋给 p2 的指针成员;删除表尾结点时,将 p2 指针成员的值赋为 NULL,实际上删除表尾结点和删除中间结点可以使用同样的操作,即将 p1 指针成员的值赋给 p2 的指针成员。

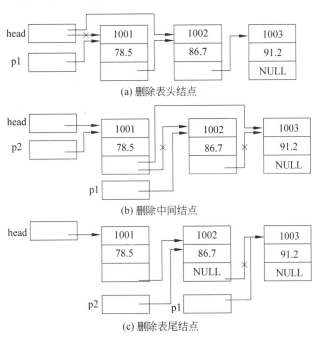

(a) 删除表头结点

(b) 删除中间结点

(c) 删除表尾结点

图 7.3　链表的删除结点操作

【例 7.12】　编写函数删除链表中的结点。

删除结点的步骤如下。

step1:判断链表的头指针是否为 NULL,若 head 为 NULL,则输出"链表为空"的信息,然后转 Step7;若 head 不为空,则执行 step2。

step2:令一个指针变量 p1 赋值为 head,即 p1=head。

step3:通过循环找到要删除的结点,使 p1 指向要删除的结点,p2 指向其前驱结点。

step4:判断 p1 是否指向要删除的结点,如果 p1 不指向要删除的结点,则输出信息,然后转 step7;如果 p1 指向要删除的结点,则执行 step5。

step5:判断 p1 是否指向表头结点,若 p1 指向表头结点,则头指针重新赋值,即 head=p1->next;否则将 p1 指针成员的值赋给 p2 的指针成员,即 p2->next=p1->next。

step6:释放 p1 所指向的结点空间。

step7:返回头指针。

例 7.12 的参考程序如下。

```
1.  struct stu_node * del (struct stu_node * head, int num)
2.  {
3.      struct stu_node  * p1=NULL , * p2=NULL ;
4.      if (head==NULL)   printf("链表为空,不能进行删除结点操作!\n ");
5.      else
```

```
6.        {  p1=head;                               //p1 指向表头结点
7.           while ((num!=p1->num) && (p1->next!=NULL))
8.           {  p2=p1;                               //p2 指向 p1 所指向的结点
9.              p1=p1->next ;                        //p1 指向下一个结点
10.          }
11.          if ( num==p1->num )                     //判断 p1 是否指向要删除的结点
12.          {  if (p1==head)  head=p1->next;        //删除表头结点
13.             else    p2->next=p1->next;           //删除中间或表尾结点
14.             free(p1);                            //释放已删除的结点空间
15.             printf("结点已删除! \n");
16.          }
17.          else   printf("链表中不存在该结点,不能删除!\n");
18.       }
19.       return( head );
20. }
21. int main()
22. {
23.    struct stu_node   * head;
24.    int delnum;      char ch= 'y';
25.    head=creat();    list(head);
26.    printf("进行删除结点操作\n");
27.    while(ch== 'y' || ch== 'Y')
28.    {    printf("输入要删除学生的学号:");
29.         scanf("%d", &delnum);   getchar();
30.         head=del (head, delnum);
31.         printf("继续删除其他学生的信息吗?(y/n):");
32.         ch=getchar();                            //读取字符'y'或字符'n'
33.         getchar();                               //空读
34.    }
35.    printf("删除后的学生信息:\n");
36.    list(head);
37.    return 0;
38. }
```

说明：① 进行删除操作时，如果删除的是表头结点，则链表的头指针可能会发生变化，所以 del 函数必须返回删除结点后链表的头指针。函数的第 1 个参数 head 为链表的头指针，表示对哪个链表进行删除操作；第 2 个参数 num，表示要删除学号为 num 值的结点。

② 通过 while 循环使指针变量 p1 指向要删除的结点，而 p2 指向其前驱结点，这里循环条件 num！=p1->num 是判断 p1 指向结点的学号是否等于要删除的 num，而 p1->next！=NULL 是判断 p1 指向结点的指针成员是否为空（即 p1 是否指向表尾结点），两个条件同时满足时执行循环体，其中一个条件不满足即结束循环。

③ 程序中使用了空读，在输入数据后必须按"回车"键，这个回车符可能会影响到后面数据的正确输入，所以使用空读，读取该回车符可以消除它可能造成的不良影响。

7.6.5 链表的插入操作

链表的插入操作，就是将一个新结点插入到一个已有链表的适当位置。

7-13 插入结点

插入结点的方法：设已存在一有序链表，先建立一个新结点，让指针变量 p0 指向该新结点,然后找到要插入结点的位置,令指针变量 p1 指向该位置上的结点,p2 指向 p1 的前驱结点,最后通过调整 p0、p1 或 p2 的指针成员的值实现插入操作,插入过程如图 7.4 所示。

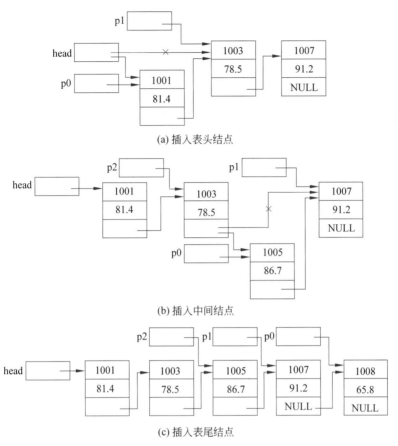

(a) 插入表头结点

(b) 插入中间结点

(c) 插入表尾结点

图 7.4　链表的插入结点操作

【例 7.13】　编写函数实现向有序链表中插入一个结点。

插入结点的步骤如下。

step1:调用 malloc 函数产生一个新结点,令 p0 指向该新结点,其指针成员赋 NULL,并输入其数据成员。

step2:判断 head 是否为 NULL,若 head 为空,则 p0 指向的新结点成为链表的唯一结点,令 head 指向新结点 p0;若 head 不为空,则执行 step3。

step3:令 p1 指向表头结点,即 p1＝head。

step4:通过循环找到插入结点的位置,使 p1 指向要插入位置的结点,p2 指向其前驱结点。

step5:判断新结点的 num 值是否小于或等于 p1 的 num 值,若是,则将 p0 指向的新结点插入到 p1 指向的结点位置,具体插入方法见 step6;否则(即新结点的 num 值大于 p1 的 num 值),则应将新结点插入到表尾位置。

step6:判断 p1 是否指向表头结点,若是,则 p0 指向的新结点应该成为新的表头结点,令 head 指向 p0;否则,令 p2 的指针成员指向新结点 p0,然后令 p0 的指针成员指向 p1。

step7：返回头指针。

例 7.13 的参考程序如下。

```
1.   struct stu_node * insert ( struct stu_node * head )
2.   {
3.       struct stu_node  * p0 , * p1 , * p2 ;
4.       p0=( struct stu_node * ) malloc (LEN);      //p0 指向产生的新结点
5.       p0->next = NULL;                            //p0 指针成员赋 NULL
6.       printf("输入学号和成绩:");
7.       scanf ("%d%lf", &p0->num, &p0->score);     //输入数据成员
8.       getchar();                                  //空读
9.       if (head==NULL)   head = p0;                //链表为空时,令 head 指向新结点
10.      else                                        //链表不为空时,执行以下插入操作
11.      {  p1=head;                                 //p1 指向表头结点
12.          while ((p0->num>p1->num) && (p1->next!=NULL)) //寻找插入结点的位置
13.          {   p2 = p1;
14.              p1 = p1->next;
15.          }
16.          if (p0->num<=p1->num)
17.          {  if ( head==p1)   head = p0;          //插入表头结点,head 指向 p0
18.              else   p2->next =p0;                //插入中间结点,p2 的指针成员指向 p0
19.              p0->next = p1;                      //p0 的指针成员指向 p1
20.          }
21.          else   p1->next=p0;                     //插入表尾结点,p1 的指针成员指向 p0
22.      }
23.      return( head );
24.  }
25.  int main()
26.  {
27.      struct stu_node * head;       char ch='y';
28.      head=creat();
29.      list(head);
30.      printf("进行插入结点操作\n");
31.      while(ch=='y'|| ch=='Y')
32.      {  head=insert(head);                       //调用插入结点函数
33.          printf("继续插入学生信息吗?(y/n):");
34.          ch=getchar();   getchar();
35.      }
36.      printf("插入后的学生信息:\n");
37.      list(head);
38.      return 0;
39.  }
```

说明：进行插入操作时，若插入的是表头结点则链表的头指针可能会发生变化，所以 insert 函数必须返回插入结点后链表的头指针。函数的参数 head 为链表的头指针，表示对哪个链表进行插入操作。若链表为空，通过多次调用 insert 函数可建立一个有序链表。

【练习 7.4】 假设已有一个有序链表：1→4→6→9，现输入一个整数 n，如果 n 的值和链表中某个结点的数据成员的值相等（链表中所有结点的值都各不相同），则将该结点删除，若删除成功则输出删除结点后的链表，否则输出信息"没有可删除的结点"，要求编写函数实现

该删除功能。结点类型定义如下。

```
struct node
{
    int data;
    struct node * next;
};
```

【练习 7.5】 已有 A、B 两个无序链表(结点类型同上),编写函数将链表 B 链接到 A 的后面。例如,链表 A：6→3→5,链表 B：2→4,链接后的链表 A：6→3→5→2→4。

7.7 共用体和枚举类型

7.7.1 共用体

程序设计有时需要在同一段内存中存取不同类型的变量。例如,在同一个地址开始的内存块中,分别存取整型变量、字符型变量、实型变量的值,这 3 种变量在内存中占有不同的字节数,但都从同一地址开始存放,它们的值可以相互覆盖。本节将介绍利用"共用体"类型(也称"联合体")来完成这样的操作。所谓共用体类型,就是几个不同类型的变量共占一段内存的结构。

1. 共用体类型的定义

定义共用体类型的一般形式：

```
union   共用体类型名
{
    类型名 1      共用体成员名 1;
    类型名 2      共用体成员名 2;
       ⋮            ⋮
    类型名 n      共用体成员名 n;
};
```

说明：成员表中含有若干成员,成员名的命名应符合标识符的规定。

例如：

```
union   data_type
{
    char ch;
    short a;
    float x7;
};
```

定义了一个共用体类型 data_type,如图 7.5 所示。

"共用体"与"结构体"有相似之处,但两者有本质上的不同。在结构体中各成员拥有各自的内存空间,一个结构体变量的总长度是各成员长度之和。而在共用体中,各成员共享一段内存空间,一个共用体变量的长度是其成员中最长成员的长度。应该说明的是,这里所谓的共享不是指把多个成员同时装入一个共用体变量内,而是指该共用体变量可被赋予任一成员值,但每次只能赋一种值,赋入新值则覆盖旧值。

图 7.5 共同体成员内存占用示意图

2. 共用体变量的定义

共用体变量的定义和结构体变量的定义方式类似，也有 3 种形式。

（1）先定义类型，再定义变量。例如：

```
union person                        //定义共用体类型
{
    int class;
    char office[10];
};
union person a,b;                   //说明 a 和 b 为 person 类型的共用体变量
```

（2）定义类型的同时定义变量。例如：

```
union person
{
    int class;
    char office[10];
}a,b;
```

（3）直接定义共用体变量。例如：

```
union
{
    int class;
    char office[10];
}a,b;
```

说明：变量 a 和 b 为 person 类型。a 和 b 变量的长度应等于 person 成员中最长成员的长度，即等于 office 数组的长度，共 10 字节。

3. 共用体变量的赋值和使用

对共用体变量的赋值和使用都只能是对变量的成员进行。

共用体变量的成员表示形式：

共用体变量名.成员名

例如，a 被说明为 person 类型的变量后，可使用 a.class 或 a.office，但不允许使用共用体变量名 a 进行赋值或其他操作。也不允许对共用体变量进行初始化赋值，赋值只能在程序中进行。还要强调说明的是，一个共用体变量，每次只能赋予一个成员值。换句话说，一个共用体变量的值就是共用体变量的某一个成员值。

【例 7.14】 设有若干教师与学生的数据，教师数据有姓名、年龄、职业、教研室 4 项，学

生有姓名、年龄、职业、班级 4 项。要求编程输入人员数据,并将其存放在一个表格中,最后再以表格形式输出这些数据。

分析:因教师和学生数据中都包含姓名、年龄、职业,只有最后一项数据不同,所以定义一个结构体类型,其中包含 4 个成员,前 3 个成员分别对应姓名、年龄和职业,第 4 个成员将其定义成共用体类型,若职业为教师则该成员为教研室,若职业为学生则该成员为班级。

例 7.14 的参考程序如下。

```
1.  #include<stdio.h>
2.  #include<string.h>
3.  #define N 10
4.  struct person
5.  {
6.      char name[20];
7.      int age;
8.      char job[20];
9.      union
10.     {
11.         int class;
12.         char office[20];
13.     } dep;
14. };
15. int main()
16. {
17.     struct person  a[N];     int i;
18.     printf("请输入人员姓名、年龄、职业和部门:\n");
19.     for(i=0; i<N; i++)
20.     {   scanf("%s %d %s", a[i].name, &a[i].age, a[i].job);
21.         if (strcmp(a[i].job, "student")==0)
22.         {   printf("请输入学生的班级编号:");
23.             scanf("%d", &a[i].dep.class);
24.         }
25.         else
26.         {   printf("请输入教师的教研室名称:");
27.             scanf("%s", a[i].dep.office);
28.         }
29.     }
30.     printf("输出人员信息:\n");
31.     for(i=0; i<N; i++)
32.     {   if (strcmp(a[i].job,"student")==0)
33.             printf("%d: %s,%d, %s,%d\n", i+1,a[i].name, a[i].age, a[i].job,
a[i].dep.class);
34.         else
35.             printf("%d: %s,%d,%s, %s\n", i+1, a[i].name, a[i].age, a[i].job,
a[i].dep.office);
36.     }
37.     return 0;
38. }
```

说明:本程序定义了一个结构体类型 person,包括有 4 个成员。其中成员项 dep 是一个共用体类型,这个共用体又由两个成员组成,一个为整型量 class,另一个为字符数组 office。在程序的第一个 for 语句中,输入人员的各项数据,先输入结构体的前 3 个成员 name、age 和 job,然后判别 job 成员项,如为 student,则输入学生的班级编号;否则,输入教师的教研室名称。

7.7.2 枚举类型

在实际问题中,有些变量的取值被限定在一个有限的范围内。例如,一个星期内只有 7 天,一年只有 12 个月,等等。如果把这些量说明为整型,字符型或其他类型显然不是最佳方案。为此,C 语言提供了一种称为"枚举"的类型。在"枚举"类型的定义中列举出所有可能的取值,被说明为该"枚举"类型的变量取值不能超过其定义的范围。注意,枚举类型是一种基本数据类型,而不是一种构造类型,因为它不能再分解为任何基本类型。

1. 枚举类型的定义

枚举类型就是将变量的所有可能取值一一列举出来,变量只能取其中之一的值,取其他值都是错误的。

定义枚举类型的一般形式:

enum 枚举类型名 { 枚举常量 1,枚举常量 2, …, 枚举常量 n } ;

说明:enum 是 C 语言的关键字,是枚举类型的引导字,用于说明枚举类型以及定义枚举变量。枚举常量也称枚举元素,它们是用户自定义的标识符。例如:

```
enum weekday {sun,mon,tue,wed,thu,fri,sat};
```

该枚举类型名为 weekday,枚举常量共有 7 个,即一周中的 7 天。凡被说明为 weekday 类型变量的取值只能是 7 天中的某一天。

2. 枚举变量的使用

枚举变量的定义有两种方式:第一种方式把类型定义和变量说明分开;第二种方式在说明枚举类型的同时定义枚举变量。例如:

```
enum weekday {sun,mon,tue,wed,thu,fri,sat};       //说明枚举类型
enum weekday  workday, week_end;                  //用已定义好的枚举类型定义枚举变量
enum color {red, green, blue}color1, color2;      //说明枚举类型的同时定义枚举变量
```

使用枚举类型数据时,必须注意以下几点。

(1) 枚举元素是常量,不是变量。不能在程序中用赋值语句对它进行赋值。例如,对 weekday 中的元素赋值为 sun=5;、mon=2;、sun=mon;都是错误的。

(2) 枚举元素本身由系统定义了一个表示序号的数值,从 0 开始,顺序定义为 0,1,2…。例如,在 weekday 中,sun 值为 0,mon 值为 1,tue 值为 2,…,sat 值为 6。另外,也可以由程序员指定枚举元素的值。例如,enum weekday {sun=7, mon=1,tue,wed,thu,fri,sat};,这样定义后,sun 值为 7,mon 值为 1,tue 值为 2,…,sat 值为 6。

(3) 枚举类型数据可以进行关系运算。枚举元素的比较规则是比较其定义时的顺序号。例如:

```
enum weekday {sun=7, mon=1, tue, wed, thu, fri, sat};
```

```
enum weekday workday=tue;
if(workday>mon) …
if(sun>sat) …
```

（4）只能把枚举值赋予枚举变量，不能把枚举元素的顺序号直接赋予枚举变量。例如：

```
enum weekday {sun, mon, tue, wed, thu, fri, sat}a, b, c;
a=sun;    b=mon;                      //正确
c=2;                                   //错误
```

如果一定要把一个整数值赋给枚举变量，则必须使用强制类型转换。例如：

```
c=(enum weekday)2;              //将顺序号为 2 的枚举元素赋给枚举变量 c,相当于 c=tue;
```

（5）枚举类型数据不能直接进行输入输出，必须经过转换。

方法 1：利用二维字符数组输出枚举变量。例如：

```
enum weekday {Sun, Mon, Tue, Wed, Thu, Fri, Sat};
char str[7][10]={ "Sun", "Mon", "Tue", "Wed", "Thu", "Fri", "Sat"};
enum weekday today=Mon;
printf("%s", str[today]);
```

方法 2：采用 switch 语句转换。例如：

```
enum weekday {Sun, Mon, Tue, Wed, Thu, Fri, Sat} today ;
today=Wed;
switch(today)
{   case sun: printf("星期日\n"); break;
    case mon: printf("星期一\n"); break;
    case tue: printf("星期二\n"); break;
    case wed: printf("星期三\n"); break;
    case thu: printf("星期四\n"); break;
    case fri: printf("星期五\n"); break;
    case sat: printf("星期六\n"); break;
}
```

【例 7.15】 已知今天是星期天，编程输入一个整数 n，计算 n 天后是星期几。

```
1.  #include<stdio.h>
2.  enum weekday{Sun, Mon, Tue, Wed, Thu, Fri, Sat};
3.  int main()
4.  {
5.      int n;      enum weekday today, day;
6.      char a[7][10]={"星期天","星期一","星期二","星期三","星期四","星期五","星期六"};
7.      today=Sun;
8.      printf("输入间隔的天数:");
9.      scanf("%d", &n);
10.     day=(enum weekday)((today+n)%7);
11.     printf("today=%s\nday=%s\n", a[today], a[day]);
12.     return 0;
13. }
```

7.8 类型定义符 typedef 的用法

当用户定义一种结构体类型后，每次都需要用"struct 结构体类型名"来定义相应变量，稍显麻烦。C 语言不仅提供了丰富的数据类型，而且还允许由用户自己定义类型说明符，也就是允许由用户为数据类型取"别名"。

类型定义符 typedef 即可用来完成此功能，typedef 定义的一般形式：

typedef 原类型名　　新类型名；

例如：

```
typedef struct student
{
    int num;
    char name[12];
    int age;
    int score[3];
    int total;
}STUD;                  //定义 STUD 表示 student 结构体类型,然后可用 STUD 来定义结构体变量
STUD a,b;              //等价于 struct student a,b;
```

说明：① 习惯上把 typedef 声明的新类型名用大写字母表示，以便与系统提供的标准类型相区别。

② 用 typedef 只是对已经存在的类型增加了一个新的类型名而已，它并没有创造出一个新的类型。

③ typedef 与 ♯define 命令有相似之处。例如：

```
typedef  float  REAL;
#define  REAL  float
```

都能实现用 REAL 代替 float，但是二者是不同的，♯define 是由预处理完成的，它只能做简单的字符替换，而 typedef 是在编译时完成的。后者更为灵活方便。

④ 使用 typedef 可以增加程序的通用性和移植性。例如，在 TC 环境下 int 型数据占 2 字节，在 VS 2013 环境下 int 型数据则占 4 字节，如果将一个在 TC 环境下编写的程序放到 VS 2013 的环境下运行，可能会出现整型数据溢出的问题。为了避免这种情况，可以在程序中使用 typedef 类型定义，在 TC 环境下程序中用 typedef int INTEGER；然后用 INTEGER 来定义整型变量，在 VS 2013 环境下只需要将 typedef 定义中的 int 改为 short 即可，即使用 typedef short INTEGER；。

7.9 本章小结

本章主要介绍结构体类型，结构体类型是用户根据需要自己定义的，在定义了结构体类型后才能定义结构体变量、结构体数组。一般来说，除了同类型的结构体变量可以整体赋值外，其他操作都是对结构体变量的成员进行的。结构体数组具有比较广泛的应用，它可以解

决一些简单的信息管理问题。通过结构体指针变量,可以访问结构体变量的各个成员,常用方法是使用指向运算符:结构体指针变量->成员名。结构体变量作为函数参数传递的是数据,而结构体数组名或结构体指针变量作为函数参数传递的是地址。

链表的操作是本章的重点和难点。首先要理解链表是一种动态数据结构,链表可以根据需要随时插入结点或删除结点,链表的结点类型是一种递归定义的结构体类型。链表的建立、输出、删除和插入操作都必须通过结点类型的指针变量来实现,链表的头指针可以确保用户找到该链表,并对它进行操作。

7.10　程 序 举 例

1. 建立学生电话簿

【例 7.16】　建立一个简单的学生电话簿,每个学生包括姓名和电话号码两项数据,先从键盘输入电话簿信息,然后根据用户输入的学生姓名,输出他的电话号码。

分析:定义一个结构体类型,包含姓名和电话号码两个成员,电话簿用一个结构体数组来实现。输入电话簿信息,就是输入所有数组元素,然后用循环实现查找某学生的电话号码,输入姓名后,用字符串比较函数判断输入的姓名与数组元素的姓名成员是否相等,若相等,则输出该数组元素的电话号码,并终止循环;若不相等,则继续判断下一个数组元素,直至循环结束。

例 7.16 的参考程序如下。

```
1.  #include<stdio.h>
2.  #include<string.h>
3.  #define NUM 10                               //定义符合常量 NUM,表示学生人数
4.  typedef struct classmate                     //定义结构体类型
5.  {
6.      char name[10];                           //姓名
7.      char phone[15];                          //电话号码
8.  }CM;
9.  int main()
10. {
11.     CM a[NUM];                               //定义结构体数组
12.     char name[10], ch='y';      int i;
13.     for(i=0; i<NUM; i++)                     //循环实现输入所有学生的姓名和电话号码
14.     { printf("input name:\n");  gets(a[i].name);   //输入姓名
15.         printf("input phone:\n"); gets(a[i].phone); //输入电话号码
16.     }
17.     while(ch=='y'||ch=='Y')
18.     { printf("输入学生姓名:");  gets (name);
19.         for(i=0; i<NUM; i++)                 //在电话簿中查找输入姓名的学生
20.             if(strcmp(name, a[i].name)==0)   //条件成立表示找到该学生
21.             { printf("%s 的电话是:%s\n", a[i].name, a[i].phone);
                                                 //输出电话号码
22.                 break;                       //终止 for 循环
23.             }
24.         if(i==NUM) printf("电话簿中没有该学生的信息!\n");   //没找到该学生
```

```
25.          printf("继续查找其他学生的电话吗？(y/n):");
26.          ch=getchar();    getchar();
27.       }
28.    return 0;
29. }
```

2. 管理学生成绩

【例 7.17】 一个班有 30 名学生，每个学生的信息包括学号、姓名、3 门课程的成绩和平均成绩，编程实现：①从键盘输入学生信息，并计算出每个学生的平均成绩；②计算并输出3 门课程的平均成绩；③分别找出每门课程成绩最高的学生，并输出该学生的信息。

分析：根据题目要求可以分别编写 4 个函数：input 函数实现输入学生信息，并计算平均成绩；output 函数实现输出一个学生的全部信息；average 函数实现计算并输出 3 门课程的平均成绩；search 函数实现找出一门课程成绩最高的学生，并返回该学生在数组中的下标。main 函数中将 3 次调用 search 函数，分别找出每门课程成绩最高的学生，再调用output 函数输出该学生的全部信息。

例 7.17 的参考程序如下。

```
1.  #include<stdio.h>
2.  #define N 3                           //定义符号常量 N，表示学生人数
3.  typedef struct student               //定义结构体类型
4.  {
5.      int num;
6.      char name[12];
7.      int score[3];
8.      double ave;
9.  }STD;
10. void input(STD a[]);                  //input 函数声明
11. void output(STD x);                   //output 函数声明
12. void average(STD a[]);                //average 函数声明
13. int search(struct student a[], int n); //search 函数声明
14. int main()                            //主函数定义
15. {
16.     STD  stud[N];                     //定义结构体数组 st
17.     int i, k;
18.     input(stud);            //调用 input 函数，输入学生信息，并计算出平均成绩
19.     printf("\n 输出全部学生的信息:\n");
20.     for(i=0; i<N; i++)  output (stud[i]);
                                //调用 output 函数，输出第 i 个数组元素
21.     average(stud);         //调用 average 函数，计算并输出 3 门课程的平均成绩
22.     for(i=0; i<3; i++)
23.     {  k=search (stud, i); //调用 search 函数，找出第 i 门课程成绩最高的学生
24.         printf("\n 课程%d 最高分的学生信息:\n", i+1);
25.         output (stud[k]);     //调用 output 函数，输出第 k 个学生的信息
26.     }
27.     return 0;
28. }
29. void input(STD a[])          //input 函数定义，结构体数组作形式参数
```

```
30.  {
31.      int i, j;   double sum;
32.      printf("\n请按学号、姓名和 3 门课成绩的顺序输入学生信息:\n");
33.      for(i=0; i<N; i++)
34.      {   printf("学生%d:", i+1);
35.          scanf("%d%s", &a[i].num, a[i].name);
36.          for(j=0, sum=0; j<3; j++)
37.          {   scanf("%d", &a[i].score[j]);
38.              sum=sum+a[i].score[j];          //计算学生 i 的总成绩
39.          }
40.          a[i].ave=sum/3;                    //计算学生 i 的平均成绩
41.      }
42.  }
43.  void output(STD x)                          //output 函数定义,结构体变量作形式参数
44.  {
45.      int i;
46.      printf("%d, %s, ", x.num, x.name);
47.      for(i=0; i<3; i++)
48.          printf("%d, ", x.score[i]);
49.      printf("%.2lf\n", x.ave);
50.  }
51.  void average(STD a[])                       //average 函数定义,结构体数组作形式参数
52.  {
53.      int i, j;   double sum, aver[3];
54.      for(j=0; j<3; j++)
55.      {   sum=0;
56.          for(i=0; i<N; i++)
57.              sum=sum+a[i].score[j];          //计算课程 j 的总分
58.          aver[j]=sum/N;                      //计算课程 j 的平均分
59.          printf("课程%d的平均分=%.2lf\n", j+1, aver[j]);
60.      }
61.  }
62.  int search(STD a[], int n)
63.  {
64.      int i, max, k;
65.      max=a[0].score[n];
66.      for(i=1; i<N; i++)
67.          if(a[i].score[n]>max)
68.          {   max=a[i].score[n];   k=i;   }
69.      return(k);
70.  }
```

3. 合并有序链表

【例 7.18】 已有 a、b 两个有序链表(按学号排序),每个链表中的结点包括学号、成绩,要求把两个链表合并成链表 c,并保持其有序性,且使用原有的结点空间。

分析:有序链表的合并方法:依次扫描链表 a、链表 b 中的结点,比较当前两个结点的学号,将学号较小的那个结点添加到链表 c 中,直到链表 a、b 中有一个链表扫描完毕,然后将另一个链表的剩余结点连接到链表 c 的后面。

例 7.18 的参考程序如下。

```
1.   #include<stdio.h>
2.   #include<stdlib.h>
3.   typedef struct stu_node
4.   {
5.       int num ;
6.       double score ;
7.       struct stu_node * next ;
8.   }SNODE;
9.   #define  LEN  sizeof (SNODE)
10.  SNODE * build (void )   //build 函数定义(对 insert 函数进行改造),建立一个有序链表
11.  {
12.      SNODE  * p0, * p1, * p2, * head=NULL ;
13.      p0=( SNODE * ) malloc (LEN);                //p0 指向产生的新结点
14.      p0->next = NULL;                           //p0 的指针成员赋 NULL
15.      printf("输入学号和成绩:");
16.      scanf ("%d%lf", &p0->num, &p0->score);     //输入 p0 的数据成员
17.      while(p0->num!=0 )
18.      { if (head==NULL)  head=p0;                //链表为空时,令 head 指向新结点
19.        else                                     //链表不为空时,执行以下插入操作
20.        {  p1=head;                              //p1 指向表头结点
21.           while ((p0->num>p1->num) && (p1->next!=NULL))   //寻找插入的位置
22.           { p2=p1;    p1=p1->next;  }
23.           if (p0->num<=p1->num)
24.           {  if ( head==p1)  head=p0;           //插入表头结点
25.              else  p2->next=p0;                 //插入中间结点
26.              p0->next=p1;                       //p0 的指针成员指向 p1
27.           }
28.           else   p1->next=p0;                   //插入表尾结点
29.        }
30.        p0=( SNODE * ) malloc (LEN);             //p0 指向产生的新结点
31.        p0->next=NULL;                           //p0 的指针成员赋 NULL
32.        printf("输入学号和成绩:");
33.        scanf ("%d%lf", &p0->num, &p0->score); //输入 p0 的数据成员
34.      }
35.      free(p0);
36.      return( head );
37.  }
38.  int list(SNODE * head)                         //list 函数定义,输出一个链表
39.  {
40.      SNODE * p;
41.      if (head==NULL)   printf("链表为空!\n");
42.      else
43.      { p=head;
44.        while (p!=NULL)
45.        { printf("%d, %5.2lf\n", p->num, p->score);  p=p->next;  }
46.      }
47.  }
48.  SNODE * merge(SNODE * ha, SNODE * hb)  //merge 函数定义,合并两个有序链表
49.  {
50.      SNODE   * p, * q, * hc=NULL;
```

```
51.      while( ha!=NULL && hb!=NULL)      //当两个链表都不为空时执行循环
52.      {   if (ha->num<hb->num)          //ha 的 num 小于 hb 的 num
53.             { p=ha;  ha=ha->next; }     //令 p 指向 ha 所指向的结点,ha 指向下一个结点
54.          else                           //ha 的 num 大于或等于 hb 的 num
55.             { p=hb;  hb=hb->next; }     //令 p 指向 hb 所指向的结点,hb 指向下一个结点
56.          if (hc==NULL)
57.             { hc=p;  q=hc;  }           //头指针指向 p,q 指向 hc(即 q 指向表头结点)
58.          else
59.             { q->next=p;  q=p; }        //先令 q 的指针成员指向 p,再令 q 指向 p
60.      }
61.      if (ha==NULL)        //ha 为空表示链表 a 的所有结点已合并,链表 b 还有结点未合并
62.          q->next=hb;      //令 q 的指针成员指向链表 b 的剩余结点
63.      else                 //else 表示链表 b 的所有结点已合并,链表 a 还有结点未合并
64.          q->next=ha;      //令 q 的指针成员指向链表 a 的剩余结点
65.      return(hc);
66. }
67. int main()
68. {
69.      SNODE * ahead, * bhead, * chead;
70.      printf("\n 建立有序链表 a:\n");  ahead=build();
71.      printf("\n 输出链表 a:\n");      list(ahead);
72.      printf("\n 建立有序链表 b:\n");  bhead=build();
73.      printf("\n 输出链表 b:\n");      list(bhead);
74.      chead=merge(ahead, bhead);
75.      printf("\n 输出合并后的链表 c:\n");
76.      list(chead);
77.      return 0;
78. }
```

7.11 扩 展 阅 读

自主创新的首倡,科技报国的总工——引读倪光南院士

倪光南,男,1939 年 8 月出生于浙江宁波,计算机科学家,中国工程院院士,中国科学院计算技术研究所研究员。1968 年,倪光南研制出我国第一台汉字显示器。1979 年,一个基于图形处理管理的汉字系统成功出炉,之后,倪光南继续完善汉字系统,为了能够处理汉字,与同事们先后开发出汉字显示器、键盘和打印机等。

1985 年,由倪光南主持开发的联想汉卡在中科院计算所横空出世,彻底打开了计算机的汉字世界。1989 年 11 月 14 日,计算所公司改名为联想集团公司,倪光南担任公司董事兼总工,主持开发了联想系列微机。1989 年末,公司正式更名为"联想",并在国内推出了联想系列微机,获得了市场的赞誉和认可。随后又在 1992 年和 1993 年分别推出中国第一台 486 微机和第一台 586 微机。

倪光南始终秉承核心技术不能受制于人的信念,坚持中国应当通过自主创新,掌握操作系统、CPU 等核心技术,积极推动中国智能终端操作系统产业联盟的工作,为中国计算机事业的发展做出了贡献。1994 年,倪光南被遴选为中国工程院首批院士;2015 年获得中国计算机学会终身成就奖;2018 年,获得中宣部、科技部和中国科协"最美科技工作者"称号。

倪光南坚定地认为:"科学家与社会结合的目的,一定要出于公心,不能抱有太多的私念,否则就丢掉了科学造福社会的本意。"倪光南院士自主创新、科技报国的情怀一直激励着青年学子砥砺前行,勇挑重担,为祖国的科技事业添砖加瓦。

第 8 章

文件

经过前几章的学习,可以使用数组、结构体等构造数据类型进行复杂编程,并且将任务按功能模块分解,进行比较大型的程序开发了。但是在程序运行结束后,所处理的数据将随之消失,能否永久保存程序运行时所处理的数据呢?要解决这些问题,就需要利用文件。在程序中使用文件操作,可以对文件进行加工处理,或者创建新的文件,使程序的数据得以永久保存及再利用。

8.1 文 件 概 述

文件是指存储在外部介质上的有序数据的集合。操作系统是以文件为单位对数据进行管理的。现代操作系统把所有外部设备都认为是文件,以便进行统一管理。C 语言也是这样,可以认为文件是磁盘文件和其他具有输入输出(I/O)功能的外部设备(如键盘、显示器等)的总称。文件及其操作在程序设计中是非常重要的内容,合理地对其进行利用,可以大大扩展程序的应用范畴和功能。

8.1.1 文件的分类

8-1 文件
的分类

C 语言将文件看作一个字节的序列,根据数据的组织形式把文件分为两类:文本文件和二进制文件。

1. 文本文件

文本文件(也称 ASCII 文件)的每一个字节存放一个字符,每个字符用一个 ASCII 码表示。例如,整数 2460 在文本文件中将占用 4 字节,分别存放字符 2、字符 4、字符 6 和字符 0。因字符 2 的 ASCII 代码是 50,对应的二进制形式为 00110010,所以在内存的字节中存放的是 00110010,其他 3 个字符也是如此存放,如图 8.1 所示。

0011 0010	0011 0100	0011 0110	0011 0000

图 8.1 整数 2460 在文本文件中的存储形式

2. 二进制文件

二进制文件则是以字节为单位存放数据的二进制代码,将存储的信息严格按其在内存中的存储形式来保存。例如,short 型整数 2460 在二进制文件中将占用 2 字节,因 2460 的二进制形式为 00001001 10011100,所以在内存中就是按此形式存放,如图 8.2 所示。

0000 1001	1001 1100

图 8.2 整数 2460 在二进制文件中的存储形式

比较这两种存取方式,容易发现文本文件和二进制文件各自的优缺点。

文本文件中是一个字节存储一个字符,其优点是便于对字符进行处理,而且便于在文本编辑器中直接阅读;其缺点是占用存储空间较多,计算机处理数据时需要将 ASCII 码形式转换为二进制形式,会花费较多的时间,降低了程序的执行效率。

二进制文件中数据的存储方式与内存中数据的存储方式是完全相同的,所以其优点是节省存储空间,无须转换时间,程序执行效率较高;缺点是不能直接输出字符形式,可读性差。

8.1.2 文件类型指针

C 语言中定义了一个结构体数据类型 FILE 来描述文件信息,在 VS2013 环境下 stdio.h 头文件中具体的定义如下。

```
struct _iobuf
{
    char * _ptr;              //文件输入的下一个位置
    int   _cnt;              //当前缓冲区的相对位置
    char * _base;             //文件的起始位置
    int   _flag;             //文件标志
    int   _file;             //文件的有效性验证
    int   _charbuf;          //检查缓冲区状况,若无缓冲区则不读取
    int   _bufsiz;           //缓冲区大小
    char * _tmpfname;         //临时文件名
};
typedef struct _iobuf  FILE;
```

FILE 类型中的每个成员是用来存放有关文件的各种信息的数据项。绝大多数情况下,程序员不会直接使用这些成员变量,而是使用 FILE 类型指针完成对文件的 I/O 操作。

引入 FILE 类型之后,就可以定义文件指针变量了。每一个打开的文件都必须有一个文件指针变量,该指针变量用来存储文件的基本信息,实现对文件的操作。

定义文件指针变量的一般形式:

FILE * 文件指针变量名;

说明:① 只有通过文件指针变量才能调用相应的文件。
② 有 n 个文件就要定义 n 个文件指针变量,分别对应各个文件。
③ FILE 必须大写。

8.1.3 文件操作的基本步骤

C 语言中对文件进行的操作几乎都是通过文件处理函数来实现的,一般以 f 开头的函数均为文件处理函数,可以分为以下几类。

（1）文件打开与关闭函数。

（2）文件读写函数。

（3）文件定位函数。

（4）文件状态检测函数。

下面先通过一个例题来了解文件的操作过程。

【例 8.1】 将 26 个大写字母 A～Z 写入一个文本文件保存起来。

```
1.  #include <stdio.h>
2.  #include <stdlib.h>
3.  int main()
4.  {
5.      char ch;
6.      FILE * fp;                        //定义文件指针变量,步骤①
7.      fp=fopen("letter.txt","w");       //新建并打开一个文件,步骤②
8.      if(fp==NULL)                      //判断文件打开成功与否
9.      {   printf("Can't open file!\n");   exit(0);   }
10.     for (ch='A'; ch<='Z'; ch++)
11.         fputc(ch, fp);                //将变量 ch 中的字符写入文件,步骤③
12.     fclose(fp);                       //关闭文件,步骤④
13.     return 0;
14. }
```

说明：由该例可以看出,使用文件的 4 个基本步骤如下。

① 利用 FILE 定义文件类型指针。C 语言处理的每一个文件,都要有唯一的文件指针。

② 打开文件。不论是对文件进行写入操作还是读出操作,不论是对新建文件还是对一个已有的文件进行操作,首先都要使用 fopen 函数打开文件。

③ 对文件进行读或写操作。

④ 关闭文件。这是文件使用的最后一步,使用完毕必须关闭文件,以保证将文件缓冲区的数据写入文件,并释放系统分配的文件缓冲区。

以上是文件操作的 4 个基本步骤,当然实际的文件操作不限于这几个步骤。例如,打开文件后可以检测打开是否成功等;再如,文件使用过程中的使文件指针复位或调整等也都是常用操作。但文件操作至少要包含上述的 4 个基本步骤。

8.2　文件的打开与关闭

在进行文件的读写操作之前要先打开文件,读写操作结束要关闭文件。所谓打开文件,实际上是建立文件的各种相关信息,并使文件指针变量指向该文件,以便进行其他操作。关闭文件则断开指针变量与文件之间的联系,即禁止指针变量再对该文件进行操作。

简单地讲,文件的打开是操作文件的前提,而文件的关闭是对文件操作的结束。

8.2.1　文件打开函数

8-2 文件
打开

C 语言中,文件的打开操作是通过 fopen 函数来实现的,此函数的声明在 stdio.h 中。

函数原型：

```
FILE  * fopen (const char * path, const char * mode);
```

函数参数：const char * path 为文件名称,用字符串表示；const char * mode 为文件打开方式,用字符串表示。

函数返回值：FILE 类型指针。如果成功打开文件,fopen 返回文件的地址,否则返回 NULL。由此可以检测文件是否成功打开,如果文件打开失败,继续操作是没有意义的,这时通常会给出一个"文件打开失败"的提示信息,然后退出程序。例如：

```
FILE * fp;
if ((fp=fopen("myfile", "r"))==NULL)
{   printf("Can't open file!\n ");
    exit(0);            //exit的作用是结束程序并返回操作系统,此函数声明在 stdlib.h 中
}
```

若要打开的文件在当前目录下,可以只使用文件名；若要打开的文件不在当前目录下,则应该给出文件的路径。例如,在 C 驱动器的 test 目录中存储一个名为 file8_1.c 的文件,则文件的完整路径为 c:\test\file8_1.c。打开该文件时应写成以下形式。

```
fp=fopen("c:\\test\\file8_1.c", "r");
```

注意：反斜线"\"在 C 语言中有特殊用途,在双引号中需要用两个反斜线"\\"表示一个反斜线"\"。

文件的打开方式如表 8.1 所示。

表 8.1 文件的打开方式

文 本 文 件		二进制文件	
mode	含 义	mode	含 义
"r"	只读形式打开一个文本文件	"rb"	只读形式打开一个二进制文件
"w"	只写形式创建一个文本文件	"wb"	只写形式创建一个二进制文件
"a"	追加形式打开一个文本文件	"ab"	追加形式打开一个二进制文件
"r+"	读写形式打开一个文本文件	"rb+"	读写形式打开一个二进制文件
"w+"	读写形式创建一个文本文件	"wb+"	读写形式创建一个二进制文件
"a+"	读写形式打开一个文本文件	"ab+"	读写形式打开一个二进制文件

说明：① "r"：用于以只读方式打开一个已存在文件,打开后只能从该文件中读取数据。

② "w"：用于以只写方式创建一个新文件,创建后只能向该文件中写入数据,若文件名指定的文件已存在,它的内容将被删去(刷新)。

③ "a"：用于以追加方式打开一个已存在文件,打开后可以在文件尾部添加数据。

④ "b"：用于表明打开或创建的文件是二进制文件,缺省字符 b 则表明是文本文件。

⑤ "+"：用于表明打开或创建的文件允许读写两项操作,这种方式也可称为更新方式,即文件位置指针不在文件尾时进行写操作,将以覆盖方式进行写操作。

⑥ "r"和"a"两种打开方式的差别在于文件被打开时,文件的位置指针不同,前者总是

在文件首,而后者在写数据时是在文件尾,读数据时从文件首开始。

在程序运行之初,系统将自动打开3个标准流:标准输入、标准输出和标准出错输出,均与终端相联系,系统还定义了3个文件指针 stdin、stdout 和 stderr 分别指向这3个标准设备,如果程序在文件读写操作时使用这些指针,将是对终端设备的读写操作。

8.2.2　文件关闭函数

在C语言中,文件的关闭是通过 fclose 函数来实现,此函数的声明在 stdio.h 中。

函数原型:

```
int fclose (FILE * stream);
```

函数参数:FILE * stream 为文件指针变量(指向打开文件的地址)。

函数返回值:int 类型,当 fclose()正常关闭时将返回0值,否则返回非0值。

写文件时,系统是在"输出缓冲区"满时,才将数据写入文件。当程序结束时,最后几次"写文件"的数据可能还在缓冲区中,而缓冲区还未满,如果未关闭文件就结束程序,则缓冲区的数据不能写入文件,会丢失数据。使用 fclose 函数,不论缓冲区是否已满,都会将缓冲区的数据写入文件,再关闭文件,从而保证了文件数据的完整性。在关闭文件之后,不可以再对文件进行读写操作,除非再重新打开文件。

当文件不被使用时,应尽早关闭它。这主要基于以下两点理由。

(1) 被打开的文件会耗费一定的系统资源,操作系统允许同时打开的文件数和缓冲区数都有一定限制,关闭对于程序不再使用的文件可减少程序继续运行所占用的资源。

(2) 安全考虑,防止误用或丢失信息。

【例 8.2】 已知一个文本文件 file8_1.c 存储在 C:\test 目录中,将该文件的信息输出到显示器上。注意观察该例中文件打开与关闭函数的使用,以及从文件中读取数据的函数。

```
1.  #include <stdio.h>
2.  #include <stdlib.h>
3.  int main()
4.  {
5.      FILE * fp;       char ch;
6.      if ((fp=fopen("c:\\test\\file8_1.c", "r"))==NULL)    //打开文件
7.      {   printf("Can't open file!\n ");    exit(0);  }
8.      do
9.      {   ch=fgetc(fp);          //从文件中读取一个字符赋给变量 ch
10.         putchar(ch);           //将变量 ch 中的字符输出到显示器
11.     } while(ch!=EOF)           //当 ch!=EOF 时执行循环体(EOF 是文本文件的结束标志)
12.     fclose(fp);               //关闭文件
13.     return 0;
14. }
```

说明:EOF 是文件结束标志,被定义为整型常量-1。在进行文件读写操作时,常常需要对文件是否已到结尾位置进行判断,因为文本文件中的字符均以 ASCII 码表示,不会出现-1这个值,所以使用 EOF 作为文件结束标志。

例 8.2 中除了使用 fopen 函数和 fclose 函数外,还用到了一个 fgetc 函数,这个函数的功能是从文件中读取一个字符,关于 fgetc 函数的具体内容会在 8.3 节中详细介绍。

8.3 文件的读写

当文件按指定方式打开以后,就可以对文件进行读或写操作了。读操作是指从文件中读取数据,写操作是指将内存中的数据写入文件中。C语言在头文件stdio.h中提供了多种形式的文件读写函数,例如:

- 字符读写函数:fgetc 和 fputc。
- 字符串读写函数:fgets 和 fputs。
- 数据块读写函数:fread 和 fwrite。
- 格式化读写函数:fscanf 和 fprintf。

下面将详细介绍这些读写函数的使用方法。

8.3.1 字符读写函数

8-3 字符读
写函数

1. 字符读取函数

函数原型:

```
int fgetc(FILE * fp);
```

函数参数:FILE * fp 为文件指针。

函数功能:从 fp 所指向的文件中读取一个字符,字符由函数返回。返回的字符可以赋值给字符变量,也可以直接参与表达式运算。每次读取一个字符后,文件位置指针自动指向下一个字节。

函数返回值:读取成功,返回输入的字符;遇到文件结束,返回 EOF。

2. 字符写入函数

函数原型:

```
int fputc(int ch, FILE * fp);
```

函数参数:int ch 为要写入文件的字符;FILE * fp 为文件指针。

函数功能:将 ch(可以是字符常量、变量或字符表达式等)写入 fp 所指向的文件。每次写入一个字符,文件位置指针自动指向下一个字节。

函数返回值:输出成功,返回输出的字符 ch;输出失败,返回 EOF。

【例8.3】 将磁盘上一个文本文件的内容复制到另一个文件中,源文件和目标文件的文件名在程序运行时输入。

分析:完成文件的复制,其实就是打开已经存在的源文件,从源文件中读取字符,然后将字符写入一个新建的目标文件中。在程序中需要同时打开两个文件,所以需要定义两个文件指针变量。题目要求源文件和目标文件的文件名在程序运行时输入,所以还要定义两个字符数组,用来存放输入的文件名。

例 8.3 的参考程序如下。

```
1.  #include <stdio.h>
2.  #include <stdlib.h>
3.  int main()
```

```
4.  {
5.       FILE * fp_s, * fp_d;     char ch, sfile[20], dfile[20];
6.       printf("Enter the source filename:");
7.       scanf("%s", sfile);                    //输入源文件的文件名
8.       printf("Enter the destination filename:");
9.       scanf("%s", dfile);                    //输入目标文件的文件名
10.      if((fp_s=fopen(sfile,"r"))==NULL)  //以只读方式打开源文件
11.      {  printf("Can't open file: %s", sfile);   exit(0);  }
12.      if((fp_d=fopen(dfile,"w"))==NULL)  //以只写方式打开目标文件
13.      {  printf("Can't open file: %s", dfile);   exit(0);  }
14.      ch= fgetc(fp_s);                        //从源文件读一个字符，并将它赋值给变量 ch
15.      while(ch!=EOF)                          //当源文件未结束时进行循环
16.      {   fputc(ch, fp_d);                    //将变量 ch 中存放的字符写入目标文件
17.          ch= fgetc(fp_s);
18.      }
19.      fclose(fp_s);                           //关闭源文件
20.      fclose(fp_d);                           //关闭目标文件
21.      return 0;
22. }
```

说明：① 程序中用 sfile 和 dfile 两个字符数组分别存放源文件名和目标文件名，这种方法增强了程序的通用性。也就是说，每次执行这个程序，可以复制不同的源文件。注意在打开文件时，使用的是字符数组名 sfile 和 dfile（不要加双引号）。

② 程序中 ch=fgetc(fp_s); 这条赋值语句在 while 循环外和循环体内出现了两次，其实可以将该语句与循环条件合并，写成以下形式的循环。

```
while((ch=fgetc(fp_s))!=EOF)
    fputc(ch, fp_d);
```

【例 8.4】 从键盘输入一行字符，并写入文本文件 string.txt 中。

```
1.  #include <stdio.h>
2.  #include <stdlib.h>
3.  int main()
4.  {
5.       FILE * fp;      char ch;
6.       if ( (fp=fopen("string.txt","w"))==NULL) //以只写方式打开文件 string.txt
7.       {  printf("Can't open file!\n");   exit(0);  }
8.       while((ch=getchar())!='\n')            //当输入的字符不是回车符时执行循环
9.       {   fputc(ch, fp);    }                //将字符写入文件
10.      fclose(fp);                            //关闭文件
11.      return 0;
12. }
```

【练习 8.1】 编程统计一个文本文件中小写字母 a 的个数（注：文本文件可以先用记事本写好）。

8.3.2 字符串读写函数

8-4 字符串
读写函数

1. 字符串读取函数

函数原型：

```
char * fgets(char * str, int n, FILE * fp);
```

函数参数：char * str 为存放字符串的存储单元的首地址；int n 为读取字符的个数(包括结束标志在内)；FILE * fp 为文件指针。

函数功能：从 fp 所指向的文件读 n−1 个字符，并将这些字符存放到以 str 为起始地址的存储单元中，在读入的最后一个字符后自动添加字符串结束标志'\0'。如果在读入 n−1 个字符结束前遇到换行符或 EOF，则读入操作结束。

函数返回值：读取数据成功时，返回指针 str；遇到文件结束或出错，则返回 NULL。

【例 8.5】 编程将一个文本文件中全部信息显示到屏幕上，文件名在程序运行时由键盘输入。

```
1.  #include <stdio.h>
2.  #include <stdlib.h>
3.  int main()
4.  {
5.      FILE * fp;
6.      char str[81];                    //定义字符数组,最多保存80个字符外加1个'\0'
7.      char filename[20];               //定义字符数组,存放文件名
8.      printf("Enter the file name:");
9.      gets(filename);                  //输入要显示信息的文件名
10.     if((fp=fopen(filename, "r"))==NULL)   //以只读方式打开文本文件
11.     {  printf("Can't open file!\n");     exit(0);  }
12.     while(fgets(str,81,fp)!=NULL)    //从文件中读取一个字符串,成功时执行循环
13.         printf("%s", str);           //将字符串输出到显示器上
14.     fclose(fp);
15.     return 0;
16. }
```

2. 字符串写入函数

函数原型：

```
int fputs(char * str, FILE * fp);
```

函数参数：char * str 为存放字符串的存储单元的首地址；FILE * fp 为文件指针。

函数功能：向 fp 所指向的文件写入一个字符串 str，其中字符串可以是字符串常量，也可以是字符数组名或字符指针变量，另外要注意字符串结束标志'\0'是不写入文件的。

函数返回值：写入成功时，返回 0；出错时，则返回非 0 值。

【例 8.6】 使用 fputs 函数在一个已经存在的文本文件 string.txt 末尾添加若干行字符。

```
1.  #include <stdio.h>
2.  #include <stdlib.h>
3.  #include <string.h>
4.  int main()
5.  {
6.      FILE * fp;    char str[81];
7.      if((fp=fopen("string.txt","a"))==NULL)    //以追加方式打开文件
```

```
8.         {   printf("Can't open file!\n");   exit(0);   }
9.         while(strlen(gets(str))>0)   //从键盘输入一个字符串,遇到空行时结束
10.        {   fputs(str, fp);          //将字符串写入文件
11.            fputs("\n", fp);         //补写一个换行符
12.        }
13.        fclose(fp);                  //关闭文件
14.        return 0;
15.    }
```

8.3.3　数据块读写函数

8-5 数据块
读写函数

以上介绍的字符读写函数(fgetc 和 fputc)以及字符串读写函数(fgets 和 fputs)适用于文本文件。对于二进制文件,通常使用数据块读写函数来读写一组数据。

函数原型:

> **int fread (void ∗ buffer, int size, int count, FILE ∗ fp);**
> **int fwrite (void ∗ buffer, int size, int count, FILE ∗ fp);**

函数参数: void ∗ buffer,对 fread 来说,它是用于存放读入数据的首地址;对 fwrite 来说,它是要输出数据的首地址。int size 为一个数据块的字节数,即一个数据块的大小。int count 为要读写的数据块的个数。FILE ∗ fp 为文件指针。

函数功能: fread 函数是从文件 fp 当前位置指针处中读取 count 个长度为 size 字节的数据块,存放到内存中 buffer 所指向的存储单元中,同时读写位置指针后移 count ∗ size 个字节。fwrite 函数是将内存中 buffer 所指向的存储单元中的数据写入文件 fp 中,每次写入长度为 size 字节的 count 个数据块,同时读写位置指针后移 count ∗ size 个字节。

函数返回值: 如果读取/写入操作成功,则函数返回值等于实际读取/写入的数据块的个数(即返回值等于 count 值);若出现错误,或已到达文件尾,则返回值小于 count 的值。

【例 8.7】 从键盘输入 10 个整数,把它们保存到文件 int_file.dat 中,再从文件中读取这些整数,并输出到显示器上。

对这个问题,可以采用以下两种方法实现。

方法 1: 使用一个整型变量,每次循环从键盘输入一个整数,再将这个整数写入文件;从文件读取数据也是如此,每执行一次循环,读取一个整数,再将它输出到显示器上。

参考程序 1 如下。

```
1.  #include <stdio.h>
2.  #include <stdlib.h>
3.  int main ( )
4.  {
5.      FILE * fp ;     int n, i;
6.      if ( ( fp=fopen("int_file.dat", "wb")) == NULL )
                                          //以只写方式打开二进制文件
7.      {   printf("Can't open file!\n");   exit(0);   }
8.      for ( i=0; i<10; i++ )
9.      {   scanf("%d", &n);              //从键盘输入一个整数存放到变量 n 中
10.         fwrite(&n, sizeof(int), 1, fp);   //将变量 n 中的数据写入文件
```

```
11.      }
12.      fclose (fp);                              //关闭文件
13.      if ( ( fp=fopen("int_file.dat", "rb")) == NULL )
                                                  //以只读方式重新打开二进制文件
14.      {   printf("Can't open file!\n");   exit(0);   }
15.      for ( i=0; i<10; i++ )
16.      {   fread (&n, sizeof(int), 1, fp);      //从文件读取一个整数存放到变量 n 中
17.          printf("%4d", n );                   //将变量 n 中的数据输出到显示器
18.      }
19.      fclose (fp) ;
20.      return 0;
21. }
```

方法 2：使用一个整型数组，先通过循环从键盘输入 10 个整数，再将这 10 个整数一次写入文件；从文件读取数据也是一次读取 10 个整数存放到数组中，再通过循环将它们输出到显示器上。

例 8.7 的参考程序 2 如下。

```
1.  #include<stdio.h>
2.  #include<stdlib.h>
3.  int main ( )
4.  {
5.      FILE * fp;      int a[10], b[10], i;
6.      if ( ( fp=fopen("int_file.dat", "wb")) == NULL )
                                                  //以只写方式打开二进制文件
7.      {   printf("Can't open file!\n");   exit(0);   }
8.      for ( i=0; i<10; i++ )                    //用循环输入 10 个整数存放在数组 a 中
9.          scanf("%d", &a[i]) ;
10.     fwrite( a, sizeof(int), 10, fp);          //将数组 a 中的 10 个数据一次写入文件
11.     fclose (fp);
12.     if ( ( fp=fopen("int_file.dat", "rb")) == NULL )
                                                  //以只读方式重新打开二进制文件
13.     {   printf("Can't open file!\n");      exit(0);   }
14.     fread ( b, sizeof(int), 10, fp);          //从文件中一次读取 10 个数据存放在数组 b 中
15.     for ( i=0; i<10; i++ )                    //用循环将数组 b 中的 10 个整数输出到显示器
16.         printf("%4d", b[i] ) ;
17.     fclose (fp) ;
18.     return 0;
19. }
```

【例 8.8】 从键盘输入一批学生的数据，每个学生的数据包括学号、姓名和成绩，然后把它们存放到磁盘文件 stud.dat 中。

```
1.  #include <stdio.h>
2.  #include <stdlib.h>
3.  #include <ctype.h>
4.  struct student                               //定义结构体类型
5.  {
6.      char num[20];
7.      char name[20];
```

```
8.        float score;
9.      };
10. int main( )
11. {
12.       struct student stud;                          //定义一个结构体变量
13.       char str[20], ch;      FILE * fp;
14.       if((fp=fopen("stud.dat","wb"))==NULL)         //以只写方式打开二进制文件
15.       {  printf("Can't open file!\n");    exit(0);  }
16.       do
17.       {  printf("输入学号:");   gets(stud.num);
18.          printf("输入姓名:");   gets(stud.name);
19.          printf("输入成绩:");   gets(str);           //输入一个字符串,该字符串代表成绩
20.          stud.score=atof(str);                       //用 atof 函数将字符串转换为实数
21.          fwrite(&stud, sizeof(struct student), 1, fp);
                                                         //将一个结构体变量的内容写入文件
22.          printf("继续输入其他学生的信息吗? (y/n):");
23.          ch=getchar( );      getchar( );
24.       }while(ch=='y');                               //当 ch 等于'y'时执行循环
25.       fclose(fp);                                    //关闭文件
26.       return 0;
27. }
```

说明：程序中使用了 atof 函数，它可以将字符串自动转换为实数；另外还有一个 atoi 函数，它可以将字符串自动转换为整数。这两个函数定义在头文件 ctype.h 中，使用时必须包含该头文件。

程序中使用了空读。在循环的最后输出提示信息"继续输入其他学生的信息吗？（y/n）："，这时如果输入字符 y，则可以继续输入；如果输入字符 n，则会停止输入。不论是输入字符 y 还是输入字符 n，最后都需要按"回车"键，这个回车符可能会影响到后面数据的正确输入，所以使用空读读取该回车符，消除它可能造成的不良影响。

例如，需要继续输入下一个学生的信息，会输入：y↙，如果没有空读，当执行到循环体中的第一个 gets(str)；时就读到了这个回车符，即 str 为一个空串，再执行语句 stud.num＝atoi(str)；时就会出错，stud.num 的值将赋为 0。

【练习 8.2】 编程计算 1～10 的平方值，并将它们存入一个二进制文件 square.dat 中。

【练习 8.3】 打开练习 8.2 产生的二进制文件，把数据读出来输出到显示器上，每行输出一个数的平方值。

8.3.4　格式化读写函数

8-6 格式化
读写函数

格式化文件读写函数 fprintf、fscanf 与函数 printf、scanf 作用基本相同，区别在于，fprintf、fscanf 读写的对象是磁盘文件，而 printf、scanf 读写的对象是默认终端（显示器和键盘）。

函数形式：

```
fprintf (FILE * fp, 格式控制字符串, 输出列表);
fscanf (FILE * fp, 格式控制字符串, 变量地址列表);
```

函数功能：fprintf 函数将输出列表中的数据按指定格式写到 fp 所指向的文件中，返回值为实际写入文件的字符数；若输出失败，则返回 EOF。fscanf 函数按指定格式从 fp 所指

向的文件中读取数据,送到对应的变量中。返回值为所读取的数据项个数;若读取操作失败或文件结束,则返回 EOF。

【例 8.9】 下面程序将生成"list.dat"文件,在该文件中以"单价,数量"格式存放了某商场的商品数据(商品的单价和数量分别存放在两个一维数组中),程序将计算出所有商品的总金额,并将它存放在 list.dat 文件的最后一行。

```
1.  #include <stdio.h>
2.  #include <stdlib.h>
3.  int main()
4.  {
5.      FILE * fp;      int i, num, n[3]={10, 20, 30};
6.      double total=0, price, p[3]={12.3, 45.6, 78.9};
7.      if ((fp=fopen("list.dat","w"))==NULL)     //以只写方式打开文件
8.      {   printf("Can't open file!\n");    exit(0);  }
9.      for(i=0; i<3; i++)
10.     {   fprintf(fp,"%5.2lf , %d\n", p[i], n[i]);
                                    //按"%5.2lf , %d\n"格式写入商品数据
11.         total =total+p[i] * n[i];          //计算所有商品的总金额
12.     }
13.     fprintf(fp,"总金额= %lf", total);     //按"总金额= %lf"格式写入总金额
14.     fclose(fp);
15.     if ((fp=fopen("list.dat","r"))==NULL)    //以只读方式重新打开文件
16.     {   printf("Can't open file!\n");   exit(0);   }
17.     for(i=0; i<3; i++)
18.     {   fscanf(fp,"%lf, %d",&price, &num);//按"%lf, %d"格式从文件中读取数据
19.         printf("%lf, %3d\n", price, num); //按"%lf, %3d\n"格式输出数据到显示器
20.     }
21.     fscanf(fp,"总金额= %lf", &total);     //按"总金额= %lf"格式从文件中读取数据
22.     printf("总金额= %8.2lf\n", total);
                                //按"总金额= %8.2lf\n"格式输出数据到显示器
23.     fclose(fp);
24.     return 0;
25. }
```

执行该程序后,list.dat 文件中的内容如下。

```
12.35,42
45.62,25
78.96,18
总金额=3080.479973
```

程序的运行结果:

```
12.350000,□42
45.619999,□25
78.959999,□18
总金额=□3080.48
```

说明:本例中 list.dat 为文本文件,主要为了显示文件内容方便,其实完全可以将 list.dat

建成二进制文件。

注意：用格式化文件读写函数时，用什么格式将数据写入文件，就一定要用同样的格式从文件中读取数据；否则，就会造成数据出错。

8-7 文件
的定位

8.4 文件的定位

前面的例题都是从文件的开头开始依次读写数据，这是文件的顺序读写。有时需要修改文件中的某个数据，希望可以将文件位置指针直接指向要修改数据，即移动文件位置指针到需要读写的位置，再进行读写，这就是文件的随机读写。要实现文件的随机读写，就需要对文件位置指针进行设置，即文件的定位，可以通过以下函数实现。

8.4.1 复位函数

函数原型：

void rewind(FILE * fp);

函数参数：FILE * fp 为文件指针。

函数功能：将文件位置指针重新定位到文件开始的地方。

在例 8.7 和例 8.9 中，都是先对文件进行写操作，再对文件进行读操作，采用的方法是：先以只写方式打开文件，写完数据后关闭文件；再以只读方式打开文件，读取数据后再关闭文件。这种方法显然比较麻烦。有了 rewind 函数后，可以使用一种更简单易行的方法对文件进行读和写操作，先以读、写方式打开文件，进行读或写操作后，使用 rewind 函数，将文件位置指针重新指向文件的开头，然后再对文件进行操作。

【例 8.10】 使用 rewind 函数改写例 8.9 的程序。

```
1.   #include <stdio.h>
2.   #include <stdlib.h>
3.   int main()
4.   {
5.       FILE * fp;     int i, num, n[3]={10, 20, 30};
6.       double total=0, price, p[3]={12.3, 45.6, 78.9};
7.       if ((fp=fopen("list.dat","w+"))==NULL)   //以读、写方式打开文件
8.       {  printf("Can't open file!\n");   exit(0);  }
9.       for(i=0; i<3; i++)
10.      {  fprintf(fp,"%5.2lf , %d\n", p[i], n[i]);
11.          total=total+p[i] * n[i];
12.      }
13.      fprintf(fp,"总金额= %lf", total);
14.      rewind(fp);                          //使文件位置指针重新指向文件的开头
15.      for(i=0; i<3; i++)
16.      {  fscanf(fp,"%f, %d",&price, &num);
17.          printf("%lf , %3d\n", price, num);
18.      }
19.      fscanf(fp,"总金额= %lf", &total);
20.      printf("总金额= %8.2lf\n", total);
```

```
21.    fclose(fp);
22.    return 0;
23. }
```

8.4.2 随机移动函数

函数原型：

int fseek(FILE ∗ fp, long offset, int base);

函数参数：FILE ∗ fp 为文件指针。long offset 表示以起始点为基准,向前或向后移动的字节数,向前移动是指向"文件开头"移动,用负数表示;向后移动是指向"文件末尾"移动,用正数表示。int base 为"起始点",表示从何处开始计算位移量,base 的取值及含义如表 8.2 所示。

表 8.2 base 的取值及含义

起 始 点	表 示 符 号	数 字 表 示
文件开头	SEEK_SET	0
当前位置	SEEK_CUR	1
文件末尾	SEEK_END	2

函数功能：将文件位置指针移到以 base 为起始点,offset 为位移量的位置。注意,fseek 函数使用后将清除文件结束标志。

函数返回值：移动成功,返回 0;移动失败,则返回非 0 值。

例如：

```
fseek(fp, 20L, 0);              //将文件位置指针从文件开始向后移动 20 字节
fseek(fp, 10L, 1);              //将文件位置指针从当前位置向后移动 10 字节
fseek(fp, -30L, 2);             //将文件位置指针从文件末尾向前移动 30 字节
```

【例 8.11】 从键盘输入 6 个学生的信息(学生信息包括姓名、学号和成绩),将信息保存在二进制文件 student.dat 中,然后再从文件中读取序号为奇数的学生信息,并将这些信息输出到显示器上。

```
1.  #include <stdio.h>
2.  #include <stdlib.h>
3.  #define  SIZE  6          //定义符号常量 SIZE 表示学生人数
4.  typedef  struct
5.  {
6.       char name[12];
7.       int num;
8.       double score;
9.  }STUD;                    //定义结构体类型 STUD
10. long len=sizeof(STUD)     //定义一个全局变量 len,初始值 STUD 为所占用的字节数
11. void save(STUD a[ ])      //定义一个函数,将结构体数组中数据写入文件"student.dat"
12. {
```

```
13.        FILE * fp;
14.        if((fp=fopen("student.dat", "wb"))==NULL)   //以只写方式打开二进制文件
15.        {   printf("Can't open file!\n");    exit(0);   }
16.        fwrite(a, len, SIZE, fp);           //将结构体数组 a 中的 SIZE 个数据一次写入文件
17.        fclose(fp);
18. }
19. int main()
20. {
21.        FILE * fp;       STUD st[SIZE], x;       int i;
22.        printf("请按姓名、学号、成绩的顺序输入%d个学生的信息:\n", SIZE);   //提示信息
23.        for (i=0; i<SIZE; i++)
24.        {   printf("学生%d:", i+1);               //提示信息
25.          scanf("%s%d%lf", st[i].name, &st[i].num, &st[i].score);
                                               //从键盘输入学生数据
26.        }
27.        save(st);                        //调用函数将数据保存到文件中,用结构体数组名作参数
28.        if ((fp=fopen("student.dat", "rb"))==NULL)   //以只读方式打开二进制文件
29.        {   printf("Can't open file!\n");    exit(0);       }
30.        printf("输出学生信息:\n");
31.        for(i=0; i<SIZE; i=i+2)
32.        {   fread(&x, len, 1, fp);          //从文件中读取一个学生信息并存放到变量 x 中
33.           printf("学生%d: %s, %d, %.2lf\n", i+1, x.name, x.num, x.score);
                                               //信息输出
34.           fseek(fp, len, 1);               //文件位置指针从当前位置向后移动 len 个字节
35.        }
36.        fclose(fp);
37.        return 0;
38. }
```

程序运行结果:

```
请按姓名、学号、成绩的顺序输入 6 个学生的信息:
学生 1:Mary   2009121   89.50 ↙
学生 2:Alex   2009105   90.20 ↙
学生 3:Mike   2009215   78.60 ↙
学生 4:Bob   2009118   75.40 ↙
学生 5:Smith   2009109   85.90 ↙
学生 6:John   2009126   92.50 ↙
输出学生信息:
学生 1:Mary,2009121,89.50
学生 3:Mike,2009215,78.60
学生 5:Smith,2009109,85.90
```

8.4.3 取当前位置的函数

函数原型:

long ftell(FILE * fp);

函数参数:FILE * fp 为文件指针。

函数功能:返回文件位置指针相对于文件开头的位移量。

函数返回值：函数返回文件位置指针距离文件开始处的字节数，若出错则返回 $-1L$。

【例 8.12】 测指定二进制文件的长度。

```
1.   #include <stdio.h>
2.   #include <stdlib.h>
3.   int main()
4.   {
5.       FILE * fp;     char filename[50];
6.       puts("输入一个文件名:");    gets(filename);
7.       if ((fp=fopen(filename, "rb"))==NULL)     //以只读方式打开二进制文件
8.       {  printf("Can't open file!\n");   exit(0);  }
9.       fseek(fp,0,2);                            //移动文件位置指针到文件末尾
10.      printf("len=%ld\n", ftell(fp));           //输出文件长度(字节数)
11.      return 0;
12.  }
```

说明：程序运行后，输入一个二进制文件的文件名，例如 d:\ex8.7\int_file.dat(这是例 8.7 中产生的文件)，会输出 len=40，即 int_file.dat 文件包含 40 字节。

【练习 8.4】 建立一个二进制文件 book1.dat 存放 5 本书的信息，每本书的信息包括书名、单价和销量，完成以下功能：①先定义结构体类型，输入 5 本书的信息，并存入文件中；②输出单价最贵的书的书名；③将销量前三名的图书信息按销量从大到小的顺序写入另外一个新的二进制文件 book2.dat 中。

8.5 文件检测函数

8.5.1 feof 函数

在对文件进行读操作时，常常需要测试文件是否已经到了文件末尾，文本文件一般用 EOF(文件结束标志)来进行检测，但 EOF 不适用于二进制文件；文件结束检测函数 feof 既适用于文本文件，也适用于二进制文件。

feof 函数用于检测文件位置指针是否已到达文件末尾。

函数原型：

int feof(FILE * fp);

函数参数：FILE * fp 为文件指针。

函数功能：检测 fp 所指向文件中的文件位置指针是否指向文件尾。

函数返回值：若文件结束(即文件位置指针指向文件尾)，则返回非 0 值；否则，返回 0。

【例 8.13】 统计文本文件中字符的个数。

```
1.   #include <stdio.h>
2.   #include <stdlib.h>
3.   int main()
4.   {
5.       FILE * fp;    int n=0;
```

```
6.      char ch, filename[40];
7.      printf("Enter the file name:");      gets(filename);
8.      if((fp=fopen(filename, "r"))==NULL)          //只读形式打开文件
9.      {   printf("Can't open file!\n");   exit(0);   }
10.     while( !feof(fp) )
11.     {   ch=fgetc(fp);
12.        putchar(ch);
13.        n++;
14.     }
15.     printf("#\n");                               //用#作为输出结束的标志
16.     printf("字符个数=%d\n", n);
17.     fclose(fp);
18.     return 0;
19. }
```

假设这里使用例 8.1 中生成的文本文件 letter.txt，文件的内容是 26 个大写英文字母，
程序运行结果：

```
Enter the file name:letter.txt↙
ABCDEFGHIJKLMNOPQRSTUVWXYZ #
字符个数=27
```

说明：输入文件名 letter.txt，这里该文件必须和例 8.13 的源程序文件在一个文件夹
中，否则需要输入文件的完整路径。

输出 26 个大写字母后，还会输出一个空白符，而且这里字符个数并不是 26 而是 27，为
什么会是 27 呢？因为 feof 实际观察的是上次"读操作"的内容，对于本例来说就是上次
fgetc 函数的返回值，若 fgetc 返回值为读取字符的 ASCII 码值，表明读取不是空，则 feof 返
回 0，表示文件没结束；如果上次 fgetc 返回值为−1，则 feof 返回 1，表示文件结束。

如果希望得到字符个数是 26，需要对例 8.13 程序中的 while 循环部分进行修改，具体
方法有以下两种。

修改方法 1：

```
while( (ch=fgetc(fp))!=EOF )          //不用 feof 函数，而是判断读取的字符是否是 EOF
{   putchar(ch);
    n++;
}
```

修改方法 2：

```
ch=fgetc(fp);                         //在循环前先执行一次 fgetc 函数
while( !feof(fp) )
{   putchar(ch);
    n++;
    ch=fgetc(fp);
}
```

类似的，在二进制文件中使用 feof 函数也有这样的问题。

【例 8.14】 输出例 8.11 中产生的文件 student.dat 中的学生信息。

```
1.  #include <stdio.h>
```

```
2.  #include <stdlib.h>
3.  #define SIZE 6
4.  typedef struct
5.  {
6.        char name[12];
7.        int num;
8.        double score;
9.  }STUD;
10. long len=sizeof(STUD);
11. int main()
12. {
13.     FILE * fp;       STUD x;       int i=0;
14.     if ((fp=fopen("student.dat", "rb"))==NULL)
15.     {   printf("Can't open file!\n");      exit(0);        }
16.     printf("输出学生信息:\n");
17.     while(!feof(fp))
18.     {   fread(&x, len, 1, fp);
19.         i++;
20.         printf("学生%d: %s, %d, %.2lf\n", i, x.name, x.num, x.score);
21.     }
22.     fclose(fp);
23.     return 0;
24. }
```

程序运行结果：

```
输出学生信息:
学生 1:Mary, 2009121, 89.50
学生 2:Alex, 2009105, 90.20
学生 3:Mike, 2009215, 78.60
学生 4:Bob, 2009118, 75.40
学生 5:Smith, 2009109, 85.90
学生 6:John, 2009126, 92.50
学生 6:John, 2009126, 92.50
```

说明：最后一个学生 6 输出了两次，即多输出了一次，其原因和前面例 8.13 是一样的。

修改方法 1：

```
fread(&x, len, 1, fp);                  //在循环前调用一次 fread 函数
while(!feof(fp))
{   i++;
    printf("学生%d: %s, %d, %.2lf\n", i, x.name, x.num, x.score);
    fread(&x, len, 1, fp);
}
```

修改方法 2：

```
while( fread(&x, len, 1, fp)==1 )   //不使用 feof 函数,直接判断 fread 函数返回值是否为 1
{   i++;
    printf("学生%d: %s, %d, %.2lf\n", i, x.name, x.num, x.score);
}
```

8.5.2 ferror 函数

在调用各种文件读写函数时,可能因某些原因导致失败,如果出现错误,那么除了函数返回值有所反映外,还可以用 ferror 函数进行检查。

函数原型:

int ferror(FILE ∗ fp);

函数参数:FILE ∗ fp 为文件指针。

函数功能:检查 fp 所指向的文件在调用各种读写函数时是否出错。

函数返回值:若当前读写操作没有出现错误,则返回 0;若出错,则返回非 0 值。

说明:对同一文件每调用一次读写函数,均产生一个新的 ferror 函数值,因此应在调用一个读写函数后立即检查 ferror 函数的值,否则信息会丢失。在执行 fopen 函数时,ferror 函数的初始值自动置为 0。

8.5.3 clearerr 函数

当错误处理完毕后,应清除相关的错误标志,以免进行重复的错误处理,这时应使用 clearerr 函数。

函数原型:

void clearerr(FILE ∗ fp);

函数参数:FILE ∗ fp 为文件指针。

函数功能:使文件错误标志和文件结束标志置为 0。假设在调用一个读写函数时出现错误,ferror 函数值为一个非 0 值。在调用 clearerr(fp); 后,ferror 函数值变成 0。

一旦文件读写操作出现错误,系统内部的一个错误标志就被设为非 0 值,调用 ferror 函数可得到该错误标志的值。错误标志会一直保留,直到调用 clearerr 函数,或者下一次调用读写函数,才能改变该标志的值。

【例 8.15】 函数 ferror 和函数 clearerr 应用举例。

```
1.  #include <stdio.h>
2.  #include <stdlib.h>
3.  int  main()
4.  {
5.      FILE ∗ fp;        char ch;
6.      if((fp = fopen("newfile.txt", "w"))==NULL)
7.      {  printf("Can not open file!\n");   exit(0);  }
8.      ch=fgetc(fp);
9.      if (ferror(fp))                      //若出错,则返回非 0 值
10.     {  printf("Error reading !\n");
11.        clearerr(fp);                     //调用后 ferror(fp)的值为 0
12.     }
13.     if( !ferror(fp) )
14.     printf("Error indicator cleared!\n");
15.     fclose(fp);
```

```
16.     return 0;
17. }
```

8.6 本 章 小 结

　　C语言把文件看作一个字节的序列，即文件是由一个一个字节的数据顺序组成的。根据数据的组织形式把文件分为两类：文本文件和二进制文件。C语言中通过一个文件类型的指针使用文件。使用文件的第一步是打开文件，用fopen函数打开指定文件，文件被打开时必须指明文件的打开方式；使用文件的最后一步是关闭文件，通过fclose函数实现。

　　文件读写是通过各类读写函数实现的：①读写一个字符用fgetc/fputc函数；②读写一个字符串用fgets/fputs函数；③读写一个数据块用fread/fwrite函数；④以特定格式读写数据时用fscanf/fprintf函数。fgetc/fputc、fgets/fputs函数主要用于文本文件的读写；fread/fwrite函数主要用于二进制文件的读写；fscanf/fprintf函数既可对文本文件进行操作，也可以对二进制文件进行读写。实现文件的随机读写需要借助文件定位函数rewind、fseek和ftell。

8.7 程 序 举 例

　　【例8.16】　假设已经有许多文本文件，每个文件里存放着一组实数，各实数间用空格分隔。要求编写一个程序，用户输入文件名后，计算相应文件里的所有实数的平均值并输出。

　　分析：考虑定义一个函数，功能是从文件里读取实数值，求出它们的平均值并输出。函数原型设计为：void average（char * filename）。其中，参数filename是一个字符指针变量，它指向要处理的文件名（该文件名存放在main函数中的字符数组中）。

　　在main函数中设计一个循环，用户可以不断输入文件名，计算文件中数据的平均值，如果用户不想再继续计算了，就可以直接按"回车"键结束程序。

　　例8.16的参考程序如下。

```
1.  #include<stdio.h>
2.  #include<stdlib.h>
3.  #include<string.h>
4.  void average(char * filename)
5.  {
6.      FILE * fp;   int n=0, m;    double x, sum=0.0;
7.      if ((fp=fopen(filename, "r"))==NULL)    //以只读方式打开文本文件
8.      {  printf("Can't open file: %s!\n", filename);  exit(0);  }
9.      while ((m=fscanf(fp, "%f", &x)) != EOF)  //m值不等于EOF时执行循环
10.     {    sum=sum+x;    n++;    }
11.     printf("\n文件%s中共有%d个实数,其平均值为: %lf\n\n", filename, n, sum/n);
12.     fclose(fp);
13. }
14. int main()
15. {
```

```
16.      char name[50];
17.      while (1)
18.      {   printf("请输入文件名(直接按"回车"键时结束): ");
19.          gets(name);                        //输入文件名
20.          if (strlen(name)==0)  break;       //如果 name 空串,则终止 while 循环
21.          average(name);                     //函数调用
22.      }
23.      printf("谢谢使用,再见!\n");
24.      return 0;
25. }
```

说明:① 在 average 函数中,while 的循环条件写成:(m=fscanf(fp, "%f", &x)) != EOF,这是因为 fscanf 函数读取数据正确时将返回所读数据的个数,若读取数据出错或文件结束则返回 EOF,所以这里先将 fscanf 函数返回值赋给变量 m,再判断 m 是否为 EOF,成功读取数据时 m 值为 1(执行循环),出错或文件结束时 m 值为 EOF(结束循环)。

② 在 main 函数中,while(1)是一个"永真"循环,只要用户输入一个文件名就可以执行循环;要想结束程序,则需要直接按"回车"键,这相当于输入一个空字符串,用 strlen 函数求字符串长度时会得到 0,此时 if 条件为真,执行语句 break;终止 while 循环。

【例 8.17】 现在已经有多个单词文件(文本文件),每个文件中数据的存放方式为:每行存放一个英文单词和相应的中文词汇,并且英文在前,中文在后,用空格分隔,每个文件中最多存放 100 个单词及其中文词汇。要求编写一个背英语单词的程序,其功能如下。

(1) 用户先选择一个单词文件,则程序以该文件中的数据进行背单词练习。

(2) 每次练习以 10 个单词为一组,系统显示一个中文词汇,要求用户输入对应的英文单词,输入正确加 10 分,错误不加分,最后给出得分(0~100)。

(3) 用户可以选择继续练习或停止练习。若选择停止,则需询问用户是否重新选择其他单词文件进行背单词练习。

分析:首先设计数据类型,这里可以定义一个结构体类型,它包含 2 个成员,分别存放英文单词和中文词汇。根据题目要求,定义以下两个函数。

① load 函数用来从单词文件中读取数据,并将这些数据存储在一个结构体数组中。

② exercise 函数实现背单词练习,这里采用顺序出题的方式,先输出一个中文词汇,要求用户输入相应的英文单词,然后用字符串比较函数 strcmp 比较用户输入的英文字符串与结构体数组中存放的英文单词的字符串是否相等,如果相等则加 10 分,如果不等则不进行处理,然后执行下一次循环操作,循环 10 次后停止,输出本次练习的得分,然后系统询问用户是否继续练习,若用户输入 y 将继续练习,否则结束函数运行,返回到 main 函数。

main 函数中使用 while 循环实现可以多次选择不同的单词文件进行练习,用户输入单词文件的文件名后,先调用 load 函数,读取单词文件中的数据,并将其存放到结构体数组中,然后调用 exercise 函数进行背单词练习,exercise 函数调用结束后,系统询问用户是否选择其他单词文件,若输入 y 则重复以上操作,即继续执行循环,否则停止循环结束程序。

例 8.17 的参考程序如下。

```
1.  #include<stdio.h>
2.  #include<stdlib.h>
```

```
3.  #include<string.h>
4.  #define N 100              //定义符号常量 N,表示一个单词文件中的单词数量最多为 100
5.  #define M 10               //定义符号常量 M,表示每次练习为 10 个题
6.  struct word                //定义结构体类型
7.  {
8.      char english[40];      //english 字符数组存放英文单词
9.      char chinese[20];      //chinese 字符数组存放中文词汇
10. };
11. void load(char * filename, struct word a[N]);   //load 函数声明
12. void exercise(struct word a[N]);                //exercise 函数声明
13. int main()
14. {
15.     char name[20];                              //定义字符数组,用来存放单词文件名
16.     char c='y';
17.     struct word wd[N];                          //定义结构体数组
18.     while(c=='y')
19.     {   printf("请输入单词文件名: ");
20.         gets(name);                             //输入单词文件名
21.         load(name,wd);                          //调用 load 函数,数组名作参数
22.         exercise(wd);                           //调用 exercise 函数
23.         printf("选择其他单词文件吗? (y/n):");
24.         c=getchar( );    getchar( );
25.     }
26.     printf("谢谢使用,再见!\n");
27.     return 0;
28. }
29. void load(char * filename, struct word a[N])
30. {
31.     FILE * fp;    int i=0;
32.     if ((fp=fopen(filename, "r"))==NULL)        //以只读方式打开文本文件
33.     {   printf("Can't open file: %s!\n", filename);    exit(0);  }
34.     while(fscanf(fp,"%s %s", a[i].english, a[i].chinese)!=EOF)
                                                    //从文件读取一个单词
35.         i++;
36. }
37. void exercise(struct word a[N])
38. {
39.     int i, score, n=0;     //变量 score 用来记录练习成绩,变量 n 用来记录单词的序号
40.     char c='y', eng[40]; //字符数组 eng 用来存放从键盘输入的英文字符串
41.     while(c=='y')
42.     {   score=0;
43.         for(i=n; i<n+M; i++)                    //从序号 n 开始循环 10 次
44.         {   puts(a[i].chinese);
45.             printf("请输入英文单词:");
46.             gets(eng);                          //输入一个英文单词字符串
47.             if(strcmp(eng, a[i].english)==0)
                                                    //判断输入的英文与数组中的英文是否相等
48.                 score=score+10;
49.         }
50.         printf("本次练习得分:%d\n", score);      //输出练习得分
```

```
51.         n=i;                                    //更新序号 n 的值
52.         printf("继续下一组的练习吗?(y/n):");
53.         c=getchar();    getchar();
54.     }
55. }
```

8.8 扩展阅读

图灵奖得主的炽热家国情怀——姚期智院士

姚期智，1946 年 12 月生于上海，祖籍湖北，计算机科学家，图灵奖获得者，中国科学院院士，现任清华大学交叉信息研究院院长、清华大学高等研究中心教授。

2005 年，由姚期智主导并与微软亚洲研究院共同合作的"软件科学实验班"（后更名为"计算机科学实验班"，也被称为"姚班"）在清华大学成立。"姚班"专注于培养与世界一流高校本科生具有同等甚至更高竞争力的领跑国际的拔尖创新人才，重点着眼于计算机科学与物理学、数学、生命科学、经济学等相关学科的学科交叉人才培养。

2011 年，姚期智院士还创建了"清华大学量子信息中心"与"交叉信息研究院"，他积极推进人工智能的创新理论及交叉学科应用，并再度为本科生创办了"清华大学人工智能学堂班"（简称"智班"），通过对本科生的人才培养，来推动人工智能前沿和学科交叉的发展。"智班"于 2019 年 5 月 18 日成立，被认为是清华大学在人工智能整体学科布局上的重要一步，进一步完善清华大学拔尖创新人才培养的学科格局。

姚期智院士是研究网络通信复杂性理论的国际前驱，是图灵奖创立以来首位获奖的亚裔学者，也是迄今为止获此殊荣的唯一一位计算机科学家。

姚期智院士对青年学子的寄语："一个人最重要的是立志，即使不知道自己要做什么，也要立志做一个不平凡的人，做出一番事业。一个人一生到底要做什么，这是一个成长过程，在不同的时期肯定会有不同的想法，最重要的是在这种时期要停下脚步想一想自己真正想做的是什么。在你有机会做决定的时候，按照我的经验，如果你对自己真的非常诚实，而且思考得足够透彻，通常来讲一定有一个选择是你真正想要的。"

第 **9** 章

位运算

位运算是指按二进制位进行的运算。在系统软件中,常常需要处理二进制位的问题。有些高级语言是不提供位运算符的,但 C 语言提供了位运算符,与汇编语言的位操作相似,位运算是 C 语言的优点之一。这些运算符只能用于整型操作数,即只能用于带符号或无符号的 char、short、int 与 long 类型。

9.1 位 运 算 符

数据在内存中都以二进制形式存放,如果对硬件编程,或做系统调用经常需要对数据的二进制位进行操作。C 语言提供了 6 种位运算符,其优先级、作用、要求运算符的个数及结合方向如表 9.1 所示。

表 9.1 C 语言的位运算符

操 作 符	优先级	作 用	要求运算符的个数	结 合 方 向
~	高	按位取反	单目	从右到左
<<,>>		左移、右移	双目	从左到右
&		按位与	双目	从左到右
^		按位异或	双目	从左到右
|	低	按位或	双目	从左到右

9.2 位运算符的运算规则

9.2.1 按位与运算符

按位与运算符"&"是先把两个运算对象按位对齐,再进行按位与运算,如果两个对应的位都为 1,则该位的运算结果为 1,否则为 0。

即 $0\&0=0,1\&0=0,0\&1=0,1\&1=1$。

例如,int a=41&165;,则 a 的值为 33,运算过程用二进制表示如下。

```
  0000 0000 0000 0000 0000 0000 0010 1001    （十进制数 41）
& 0000 0000 0000 0000 0000 0000 1010 0101    （十进制数 165）
  0000 0000 0000 0000 0000 0000 0010 0001    （十进制数 33）
```

按位与运算有两个特点：①和二进制位数 0 相与则该位被清零；②和二进制位数 1 相与则该位保留原值不变。利用这两个特点，可以指定一个数的某一位（或某几位）清零，也可以检验一个数的某一位（或某几位）是否是 1。

例如，a＝a&3；可以只保留 a 的右端两位二进制位数。（3 的二进制为 0000 0011）

又如，a&4；可以检验变量 a 的右端第 3 位是否为 1。（4 的二进制为 0000 0100）

注意：按位与运算符 & 和逻辑与运算符 && 不同，对于逻辑与运算符 &&，只要两边运算数为非 0，运算结果就为 1。

例如，41&&165 的值是 1，而 41&165 的值是 33。

按位与运算的用途如下。

(1) 清零。若想对一个存储单元清零，即使其全部二进制位为 0，只要找一个二进制数，其中各个位符合以下条件：原来的数中为 1 的位，新数中相应位为 0。然后使二者进行 & 运算，即可达到清零目的。

例如，原数为 43，即 00101011，另找一个数，设它为 148，即 10010100，将两者按位与运算。

```
  0010 1011    （十进制数 43）
& 1001 0100    （十进制数 148）
  0000 0000    （十进制数 0）
```

说明：满足条件的数不是唯一的，可以有多个。最简单的方法就是与 0 进行按位与运算。

(2) 取一个数中某些指定位。若有一个整数 a（2 字节），想要取其中的低字节，只需将 a 与低字节为 8 个 1 的数 b 进行按位与运算即可。

```
  0010 1100 1010 1101    （数 a）
& 0000 0000 1111 1111    （数 b）
  0000 0000 1010 1101
```

(3) 保留指定位。若想保留一个数 a 的指定位，只需将 a 与一个数 b 进行按位与运算，数 b 在该指定位取 1。

例如，有一数 a＝84，即 0101 0100，想把其中从左边算起的第 3、4、5、7、8 位保留下来，运算如下。

```
  0101 0100    （数 a）
& 0011 1011    （数 b，左边起第 3、4、5、7、8 位为 1）
  0001 0000
```

即 a＝84，b＝59，c＝a&b＝16。

9.2.2 按位或运算符

按位或运算符"|"是先把两个运算对象按位对齐，再进行按位或运算，如果两个对应的位都为 0，则该位的运算结果为 0，否则为 1。

即　0│0＝0,0│1＝1,1│0＝1,1│1＝1。

例如,有语句 int a＝41│165;,则 a 的值为 173,运算过程用二进制表示如下。

```
    0000 0000 0000 0000 0000 0000 0010 1001   (十进制数 41)
│   0000 0000 0000 0000 0000 0000 1010 0101   (十进制数 165)
    0000 0000 0000 0000 0000 0000 1010 1101   (十进制数 173)
```

利用按位或运算的特点,可以指定一个数的某一位(或某几位)置 1,其他位保留原值不变。例如:

a＝a│3;把 a 的右端两位二进制位数置 1,其他位保留原值不变。

a＝a│0x00ff;把 a 的低字节全置 1,高字节保持原样。(0x00ff 为 0000 0000 1111 1111)

a＝a│0xff00;把 a 的高字节全置 1,低字节保持原样。(0xff00 为 1111 1111 0000 0000)

如果参加位运算的两个运算对象类型不同,例如,长整型(long)、整型(int)或字符型(char)数据之间的位运算,则此时先将两个运算对象右端对齐,若为正数或无符号数则高位补 0,负数则高位补 1。

例如,9L│－200 的运算过程用二进制表示如下。

```
    0000 0000 0000 0000 0000 0000 0000 1001   (十进制长整型数 9L)
│   1111 1111 1111 1111 1111 1111 0011 1000   (十进制－200,高位补 1)
    1111 1111 1111 1111 1111 1111 0011 1001   (十进制长整型数－199L)
```

按位或运算的用途:按位或常用来对一个数据的某些位定值为 1。例如,如果想使一个数 a 的低 4 位改为 1,则只需要将 a 与 00001111 进行按位或运算即可。

9.2.3　按位异或运算符

按位异或运算符"∧"把两个运算对象按位对齐,如果对应位上的数相同,则该位的运算结果为 0;如果对应位上的数不相同,运算结果为 1。

例如,int a＝41∧165;,则 a 的值为 140,运算过程用二进制表示如下。

```
    0000 0000 0000 0000 0000 0000 0010 1001   (十进制数 41)
∧   0000 0000 0000 0000 0000 0000 1010 0101   (十进制数 165)
    0000 0000 0000 0000 0000 0000 1000 1100   (十进制数 140)
```

按位异或运算可以把一个数的二进制位的某一位(或某几位)翻转,即 0 变 1,1 变 0。

例如,a＝a∧3;将变量 a 的最右端的二位翻转。

按位异或运算的用途如下。

(1) 使特定位翻转。

设有数 0111 1010,想使其低 4 位翻转,即 1 变 0,0 变 1,可以将其与 0000 1111 进行异或运算。

```
    0111 1010   (原数)
∧   0000 1111   (低 4 位为 1)
    0111 0101   (低 4 位翻转)
```

运算结果的低 4 位正好是原数低 4 位的翻转。可见,要使哪几位翻转就将与其进行按位异或运算的该几位置为 1 即可。

(2) 一个数与0异或,保留原值。

例如:

$$
\begin{array}{r}
0111\ 1010 \quad (原数) \\
\wedge \quad 0000\ 0000 \quad (0) \\
\hline
0111\ 1010 \quad (原数不变)
\end{array}
$$

(3) 交换两个值,不用临时变量。

例如,数a的二进制形式为0111 1010,数b的二进制形式为1011 0100,交换a和b,可以用以下3条赋值语句来实现。

```
a=a∧b;
b=b∧a;
a=a∧b;
```

其交换过程如下。

$$
\begin{array}{r}
0111\ 1010 \quad (数\ a) \\
\wedge \quad 1011\ 0100 \quad (数\ b) \\
\hline
1100\ 1110 \quad (数\ a\ 发生改变) \\
\wedge \quad 1011\ 0100 \quad (数\ b) \\
\hline
0111\ 1010 \quad (数\ b\ 变成了原来的数\ a) \\
\wedge \quad 1100\ 1110 \quad (改变后的数\ a) \\
\hline
1011\ 0100 \quad (改变后的数\ a\ 又变成了原来的数\ b)
\end{array}
$$

说明:执行第1个赋值语句a=a∧b;实际上就是使原来两个数中对应的位,值相同的为0,值不同的为1。再执行第2个赋值语句b=b∧a;相当于将b中和原来数a中相同的位保留原值,而不同的位变成原数a中的值,这样数b就变成了原来的数a。前2条赋值语句可以综合写成b=a∧b∧b;,即任意一个数与任意一个给定的值连续异或两次,而值不变。最后执行第3个赋值语句a=a∧b;,这时变量a中存放的是原来数a与数b异或得到的值,而变量b里存放的是原来数a的值。同理,进行异或运算后,是将原来数a中与原数b中相同的位保留原值,而不同的位变成原数b中的值,这样结果就成了原来的数b。

注意:由于不能对浮点数进行直接位运算,因此该方法不能实现交换两个浮点数的值。

9.2.4 按位取反运算符

按位取反运算符"~"是单目运算符,运算对象在运算符的右边,其运算功能是把运算对象的内容按位取反。

例如,int i=199;,则~i值为−200,运算过程用二进制表示如下。

$$
\begin{array}{r}
\sim \quad 0000\ 0000\ 0000\ 0000\ 0000\ 0000\ 1100\ 0111 \quad (十进制数\ 199) \\
\hline
1111\ 1111\ 1111\ 1111\ 1111\ 1111\ 0011\ 1000 \quad (十进制数\ -200)
\end{array}
$$

按位取反运算的用途如下。

使一个整数a的最低一位为0,可用a=a&~1。使用~1的优点是具有较好的移植性,因为它对用16位或用32位来存放一个整数的情况都适用。

a=a&~1,先进行对1进行按位取反运算,然后再进行&运算,设以2字节存储一个整数,a=61,a=a&~1的运算过程表示如下。

~   0000 0000 0000 0000 0000 0000 0000 0001   （十进制数 1）

    1111 1111 1111 1111 1111 1111 1111 1110   （~1）

&   0000 0000 0000 0000 0000 0000 0011 1101   （十进制数 a=61）

    0000 0000 0000 0000 0000 0000 0011 1100   （数 a 的最低位置为 0）

9.2.5 左移运算符

左移运算符"<<"的左边是运算对象，右边是整型表达式，表示左移的位数。左移时，低位（右端）补 0，高位（左端）移出部分舍弃。

例如：

```
char a=5, b;
b=a<<3;
```

运算过程用二进制表示如下。

<<3   0000 0101   （十进制数 5）

    0010 1000   （十进制数 40）

左移时，若高位（左端）移出的部分均是二进制位数 0，则每左移 1 位，相当于乘以 2。因此，执行语句 b=a<<3；之后，b 的值为 40（即 5×2×2×2=40），可以利用左移这一特点，代替乘法，左移运算比乘法运算快得多。若高位移出的部分包含有二进制位数 1，则不能用左移代替乘法运算。

9.2.6 右移运算符

右移运算符">>"的左边是运算对象，右边是整型表达式，表示右移的位数。右移时，低位（右端）移出的二进制位数舍弃。对于正整数和无符号整数，高位（左端）补 0。对于有符号的数，分两种情况：①如果原来符号位为 0（即正数），则左端也是补 0；②如果符号位原来为 1（即负数），则取决于所用的计算机系统，有的系统左端补 0，称为"逻辑右移"，即简单右移；而有的系统左端补 1，称为"算术右移"。

例如：

a 的值用二进制表示为 1001 0111 1110 1101（符号位为 1）。

逻辑右移，a>>1 的结果是 0100 1011 1111 0110。

算术右移，a>>1 的结果是 1100 1011 1111 0110。

又如：

```
char a=41,b;
b=a>>3;
```

运算过程用二进制表示如下。

>>3   0010 1001   （十进制数 41）

    0000 0101   （十进制数 5）

右移时，每右移 1 位，相当于除以 2（整数除）。因此，执行语句 b=a>>3；之后，b 的值为 5（即 41/2/2/2=5，注意是整除）。可以利用右移这一特点，代替除法，右移运算比除法运算快得多。但是对于负整数，若右移时高位（左端）补 1，则不能用右移代替除法运算。

9.2.7 位运算中的类型转换

实际上在 C 语言中并不存在 8 位的位运算，上面的部分例子只是为了书写方便。因为位运算都必须进行整数提升（Integer Promotion），即在位运算之前必须将 char 型、short 型的数据转换为 int 或 unsigned int 型再参与运算。当两个运算数类型不同时位数也会不同，此时系统按照如下规则自动处理。

（1）先将两个运算数右端对齐。

（2）再将位数短的一个运算数往高位扩充，无符号数和正整数左侧用 0 补全，负数左侧用 1 补全，补足位数后再进行相应位运算。

例如：

```
int a=12;
short b=10;
```

在 VS 2013 环境下，a、b 的二进制表示分别为 32 位、16 位，于是当 a、b 进行位运算时，b 需要在左边以 0 补足 32 位后方可与 a 进行运算。

例如：

```
#include<stdio.h>
int main()
{
    unsigned char c= 0xfc;
    unsigned int i= ~c;
    printf("0x%x\n", i);
    return 0;
}
```

说明：在对 c 取反之前，先将 c 提升为 int 型，则为 0x000000fc，取反之后结果就是 0xffffff03，所以程序输出结果是 0xffffff03，而不是 0x00000003。

9.2.8 位运算的复合赋值运算符

跟其他运算符一样，C 语言允许位运算符与赋值运算符组成复合赋值运算符。

例如：

a&=b	等价于	a=a&b
a^=b	等价于	a=a^b
a|=b	等价于	a=a|b
a<<=b	等价于	a=a<<b
a>>=b	等价于	a=a>>b

如果在一个表达式中出现多个位运算符时，应注意各位运算符之间的优先关系。

例如，a=10&5<<3；执行后 a 的值为 8。因为<<的优先级高于&，先进行左移运算，再进行按位与运算，运算过程用二进制表示如下。

```
<<3   0000 0101   （十进制数 5）
      0010 1000   （十进制数 40）
&     0000 1010   （十进制数 10）
      0000 1000   （十进制数 8）
```

9.3　本章小结

　　C语言的位运算是C语言的一个特性,使C语言具有汇编语言的功能。常用的6种位运算符中只有按位取反是单目运算符,其他5种:按位与、按位或、按位异或、左移、右移都是双目运算符。这些位运算符的优先级顺序是:取反最高,其次是移位运算,再次是按位与、按位异或,最后是按位或。注意,取反运算和移位运算高于逻辑运算(逻辑非除外)和关系运算;而位运算的 &、^、| 的优先级低于关系运算,但高于逻辑的 &&、|| 运算。位运算可以实现对二进制位进行测试、设置或移位等操作,比较适用于编写系统软件。

9.4　程序举例

　　【例9.1】　取一个整数a从右端第m位开始的右面n位,如图9.1所示(设m=15,n=4)。

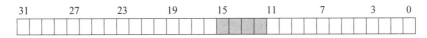

图9.1　取一个整数a从右端第15位开始的右面4位

　　分析:VS 2013中一个int型整数占4字节(32位),从右端开始对每一位编号,最右端为第0位,而最左端为第31位,当m=15,n=4,带阴影的部分即为要取的位数。按以下步骤进行操作,可以完成题目的要求。

　　① 使阴影部分的n位移动到最右端,即a>>(m−n+1),如图9.2所示。

　　例如,m=15,n=4,a>>(15−4+1),即a>>12。

图9.2　将图9.1中阴影部分的4位移到最右端

　　② 设置一个数,使其低n位全为1,其余位全为0,即~(~0<<n)。

　　例如,n=4。

$$0:\quad 0000\ 0000\ 0000\ 0000\ 0000\ 0000\ 0000\ 0000$$
$$\sim 0:\quad 1111\ 1111\ 1111\ 1111\ 1111\ 1111\ 1111\ 1111$$
$$\sim 0<<4:\quad 1111\ 1111\ 1111\ 1111\ 1111\ 1111\ 1111\ 0000$$
$$\sim(\sim 0<<4):\quad 0000\ 0000\ 0000\ 0000\ 0000\ 0000\ 0000\ 1111$$

　　③ 将①和②的结果进行按位与运算,即(a>>(m−n+1)) & ~(~0<<n),就得到了最后结果。

　　例9.1的参考程序如下。

```
1.  #include<stdio.h>
2.  int main(void)
3.  {
```

```
4.      int a, b, c, d, m, n;
5.      printf("请输入一个十六进制的整数 a:");
6.      scanf("%x", &a);
7.      printf("请按十进制输入 m, n:");
8.      scanf("%d%d", &m, &n);
9.      b=a>>(m-n+1);
10.     c=~(~0<<n);
11.     d=b&c;
12.     printf("d=%x\n", d);
13.     return 0;
14.  }
```

程序运行结果：

```
请输入一个十六进制的整数 a:001234ab↙
请按十进制输入 m, n:15  4↙
d=3
```

说明：二进制的运算过程如下所示。

0000 0000 0001 0010 0011 0101 1010 1011　（整数 a 为 0x001234ab）

0000 0000 0000 0000 0000 0001 0010 0011　（b=a>>(m-n+1) 即 b=a>>12）

0000 0000 0000 0000 0000 0000 0000 1111　（c=~(~0<<n) 即 c=~(~0<<4)）

0000 0000 0000 0000 0000 0000 0000 0011　（d=b&c, 即 d=3）

【例 9.2】　对无符号整数 a 实现循环右移 n 位，即将 a 中原来右端的 n 位移动到 a 的最左端，如图 9.3 所示。

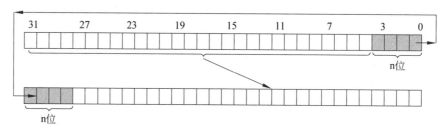

图 9.3　循环右移示意图

分析：按以下步骤进行操作，可以完成循环右移 n 位。

① 将整数 a 的右端 n 位先放到另一整数 b 中的左端 n 位中，即 b=a<<(32-n);。

② 将 a 右移 n 位，其左端 n 位补 0，即 c=a>>n;。

③ 将 c 与 b 进行"按位或"运算，完成循环右移 n 位，即 c=c|b;。

例 9.2 的参考程序如下。

```
1.   #include<stdio.h>
2.   int main()
3.   {
4.      unsigned a, b, c;      int n;
5.      printf("请按十六进制输入 a, 按十进制输入 n:");
6.      scanf("%x%d", &a, &n);
```

```
7.        b=a<<(sizeof(unsigned) * 8-n);
8.        c=a>>n;
9.        c=c|b;
10.       printf("a=%x\n c=%x\n", a, c);
11.       return 0;
12. }
```

程序运行结果：

请按十六进制输入 a，按十进制输入 n:ff1234ab 4↙
a=ff1234ab
c=bff1234a

说明：二进制的运算过程如下所示。

1111 1111 0001 0010 0011 0101 1010 1011　（整数 a 为 0xff1234ab）

1011 0000 0000 0000 0000 0000 0000 0000　（b＝a<<（32−4），即 b 为 b0000000）

0000 1111 1111 0001 0010 0011 0101 1010　（c=a>>4，即 c 为 0x0ff1234a）

1011 1111 1111 0001 0010 0011 0101 1010　（c=c|b，即 c 为 0xbff1234a）

9.5 扩展阅读

密码学界的巾帼精英——王小云院士

王小云，女，1966 年 8 月生于山东诸城，中国密码学家。1983—1993 年就读于山东大学数学系，先后获得理学学士、硕士和博士学位，师从潘承洞教授。现任山东大学网络空间安全学院（研究院）院长，清华大学密码理论与技术研究中心主任，主要从事密码理论及相关数学问题研究。

由图灵奖获得者、国际著名密码学家 Ronald Rivest 教授于 1992 年设计的 MD5 算法曾被广泛应用，但对 MD5 存在的漏洞，密码学界长期无人有效破解。2004 年 8 月，王小云宣布了她和冯登国、来学嘉、于红波 4 人共同完成的文章"对 MD5、HAVAL128、MD4 和 RIPEMD 4 个著名 Hash 算法实现成功破解"，在密码学界声名鹊起。之后，一度被世界密码学界公认为更加安全的 SHA-1 算法也于 2005 年 2 月被王小云与其同事成功破译，国际知名度再创新高。

鉴于其卓越的学术成就，2006 年王小云获教育部高等学校科学技术奖自然科学一等奖、陈嘉庚科学家奖、求是杰出科学家奖、中国女青年科学家奖和中国青年科学家提名奖；2008 年获国家自然科学二等奖；2010 年获苏步青应用数学奖，国家密码科技进步一等奖；2014 年获得中国密码学会密码创新奖特等奖；2016 年获得网络安全优秀人才奖；2017 年当选中国科学院院士。2019 年获得未来科学大奖"数学与计算机科学奖"，同年当选国际密码协会会士；2020 年当选"2019 中国科学年度新闻人物"和"2019 十大女性人物"。

王小云将她多年积累的密码分析理论的优秀成果深入应用到密码系统的设计中，先后设计了多个密码算法与系统，为国家密码重大需求解决了实际问题，为保护国家重要领域和重大信息系统安全发挥了积极作用。

第10章

综合程序设计

本章通过 3 个比较复杂的实例说明结构化程序设计的一般方法,每个实例都具有一定的综合性,涉及 C 语言中的多个知识点。通过这些例题能更深入地理解前面所讲的知识,并能综合运用这些知识解决实际问题,同时借此掌握程序设计的思想。

10.1 电子万年历系统

万年历是人们日常生活中经常用到的一种非常实用的工具,本节将介绍一种简单的电子万年历的实现方法,用 C 语言编程实现基本的万年历的查询功能。

系统开发中涉及的主要知识点包括:

(1) 标准输入输出函数的应用。

(2) 选择结构、循环结构的程序设计。

(3) 函数的定义、声明及调用。

10.1.1 系统设计要求

电子万年历系统主要实现以下 3 种查询功能。

(1) 查询某一年的日历。要求从键盘输入年份,输出该年 12 个月的日历。

(2) 查询某一年某一个月的日历。要求从键盘输入年份和月份,输出该月的日历。

(3) 查询某一天是星期几。要求从键盘输入年、月、日,输出这一天是星期几。

10.1.2 系统总体设计

1. 系统功能模块图

电子万年历系统的功能模块如图 10.1 所示。

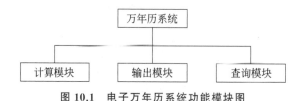

图 10.1 电子万年历系统功能模块图

（1）计算模块：用于计算天数，判断是否是闰年。

（2）输出模块：用于菜单输出和日历输出。

（3）查询模块：实现题目要求的 3 种查询功能。

2. 数据结构设计

由于本系统相对来说比较简单，主要应用 C 语言的整型数据进行计算，在此仅对全局变量进行说明。

```
int g_MonthDays[13]={0,31,28,31,30,31,30,31,31,30,31,30,31};
```

定义一个全局整型数组 g_MonthDays，数组元素 g_MonthDays[0]空置不用，数组元素 g_MonthDays[1]~g_MonthDays[12]分别对应 1~12 月，且初始化为每个月的天数。

3. 功能模块设计

1）计算模块

计算模块包含 3 个函数：LeapYear、CountYearDays 和 CountMonthDays。

首先分析系统的 3 种查询功能：①功能 1，若输入 2009，则应显示 2009 年 1~12 月的日历。要先确定 2009.1.1 是星期几，才能输出 1 月份的日历，再计算 2009.2.1 是星期几，从而输出 2 月份的日历，这样依次输出每个月的日历。②功能 2，若输入 2009.5，则应显示 2009 年 5 月份的日历，也必须先确定 2009.5.1 是星期几，然后才能输出 5 月份的日历。③功能 3，若输入 2009.3.25，则显示该天是星期几。所以，为了实现这 3 个功能，首要任务是计算出某一天是星期几。

计算某一天是星期几可以利用一些公式进行计算，常用的有蔡勒公式、基姆拉尔森公式等。下面以基姆拉尔森公式为例来进行计算。

$$W=(d+2\times m+3\times(m+1)/5+y+y/4-y/100+y/400)\bmod 7$$

公式中，d 表示日期中的日数，m 表示月份数，y 表示年数，mod 表示取余运算。计算时需要注意：要把 1 月和 2 月看成上一年的 13 月和 14 月，如果是 2004-1-10，则需要换算成 2003-13-10 来代入公式计算。

使用基姆拉尔森公式的参考程序如下。

```c
#include <stdio.h>
#include<conio.h>
void CaculateWeekday(int y, int m, int d)
{
    int w;                  //w代表星期几
    if (m==1 || m==2)  {  m += 12;  y--;  }
    w = (d+1 + 2*m + 3*(m+1)/5 + y + y/4 - y/100 + y/400)%7;
    switch(w)
    {  case 0:  printf("星期天\n");  break;
       case 1:  printf("星期一\n");  break;
       case 2:  printf("星期二\n");  break;
       case 3:  printf("星期三\n");  break;
       case 4:  printf("星期四\n");  break;
       case 5:  printf("星期五\n");  break;
       case 6:  printf("星期六\n");  break;
    }
}
```

```
int main()
{
    int year, month, day;        char ch='y';
    while(ch!='\033')                //\033 是 ESC 键的 ASCII 码的八进制形式(十进制数为 27)
    {   printf("\n 请输入日期:\n 格式为:1900,1,1\n");
        scanf("%d,%d,%d", &year, &month, &day);
        CaculateWeekday(year, month, day);
        printf("按 ESC 键退出,其他键继续!");
        ch = getch();
        printf("\n");
    }
    return 0;
}
```

使用公式计算是非常方便的,本例为了让读者更加深入地学习选择和循环结构的应用,以及函数的定义与调用,所以故意不使用公式,而是采用以下方法进行计算。

已知公元元年 1 月 1 日是星期一,对于一个确定的日期,可计算出从公元元年 1 月 1 日到这一天总共过去了多少天,用这个总天数除以 7,得到的余数是几则该天就是星期几。

例如,如果求公元元年 3 月 28 日是星期几,从 1 月 1 日到 3 月 28 日一共过去了 31+28+28=87 天,用 87 除以 7,得余数为 3(C 语言中可表示为 87%7=3),即该天是星期三,当然这是计算比较简单的例子。

再看一个具有代表性的例子,求 2007 年 9 月 15 日是星期几,可以分 4 步进行计算。

① 计算从公元元年 1 月 1 日到 2006 年 12 月 31 日一共有多少天(732676)。

② 计算从 2007 年 1 月 1 日到 2007 年 8 月 31 日共有多少天(243)。

③ 计算总天数=①的天数+②的天数+15=732676+243+15=732934。

④ 计算 732934%7=6,该天是星期六。

在第①、②步的计算中都必须考虑闰年的问题,在第①步中,不是闰年天数加 365,是闰年则应加 366。在第②步中,如果输入的月份大于 2,也要判断当年是否为闰年,不是闰年天数加 28,是闰年则应加 29。可以定义一个 LeapYear 函数,用来判断闰年。

研究后发现,要实现功能 1,实际上只需要进行第①步计算,再用(①的天数+1)%7,得到的余数就表示某年的 1 月 1 日是星期几;要实现功能 2,实际上是进行第①步和第②步计算,然后用(①的天数+②的天数+1)%7,得到的余数表示某年某月 1 日是星期几。

对第①步计算可以定义 CountYearDays 函数,其功能就是计算从公元元年 1 月 1 日到某年 12 月 31 日一共有多少天。例如,若输入日期 1997.6.22,调用 CountYearDays(1997);则该函数计算的是公元元年 1 月 1 日到 1996 年 12 月 31 日一共有多少天。

对第②步计算定义 CountMonthDays 函数,其功能是计算当年 1 月 1 日到输入日期的前 1 个月的天数。例如,若输入日期 1997.6.22,调用 CountMonthDays(6);则该函数计算的是 1997 年 1 月 1 日到 1997 年 5 月 31 日一共有多少天。

2) 输出模块

输出模块包含两个函数:

(1) Menu 函数用来输出系统提供的功能选项,可以提示用户进行功能选择。

(2) ListMonth 函数,用来按规定格式输出一个月的日历。以 2009 年 1 月为例,假设按以下格式输出日历。

星期日	星期一	星期二	星期三	星期四	星期五	星期六
				1	2	3
4	5	6	7	8	9	10
11	12	13	14	15	16	17
18	19	20	21	22	23	24
25	26	27	28	29	30	31

第一行显示汉字,每个汉字输出时占 2 列,这样 3 个汉字占 6 列,星期日与星期一之间用 3 个空格分开(其他的相同),这样在输出日期时,每个数字应占 9 列,为了整齐(数字与"期"字对齐),输出数字时先输出 2 个空格,再按左对齐方式输出数字且域宽定义为 7。另外,由于 2009 年 1 月 1 日是星期四,在输出数字 1 之前,必须先输出若干空格(输出 $4\times9=36$ 个空格),因每个数字占 9 列,而前面需要空出 4 个数字的位置,具体实现时可用循环控制。假设用 t=4 表示 1 月 1 日是星期四,输出 1 月份的日历可用以下代码实现。

```
for(i=1; i<=31; i++)
{   if(i==1)
        for(j=0; j<t; j++)          //t 的值为 4
            printf("         ");    //双引号中有 9 个空格,因每个日期占 9 列
    printf("  %-7d", i);            //按格式输出日期
    if ((i+t)%7==0)  printf("\n");  //满足条件表示已输出到星期六,换行
}
```

在第一个查询功能中,还要继续输出 2～12 月的日历,应该如何实现呢?

要输出 2 月的日历,就要先确定 2 月 1 日是星期几。从 1 月的日历可以看出,2 月 1 日应该是星期日,但是在程序中应该如何计算呢?在已知 1 月 1 日是星期四(t=4)的情况下,用 1 月份的天数%7,其结果加上 t 再对 7 取余数,就可以得到 2 月 1 日是星期几,即计算 $(4+31\%7)\%7=(4+3)\%7=0$,所以 2 月 1 日是星期日。写成 C 语言的赋值表达式为:t=(t+days%7)%7,其中 days 表示天数。假设要计算第 k 个月 1 日是星期几,则表达式右侧的 t,其值为第(k−1)个月 1 日是星期几的数值,而 days 是第(k−1)个月的天数,这样计算出来的数值是几就表示第 k 个月 1 日是星期几。

3) 查询模块

对系统要实现的 3 个查询功能定义了 3 个函数:

(1) Search1 函数用来显示一年 12 个月的日历,输入年份后,计算出该年 1 月 1 日是星期几,然后从 1 月开始依次输出每个月的日历,其中调用了函数 LeapYear、CountYearDays 和 ListMonth。

(2) Search2 函数用来显示某年某个月的日历,输入年份和月份后,计算出该年该月 1 日是星期几,然后输出这个月的日历,其中调用了函数 LeapYear、CountYearDays、CountMonthDays 和 ListMonth。

(3) Search3 函数用来显示某天是星期几,通过调用函数 LeapYear、CountYearDays 和 CountMonthDays 计算出从公元元年 1 月 1 日到这一天总共过去了多少天,用这个总天数除以 7 得到的余数即为答案。

10.1.3　源程序代码

实现电子万年历的源程序代码如下。

```
#include<stdio.h>
#include<conio.h>
#include<stdlib.h>
int g_MonthDays [13]={0,31,28,31,30,31,30,31,31,30,31,30,31};   //定义全局数组
//函数声明
int LeapYear(int n);
int CountYearDays(int year);
int CountMonthDays(int month);
void Menu(void);
void ListMonth(int days, int t);
void Search1(void);
void Search2(void);
void Search3(void);
int main()
{
    int select;
    while(1)
    {   Menu();                                    //调用 Menu 函数,显示菜单
        scanf ("%d", &select);                     //输入想选择的功能
        switch (select)                            //对 select 进行多分支选择
        {   case 1: Search1(); break;              //select=1时,调用 Search1 函数
            case 2: Search2(); break;
            case 3: Search3(); break;
            case 0: printf("\n\t 谢谢使用!再见\n");  exit(0); //结束程序,退出系统
            default: printf("\n\t 按键错误,请重新选择!\n");    //输入出错,应重新输入
        } //switch 结束
    } //while 结束
    return 0;
}
//===========================================================
//功能:判断是否是闰年
//参数:n 为需要判断的年份
//返回:是闰年则返回 1,否则返回 0。
//主要思路:用 if 语句判断某一年是否是闰年
//===========================================================
int LeapYear(int n)
{
    if((n%4==0&&n%100!=0)||n%400==0)    return 1;      //是闰年返回 1
    else   return 0;                                   //不是闰年返回 0
}
//===========================================================
//功能:计算从公元元年到公元(year 1)年的总天数
//参数:year 为年份
//返回:返回总天数
//主要思路:用 for 循环计算天数
```

```
//===============================================================
int CountYearDays(int year)
{
    int i, flag, days=0;
    for(i=1; i<year; i++)
    {   flag=LeapYear(i);              //判断第 i 年是否是闰年
        if (flag)   days=days+366;     //是闰年加 366 天
        else        days=days+365;     //不是闰年应加 365 天
    }
    return(days);                      //返回总的天数
}
//===============================================================
//功能:计算当年前(month-1)个月的天数
//参数:month 为月份
//返回:返回前(month-1)个月的总天数
//主要思路:用 for 循环计算天数
//===============================================================
int CountMonthDays(int month)
{
    int i, days=0;
    for(i=1; i<month; i++)
        days=days+ g_MonthDays [i];
    return(days);
}
//===============================================================
//功能:显示系统菜单
//参数:无
//返回:无
//主要思路:用 printf 函数输出菜单
//===============================================================
void Menu(void)
{
    printf("\n");
    printf("\t---------------------------\n");
    printf("\t *                         * \n");
    printf("\t *      欢迎使用万年历系统      * \n");
    printf("\t *                         * \n");
    printf("\t---------------------------\n");
    printf("\n");
    printf("\t 请选择您要查询的内容:\n\n");
    printf("\t 1. 显示某年的日历\n");
    printf("\t 2. 显示某年某月的日历\n");
    printf("\t 3. 显示某天是星期几\n");
    printf("\t 0. 退出系统 \n\n");
    printf("\t 请选择按键(0-3):");
}
//===============================================================
//功能:按规定格式输出一个月的日历
//参数:days 表示要输出月份的天数,t 表示要输出月份的 1 日是星期几
//返回:无
```

```
    //主要思路:主要采用 for 语句输出日历
    //====================================================================
    void ListMonth(int days, int t)
    {
        int i, j;
        printf("星期日   星期一   星期二   星期三   星期四   星期五   星期六\n");
        for(i=1; i<=days; i++)
        {   if(i==1)
                for(j=0; j<t; j++)
                    printf("          ");    //在数字 1 前输出 9 * t 个空格
            printf("  %-7d", i);
            if((i+t)%7==0)  printf("\n");
        }
    }
    //====================================================================
    //功能:输出指定年份全年 12 月的日历
    //参数:无
    //返回:无
    //主要思路:主要采用 for 语句循环输出每个月的日历
    //====================================================================
    void Search1(void)
    {
        int year, t, k, flag, days;
        printf("\n 请输入年份:");
        scanf("%d", &year);
        flag=LeapYear(year);                  //调用 LeapYear 函数,判断 year 是否是闰年
        t=(CountYearDays(year)+1)%7;          //计算该年的第 1 天是星期几
        for(k=1; k<=12; k++)                  //k 表示月份,每循环 1 次,输出 1 个月的日历
        {   days= g_MonthDays [k];            //days 为第 k 个月的天数
            if(flag&&k==2)   days=29;         //若是闰年,则 2 月份天数为 29
            printf("\n %d 月:\n", k);         //输出这是几月
            ListMonth(days, t);               //输出 k 月的日历
            t=(t+days%7)%7;                   //计算第 (k+1) 个月的第 1 天是星期几
            printf("\n");
            if (k%3==0)             //每输出 3 个月的日历暂停,等用户按任意键后再继续输出
            {   printf("\n 按任意键继续!\n");
                getch();                      //函数功能是输入一个字符且不回显,函数定义在 conio.h 中
            }
        } //for 结束
    }
    //====================================================================
    //功能:输出某年某个月的日历
    //参数:无
    //返回:无
    //主要思路:通过调用函数计算天数,再输出日历
    //====================================================================
    void Search2(void)
    {
        int t, year, month, flag, days, ydays, mdays, alldays;
        printf("\n 请输入年.月(如 2009.5):");
```

```
    scanf("%d.%d", &year, &month);
    ydays=CountYearDays(year);        //计算前 year-1 年的天数
    mdays=CountMonthDays(month);      //计算前 month-1 个月的天数
    days= g_MonthDays [month];        //days 为第 month 个月的天数
    flag=LeapYear(year);              //判断该年是否是闰年
    if(flag)
    {   if(month>2)   mdays++;        //是闰年且大于 2 月时,前(month-1)个月的天数加 1
        else  if(month==2)  days=29   //是闰年且 month 为 2 月时,2 月份天数加 1
    }
    alldays=ydays+mdays+1;            //计算公元元年 1 月 1 日到输入日期这个月 1 日的总天数
    t=alldays%7;                      //计算第 month 个月的第 1 天是星期几
    printf("\n%d年%d月:\n\n", year, month);
    ListMonth(days, t);               //输出该月的日历
    printf("\n");
}
//==========================================================
//功能:输出某一天是星期几
//参数:无
//返回:无
//主要思路:通过调用函数计算天数,再计算并输出这一天是星期几
//==========================================================
void Search3(void)
{
    int t, year, month, day, flag, ydays, mdays, alldays;
    printf("\n 请输入年.月.日(如 2009.3.25):");
    scanf("%d.%d.%d", &year, &month, &day);
    ydays=CountYearDays(year);        //计算前(year-1)年的天数
    mdays=CountMonthDays(month);      //计算前(month-1)个月的天数
    flag=LeapYear(year);              //判断该年是否是闰年
    if(flag&&month>2)   mdays++;      //是闰年且大于 2 月时,前(month-1)个月的天数加 1
    alldays=ydays+mdays+day;          //计算总天数
    t=alldays%7;                      //计算输入的这一天是星期几
    printf("\n %d年%d月%d日是", year, month, day);
    switch (t)                        //对 t 进行多分支选择
    {   case 0: printf("星期日\n"); break;
        case 1: printf("星期一\n"); break;
        case 2: printf("星期二\n"); break;
        case 3: printf("星期三\n"); break;
        case 4: printf("星期四\n"); break;
        case 5: printf("星期五\n"); break;
        case 6: printf("星期六\n"); break;
    };                                //switch 结束
}
```

10.1.4　程序运行结果

电子万年历系统程序的运行结果说明如下。

（1）程序运行时先出现主菜单,用户选择不同的数字来实现不同的功能。输入 1,即选功能 1,会出现提示信息"请输入年份：",这时若输入 2009,则显示出 2009 年 1、2、3 月的日

历,并在屏幕上输出提示信息"按任意键继续!",如图 10.2 所示。

　　用户可以在键盘上随便按一个键,则会输出 4、5、6 月的日历,继续按键会依次显示 7、8、9 月的日历和 10、11、12 月的日历,然后屏幕上又会显示出功能选择菜单,此时用户可以选择其他的功能。

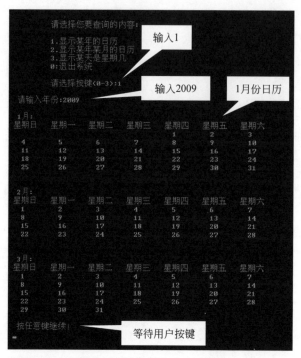

图 10.2　执行功能 1 后的界面

　　(2) 输入 2,即选功能 2,则出现提示信息"请输入年.月(如 2009.5):",这时用户输入时间,如 2010.6(注意年和月之间必须加圆点),屏幕将显示 2010 年 6 月的日历,如图 10.3 所示。

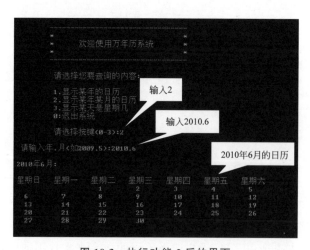

图 10.3　执行功能 2 后的界面

（3）输入 3，即选功能 3，则出现提示信息"请输入年.月.日（如 2009.3.25）："，这时用户可输入时间，如 2009.10.18，则屏幕将显示该天是星期几，如图 10.4 所示。

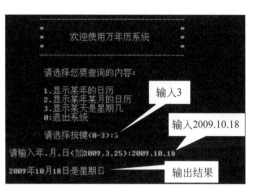

图 10.4 执行功能 3 后的界面

（4）输入 0（即选功能 0），则将退出系统。假设输入 5，因 5 不在 0～3 内，则会提示用户重新输入。

10.2 集合基本运算系统

集合的基本运算包括并运算、交运算和差运算 3 种，在 C 语言中集合可以用数组或链表来实现，由于集合运算后产生的集合其元素个数是不确定的，如果使用数组将会浪费一定的存储空间，所以本节介绍如何应用链表来实现集合的 3 种基本运算。

系统开发中涉及的主要知识点包括：

（1）选择结构、循环结构的程序设计。

（2）单链表的基本操作，包括链表的建立与输出，结点的插入与删除。

（3）链表的复杂操作，按一定要求由两个已知链表生成第三个链表。

10.2.1 系统设计要求

集合基本运算系统主要实现以下 5 个功能。

（1）建立有序集合。要求用户可以随意输入数据，系统自动建立一个从小到大排序的集合。

（2）在集合中插入元素或删除元素。实现在一个集合中插入或删除任意个数的元素。

（3）实现两个集合的并运算，并输出运算结果。

（4）实现两个集合的交运算，并输出运算结果。

（5）实现两个集合的差运算，并输出运算结果。

10.2.2 系统总体设计

1. 功能模块图

集合基本运算系统包括链表基本操作模块、集合基本运算模块和功能控制模块，其系统功能模块图如图 10.5 所示。

(1) 链表基本操作模块:用于链表的建立与输出,结点的插入与删除。

(2) 集合基本运算模块:用于实现集合的并、交、差 3 种基本运算。

(3) 功能控制模块:用于显示功能菜单和对两个链表实现建立、输出、插入、删除操作。

图 10.5　系统功能模块图

2. 数据结构设计

系统使用一个链表存放一个集合,若链表的头指针为空,则表示集合是空集,设定集合的元素为整数,结点类型的定义如下。

```
struct set
{
  int num;
  struct set * next;
};
```

3. 功能模块设计

1) 链表基本操作模块

链表基本操作模块的功能是完成单链表的基本操作,该模块包括 Creat、List、Insert 和 Delete 4 个函数,它们分别对应实现链表的建立、输出及结点的插入与删除 4 个基本操作。需要特别指出的是,系统采用有序链表的建立,链表建立实际上是通过多次结点插入来实现的,即在 Creat 函数中多次调用 Insert 函数。

2) 集合基本运算模块

集合基本运算模块的功能是完成集合运算的 3 种基本运算,该模块包括 Union、Intersection 和 Subtraction 3 个函数。用链表实现集合运算时,需要考虑运算结果是使用原链表的结点空间,还是开辟新的结点空间(即产生一个新链表)。第一种方法的优点是节省存储空间,缺点是不能对两个集合依次进行并、交、差 3 种运算,因为在执行完一种运算后原来的集合发生了变化,再进行其他运算就会出错。第二种方法虽然会占用较多的存储空间,但是可以对两个集合依次进行并、交、差 3 种运算,因为每次运算都是产生一个新链表,对原来的两个链表没有影响,所以系统采用了第二种方法。

(1) 集合的并运算。

定义:设 A、B 是两个集合,则 A∪B 是这样的集合:A∪B={ x | x∈A 或 x∈B },称 A∪B 是 A 与 B 的并集,称运算"∪"是并运算。例如:

若 A={1,2,3},B=∅,则 A∪B={1,2,3}。

若 A=∅,B={2,4,6},则 A∪B={2,4,6}。

若 A={1,2,3},B={2,4},则 A∪B={1,2,3,4}。

实现集合并运算实际上就是实现两个链表的合并,合并产生的新链表不包含重复元素。实现集合的并运算时,先判断集合 A 或集合 B 是否为空集,若其中一个为空集,则并运算的结果即为另一个集合;若 A、B 都不是空集,则需要对两个集合中的每个元素进行处理,从第 1 个元素开始逐个进行比较,若两个元素不同,则选择一个较小的元素作为新集合中的元素;若两个元素相同,则任选一个元素作为新集合中的元素;若其中一个集合的元素全部判断完,而另一个集合还有剩余元素,则将剩余元素全部作为新集合的元素。

下面通过一个例子说明用链表实现集合并运算的过程。

已知集合 A={1,2,4,5},集合 B={2,3},若进行并运算,则 A∪B={1,2,3,4,5}。图 10.6 中的(a)图表示并运算前链表的状态,ha 指向的链表表示集合 A,hb 指向的链表表示集合 B,hc 开始为空。

并运算的计算步骤如下。

step1:因 ha 指向结点 1,hb 指向结点 2,而 1 小于 2,所以选 1 作为新链表的第 1 个结点,用指针变量 p 指向一个新产生的结点,将其数据成员赋值为 1,然后令 hc 和指针 q 指向该新结点,并且令 ha 指向下一个结点,见图 10.6 的(b)图。

Step2:因 ha 指向 2,hb 指向 2,所以 2 作为新链表的第 2 个结点,用 p 指向新产生的结点,且其数据成员赋值为 2,然后令 q 的指针成员指向 p,再令 ha 和 hb 指向下一个结点,见图 10.6 的(c)图。为进行下一步操作,令 q 赋值为 p。

Step3:因 ha 指向 4,hb 指向 3,而 4 大于 3,所以选 3 作为新链表的第 3 个结点,用 p 指向新产生的结点,且其数据成员赋值为 3,然后令 q 的指针成员指向 p,并且令 hb 指向下一个结点,因 3 已是表尾结点,所以此时 hb 为空,见图 10.6 的(d)图。为进行下一步操作,令 q 赋值为 p。

Step4:因 hb 为空,ha 不为空,所以应将结点 4 和结点 5 依次加入到新链表中(用循环实现),最后 ha 也为空,整个并运算过程结束,最后状态见图 10.6 的(e)图。

(2)集合的交运算。

定义:设 A、B 是两个集合,则 A∩B 是这样的集合:A∩B={ x | x∈A 且 x∈B },称 A∩B 是 A 与 B 的交集,称运算"∩"是交运算。例如:

若 A={1,2,3},B=∅,则 A∩B=∅。

若 A=∅,B={2,4,6},则 A∩B=∅。

若 A={1,2,3},B={4,5,6},则 A∩B=∅。

若 A={1,2,3},B={2,4,6},则 A∩B={2}。

实现集合的交运算时,先判断集合 A 或集合 B 是否为空集,若其中一个为空集,则交运算的结果即为空集;若 A、B 都不是空集,则需要找出两个集合中的相同的元素,从第 1 个元素开始逐个进行比较,若两个元素相同,则任选一个元素作为新集合中元素;若集合 A 的元素小于集合 B 的元素,则判断集合 A 的下一个元素;若集合 A 的元素大于集合 B 的元素,则判断集合 B 的下一个元素;只要其中一个集合的元素全部判断完就可以结束运算。

(3)集合的差运算。

定义:设 A、B 是两个集合,则 A\B 是这样的集合:A\B={ x | x∈A 且 x∉B },称 A\B 是 A 与 B 的差集,称运算"\"是差运算。例如:

若 A={1,2,3},B=∅,则 A\B={1,2,3}。

若 A=∅,B={2,4,6},则 A\B=∅。

若 A={1,2,3},B={4,5,6},则 A\B={1,2,3}。

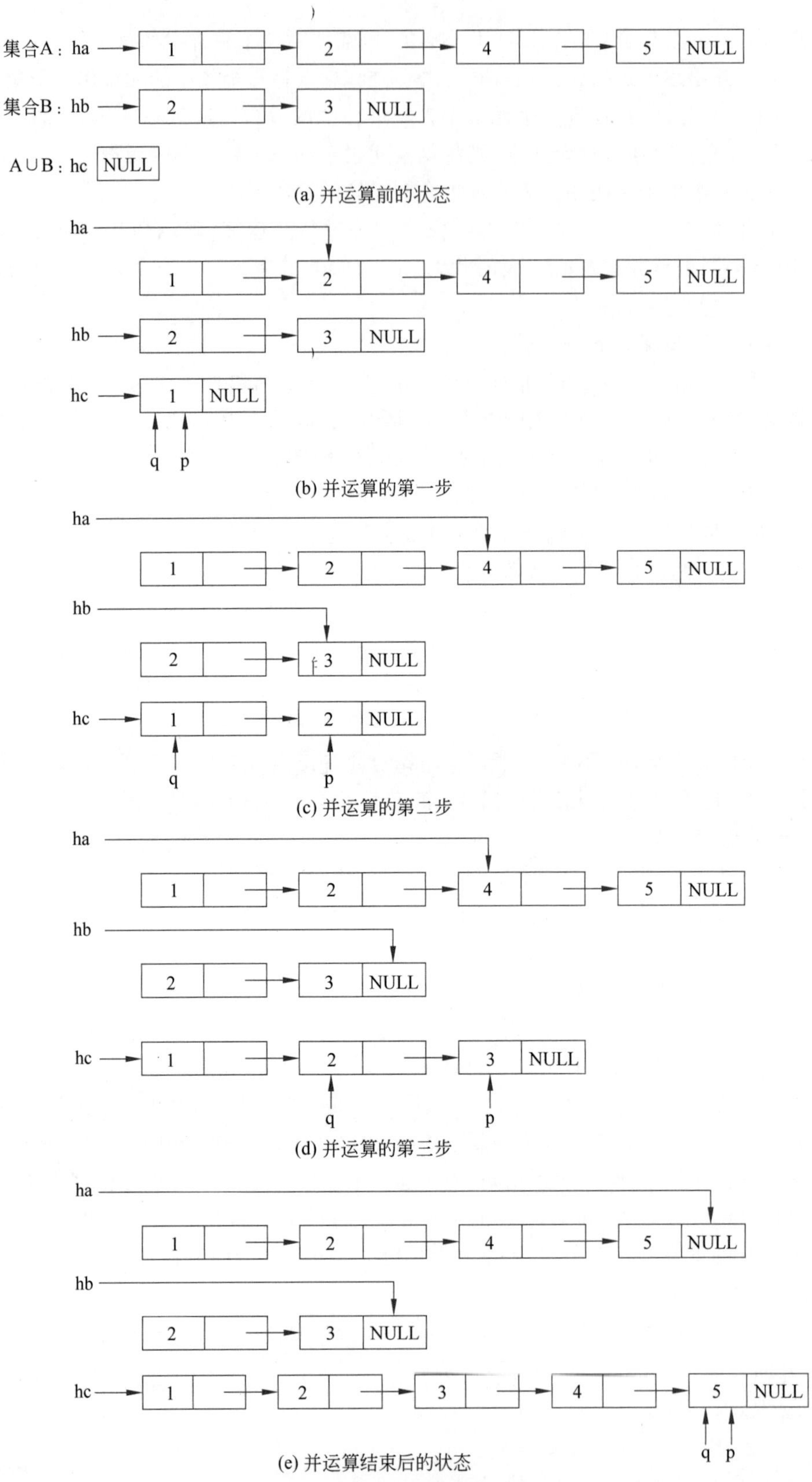

图 10.6　集合并运算的执行过程

　　若 A={1,2,3},B={2,4,6},则 A\B={1,3}。

　　实现集合的差运算时,先判断集合 A 或集合 B 是否为空集,若集合 B 为空集,则差运算的结果为集合 A;若集合 A 为空集,则差运算的结果为空集;若 A、B 都不是空集,则需要对两个集合中的元素依次处理,从第 1 个元素开始逐个进行比较,若集合 A 的元素小于集合 B 的元素,则选择集合 A 的元素作为新集合中的元素;若集合 A 的元素大于集合 B 的元素,则判断集合 B 的下一个元素;若两个元素相同,则继续判断下一个元素;若集合 B 的元素先判断完,则集合 A 中的剩余元素全部作为新集合中的元素;若集合 A 的元素先处理完,则可以结束运算。

　　3）功能控制模块

　　功能控制模块的功能是显示系统菜单,对两个链表实现建立、输出、插入、删除操作。该模块包括 5 个函数:

　　(1) Menu 函数用来显示菜单。

　　(2) ControlFun1 函数用来实现建立两个链表并输出。

　　(3) ControlFun2 函数用来实现对两个链表进行插入结点的操作,由于 Insert 函数只能实现插入一个结点,为了插入多个结点,在 ControlFun2 函数中使用了 while 循环。

　　(4) ControlFun3 函数用来实现对两个链表进行删除结点的操作。

　　(5) ControlFun4 函数用来实现当用户不想再使用已有的集合进行运算时,输入两个新的集合。因此,在进行并、交、差运算前,都需要先调用 ControlFun4 函数。

10.2.3　源程序代码

　　实现集合 3 种基本运算系统的源程序代码如下。

```
#include<stdio.h>
#include<stdlib.h>
#include<conio.h>
typedef struct set                    //结点类型定义
{
    int num;
    struct set * next;
}ST;                                  //用 typedef 将类型定义 ST,方便以后使用
ST * ha, * hb, * hc;                  //定义 3 个全局指针变量,作为 3 个链表的头指针
#define LEN  sizeof(ST)               //定义 LEN 为结点类型所占用存储空间的大小
//函数声明
ST * Creat(void);
void List(ST * head);
ST * Insert(ST * head);
ST * Delete(ST * head);
ST * Union(ST * ha,ST * hb);
ST * Intersection(ST * ha,ST * hb);
ST * Subtraction(ST * ha,ST * hb);
void Menu(void);
void ControlFun1(void);
void ControlFun2(void);
void ControlFun3(void);
```

```
void ControlFun4(void);
int main()                              //main 函数定义
{
    int select;
    ha=hb=hc=NULL;                      //3 个链表的头指针先赋值为空
    while(1)
    {   Menu();                         //显示菜单
        scanf("%d", & select);          //输入要选择的功能
        getchar();                      //空读
        switch(select)
        {   case 1:   ControlFun1(); break;
                                        //调用 ControlFun1 函数,实现两个链表的建立和输出
            case 2:   ControlFun2(); break;
                                        //调用 ControlFun2 函数,实现插入结点操作
            case 3:   ControlFun3(); break;
                                        //调用 ControlFun3 函数,实现删除结点操作
            case 4:   ControlFun4(); //调用 ControlFun4 函数,确定是否重新输入集合
                hc=Union(ha, hb);   //调用 Union 函数,完成两个集合的并运算
                printf(" A∪B=");       List(hc);    //输出并运算后的结果
                printf("\n 按任意键继续!\n");   getch();
                break;
            case 5:   ControlFun4();
                hc=Intersection(ha, hb); //调用函数完成两个集合的交运算
                printf(" A∩B=");      List(hc);
                printf("\n 按任意键继续!\n");    getch();
                break;
            case 6:   ControlFun4();
                hc=Subtraction(ha, hb);   //调用函数完成两个集合的差运算
                printf(" A\\B=");           //双引号中写两个反斜线 \,才能正确输出 A\B
                List(hc);
                printf("\n 按任意键继续!\n");   getch();
                break;
            case 0:   printf("\n\t 谢谢使用!再见\n");   exit(1);
            default:  printf("\n\t 按键错误,请重新选择!\n");
        } //end switch
    } //end while
    return 0;
}
//以下为链表基本操作模块的函数定义
//=========================================================
//功能:建立一个有序链表
//参数:无
//返回:返回有序链表的头指针
//主要思路:采用逐一插入结点的方法建立一个有序链表
//=========================================================
ST * Creat(void)
{
    ST * h=NULL;    int i, n;
```

```
        printf(" 输入集合的元素个数:");
        scanf("%d", &n);
        if(n==0)  printf(" 该集合为空集!\n");
        else
            for(i=0; i<n; i++)    h=Insert(h);  //在 h 所指向的链表中按顺序插入一个结点
        return(h);                              //返回新建立的链表的头指针
}
//================================================================
//功能:输出链表
//参数:head 为要输出的链表的头指针
//返回:无
//主要思路:主要采用 while 循环实现输出链表中的每一个结点
//================================================================
void List(ST * head)
{
    ST * p;
    if(head==NULL)  printf("空集!\n");
    else
    {   p=head;                       //令 p 指向链表的表头结点
        printf("{");                  //输出集合的左括号
        while(p!=NULL)                //当 p 不为空时进行输出操作
        {   printf("%d,", p->num);    //输出结点数据成员的值
            p=p->next;                //令 p 指向下一个结点
        }
        printf("\b}\n");              //输出集合的右括号,\b 是退格,删除最后一个多余的逗号
    }
}
//================================================================
//功能:在有序链表中按顺序插入一个结点
//参数:head 为进行插入操作的链表的头指针
//返回:插入结点后的链表的头指针
//主要思路:先用 while 循环确定插入结点的位置,再实现插入结点操作
//================================================================
ST * Insert(ST * head)
{
    ST * p0, * p1, * p2;
    p1=head;                          //p1 指向链表的表头结点
    p0=(ST *)malloc(LEN);             //p0 指向一个新结点
    scanf("%d", &p0->num);            //输入要插入的元素
    getchar();
    if(head==NULL)                    //链表为空的情况
    {   head=p0;                      //令头指针 head 指向 p0 所指向的新结点
        p0->next=NULL;                //p0 所指向的新结点的指针成员赋空值
    }
    else                              //链表不为空的情况
    {   while((p0->num>p1->num)&&(p1->next!=NULL))  //寻找插入结点的位置
        {     p2=p1;     p1=p1->next;  }
        //while 循环结束后,p1 指向要插入的结点位置,或 p1 指向表尾结点
        if(p0->num<p1->num)           //要插入的数据小于 p1 指向的结点中的数据
```

```
        {   if(head==p1)     head=p0;    //p1 是表头结点时,令头指针指向新结点
            else     p2->next=p0;     //p1 不是表头结点时,令 p2 的指针成员指向新结点
            p0->next=p1;              //令 p0 的指针成员指向 p1
        }
        else                          //要插入的数据大于或等于 p1 指向的结点中的数据
        {   p1->next=p0;              //令 p1 的指针成员指向新结点
            p0->next=NULL;            //新结点的指针成员赋空值,即新结点为表尾结点
        }
    }
    return(head);
}
//==============================================================
//功能:在链表中删除一个结点
//参数:head 为进行删除操作的链表的头指针
//返回:删除结点后的链表的头指针
//主要思路:先用 while 循环确定删除结点的位置,再实现删除结点操作
//==============================================================
ST * Delete(ST * head)
{
    ST * p1, * p2;   int num;
    scanf("%d", &num);   getchar();          //输入要删除的元素
    if(head==NULL)                           //链表为空
    {   printf("\n 集合为空集,不能进行删除操作!\n ");     return(head);   }
    else                                     //链表不为空
    {   p1=head;
        while((num!=p1->num)&&(p1->next!=NULL))    //在链表中寻找要删除的结点
        {   p2=p1;   p1=p1->next;   }
        //while 循环结束后,p1 指向要删除的结点,或指向表尾结点
        if(num==p1->num)                     //p1 指向的结点的数据成员就是要删除的元素
        {   if(p1==head)      head=p1->next;  //删除表头结点
            else    p2->next=p1->next;    //删除中间结点
            free(p1);                        //释放已删除结点的存储空间
            printf("\n 成功删除该元素!\n");
        }
        else    printf("\n 不能删除该元素!\n");      //链表中不存在要删除的元素
    }
    return(head);
}
//以下为集合基本运算模块的函数定义
//==============================================================
//功能:实现集合的并运算,并产生一个新链表存放运算结果
//参数:ha、hb 分别对应进行并运算的两个链表的头指针
//返回:进行并运算后产生的新链表的头指针 hc
//主要思路:主要采用 while 循环实现集合的并运算
//==============================================================
ST * Union(ST * ha, ST * hb)
{
    ST * p, * q, * hc=NULL;
    if(ha==NULL && hb!=NULL)
```

```
        {   printf(" 集合 A 为空集,则并运算的结果为集合 B!\n");
            return(hb);
        }
        if(ha!=NULL && hb==NULL)
        {   printf(" 集合 B 为空集,则并运算的结果为集合 A!\n");
            return(ha);
        }
        while(ha!=NULL && hb!=NULL)          //集合 A 和 B 都不是空集
        {   p=(ST *)malloc(LEN);             //p 指向一个新结点
        p->next=NULL;                        //p 的指针成员赋空值
        if(ha->num<hb->num)                  //集合 A 的元素小于集合 B 的元素
        {   p->num=ha->num;                  //选择集合 A 的元素作为并集中的元素
            ha=ha->next;                     //ha 指向集合 A 的下一个元素
        }
        else                                 //集合 A 的元素大于或等于集合 B 的元素
        {   if(ha->num==hb->num)             //集合 A 的元素等于集合 B 的元素
                ha=ha->next;                 //ha 指向集合 A 的下一个元素
            p->num=hb->num;                  //选择集合 B 的元素作为并集中的元素
            hb=hb->next;                     //hb 指向集合 B 的下一个元素
        }
        if(hc==NULL)                         //hc 为空
        {   hc=p;        q=hc;    }          //hc 指向 p 指向的新结点,q 指向表头结点
        else                                 //hc 不为空
        {   q->next=p;           q=p;    }   //q 的指针成员指向新结点,q 指向新结点
}                                            //while 结束,此时 ha、hb 中至少有一个为空
if(ha==NULL)                                 //ha 为空表示集合 A 的元素已全部处理完
    while(hb!=NULL)      //hb 不为空,表示集合 B 还有剩余元素,将它们全部添加到并集中
    {   p=(ST *)malloc(LEN);    p->num=hb->num;
        p->next=NULL;                q->next=p;
        hb=hb->next;                 q=p;
    }
else
    while(ha!=NULL)      //ha 不为空,表示集合 A 还有剩余元素,将它们全部添加到并集中
    {   p=(ST *)malloc(LEN);    p->num=ha->num;
        p->next=NULL;                q->next=p;
        ha=ha->next;                 q=p;
    }
    return(hc);
}
//=============================================================
//功能:实现集合的交运算,并产生一个新链表存放运算结果
//参数:ha、hb 分别对应进行交运算的两个链表的头指针
//返回:进行交运算后产生的新链表的头指针 hc
//主要思路:主要采用 while 循环实现集合的交运算
//=============================================================
ST * Intersection(ST * ha, ST * hb)
{
    ST *p, * q, * hc=NULL;
    if(ha==NULL || hb==NULL)
    {   printf(" 两个集合中有一个为空集,则交运算的结果为空集!\n");
```

```
          return(hc);
      }
   while(ha!=NULL && hb!=NULL)
   {   if(ha->num==hb->num)          //集合 A 的元素等于集合 B 的元素,交集中添加该元素
       {   p=(ST *)malloc(LEN);        //p 指向一个新结点
           p->next=NULL;               //p 的指针成员赋空值
           p->num=ha->num;             //选择集合 A 的元素作为交集中的元素
           ha=ha->next;                //ha 指向集合 A 的下一个元素
           hb=hb->next;                //hb 指向集合 B 的下一个元素
           if(hc==NULL)                //hc 为空
           {   hc=p;      q=hc;   }     //hc 指向 p 指向的新结点,q 指向表头结点
           else                        //hc 不为空
           {   q->next=p;      q=p;   } //q 的指针成员指向新结点,q 指向新结点
       }
       else                       //集合 A 的元素不等于集合 B 的元素,交集中不存在该元素
       {   if(ha->num<hb->num)     //集合 A 的元素小于集合 B 的元素
              ha=ha->next;          //ha 指向集合 A 的下一个元素
           else                     //集合 A 的元素大于集合 B 的元素
              hb=hb->next;          //hb 指向集合 B 的下一个元素
       }
   }
   return(hc);
}
//================================================================
//功能:实现集合的差运算,并产生一个新链表存放运算结果
//参数:ha、hb 分别对应进行差运算的两个链表的头指针
//返回:进行差运算后产生的新链表的头指针 hc
//主要思路:主要采用 while 循环实现集合的差运算
//================================================================
ST * Subtraction(ST * ha,ST * hb)
{
   ST *p, *q, *hc=NULL;
   if(ha==NULL && hb!=NULL)
   {   printf(" 集合 A 为空集,则差运算的结果为空集!\n");   return(hc);      }
   if(ha!=NULL && hb==NULL)
   {   printf(" 集合 B 为空集,则差运算的结果为集合 A!\n");   return(ha);      }
   while(ha!=NULL && hb!=NULL)
   {   if(ha->num==hb->num)     //集合 A 的元素等于集合 B 的元素,差集中不存在该元素
       {   ha=ha->next;         hb=hb->next;      }
       else                        //集合 A 的元素不等于集合 B 的元素
       {   if(ha->num<hb->num)   //集合 A 的元素小于集合 B 的元素,差集中添加 A 的元素
           {   p=(ST *)malloc(LEN);
               p->num=ha->num;
               p->next=NULL;
               ha=ha->next;
               if(hc==NULL) {   hc=p;   q=hc;  }
               else  {   q->next=p;   q=p;  }
           }
```

```
            else  hb=hb->next;          //令 hb 指向集合 B 的下一个元素
        }
    } //while 结束
    while(ha!=NULL)          //ha 不为空,表示集合 A 还有剩余元素,将它们全部添加到差集中
    {   p=(ST *)malloc(LEN);     p->num=ha->num;
        p->next=NULL;            q->next=p;
        ha=ha->next;             q=p;
    }
    return(hc);
}
//以下为功能控制模块的函数定义
//===============================================================
//功能:显示功能选择菜单
//参数:无
//返回:无
//主要思路:主要采用 printf 函数输出菜单
//===============================================================
void Menu(void)
{   printf("\n");
    printf("\t-------------------------------------------\n");
    printf("\t *                              * \n");
    printf("\t *        集合的基本运算        * \n");
    printf("\t *                              * \n");
    printf("\t-------------------------------------------\n\n");
    printf("\t 1. 建立两个集合 \n");
    printf("\t 2. 在集合中插入元素 \n");
    printf("\t 3. 在集合中删除元素 \n");
    printf("\t 4. 两个集合的并运算 \n");
    printf("\t 5. 两个集合的交运算 \n");
    printf("\t 6. 两个集合的差运算 \n");
    printf("\t 0. 退出系统 \n");
    printf("\n\t 请选择按键(0-6):");
}
//===============================================================
//功能:建立两个有序链表并输出
//参数:无
//返回:无
//主要思路:通过调用 Creat 函数建立链表,调用 List 函数输出链表
//===============================================================
void ControlFun1(void)
{
    printf("\n 输入集合 A:\n");  ha=Creat();      //建立一个链表,其头指针为 ha
    printf(" A=");  List(ha);                     //输出 ha 指向的链表
    printf("\n 输入集合 B:\n");  hb=Creat();      //建立一个链表,其头指针为 hb
    printf(" B=");     List(hb);                  //输出 hb 指向的链表
    printf("\n 按任意键继续!\n");     getch();
}
//===============================================================
//功能:对集合 A 或集合 B 进行插入元素操作
```

```
//参数:无
//返回:无
//主要思路:通过 if 语句选择一个集合进行插入元素操作(调用 Insert 函数实现)
//===============================================================
void ControlFun2(void)
{
    int t;     char c='y';
    while(c=='y')
    {   printf("\n 对集合 A 进行插入请按'1',对集合 B 进行插入请按'2':");
        scanf("%d", &t);   getchar();
        if(t==1)                    //对集合 A 进行插入操作,即对 ha 指向的链表插入结点
        {   printf("\n 插入前, A=");     List(ha);   //输出 ha 指向的链表
            printf("\n 输入要插入的元素:");
            ha=Insert(ha);                           //在 ha 指向的链表中插入一个结点
            printf("\n 插入后, A=");     List(ha);   //输出插入结点后的链表
        }
        else                        //对集合 B 进行插入操作,即对 hb 指向的链表插入结点
        {   printf("\n 插入前, B=");     List(hb);   //输出 hb 指向的链表
            printf("\n 输入要插入的元素:");
            hb=Insert(hb);                           //在 hb 指向的链表中插入一个结点
            printf("\n 插入后, B=");     List(hb);   //输出插入结点后的链表
        }
        printf("\n 继续插入元素吗? (y/n):");
        c=getchar();     getchar();
    }
}
//===============================================================
//功能:对集合 A 或集合 B 进行删除元素操作
//参数:无
//返回:无
//主要思路:通过 if 语句选择一个集合进行删除元素操作(调用 Delete 函数实现)
//===============================================================
void ControlFun3(void)
{
    int t;     char c='y';
    while(c=='y')
    {   printf("\n 对集合 A 进行删除请按'1',对集合 B 进行删除请按'2':");
        scanf("%d", &t);   getchar();
        if(t==1)
        {   printf("\n 删除前, A=");     List(ha);
            printf("\n 输入要删除的元素:");
            ha=Delete (ha);                           //在 ha 指向的链表中删除一个结点
            printf("\n 删除后, A=");     List(ha);
        }
        else
        {   printf("\n 删除前, B=");     List(hb);
            printf("\n 输入要删除的元素:");
            hb=Delete (hb);                           //在 hb 指向的链表中删除一个结点
            printf("\n 删除后, B=");     List(hb);
```

```
        }
        printf("\n 继续删除元素吗？(y/n):");
        c=getchar();    getchar();
    }
}
//==========================================================
//功能:根据需要,实现重新输入新的集合
//参数:无
//返回:无
//主要思路:判断是否需重新输入两个集合,输入'y',则调用 Creat()函数输入两个新的集合,
//          输入'n',则输出原有的两个集合
//==========================================================
void ControlFun4(void)
{
    char flag='n';
    if(ha!=NULL||hb!=NULL)
    {   printf("\n 重新输入集合请按'y',否则请按'n':");
        flag=getchar();    getchar();
    }
    if(flag=='y' || ha==NULL&&hb==NULL)
    {   printf(" 输入集合 A:\n");    ha=Creat();
        printf(" 输入集合 B:\n");    hb=Creat();
    }            //此 if 语句实现当 flag 为'y'或两个集合同时为空集时,重新输入两个集合
    printf(" A=");    List(ha);
    printf(" B=");    List(hb);
}
```

10.2.4 程序运行结果

集合基本运算系统的程序运行结果说明如下。

(1) 程序运行时首先出现主菜单,用户可以输入不同的数字来实现不同功能。输入 1,即选择功能 1,按照系统提示,用户先输入集合 A 的元素个数,再依次输入元素(输入时元素之间用空格分开,另外不要输入重复元素),然后系统会输出集合 A;用户再按同样方法输入集合 B,系统输出集合 B,这项功能执行完后,屏幕会显示"按任意键继续!",如图 10.7 所示。

(2) 用户在键盘上随便按一个键,则屏幕上又会显示出选择菜单,这时输入 2,即选择功能 2,对集合进行插入元素操作,系统会提示用户选择 1 或 2,输入 1 是对集合 A 进行操作,系统会先输出集合 A,然后提示用户输入要插入的元素,此时用户应输入一个整数,如输入 2,按回车键后,屏幕上会输出插入元素后的集合 A,还会出现提示"继续插入元素吗？(y/n):",如图 10.8 所示。在图 10.8 所示的状态下,输入 y,则可继续进行插入操作。

(3) 输入 3,即选择功能 3,对集合进行删除元素操作,其使用方法与功能 2 类似,具体操作不再详细描述。在 A 中删除元素 4 后的状态如图 10.9 所示。

(4) 输入 4,即选择功能 4,对集合进行并运算。如果用户输入 n,表示使用已经存在的集合 A 和 B 进行并运算,输出集合 A、B 及 A∪B 的结果,如图 10.10 所示。

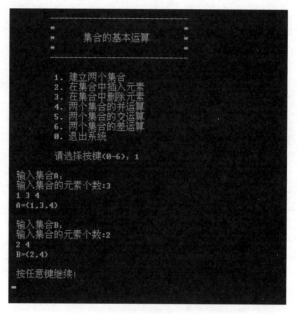

图 10.7　执行功能 1 后的界面

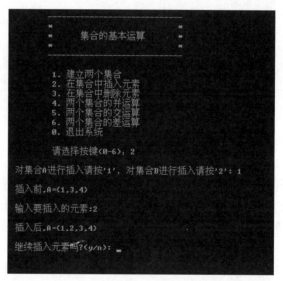

图 10.8　在集合 A 中插入元素 2

　　(5) 输入 5,即选择功能 5,对集合进行交运算。如果用户输入 y,表示要重新输入两个集合进行交运算,程序运行后将输出集合 A、B 及 A∩B 的结果,运行结果图略。

　　(6) 输入 6,即选择功能 6,对集合进行差运算。如果用户输入 n,系统将使用已有集合进行差运算,程序运行后输出集合 A、B 及 A\B 的结果,运行结果图略。

　　(7) 输入 0,即选择功能 0,结束程序,退出系统。

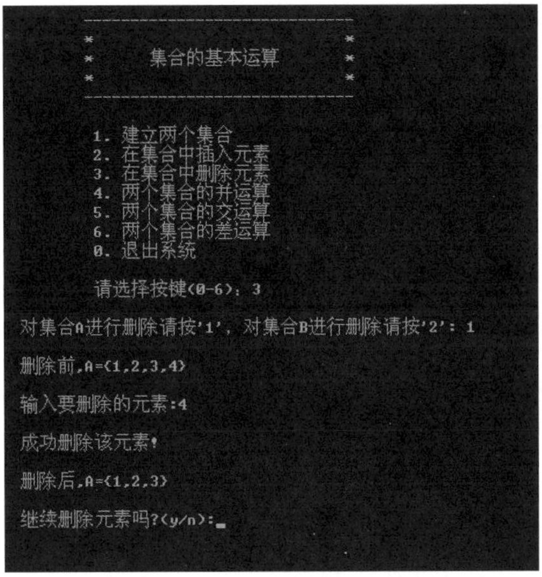

图 10.9　在集合 A 中删除元素 4

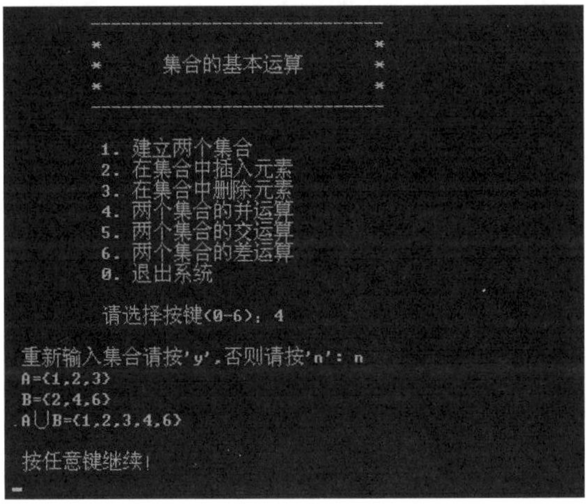

图 10.10　集合进行并运算

10.3　图书借阅管理系统

　　图书借阅管理是图书馆一个最基本的工作,本节用 C 语言的知识设计开发一个简单的图书借阅管理系统,系统主要实现图书信息和学生信息的管理、图书查询及图书借阅管理。

　　系统开发中涉及的主要知识点包括:

　　(1) 函数的定义与调用,指针变量作函数参数。

　　(2) 结构体数组的应用。

　　(3) 字符串函数的应用。

　　(4) 文件的打开、关闭及读写操作的应用。

10.3.1　系统设计要求

系统主要实现以下 6 个功能。

（1）用户登录。系统用户分为管理员和学生。管理员登录时必须输入密码，密码正确才能进入系统；学生登录时无须输入密码，输入学号即可。

（2）图书信息管理。图书信息包括：书号、书名、作者、图书分类、出版社、出版时间、单价、总量和库存量。图书信息管理包括：输入图书信息（从键盘或从文件）、保存图书信息、修改图书信息、增加图书信息、删除图书信息和输出图书信息。

（3）学生信息管理。学生信息包括：学号，姓名，借书卡（借阅标记、书号、借阅时间）。学生信息管理包括：输入学生信息（从键盘或从文件）、保存学生信息、修改学生信息、增加学生信息、删除学生信息和输出学生信息。

（4）图书查询功能。图书查询分为：按书名查询、按作者查询、按图书分类查询、按出版社查询和按出版时间查询。

（5）借书功能。借书时，先判断学生是否有空闲的借书卡，若没有则应输出提示信息；若有空闲的借书卡，则要求学生输入所借图书的书号，若该书库存量不为 0，则将该书借出，同时在借书卡上记录该书的书号和借阅时间，并修改该书的库存量。

（6）还书功能。还书时，先检查学生的借书卡，若借书卡都为空，则不能进行还书操作；若有借书卡不为空，则可以还书，此时要求学生输入所还图书的书号，将对应借书卡上的记录清零，并修改该书的库存量。

10.3.2　系统总体设计

1. 功能模块图

图书借阅管理系统包括 5 种：用户登录管理模块、图书信息管理模块、学生信息管理模块、图书信息查询模块和图书借阅管理模块，其系统功能模块如图 10.11 所示。

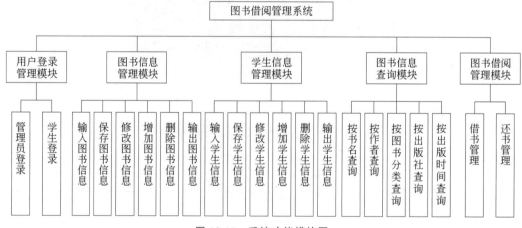

图 10.11　系统功能模块图

（1）用户登录管理模块：用于实现管理员和学生登录管理。

（2）图书信息管理模块：用于实现图书信息的输入、保存、修改、增加、删除和输出。

（3）学生信息管理模块：用于实现学生信息的输入、保存、修改、增加、删除和输出。

（4）图书信息查询模块：用于实现按不同条件对图书信息进行查询。

（5）图书借阅管理模块：用于实现借书和还书管理。

2. 数据结构设计

系统共定义了 4 个结构体类型，包括日期类型、借书卡类型、图书类型和学生类型，其中在图书类型中要使用日期类型，而在学生类型中要使用日期和借书卡类型，定义如下。

```
typedef struct date                    //日期类型
{
    short year;                        //年
    short month;                       //月
    short day;                         //日
}SDATE;
typedef struct library_card            //借书卡类型
{
    short flag;                        //是否借阅标记
    char ISBN[20];                     //所借图书的书号
    SDATE bor_time;                    //借阅时间
}SLCARD;
typedef struct student                 //学生类型
{
    char num[15];                      //学号
    char name[20];                     //姓名
    SLCARD card[5];                    //借书卡(规定每人最多有 5 张)
}SSTUD;
typedef struct book                    //图书类型
{
    char ISBN[20];                     //书号
    char bookname[40];                 //书名
    char author[20];                   //作者
    char publisher[30];                //出版社
    char bookclass[20];                //图书分类
    short total_num, stock_num;        //总量,库存量
    float price;                       //单价
    SDATE publish_time;                //出版时间
}SBOOK;
```

系统定义了两个全局变量数组，分别存放图书信息和学生信息，因数组大小是固定的，为使用方便在系统中定义两个符号常量，具体定义如下。

```
#define BOOKNUM 1000                   //BOOKNUM为系统允许的最大图书数量
#define STUDNUM 100                    //STUDNUM为系统允许的最多学生人数
SSTUD student[STUDNUM]={0};            //学生数组,初始化为 0
SBOOK book[BOOKNUM]={0};               //图书数组,初始化为 0
```

3. 功能模块设计

1）main 函数设计

由于图书信息和学生信息都保存在文件中，系统运行首先是从文件中将图书信息和学生信息读入内存数组 book 和数组 student 中，在读入信息的过程中同时统计出目前图书的

数量和学生的人数，并将数据分别存放在整型变量 bn 和 sn 中，bn 为图书数量，sn 为学生人数。如果 bn＝0 或 sn＝0，则系统会输出提示信息，让管理员输入图书信息和学生信息。然后系统会显示主菜单，用户必须登录后才能使用系统提供的各种服务。

2）用户登录管理模块

用户登录管理模块包括两个函数，该模块由 main 函数调用。

（1）ManagerLogin 函数用来完成管理员登录工作。首先要求管理员输入密码，若密码错误，则直接返回主菜单界面；密码正确时将显示管理员的功能菜单，输入数字可执行相应的功能。

（2）StudentLogin 函数用来完成学生登录工作。要求学生输入学号，输入学号错误则要求学生重新输入学号；输入学号正确则显示学生的功能菜单，输入数字可执行相应的功能。

3）图书信息管理模块

图书信息管理模块包括 11 个函数，只有管理员可以调用图书信息管理模块。

（1）InputOnebook 函数用来实现从键盘输入一本图书的全部信息。

（2）LoadBooks 函数用来实现从文件 book.dat 中输入全部图书的信息，并将数据存放到内存数组 book 中。

（3）SaveOnebook 函数用来实现将一本图书的信息保存到文件 book.dat 中。

（4）SaveAllbooks 函数用来实现将全部图书的信息保存到文件 book.dat 中。

（5）OriginalBook 函数用来实现图书信息的初始化，在程序第一次运行时必须调用该函数，输入若干本图书的信息，并将这些信息保存在文件中。该函数是通过循环多次调用 InputOnebook 函数实现多本图书信息的输入，然后调用 SaveAllbooks 函数将已输入的所有图书的信息保存在文件 book.dat 中。

（6）ModifyBook 函数用来实现对图书信息的修改，用户首先输入书号，书号错误则输出提示信息，要求用户重新输入；书号正确则用户可以选择要修改的数据项对图书信息进行修改，一本图书的信息修改完毕后，调用 SaveOnebook 函数，将修改后的信息保存到文件中。

（7）AddBook 函数用来实现添加图书信息，通过调用 InputOnebook 函数，从键盘输入一本图书的信息，然后将该信息写入文件。

（8）DelBook 函数用来实现删除图书信息，用户首先输入书号，书号错误则输出提示信息，要求用户重新输入；书号正确则会先输出该书号对应图书的信息，然后询问用户是否确定要删除该书的信息，用户选择 y 才能真正删除该书信息。

（9）OutputOnebook 函数用来实现输出一本图书的全部信息。

（10）OutputAllbooks 函数通过多次调用 OutputOnebook 函数来实现输出全部图书的信息。

（11）OutputBrief 函数用来实现以列表方式输出全部图书的简要信息。

4）学生信息管理模块

学生信息管理模块包括 10 个函数，管理员可以使用学生信息管理模块的全部功能，学生用户只能使用该模块中的一个功能，即 OutputOnestud 函数（输出一个学生的信息）。

学生信息管理模块中函数的实现方法与图书信息管理中的方法类似，在此不再赘述。

5）图书信息查询模块

图书信息查询模块包括 6 个函数，管理员和学生都可以使用图书查询模块。

（1）SearchMenu 函数用来显示图书查询服务菜单，用户输入数字可执行相应的查询服务。

（2）SearchBname 函数用来实现按书名进行图书信息的查询。用户可以输入完整的书名（如输入"C 语言程序设计"）进行精确查询。另外，用户也可以输入书名中的几个字（如输入"C 语言"，或输入"程序设计"）进行模糊查询，通常模糊查询会列出多个查询结果。

（3）SearchAuthor 函数用来实现按作者姓名进行图书信息的查询。用户可以输入完整的姓名（如输入"谭浩强"）进行精确查询，也可以只输入姓氏（如只输入"张"）进行模糊查询，实现方法与书名查询方法类似。

（4）SearchBclass 函数用来实现按图书分类进行图书信息的查询。考虑到用户可能不能输入完全正确的图书分类名称，所以在该函数中只采用模糊查询方式。

（5）SearchPublisher 函数用来实现按出版社名称进行图书信息的查询。用户在输入出版社名称（如清华大学出版社）时，通常会只输入"清华大学"而省略"出版社"3 个字，所以在该函数中也是只采用模糊查询方式。

（6）SearchPubtime 函数用来实现按出版日期进行图书信息的查询。使用该函数必须注意要按系统规定的格式输入日期，若想查询 2004 年 5 月出版的图书，则应输入 2004.5；若想查询 2004 年出版的图书，则应输入 2004。

6）图书借阅管理模块

图书借阅管理模块包括两个函数。

（1）BorrowBook 函数用来实现借书管理。每个学生有 5 张借书卡，借书时，首先查找学生是否有空闲的借书卡（即判断该生借书卡的借阅标记 flag 是否为 0），若 flag 为 0，则可以借书，这时要求学生输入要借图书的书号，然后在图书数组 book 中查找该书，若在数组 book 中没找到该书，则提示"输入的书号有误，请重新输入！"；若找到该书，则先判断该书的库存量是否为 0，若库存量为 0，则提示"抱歉！该书库存量为 0，无法借阅！"；若库存量大于 0，则将该书借给学生，此时需要进行以下 6 步操作。

step1：将该书的库存量减 1。

step2：学生借书卡的借阅标记 flag 置 1。

step3：学生借书卡的书号填写上该书的书号。

step4：学生借书卡的借阅时间赋值为系统时间。

step5：保存修改过的图书信息和学生信息。

step6：提示用户借书成功。

（2）ReturnBook 函数用来实现还书管理。还书时，首先统计该生有几张已使用的借书卡，将数据存放在变量 t 中，若 t 为 0，说明该学生目前根本没有借阅的图书，无法进行还书操作；若 t 大于 0，则可进行还书操作，先输入书号，在学生的借书卡中寻找，若没找到该书号，则提示"输入的书号有误，请重新输入！"；若找到该书号，则通过以下 6 步进行还书。

step1：学生借书卡的借阅标记 flag 置 0。

step2：学生借书卡的书号置空。

step3：学生借书卡的借阅时间清 0。

step4：变量 t 减 1。

step5：在数组 book 中寻找该书号，找到后其库存量加 1。

step6：保存修改过的图书信息和学生信息。

10.3.3　源程序代码

实现图书借阅管理系统的源程序代码如下。

```c
#include<stdio.h>
#include<stdlib.h>
#include<string.h>
#include<conio.h>
#include<time.h>
typedef struct date                    //日期类型定义
{
    short year;                        //年
    short month;                       //月
    short day;                         //日
}SDATE;
typedef struct library_card            //借书卡类型定义
{
    short flag;                        //是否借阅标记
    char ISBN[20];                     //所借图书的书号
    SDATE bor_time;                    //借阅时间
}SLCARD;
typedef struct stud                    //学生类型定义
{
    char num[15];                      //学号
    char name[20];                     //姓名
    SLCARD card[5];                    //借书卡
}SSTUD;
typedef struct book                    //图书类型定义
{
    char ISBN[20];                     //书号
    char bookname[40];                 //书名
    char author[20];                   //作者
    char publisher[30];                //出版社
    char bookclass[20];                //图书分类
    short total_num, stock_num;        //总量,库存量
    float price;                       //单价
    SDATE publish_time;                //出版时间
}SBOOK;
#define SDATE_LEN sizeof(SDATE)        //SDATE_LEN 为日期类型占用存储空间的大小
#define SLCARD_LEN sizeof(SLCARD)      //SLCARD_LEN 为借书卡类型占用存储空间的大小
#define SSTUD_LEN sizeof(SSTUD)        //SSTUD_LEN 为学生类型占用存储空间的大小
#define SBOOK_LEN sizeof(SBOOK)        //SBOOK_LEN 为图书类型占用存储空间的大小
#define BOOKNUM 1000                   //图书总数,可按需要更改其数值
#define STUDNUM 100                    //学生总数,可按需要更改其数值
SSTUD student[STUDNUM]={0};            //学生数组(全局变量)
SBOOK book[BOOKNUM]={0};               //图书数组(全局变量)
```

```
//用户登录模块的函数声明
void ManagerLogin(int * pbn, int * psn);//管理员登录函数
void StudentLogin(int bn, int sn);       //学生登录函数
//图书信息管理模块的函数声明
void InputOnebook(int i);               //输入一本图书信息的函数
int LoadBooks(void);                    //从文件载入全部图书信息的函数
void SaveOnebook(int i);                //保存一本图书信息的函数
void SaveAllbooks(int bn);              //保存全部图书信息的函数
int OriginalBook(void);                 //图书信息初始化的函数
void ModifyBook(int bn);                //修改图书信息的函数
int AddBook(int bn);                    //添加图书信息的函数
int DelBook(int bn);                    //删除图书信息的函数
void OutputOnebook(int i);              //输出一本图书信息的函数
void OutputAllbooks(int bn);            //输出全部图书详细信息的函数
void OutputBrief(int bn);               //输出全部图书简要信息的函数
//学生信息管理模块的函数声明
void InputOnestud(int i);               //输入一个学生信息的函数
int LoadStuds(void);                    //从文件载入全部学生信息的函数
void SaveOnestud(int i);                //保存一个学生信息的函数
void SaveAllstuds(int sn);              //保存全部学生信息的函数
int OriginalStud(void);                 //学生信息初始化的函数
void ModifyStud(int sn);                //修改学生信息的函数
int AddStud(int sn);                    //添加学生信息的函数
int DelStud(int sn);                    //删除学生信息的函数
void OutputOnestud(int i);              //输出一个学生信息的函数
void OutputAllstuds(int sn);            //输出全部学生信息的函数
//图书查询模块的函数声明
void SearchMenu(int bn);                //图书查询函数
void SearchBname (int bn);              //按书名查询函数
void SearchAuthor(int bn);              //按作者查询函数
void SearchBclass(int bn);              //按图书分类查询函数
void SearchPublisher(int bn);           //按出版社查询函数
void SearchPubtime(int bn);             //按出版时间查询函数
//图书借阅管理模块的函数声明
void BorrowBook(int bn,int m);          //借书函数
void ReturnBook(int bn,int m);          //还书函数
int main()
{
    int select, bn, sn;
    bn=LoadBooks();                 //调用 LoadBooks(),返回值为图书数量,将其赋值给 bn
    if(bn==0)     printf(" 图书信息为空!\n\n");
    sn=LoadStuds();                 //调用 LoadStuds(),返回值为学生人数,将其赋值给 sn
    if(sn==0)  printf(" 学生信息为空!\n\n");
    while(1)
    { printf("\n\t------------------\n");
        printf("\t *                 * \n");
        printf("\t *      图书借阅管理系统      * \n");
        printf("\t *                 * \n");
        printf("\t------------------\n\n");
        printf("\t    1. 管理员 \n");
```

```
        printf("\t    2. 学生 \n");
        printf("\t    0. 退出系统 \n\n");
        printf("\t     请选择用户:");
        scanf("%d", & select);
        getchar();                              //空读
        switch(select)
        {  case 1: ManagerLogin(&bn, &sn);  break;
           case 2: StudentLogin(bn, sn);       break;
           case 0: printf("\n 谢谢使用!再见 \n");   exit(1);
           default: printf("\n 按键错误,请重新选择! \n");
        } //end switch
    } //end while
    return 0;
}
//以下为用户登录模块的函数定义
//================================================================
//功能:实现管理员登录,显示管理员用户的菜单,进行功能选择
//参数:pbn、psn 分别为 main 函数中变量 bn、sn 的地址
//返回:无
//主要思路:用 strcmp 函数实现密码验证,用 switch 结构实现菜单功能选择
//================================================================
void ManagerLogin(int * pbn, int * psn)              //管理员登录
{
    int select, flag=0;    char password[11];      //密码最多为 10 位
    printf("\n 请输入密码:");    gets(password);
    if(strcmp(password, "123")!=0)                //密码按需要事先设置好,这里假设为"123"
    {  printf("\n 密码错误! \n");       return;   } //若密码错误,返回主菜单}
    while(1)
    {  printf("\n              管理员,您好! \n");
        printf("------------------------------------------------\n");
        printf("  1. 图书信息初始化       7. 学生信息初始化 \n");
        printf("  2. 修改图书信息         8. 修改学生信息 \n");
        printf("  3. 增加图书信息         9. 增加学生信息 \n");
        printf("  4. 删除图书信息        10. 删除学生信息 \n");
        printf("  5. 输出图书信息        11. 输出学生信息 \n");
        printf("  6. 图书信息查询         0. 返回主菜单 \n");
        printf("------------------------------------------------\n");
        printf("\n 请选择您需要的服务 (0-11):");
        scanf("%d", & select);  getchar();
        switch(select)
        {  case 1: * pbn=OriginalBook();  break;
           case 2: ModifyBook(* pbn);      break;
           case 3: * pbn=AddBook(* pbn);  break;
           case 4: * pbn=DelBook(* pbn);  break;
           case 5: printf(" 输出详细信息请按'1', 输出简要信息请按'2':");
                   scanf("%d", &flag);  getchar();
                   if(flag==1)  OutputAllbooks(* pbn);
                   if(flag==2)  OutputBrief(* pbn);
                   break;
           case 6: SearchMenu(* pbn);      break;
```

```
            case 7: * psn=OriginalStud();    break;
            case 8: ModifyStud( * psn);       break;
            case 9: * psn=AddStud( * psn);    break;
            case 10: * psn=DelStud( * psn);   break;
            case 11: OutputAllstuds( * psn);  break;
            case 0: return;
            default: printf("\n 按键错误,请重新选择!\n");
        } //end switch
    } //end while
}
//=================================================================
//功能:实现学生登录,显示学生用户菜单,进行功能选择
//参数:bn 表示图书数量,sn 表示学生人数
//返回:无
//主要思路:用 strcmp 函数实现学号验证,用 switch 结构实现菜单功能选择
//=================================================================
void StudentLogin(int bn, int sn)        //学生登录
{
    int select, j, m=-1;
    char snum[15];                       //数组 snum 用来存放登录学生的学号
    if(sn==0)
    {  printf("\n 学生信息为空,无法执行操作!\n");      return;  }
    while(1)                             //外层循环
    {  printf("\n 请输入你的学号:");   gets(snum);
        for(j=0; j<sn; j++)              //在学生数组中查找输入的学号
        {  if(strcmp(student[j].num, snum)==0)
            {  m=j;    break;    }       //找到该学号后记录其下标,结束 for 循环
        }
        if(m<0)  printf("\n 学号错误,请重新输入!\n");
        else                            //m 大于或等于 0,表示存在这个学生的信息
        {  while(1)
            {  printf("\n        同学,你好!\n");
                printf("-------------------------------------\n");
                printf("   1. 输出个人借书信息\n");
                printf("   2. 图书信息查询\n");
                printf("   3. 借书\n");
                printf("   4. 还书\n");
                printf("   0. 返回主菜单\n");
                printf("-------------------------------------\n");
                printf("\n   请选择你需要的服务 (0-4):");
                scanf("%d", & select);  getchar();
                switch(select)
                {  case 1: OutputOnestud(m);  break;
                    case 2: SearchMenu(bn);     break;
                    case 3: BorrowBook(bn, m);  break;
                    case 4: ReturnBook(bn, m);  break;
                    case 0: return;
                    default: printf("\n 按键错误,请重新选择!\n");
                }//end switch
```

```
        }//end while
      }//end else
    }//end while
}
//以下为图书信息管理模块的函数定义
//========================================================
//功能:从键盘输入一本图书的全部信息
//参数:i 表示对第 i 本图书进行输入操作
//返回:无
//主要思路:按提示信息用 scanf 输入图书的各项信息,存放到数组 book 中
//========================================================
void InputOnebook(int i)                        //输入一本图书的信息
{
    printf(" 书号:");   gets(book[i]. ISBN);
    printf(" 书名:");   gets(book[i].bookname);
    printf(" 作者:");   gets(book[i].author);
    printf(" 图书分类:");   gets(book[i].bookclass);
    printf(" 总量:");
    scanf("%d", &book[i].total_num);   getchar();
    book[i].stock_num=book[i].total_num;            //库存量直接赋值为总量
    printf(" 单价:");
    scanf("%f", &book[i].price);   getchar();
    printf(" 出版社:");     gets(book[i].publisher);  //输入时不需要输入出版社 3 个字
    strcat(book[i].publisher, "出版社");            //在输入字符串的后面连接上出版社
    printf(" 出版时间(年.月):");
    scanf("%d.%d", &book[i].publish_time.year, &book[i].publish_time.month);
    book[i].publish_time.day=0;   getchar();
}
//========================================================
//功能:从文件 book.dat 中载入全部图书的信息
//参数:无
//返回:返回文件中图书的数量
//主要思路:用 while 循环从文件中读取图书信息到数组 book,同时统计图书数量
//========================================================
int LoadBooks(void)                        //从文件加载全部图书信息
{
    FILE * fb;     int bn=0;                    //变量 bn 用来记录图书的数量
    if((fb=fopen("book.dat", "rb+"))==NULL)   //以二进制读、写方式打开文件
    {   printf("Can't open file book.dat\n"); return bn;   }
    while(!feof(fb))                        //文件没有结束时进行读数据操作
        if(fread(&book[bn], SBOOK_LEN, 1, fb))  bn++;  //bn 用来统计图书数量
    fclose(fb);                             //关闭文件
    return(bn);                             //返回图书数量,即 bn 的值
}
//========================================================
//功能:将一本图书的信息保存到文件 book.dat 中
//参数:i 表示将第 i 本图书的信息保存到文件中
//返回:无
//主要思路:先用 fseek 函数定位,再用 fwrite 函数写入第 i 本图书的信息
//========================================================
```

```
void SaveOnebook(int i)                          //保存一本图书的信息
{
    FILE * fb;
    if((fb=fopen("book.dat","rb+"))==NULL)        //以二进制读、写方式打开文件
    {  printf("Can't open file book.dat\n");   exit(1);   }
    fseek(fb, SBOOK_LEN * i, 0);                  //文件指针定位到第 i 本图书
    fwrite(&book[i], SBOOK_LEN,1,fb);             //将第 i 本图书的信息写入文件
    fclose(fb);
}
//=============================================================
//功能:将全部图书的信息保存到文件"book.dat"中
//参数:bn 表示图书的数量
//返回:无
//主要思路:用 fwrite 函数将数组 book 中的数据一次性写入文件
//=============================================================
void SaveAllbooks(int bn)                         //保存全部图书信息
{
    FILE * fb;
    if((fb=fopen("book.dat","wb"))==NULL)         //以二进制写方式打开文件
    {    printf("Can't open file book.dat\n");      exit(1);   }
    fwrite(book, SBOOK_LEN, bn, fb);              //将数组 book 中的全部数据写入文件
    fclose(fb);
}
//=============================================================
//功能:实现图书信息的初始化
//参数:无
//返回:输入图书的数量
//主要思路:用 for 循环实现输入多本图书信息,并写入文件
//=============================================================
int OriginalBook(void)           //图书信息初始化
{
    int n;       char c='y';
    for(n=0; c=='y'||c=='Y'; n++)
    {  printf("\n 输入图书%d 的信息:\n", n+1);
       InputOnebook(n);          //调用函数,输入第 n 本图书
       printf("\n 继续输入请按'y', 停止请按'n':");
       c=getchar();  getchar();
    }
    SaveAllbooks(n);             //将输入的 n 本图书的数据保存至文件
    return(n);                   //返回 n 的值,即输入图书的数量
}
//=============================================================
//功能:修改图书信息
//参数:bn 表示图书的数量
//返回:无
//主要思路:通过 switch 实现修改图书的任意信息项,并将修改后的信息写入文件
//=============================================================
void ModifyBook(int bn)          //修改图书信息
{
    int select, k=-1;         char isbn[20], c1='y', c2;
```

```
        if(bn==0)
        {   printf("\n 图书信息为空,无法执行操作!\n");      return bn;   }
    while(c1=='y'||c1=='Y')
    {   c2='y';
        printf("\n 请输入要修改的图书的书号:");  gets(isbn);
        for(int i=0; i<bn; i++)
        {   if(strcmp(book[i].ISBN, isbn )==0)
            {   k=i;        break;            }
        }
        if(k<0)                    //k小于 0,表示在数组 book 中没找到输入书号对应的图书
            printf("\n 输入的书号有误,请重新输入!\n");
        else                       //k大于或等于 0,表示找到该图书,应进行以下操作
        {   printf("\n 显示此图书信息:\n");
            OutputOnebook(k);        //显示该图书的全部信息
            while(c2=='y'||c2=='Y')
            {   printf("\n   图书信息包括以下数据项 \n");
                printf("-------------------------------------\n");
                printf("  1. 书号          6. 总量 \n");
                printf("  2. 书名          7. 库存量 \n");
                printf("  3. 作者          8. 单价 \n");
                printf("  4. 出版社         9. 出版时间 \n");
                printf("  5. 图书分类 \n");
                printf("-------------------------------------\n");
                printf("\n 请选择要修改的数据项(1-9):");
                scanf("%d", & select);   getchar();
                switch(select)
                {   case 1: printf(" 书号:"); gets(book[k].ISBN);  break;
                    case 2: printf(" 书名:"); gets(book[k].bookname);
break;
                    case 3: printf(" 作者:"); gets(book[k].author);  break;
                    case 4: printf(" 出版社:"); gets(book[k].publisher);
break;
                    case 5: printf(" 图书分类:"); gets(book[k].bookclass);
break;
                    case 6: printf(" 总量:");
                        scanf("%d",&book[k].total_num);  getchar();
                        book[k].stock_num=book[k].total_num;   //新库存量=新总量
                        break;
                    case 7: printf(" 库存量:");
                        scanf("%d", &book[k].stock_num);  getchar();
                        if(book[k].stock_num>book[k].total_num)
                            book[k].stock_num=book[k].total_num;
                        break;
                    case 8: printf(" 单价:");
                        scanf("%f", &book[k].price);  getchar();
                        break;
                    case 9: printf(" 出版时间(年.月):");
                        scanf("%d.%d", &book[i].publish_time.year,
                                      &book[i].publish_time.month);
```

```
                         getchar();
                         break;
                      default: printf("\n 按键错误,请重新输入!\n");
                } //end switch
             printf("\n 还要修改此图书的其他信息吗? (y/n):");
                c2=getchar();  getchar();
          } //end while(c2)
       }
       SaveOnebook(k);                        //保存修改后的图书信息
       printf("\n 还需要修改其他图书的信息吗? (y/n):");
       c1=getchar();  getchar();
    } //end while(c1);
    printf("\n 按任意键继续!\n");  getch();
}
//====================================================================
//功能:添加图书信息
//参数:bn 表示添加前的图书数量
//返回:添加后的图书数量
//主要思路:调用 InputOnebook 函数输入要添加的图书信息,再用 fwrite 将其写入文件
//====================================================================
int AddBook(int bn)                          //添加图书信息
{
    char c='y';      FILE * fb;
    if((fb=fopen("book.dat","ab"))==NULL)     //以二进制追加方式打开文件
    {  printf("can't open file book.dat\n");      exit(1);      }
    while(c=='y'||c=='Y')
    {  printf("\n 请输入新增图书的信息:\n");
       InputOnebook(bn);                      //调用函数,输入第 bn 本图书的信息
       fwrite(&book[bn],SBOOK_LEN,1,fb);      //将第 bn 本图书的信息保存至文件
       bn++;                                  //图书数量加 1
       printf("\n 继续输入其他新图书的信息吗? (y/n):");
       c=getchar();  getchar();
    }
    printf("\n 按任意键继续!\n");  getch();
    fclose(fb);
    return(bn);                               //返回添加图书后的图书数量
}
//====================================================================
//功能:删除图书信息
//参数:bn 表示删除前的图书数量
//返回:删除后的图书数量
//主要思路:先输入要删除图书的书号,找到该书后进行删除操作,再调用 SaveAllbooks
//        函数将删除后的图书信息写入文件
//====================================================================
int DelBook(int bn)                          //删除图书信息
{
    int i, k=-1;      char isbn[20], c1='y', c2;
    if(bn==0)
    {  printf("\n 图书信息为空,无法执行操作!\n");      return bn;       }
```

```
        while(c1=='y'||c1=='Y')
        {   c2='n';
            printf("\n 请输入要删除的图书的书号:");   gets(isbn);
            for(i=0; i<bn; i++)
                if(strcmp(book[i].ISBN, isbn)==0)
                {   k=i;    break;  }           //找到要删除的图书,用 k 记录其下标
            if(k<0)                             //k 小于 0,表示没找到输入书号所对应的图书
                printf("\n 输入的书号有误,请重新输入!\n");
            else
                {   printf("\n 显示该图书的信息:\n");   OutputOnebook(k);
                    printf("\n 确定要删除该图书的全部信息吗? (y/n):");
                    c2=getchar();   getchar();
                    if(c2=='y')                 //c2 为 'y',表示确定进行删除操作
                    {   for(i=k; i<bn; i++)
                            book[i]=book[i+1]; //从数组中删除第 k 本图书
                        bn--;                   //图书数量减 1
                        printf("\n 成功删除!\n");
                    }
                    else  printf("\n 取消删除!\n");   //c2 为 'n',表示不进行删除操作
                    printf("\n 继续删除其他图书的信息吗? (y/n):");
                    c1=getchar();   getchar();
                }//end else
        } //end while
    SaveAllbooks(bn);                       //保存删除后的全部图书信息
    printf("\n 按任意键继续!\n");   getch();
    return(bn);                             //返回删除后的图书数量
}
//==============================================================
//功能:输出一本图书的全部信息
//参数:i 表示对第 i 本图书进行输出操作
//返回:无
//主要思路:用 printf 函数输出一本图书的全部信息
//==============================================================
void OutputOnebook(int i)                   //输出一本图书的全部信息
{
    printf("\n");
    printf(" 书号:");        puts(book[i].ISBN);
    printf(" 书名:");        puts(book[i].bookname);
    printf(" 作者:");        puts(book[i].author);
    printf(" 图书分类:");    puts(book[i].bookclass);
    printf(" 总量:");        printf("%d\n", book[i].total_num);
    printf(" 库存量:");      printf("%d\n", book[i].stock_num);
    printf(" 单价:");        printf("%.2f\n", book[i].price);
    printf(" 出版社:");      puts(book[i].publisher);
    printf(" 出版时间:");
    printf("%d.%d\n", book[i].publish_time.year, book[i].publish_time.month);
}
//==============================================================
//功能:输出全部图书的详细信息
```

```
//参数:bn 表示图书的数量
//返回:无
//主要思路:通过 for 循环多次调用 OutputOnebook 函数输出全部图书的信息
//==================================================================
void OutputAllbooks(int bn)              //输出全部图书的详细信息
{
    int i;
    printf("\n 全部图书的详细信息:\n");
    for(i=0; i<bn; i++)                  //用循环输出全部图书的信息
    {   OutputOnebook(i);                //调用函数,输出第 i 本图书的信息
        printf("\n 按任意键继续!\n");  getch();
    }
    printf("\n 全部图书信息输出完毕。\n");
    printf("\n 按任意键返回!\n");      getch();
}
//==================================================================
//功能:以列表方式输出全部图书的简要信息
//参数:bn 表示图书的数量
//返回:无
//主要思路:用 for 循环输出全部图书的简要信息(书号、书名、作者、库存量)
//==================================================================
void OutputBrief(int bn)                 //以列表方式输出全部图书的简要信息
{
    int i;
    printf("\n 全部图书的简要信息:\n");
    printf("\n 序号        书号              书名                作者      库存量 \n");
    for(i=0; i<bn; i++)
    {   printf(" %2d   %-18s %-20s", i+1, book[i].ISBN, book[i].bookname);
        printf("  %-8s   %2d\n", book[i].author, book[i].stock_num);
    }
    printf("\n 按任意键继续!\n");      getch();
}
//以下为学生信息管理模块的函数定义
//==================================================================
//功能:输入一个学生信息
//参数:i 表示对第 i 个学生进行输入操作
//返回:无
//主要思路:用 gets 函数输入学生的学号和姓名
//==================================================================
void InputOnestud(int i)                 //输入一个学生的信息
{
    printf("\n");
    printf(" 学号:");   gets(student[i].num);
    printf(" 姓名:");   gets(student[i].name);
}
//==================================================================
//功能:从文件 stud.dat 中载入全部学生的信息
//参数:无
//返回:返回文件中学生的人数
//主要思路:用 while 循环从文件中读取学生信息到数组 student,同时统计学生人数
```

```
//=========================================================
int LoadStuds(void)                    //从文件加载全部学生的信息
{
    ...                                //实现方法与 LoadBooks 函数类似,代码略
}
//=========================================================
//功能:保存一个学生信息
//参数:i 表示将第 i 个学生的信息保存到文件中
//返回:无
//主要思路:先用 fseek 函数定位,再用 fwrite 函数写入第 i 个学生的信息
//=========================================================
void SaveOnestud(int i)                //保存一个学生的信息
{
    ...                                //实现方法与 SaveOnebook 函数类似,代码略
}
//=========================================================
//功能:将全部学生信息保存到文件 stud.dat 中
//参数:sn 表示学生人数
//返回:无
//主要思路:用 fwrite 函数将数组 student 中的数据一次性写入文件
//=========================================================
void SaveAllstuds(int sn)              //保存全部学生的信息
{
    ...                                //实现方法与 SaveAllbooks 函数类似,代码略
}
//=========================================================
//功能:实现学生信息的初始化
//参数:无
//返回:学生人数
//主要思路:用 for 循环多次调用 InputOnestud 函数实现输入多个学生信息,并写入文件
//=========================================================
int OriginalStud(void)                 //学生信息初始化
{
    ...                                //实现方法与 OriginalBook 函数类似,代码略
}
//=========================================================
//功能:修改学生信息
//参数:sn 表示学生人数
//返回:无
//主要思路:通过 switch 实现修改学生的任意信息项,并将修改后的信息写入文件
//=========================================================
void ModifyStud(int sn)                //修改学生的信息
{
    ...                                //修改方法与 ModifyBook 函数类似,代码略
}
//=========================================================
//功能:添加学生信息
//参数:sn 表示添加前的学生人数
//返回:添加后的学生人数
//主要思路:调用 InputOnestud 函数输入要添加的学生信息,再调用 fwrite 函数将其写入文件
```

```
//==============================================================
int AddStud(int sn)                    //添加学生信息
{
    ...                                //添加方法与 AddBook 函数类似,代码略
}
//==============================================================
//功能:删除学生信息
//参数:sn 表示删除前的学生人数
//返回:删除后的学生人数
//主要思路:先输入要删除学生的学号,找到该学生后进行删除操作,再调用 SaveAllstuds
//         函数将删除后的学生信息写入文件
//==============================================================
int DelStud(int sn)                    //删除学生信息
{
    ...                                //删除方法与 DelBook 函数类似,代码略
}
//==============================================================
//功能:输出一个学生信息
//参数:i 表示输出第 i 个学生的信息
//返回:无
//主要思路:输出一个学生信息,并输出目前所借图书的书号和借阅时间
//==============================================================
void OutputOnestud(int i)              //输出一个学生的信息
{
    int j, t;
    printf("\n");
    printf(" 学号:");   puts(student[i].num);
    printf(" 姓名:");   puts(student[i].name);
    for(j=0,t=0; j<5; j++)             //用变量 t 统计已经使用的借书卡的数量
    {   if(student[i].card[j].flag)       t++;   }
    if(t==0)  printf(" 你的借书卡均为空!\n");
    else
        {   printf(" 已借图书信息如下:\n");
            printf("          书号              借阅时间 \n");
            for(j=0; j<5; j++)
            {   if(student[i].card[j].flag)
                {   printf("  %-20s", student[i].card[j].ISBN);
                    printf("%d.%d.%d\n", student[i].card[j].bor_time.year,
                    student[i].card[j].bor_time.month, student[i].card[j].bor_
time.day);
                }
            }//end for
        } //end else
    printf("\n 按任意键继续!\n");      getch();
}
//==============================================================
//功能:输出全部学生信息
//参数:sn 表示学生人数
//返回:无
//主要思路:用 for 循环输出全部学生的信息
```

338

```
//===========================================================
void OutputAllstuds(int sn)                        //输出全部学生信息
{
    int i, j, t;
    printf("\n 全部学生的信息:\n");
    printf("\n 序号      学号        姓名        所借图书书号        借阅时间 \n");
    for(i=0; i<sn; i++)
    {   printf(" %2d  %10s  %6s  ", i+1, student[i].num, student[i].name);
        for(j=0,t=0; j<5; j++)
        {   if(student[i].card[j].flag)
            {   if (t)  printf("\n%26c", ' ');      //输出空格
                printf("  %-20s",student[i].card[j].ISBN);
                printf("%d.%d.%d", student[i].card[j].bor_time.year,
                    student[i].card[j].bor_time.month, student[i].card[j].bor_
time.day);
                t=1;
            }
        }
        printf("\n\n");
    }
    printf("\n 按任意键继续!\n");   getch();
}
//以下为图书查询模块的函数定义
//===========================================================
//功能:显示图书查询菜单,实现功能选择
//参数:bn 表示图书的数量
//返回:无
//主要思路:采用 switch 结构实现图书查询功能的选择
//===========================================================
void SearchMenu(int bn)                            //显示图书查询菜单
{
    int select;
    while(1)
    {   printf("\n          欢迎使用图书查询服务 \n");
        printf("----------------------------------------------- \n");
        printf(" 1. 按书名查询         2. 按作者查询 \n");
        printf(" 3. 按出版社查询       4. 按出版时间查询 \n");
        printf(" 5. 按图书分类查询     0. 退出查询服务 \n");
        printf("----------------------------------------------- \n");
        printf("\n 请选择查询方式(0-5):");
        scanf("%d", & select);  getchar();
        switch(select)
        {   case 1: SearchBname (bn); break;
            case 2: SearchAuthor(bn); break;
            case 3: SearchPublisher(bn); break;
            case 4: SearchPubtime(bn); break;
            case 5: SearchBclass(bn); break;
            case 0: return;
            default: printf("\n 按键错误,请重新选择!\n");
        }
```

```
    }
}
//================================================================
//功能:按书名进行图书查询
//参数:bn 表示图书的数量
//返回:无
//主要思路:输入书名,先用 strcmp 函数进行精确查询,若无查询结果,再用 strstr 函数
//        进行模糊查询
//================================================================
void SearchBname (int bn)                          //按书名进行图书查询
{
    int i, j, k;   char bname[40], c='y';
    while(c=='y'||c=='Y')
    {   k=-1;
        printf("\n 请输入书名:");   gets(bname);
        for(i=0,j=1; i<bn; i++)
        {   if(strcmp(book[i].bookname, bname)==0)     //精确查询
            {   k=i;
                printf("\n 图书%d 的信息:\n", j++);
                OutputOnebook(k);
                printf("\n 按任意键继续!\n");   getch();
            }
        }
        if(k== -1)                                 //k 为-1 表示没有精确查询的结果
        {   printf("\n 模糊查询结果如下:\n");
            for(i=0, j=1; i<bn; i++)
            {   if(strstr(book[i].bookname, bname)!=NULL)     //模糊查询
                {   k=i;
                    printf("\n 图书%d 的信息:\n", j++);
                    OutputOnebook(k);
                    printf("\n 按任意键继续!\n");
                    getch();
                }
            }
            if(j==1) printf("\n 抱歉!没有相应的图书信息!\n");
        }
        printf("\n 继续查询其他图书的信息吗?(y/n):");
        c=getchar();   getchar();
    }
    printf("\n 按任意键继续!\n");   getch();
}
//================================================================
//功能:按作者姓名进行图书查询
//参数:bn 表示图书的数量
//返回:无
//主要思路:输入作者姓名,先用 strcmp 函数进行精确查询,若无查询结果,再用 strstr
//        函数进行模糊查询
//================================================================
void SearchAuthor(int bn)                        //按作者姓名进行图书查询
```

```
{
    ...                                      //查询方法与 SearchBname 函数类似,代码略
}
//===============================================================
//功能:按图书分类进行图书查询
//参数:bn 表示图书的数量
//返回:无
//主要思路:输入图书分类,直接用 strstr 函数进行模糊查询
//===============================================================
void SearchBclass(int bn)                    //按图书分类进行图书查询
{
    int i, j, k;   char bclass[20], c='y';
    while(c=='y'||c=='Y')
    {   k=-1;
        printf("\n 请输入图书分类:");      gets(bclass);
        for(i=0,j=1; i<bn; i++)
        {   if(strstr(book[i].bookclass, bclass)!=NULL)
            {   k=i;
                printf("\n 图书%d 的信息:\n", j++);
                OutputOnebook(k);
                printf("\n 按任意键继续!\n");      getch();
            }
        }
        if(k== -1)   printf("\n 抱歉!没有相应的图书信息!\n");
        printf("\n 继续查询其他图书的信息吗?(y/n):");
        c=getchar();   getchar();
    }
    printf("\n 按任意键继续!\n");      getch();
}
//===============================================================
//功能:按出版社进行图书查询
//参数:bn 表示图书的数量
//返回:无
//主要思路:输入出版社名称,直接用 strstr 函数进行模糊查询
//===============================================================
void SearchPublisher(int bn)                 //按出版社进行图书查询
{
    ...                                      //查询方法与 SearchBclass 函数类似,代码略
}
//===============================================================
//功能:按出版时间进行图书查询
//参数:bn 表示图书的数量
//返回:无
//主要思路:用嵌套的 if 语句实现按出版时间查询
//===============================================================
void SearchPubtime(int bn)                   //按出版时间进行图书查询
{
    int i, j, k, year, month;   char c='y';
    while(c=='y'||c=='Y')
    {   k=-1;     month=0;
```

```
        printf("\n 若只知道图书出版于 2004 年,则输入 2004\n");
        printf("\n 请输入时间(年.月):");
        scanf("%d.%d", &year, &month);          getchar();
        for(i=0,j=1; i<bn; i++)
        {   if(book[i].publish_time.year==year)
            {   k=i;                          //年份相等时用 k 记录该图书的下标
                if(month!=0)
                    if(book[i].publish_time.month!=month)
                        continue;          //月份不相等,则结束本次循环
                printf("\n 图书%d 的信息:\n", j++);
                OutputOnebook(k);          //输出找到的图书信息
                printf("\n 按任意键继续!\n");    getch();
            }
        }
        if(k==-1||j==1)   printf("\n 抱歉!没有相应的图书信息!\n");
        printf("\n 继续查询其他图书的信息吗?(y/n):");
        c=getchar();   getchar();
    }
    printf("\n 按任意键继续!\n");    getch();
}
//图书借阅管理模块的函数定义
//================================================================
//功能:实现借书操作
//参数:bn 表示图书的数量,m 表示第 m 个学生进行借书
//返回:无
//主要思路:先输入要借阅的图书书号,找到该书后进行借书操作,并保存借书操作完成
//         后的图书信息和学生信息
//================================================================
void BorrowBook(int bn, int m)                         //借书
{
    int i, j, k=-1;    char isbn[20], c='y';
    struct tm d;                                      //变量 d 用来获取系统时间
    while(c=='y'||c=='Y')
    {   for(j=0; j<5; j++)
        {   if(student[m].card[j].flag==0)
            {   printf("\n 请输入要借入图书的书号:");   gets(isbn);
                for(i=0; i<bn; i++)
                {   if(strcmp(book[i].ISBN, isbn)==0)
                    {   k=i;   break;   }
                if(k>=0)
                {   if(book[k].stock_num>0)            //该书的库存量大于 0
                    {   book[k].stock_num--;           //该书的库存量减 1
                        student[m].card[j].flag=1;
                                                    //借书卡借阅标记置 1(表示已借书)
                        strcpy(student[m].card[j].ISBN, isbn);
                        _getsystime(&d);            //获取系统时间
                        if(d.tm_year/100>=1)
                            student[m].card[j].bor_time.year
                            =2000+d.tm_year%100;
                        else
```

```
                           student[m].card[j].bor_time.year=1900+d.tm_year;
                           student[m].card[j].bor_time.month=d.tm_mon+1;
                           student[m].card[j].bor_time.day=d.tm_mday;
                           SaveOnebook(k);    //保存借书操作完成后的这本图书的信息
                           SaveOnestud(m);    //保存借书操作完成后的学生信息
                           printf("\n 你已成功借阅该书!\n");
                       }
                       else        //book[k].stock_num <=0,表示该书的库存量等于 0
                           printf("\n 抱歉!该书库存量为 0,无法借阅!\n");
                       break;                 //终止 for(j)循环
                   }
                   else                       //k<0,表示在数组 book 中未找到该书
                   {  printf("\n 输入的书号有误,请重新输入!\n");    j--;    }
               }//end for(i=0; i<bn; i++)
           } //end if(student[m].card[j].flag==0)
       }//end for(j=0; j<5; j++)
       if(j==5)
       {  printf("\n 你目前没有空闲的借书卡,无法借书!\n");  break;    }
       printf("\n 继续借书吗? (y/n):");
       c=getchar();    getchar();
   }//end while
   printf("\n 按任意键继续!\n");    getch();
}
//==============================================================
//功能:实现还书操作
//参数:bn 表示图书的数量,m 表示第 m 个学生进行还书
//返回:无
//主要思路:先输入要归还图书的书号,找到该书后进行还书操作,并保存还书操作完成
//         后的图书信息和学生信息
//==============================================================
void ReturnBook(int bn, int m)                    //还书
{
   int i, j, k, t;    char isbn [20], c='y';
   printf("\n 你借阅的图书如下:\n");
   printf("          书号          借阅时间 \n");
   for(j=0,t=0; j<5; j++)
   {  if(student[m].card[j].flag)
       {  t++;
           printf("  %-20s",student[m].card[j].ISBN);
           printf("%d.%d.%d\n", student[m].card[j].bor_time.year,
                   student[m].card[j].bor_time.month, student[m].card[j].
bor_time.day);
       }
   }
   if(t==0)   printf("\n 你的借书卡均为空!\n");
   else
   {  while(c=='y'||c=='Y')
       {  printf("\n 请输入要归还图书的书号:");    gets(isbn);
           for(j=0; j<5; j++)                     //在该生的 5 张借书卡中寻找输入的书号
           {  if(strcmp(student[m].card[j].ISBN, isbn)==0)
```

```
      {   student[m].card[j].flag=0;                  //借阅标记赋 0
          strcpy(student[m].card[j].ISBN, "");        //借书卡上的书号清空
          student[m].card[j].bor_time.year=0;         //借阅时间清 0
          student[m].card[j].bor_time.month=0;
          student[m].card[j].bor_time.day=0;
          t--;                                         //已借图书的数量减 1
          for(i=0; i<bn; i++)                          //在图书数组中寻找该书号
          {   if(strcmp(book[i].ISBN, isbn)==0)
              {   k=i;   break;   }
          }
          book[k].stock_num++;                         //该书号对应图书的库存量加 1
          SaveOnebook(k);                              //保存还书操作完成后的这本图书的信息
          SaveOnestud(m);                              //保存还书操作完成后的学生信息
          printf("\n 你已成功归还该书!\n");
          break;                                        //终止 for(j)循环
      }//end if
    }//end for(j=0; j<5; j++)
    if(j==5)  printf("\n 输入的书号有误,请重新输入!\n");
    if(t==0)  {   printf("\n 你已归还了全部图书!\n");    break;   }
    printf("\n 继续还书吗?(y/n):");
    c=getchar();   getchar();
  } //end while(c=='y'||c=='Y')
  }//end else
  printf("\n 按任意键继续!\n");   getch();
}
```

10.3.4 程序运行结果

图书借阅管理系统运行结果说明如下。

(1) 如果程序是首次运行,必须进行图书信息和学生信息初始化,这两个功能只有管理员可以使用。所以,首次运行程序时,在系统主菜单下选择 1,以管理员身份登录,首先要输入密码,密码正确则会出现管理员菜单,如图 10.12 所示,此时管理员可根据需要选择某个

图 10.12 管理员登录界面

功能。需要注意,如果不是首次运行程序,却选择功能 1 或 7,那么程序执行后会覆盖原来已经存在的数据文件,即删除原有的图书信息或学生信息。

(2) 管理员登录后,可选择的图书借阅管理功能有 11 项,如果是首次运行程序,则必须先选择第 1 项和第 7 项功能。选择 1,进行图书信息初始化,即输入若干本图书的信息,用户可在系统提示下,逐一输入有关的数据,一本书的信息输入完毕后,系统会提示用户是否要继续输入,此时用户输入 y,就可以进行输入下一本书的信息,如图 10.13 所示。

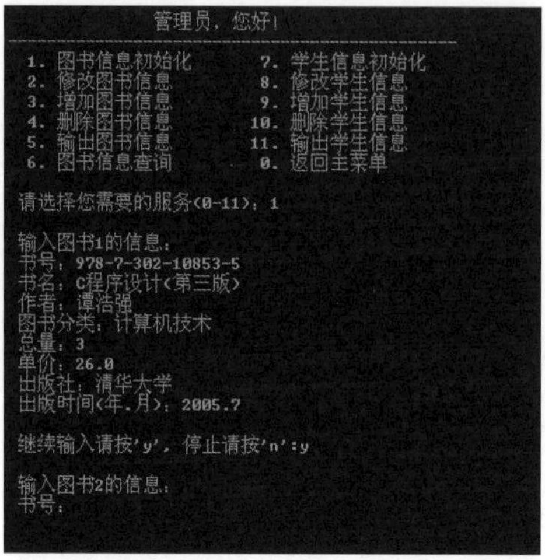

图 10.13　图书信息初始化的界面

(3) 管理员选择功能 2,可以修改图书信息。首先输入要修改图书的书号,系统找到该书后,先会输出该书的全部信息,然后输出一个子菜单,用户选择要修改的信息项,如图 10.14(a) 所示,图 10.14(b)则显示了修改书号和总量的情况。

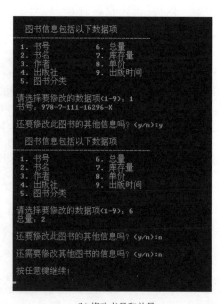

(a) 显示修改图书信息子菜单　　　　　　　(b) 修改书号和总量

图 10.14　修改图书信息的界面

（4）管理员选择功能 3，可以增加图书信息。首先以追加方式打开文件 book.dat，然后输入新增加的图书信息，一次可以输入多本图书的信息，直到管理员输入 n 为止，其运行情况如图 10.15 所示。

（5）管理员选择功能 4，可以删除图书信息。首先输入要删除图书的书号，系统找到该书后，会输出该书的全部信息，然后询问用户是否确定要删除该书，用户输入 n 则取消删除操作，用户输入 y 则进行删除操作，如图 10.16 所示。

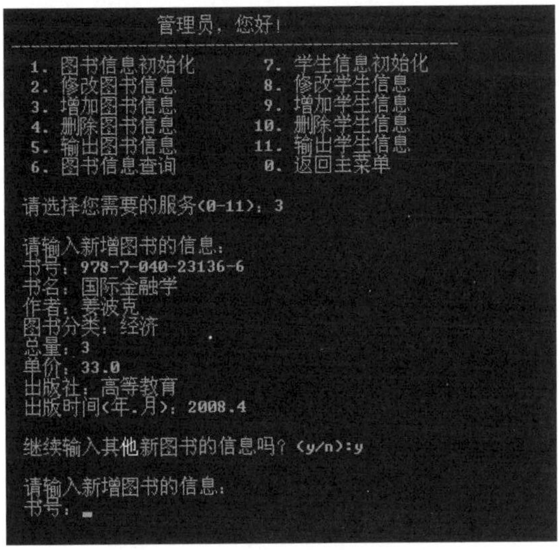

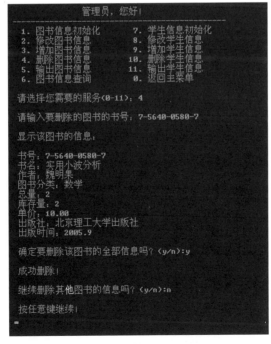

图 10.15　增加图书信息的界面

图 10.16　删除图书信息的界面

（6）管理员选择功能 5,可以输出全部图书的信息。若用户输入 1,则会输出全部图书的详细信息,每输出一本书的信息后就暂停,全部图书输出完后,系统会提示全部图书信息输出完毕。若用户输入 2,则会以列表形式输出全部图书的简要信息,如图 10.17 所示。

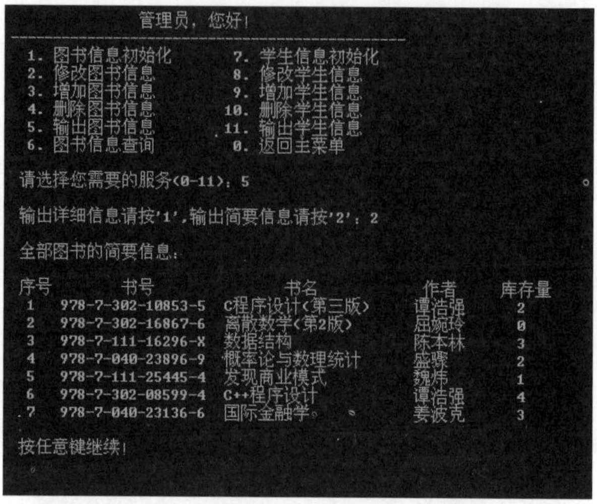

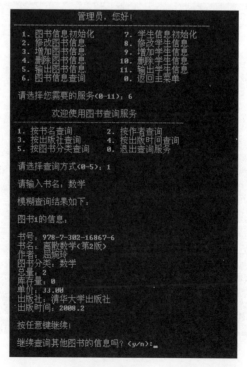

图 10.17　输出全部图书信息的界面

（7）管理员选择功能 6,可以进行图书查询。选择此功能后,系统会显示图书查询子菜单,输入 1,按书名进行查询,输入书名,输出查询结果。若输入的书名不完整,则会输出模糊查询结果,如图 10.18 所示。输入 4,按出版时间进行查询,用户可以输入年、月值,也可以只输入年份的值,系统会输出相应的查询结果,如图 10.19 中所示。

图 10.18　图书信息查询——按书名查询

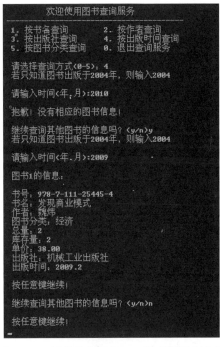

图 10.19　图书信息查询——按出版时间查询

（8）管理员选择功能 7，可以进行学生信息初始化，即输入若干个学生的信息，该功能与图书信息初始化类似，只是输入的不是图书信息，而是学生信息。功能 8～10 与图书信息的修改、增加、删除功能类似，程序运行图略。

（9）管理员选择功能 11，可以输出全部学生的信息。在系统刚开始运行时，学生信息只有学号和姓名，借书信息均为空。在系统运行了一段时间后，学生进行过借书和还书操作后，会出现如图 10.20 所示的学生信息。

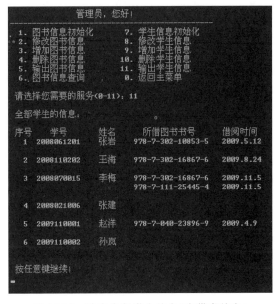

图 10.20　输出全部学生信息（有借书信息）

（10）在系统主菜单界面,选择 2,以学生身份登录。首先输入学号,若输入的学号正确,将会显示出学生用户的功能选择菜单。学生登录后,可选择的图书借阅功能有 4 项,学生可以先进行图书查询,再进行借书操作。学生选择功能 1,则会输出该学生自己的全部信息。

（11）学生选择功能 3,可进行借书。先输入书号,若该书的库存量为 0,则会提示"无法借阅";若输入书号对应的图书库存量大于 0,则可以借到该书,具体情况如图 10.21 所示。

（12）学生选择功能 4,进行还书。首先系统会输出学生目前借阅的图书的书号和借阅时间,学生可根据此信息进行还书,输入要归还的图书的书号,若书号正确,则可以归还该书,且系统会提示用户"你已成功归还该书",如图 10.22 所示。

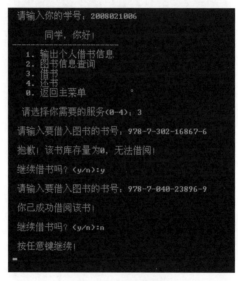

图 10.21　学生借书

图 10.22　学生还书

附录 A

ASCII 码表

信息在计算机中是用二进制表示的,这种表示法让人理解就很困难。因此计算机上都配有输入和输出设备,这些设备的主要目的是以一种人们可阅读的形式将信息在这些设备上显示出来。为保证人和设备以及设备和计算机之间能进行正确的信息交换,编制了统一的信息交换代码"美国信息交换标准代码"(ASCII),如表 A.1 所示。

表 A.1 ASCII 码

八进制	十六进制	十进制	字符	八进制	十六进制	十进制	字符
00	00	0	NUL	30	18	24	CAN
01	01	1	SOH	31	19	25	EM
02	02	2	STX	32	1a	26	SUB
03	03	3	ETX	33	1b	27	ESC
04	04	4	EOT	34	1c	28	FS
05	05	5	ENQ	35	1d	29	GS
06	06	6	ACK	36	1e	30	RS
07	07	7	BEL	37	1f	31	US
10	08	8	BS	40	20	32	SP
11	09	9	HT	41	21	33	!
12	0a	10	LF	42	22	34	"
13	0b	11	VT	43	23	35	#
14	0c	12	FF	44	24	36	$
15	0d	13	CR	45	25	37	%
16	0e	14	SO	46	26	38	&.
17	0f	15	SI	47	27	39	`
20	10	16	DLE	50	28	40	(
21	11	17	DC1	51	29	41	)
22	12	18	DC2	52	2a	42	*
23	13	19	DC3	53	2b	43	+
24	14	20	DC4	54	2c	44	,
25	15	21	NAK	55	2d	45	—
26	16	22	SYN	56	2e	46	.
27	17	23	ETB	57	2f	47	/

八进制	十六进制	十进制	字符	八进制	十六进制	十进制	字符
60	30	48	0	130	58	88	X
61	31	49	1	131	59	89	Y
62	32	50	2	132	5a	90	Z
63	33	51	3	133	5b	91	[
64	34	52	4	134	5c	92	\
65	35	53	5	135	5d	93	]
66	36	54	6	136	5e	94	^
67	37	55	7	137	5f	95	_
70	38	56	8	140	60	96	'
71	39	57	9	141	61	97	a
72	3a	58	:	142	62	98	b
73	3b	59	;	143	63	99	c
74	3c	60	<	144	64	100	d
75	3d	61	=	145	65	101	e
76	3e	62	>	146	66	102	f
77	3f	63	?	147	67	103	g
100	40	64	@	150	68	104	h
101	41	65	A	151	69	105	i
102	42	66	B	152	6a	106	j
103	43	67	C	153	6b	107	k
104	44	68	D	154	6c	108	l
105	45	69	E	155	6d	109	m
106	46	70	F	156	6e	110	n
107	47	71	G	157	6f	111	o
110	48	72	H	160	70	112	p
111	49	73	I	161	71	113	q
112	4a	74	J	162	72	114	r
113	4b	75	K	163	73	115	s
114	4c	76	L	164	74	116	t
115	4d	77	M	165	75	117	u
116	4e	78	N	166	76	118	v
117	4f	79	O	167	77	119	w
120	50	80	P	170	78	120	x
121	51	81	Q	171	79	121	y
122	52	82	R	172	7a	122	z
123	53	83	S	173	7b	123	{
124	54	84	T	174	7c	124		
125	55	85	U	175	7d	125	}
126	56	86	V	176	7e	126	~
127	57	87	W	177	7f	127	del

表 A.2 对 ASCII 码中 0～32 对应字符的含义进行了补充说明。

表 A.2　ASCII 码中 0～32 对应字符的含义

ASCII 码	缩写	字　　符	含义	ASCII 码	缩写	字　　符	含义
0	NUL	null	空字符	17	DC1	device control 1	设备控制 1
1	SOH	start of headling	标题开始	18	DC2	device control 2	设备控制 2
2	STX	start of text	正文开始	19	DC3	device control 3	设备控制 3
3	ETX	end of text	正文结束	20	DC4	device control 4	设备控制 4
4	EOT	end of transmission	传输结束	21	NAK	negative acknowledge	拒绝接收
5	ENQ	enquiry	请求	22	SYN	synchronous idle	同步空闲
6	ACK	acknowledge	收到通知	23	ETB	end of trans. block	传输块结束
7	BEL	Bell	响铃	24	CAN	cancel	取消
8	BS	backspace	退格	25	EM	end of medium	介质中断
9	HT	horizontal tab	水平制表符	26	SUB	substitute	替补
10	LF	line feed，new line	换行键	27	ESC	escape	溢出
11	VT	vertical tab	垂直制表符	28	FS	file separator	文件分割符
12	FF	form feed，new page	换页键	29	GS	group separator	分组符
13	CR	carriage return	回车键	30	RS	record separator	记录分离符
14	SO	shift out	不用切换	31	US	unit separator	单元分隔符
15	SI	shift in	启用切换	32	SP	space	空格
16	DLE	data link escape	数据链路转义				

附录 B

C 运算符的优先级与结合性

C 运算符的优先级与结合性,如表 B.1 所示。

表 B.1 C 运算符的优先级与结合性

优先级	运算符	含　义	参与运算对象的数目	结合方向
1	( ) [ ] -> .	圆括号运算符 下标运算符 指向结构体成员运算符 结构体成员运算符	—	自左至右
2	! ~ ++ ―― ― (类型) * & sizeof	逻辑非运算符 按位取反运算符 自增运算符 自减运算符 负号运算符 类型转换运算符 指针运算符 取地址运算符 求类型长度运算符	单目运算符	自右至左
3	* / %	乘法运算符 除法运算符 求余运算符	双目运算符	自左至右
4	+ ―	加法运算符 减法运算符	双目运算符	自左至右
5	<< >>	左移运算符 右移运算符	双目运算符	自左至右
6	< <= > >=	关系运算符	双目运算符	自左至右
7	―― !=	等于运算符 不等于运算符	双目运算符	自左至右
8	&	按位与运算符	双目运算符	自左至右
9	^	按位异或运算符	双目运算符	自左至右

优先级	运算符	含　义	参与运算对象的数目	结合方向
10	|	按位或运算符	双目运算符	自左至右
11	&&	逻辑与运算符	双目运算符	自左至右
12	||	逻辑或运算符	双目运算符	自左至右
13	?:	条件运算符	三目运算符	自右至左
14	= += -= *= /= %= >>= <<= &= ^= |=	赋值运算符	双目运算符	自右至左
15	,	逗号运算符		自左至右

说明：① 按运算符优先级从高到低：单目运算符→双目运算符→三目运算符→赋值运算符→逗号运算符；

② 在双目运算符中,按运算符优先级从高到低：算术运算符→移位运算符→关系运算符→位运算符（与→异或→或）→逻辑运算符（逻辑与→逻辑或）。

附录 C

常用标准库函数

C.1 stdio.h 中的常用函数

1. fclose 函数：关闭文件

原型：int fclose(FILE * stream);

功能：关闭由 stream 指向的流。清洗保留在流缓冲区内的任何未写的输出。如果是自动分配，那么就释放缓冲区。

返回：如果成功，则返回 0；如果检测到错误，则返回 EOF。

2. feof 函数：检测文件末尾

原型：int feof(FILE * stream);

功能：检测流 stream 上的文件结束符。

返回：如果为 stream 指向的流设置了文件尾指示器，则返回非 0 值；否则返回 0。

3. ferror 函数：检测文件错误

原型：int ferror(FILE * stream);

功能：检测流 stream 上的错误标识符。

返回：如果为 stream 指向的流设置了文件错误指示器，则返回非 0 值；否则返回 0。

4. fgetc 函数：从文件中读取字符

原型：int fgetc(FILE * stream);

功能：从 stream 指向的流中读取字符。

返回：读到的字符。如果 fgetc 函数遇到流的末尾，则设置流的文件尾指示器并且返回 EOF；如果读取发生错误，则 fgetc 函数设置流的错误指示器并且返回 EOF。

5. fgets 函数：从文件中读取字符串

原型：char * fgets(char * s, int n, FILE * stream);

功能：从 stream 指向的流中读取字符，并且把读入的字符存储到 s 指向的数组中。遇到第一个换行符或已经读取了 n−1 个字符或到了文件末尾时，读取操作都会停止。fgets 函数会在字符串后添加一个空字符。

返回：s（指向数组的指针），如果读取操作错误或 fgets 函数在存储任何字符之前遇到了流的末尾，都会返回空指针。

6. fopen 函数：打开文件

原型：FILE * fopen(const char * filename, const char * mode);

功能：打开文件以及和它相关的流，文件名是由 filename 指向的。mode 说明文件打开的方式。

返回：文件指针。在执行下一次关于文件的操作时会用到此指针。如果无法打开文件，则返回空指针。

7. fprintf 函数：格式化写文件

原型：int fprintf(FILE * stream, const char * format, …);

功能：向 stream 指向的流写输出。format 指向的字符串说明了后续参数显示的格式。

返回：写入的字符数量。如果发生错误，则返回负值。

8. fputc 函数：向文件写字符

原型：int fputc(int c, FILE * stream);

功能：把字符 c 写到 stream 指向的流中。

返回：c，如果写发生错误，则 fputc 函数会为 stream 设置错误指示器，并且返回 EOF。

9. fputs 函数：向文件写字符串

原型：int fputs(const char * s, FILE * stream);

功能：把 s 指向的字符串写到 stream 指向的流中。

返回：如果成功，则返回非负值；如果写发生错误，则返回 EOF。

10. fread 函数：从文件读块

原型：size_t fread(void * ptr, size_t size, size_t nmemb, FILE * stream);

功能：从 stream 指向的流中读取 nmemb 个元素，每个元素大小为 size 个字节，并且把读入的元素存储到 ptr 指向的数组中。

返回：实际读入的元素（不是字符）数量。如果 fread 遇到文件末尾或检测到读取错误，则此数将小于 nmemb；如果 nmemb 或 size 为 0，则返回值为 0。

11. freopen 函数：重新打开文件

原型：FILE * freopen(const char * filename, const char * mode, FILE * stream);

功能：在 freopen 函数关闭和 stream 相关的文件后，打开名为 filename 且与 stream 相关的文件。mode 参数具有和 fopen 函数调用中相同的含义。

返回：如果操作成功，则返回 stream 的值。如果无法打开文件，则返回空指针。

12. fscanf 函数：格式化读文件

原型：int fscanf(FILE * stream, const char * format, …);

功能：向 stream 指向的流读入任意数量的数据项。format 指向的字符串说明了读入项的格式。跟在 format 后边的参数指向数据项存储的位置。

返回：成功读入并且存储的数据项数量。如果发生错误或在可以读数据项前到达了文件末尾，则返回 EOF。

13. fseek 函数：文件查找

原型：int fseek(FILE * stream, long int offset, int whence);

功能：为 stream 指向的流改变文件位置指示器。如果 whence 是 SEEK_SET，则新位置是在文件开始处加上 offset 个字节；如果 whence 是 SEEK_CUR，则新位置是在当前位置加上 offset 个字节；如果 whence 是 SEEK_END，则新位置是在文件末尾加上 offset 个字节。对于文本流而言，offset 必须是 0，或者 whence 必须是 SEEK_SET，并且 offset 的值是由前一次的 ftell 函数调用获得的。而对于二进制流来说，fseek 函数不支持 whence 是 SEEK_END 的调用。

返回：如果操作成功就返回 0。否则返回非 0 值。

14. ftell 函数：确定文件位置

原型：long int ftell(FILE * stream);

返回：返回 stream 指向的流的当前文件位置指示器。如果调用失败，则返回 −1L，并且把由实现定义的错误码存储在 errno 中。

15. fwrite 函数：向文件写块

原型：size_t fwrite(const void * ptr, size_t size, size_t nmemb, FILE * stream);

功能：从 ptr 指向的数组中写 nmemb 个元素到 stream 指向的流中，且每个元素大小为 size 个字节。

返回：实际写入的元素（不是字符）的数量。如果 fwrite 函数检测到写错误，则这个数将小于 nmemb。

16. getchar 函数：读入字符

原型：int getchar(void);

功能：从 stdin 流中读入一个字符。注意，getchar 函数通常是作为宏实现的。

返回：读入的字符。如果读取发生错误，则返回 EOF。

17. gets 函数：读入字符串

原型：char * gets(char * s);

功能：从 stdin 流中读入多个字符，并把这些读入的字符存储到 s 指向的数组中。

返回：s（即存储输入的数组的指针）。如果读取发生错误或 gets 函数在存储任何字符之前遇到流的末尾，则返回空指针。

18. printf 函数：格式化写

原型：int printf(const char * format, …);

功能：向 stdout 流写输出。format 指向的字符串说明了后续参数显示的格式。

返回：写入数据的数量。如果发生错误，则返回负值。

19. putchar 函数：写字符

原型：int putchar(int c);

功能：把字符 c 写到 stdout 流中。注意，putchar 函数通常是作为宏实现的。

返回：c（写入的字符）。如果写发生错误，则 putchar 函数设置流的错误指示器，并且返回 EOF。

20. puts 函数：写字符串

原型：int puts(const char * s);

功能：把 s 指向的字符串写到 stdout 流中，然后写一个换行符。

返回：如果成功，则返回非负值；如果写发生错误，则返回 EOF。

21. remove 函数：移除文件

原型：int remove(const char * filename);

功能：删除文件，此文件名由 filename 指向。

返回：如果成功，则返回 0；否则，返回非 0 值。

22. rename 函数：重命名文件

原型：int rename(const char ＊old，const char ＊new)；

功能：改变文件的名字。old 和 new 指向的字符串分别包含旧文件名和新文件名。

返回：如果改名成功，则返回 0；如果操作失败，则返回非 0 值（可能因为旧文件目前是打开的）。

23. rewind 函数：返回到文件头

原型：void rewind(FILE ＊stream)；

功能：为 stream 指向的流设置文件位置指示器到文件的开始处。为流清除错误指示器和文件尾指示器。

返回：无返回值。

24. scanf 函数：格式化读

原型：int scanf(const char ＊format，…)；

功能：从 stdin 流读取任意数量数据项。format 指向的字符串说明了读入项的格式。跟随在 format 后边的参数指向数据项要存储的地方。

返回：成功读入并且存储的数据项数量。如果发生错误或在可以读入任意数据项之前到达了文件末尾，则返回 EOF。

C.2 math.h 中的常用函数

1. abs 函数：整数的绝对值

原型：int abs(int j)；

返回：整数 j 的绝对值。

2. acos 函数：反余弦

原型：double acos(double x)；

返回：x 的反余弦值。返回值的范围为 0～π。如果 x 的值不在－1～＋1 内，则会发生定义域错误。

3. asin 函数：反正弦

原型：double asin(double x)；

返回：x 的反正弦值。返回值的范围为－π/2～π/2。如果 x 的值不在－1～＋1 内，则会发生定义域错误。

4. atan 函数：反正切

原型：double atan(double x)；

返回：x 的反正切值。返回值的范围为－π/2～π/2。

5. atan2 函数：商的反正切

原型：double atan2(double y，double x)；

返回：y/x 的反正切值。返回值的范围为－π～π。如果 x 和 y 的值都为 0，则会发生定义域错误。

6. ceil 函数：上整数

原型：double ceil(double x)；

返回：大于或等于 x 的最小整数。

7. cos 函数：余弦

原型：double cos(double x)；

返回：x 的余弦值（按照弧度衡量的）。

8. cosh 函数：双曲余弦

原型：double cosh(double x)；

返回：x 的双曲余弦值。如果 x 的数过大，则可能发生取值范围错误。

9. exp 函数：指数

原型：double exp(double x)；

返回：e 的 x 次幂的值（即 e^x）。如果 x 的数过大，则可能发生取值范围错误。

10. fabs 函数：浮点数的绝对值

原型：double fabs(double x)；

返回：x 的绝对值。

11. floor 函数：向下取整

原型：double floor(double x)；

返回：小于或等于 x 的最大整数。

12. fmod 函数：浮点模数

原型：double fmod(double x，double y)；

返回：x 除以 y 的余数。如果 y 为 0，那么是发生定义域错误还是 fmod 函数返回 0 由实现定义。

13. frexp 函数：分解成小数和指数

原型：double frexp(double value，int * exp)；

功能：按照下列形式把 value 分解成小数部分 f 和指数部分 n：value＝f×2n。其中，f 是规范化的，因此 0.5≤f＜1 或 f＝0。把 n 存储在 exp 指向的整数中。

返回：f，即 value 的小数部分。

14. labs 函数：长整数的绝对值

原型：long int labs(long int j)；

返回：j 的绝对值。如果不能表示 j 的绝对值，则函数的行为是未定义的。

15. ldexp 函数：联合小数和指数

原型：double ldexp(double x，int exp)；

返回：$x×2^{exp}$ 的值。可能会发生取值范围错误。

16. log 函数：自然对数

原型：double log(double x)；

返回：基数为 e 的 x 的对数（即 1nx）。如果 x 是负数，则会发生定义域错误；如果 x 是 0，则会发生取值范围错误。

17. log10 函数：常用对数

原型：double log10(double x)；

返回：基数为 10 的 x 的对数。如果 x 是负数，会发生定义域错误；如果 x 是 0，则会发生取值范围错误。

18. modf 函数：分解成整数和小数部分

原型：double modf(double value，double ＊iptr)；

功能：把 value 分解成整数部分和小数部分。把整数部分存储到 iptr 指向的 double 型对象中。

返回：value 的小数部分。

19. pow 函数：幂

原型：double pow(double x，double y)；

返回：x 的 y 次幂。发生定义域错误的情况：①当 x 是负数且 y 的值不是整数时；②当 x 为 0 且 y 是小于或等于 0，无法表示结果时。也可能发生取值范围错误。

20. sin 函数：正弦

原型：double sin(double x)；

返回：x 的正弦值(按照弧度衡量的)。

21. sinh 函数：双曲正弦

原型：double sinh(double x)；

返回：x 的双曲正弦值(按照弧度衡量的)。如果 x 的数过大，则可能会发生取值范围错误。

22. sqrt 函数：平方根

原型：double sqrt(double x)；

返回：x 的平方根。如果 x 是负数，则会发生定义域错误。

23. tan 函数：正切

原型：double tan(double x)；

返回：x 的正切值(按照弧度衡量的)。

24. tanh 函数：双曲正切

原型：double tanh(double x)；

返回：x 的双曲正切值。

C.3　stdlib.h 中的常用函数

1. atof 函数：把字符串转换为浮点数

原型：double atof(const char ＊nptr)；

返回：对应字符串最长初始部分的 double 型值，此字符串是由 nptr 指向的，且字符串最长初始部分具有浮点数的格式。如果无法表示此数，则函数的行为将是未定义的。

2. atoi 函数：把字符串转换为整数

原型：int atoi(const char ＊nptr)；

返回：对应字符串最长初始部分的整数，此字符串是由 nptr 指向的，且字符串最长初始部分具有整数的格式。如果无法表示此数，则函数的行为将是未定义的。

3. atol 函数：把字符串转换为长整数

原型：long int atol(const char ＊nptr)；

返回：对应字符串最长初始部分的长整数，此字符串是由 nptr 指向的，且字符串最长初始部分具有整数的格式。如果无法表示此数，则函数的行为将是未定义的。

4. calloc 函数：分配并清除内存块

原型：void ＊calloc(size_t nmemb, size_t size)；

功能：为带有 nmemb 个元素的数组分配内存块,其中每个数组元素占 size 个字节。通过设置所有位为 0 来清除内存块。

返回：指向内存块开始处的指针。如果不能分配所要求大小的内存块,则返回空指针。

5. div 函数：整数除法

原型：div_t div(int numer, int denom)；

返回：含有 quot(numer 除以 denom 时的商)和 rem(余数)的结构。如果无法表示结果,则函数的行为是未定义的。

6. exit 函数：退出程序

原型：void exit(int status)；

功能：调用所有用 atexit 函数注册的函数,清洗全部输出缓冲区,关闭所有打开的流,移除任何由 tmpfile 产生的文件,并终止程序。status 的值说明程序是否正常终止。status 唯一可移植的值是 0 和 EXIT_SUCCESS(两者都说明成功终止)以及 EXIT_FAILURE(不成功的终止)。

7. free 函数：释放内存块

原型：void free (void ＊ptr)；

功能：释放地址为 ptr 的内存块(除非 ptr 为空指针时调用无效)。块必须通过 calloc 函数、malloc 函数或 realloc 函数进行分配。

8. malloc 函数：分配内存块

原型：void ＊malloc(size_t size)；

功能：分配 size 个字节的内存块。不清除内存块。

返回：指向内存块开始处的指针。如果无法分配要求尺寸的内存块,则返回空指针。

9. rand 函数：产生伪随机数

原型：int rand(void)；

返回：0～RAND_MAX(包括 RAND_MAX 在内)的伪随机整数。

10. realloc 函数：调整内存块 ＜stdlib.h＞

原型：void ＊realloc(void ＊ptr, size_t size)；

功能：假设 ptr 指向先前由 calloc 函数、malloc 函数或 realloc 函数获得的内存块,那么 realloc 函数分配 size 个字节的内存块,并且如果需要还会复制旧内存块的内容。

返回：指向新内存块开始处的指针。如果无法分配要求尺寸的内存块,则返回空指针。

11. srand 函数：启动伪随机数产生器

原型：void srand(unsigned int seed)；

功能：使用 seed 来初始化由 rand 函数调用而产生的伪随机序列。

12. strtod 函数：把字符串转换为双精度数

原型：double strtod(const char ＊ nptr, char ＊＊endptr)；

功能：函数会跳过 nptr 所指向的字符串中的空白字符,然后把后续字符都转换为 double 型的值。如果 endptr 不是空指针,则 strtod 修改 endptr 指向的对象,从而使 endptr 指向第一个剩余字符。如果没有发现 double 型的值或有错误的格式,则 strtod 函数把 nptr

存储到 endptr 指向的对象中。如果要表示的数过大或者过小,则函数就把 ERANGE 存储到 errno 中。

返回:转换的数。如果没有转换可以执行,则返回 0。如果要表示的数过大,则返回正的或负的 HUGE_VAL,这依赖于数的符号而定;如果要表示的数过小,则返回 0。

13. system 函数:执行操作系统命令

原型:int system(const char * string);

功能:把 string 指向的字符串传递给操作系统的命令处理器(命令解释程序)来执行。

返回:当 string 是空指针时,如果命令处理器有效,则返回非 0 值;如果 string 不是空指针,则返回由实现定义的值。

C.4 string.h 中的常用函数

1. memchr 函数:搜索内存块字符

原型:void * memchr(const void * s, int c, size_t n);

返回:指向字符的指针,此字符是 s 所指向对象的前 n 个字符中第一个遇到的字符 c。如果没有找到 c,则返回空指针。

2. memcmp 函数:比较内存块

原型:int memcmp(const void * s1, const void * s2, size_t n);

返回:负整数、0 还是正整数依赖于 s1 所指向对象的前 n 个字符是小于、等于还是大于 s2 所指向对象的前 n 个字符。

3. memcpy 函数:复制内存块

原型:void * memcpy(void * s1, const void * s2, size_t n);

功能:把 s2 所指向对象的 n 个字符复制到 s1 所指向的对象中。如果对象重叠,则不可能正确地工作。

返回:s1(指向目的的指针)。

4. memmove 函数:复制内存块 <string.h>

原型:void * memmove(void * s1, const void * s2, size_t n);

功能:把 s2 所指向对象的 n 个字符复制到 s1 所指向的对象中。如果对象重叠,那么即使 memmove 函数比 memcpy 函数速度慢,memmove 函数还将正确工作。

返回:s1(指向目的的指针)。

5. memset 函数:初始化内存块

原型:void * memset(void * s, int c, size_t n);

功能:把 c 存储到 s 指向的内存块的前 n 个字符中。

返回:s(指向内存块的指针)。

6. strcat 函数:字符串的连接

原型:char * strcat(char * s1, const char * s2);

功能:把 s2 指向的字符串连接到 s1 指向的字符串后边。

返回:s1(指向连接后字符串的指针)。

7. strchr 函数:搜索字符串中字符

原型:char * strchr(const char * s, int c);

返回：指向字符的指针,此字符是 s 所指向的字符串的前 n 个字符中第一个遇到的字符 c。如果没有找到 c,则返回空指针。

8. strcmp 函数：比较字符串

原型：int strcmp(const char * s1, const char * s2);

返回：负数、0 还是正整数,依赖于 s1 所指向的字符串是小于、等于还是大于 s2 所指的字符串。

9. strcpy 函数：字符串复制

原型：char * strcpy(char * s1, const char * s2);

功能：把 s2 指向的字符串复制到 s1 所指向的数组中。

返回：s1(指向目的的指针)。

10. strlen 函数：字符串长度

原型：size_t strlen(const char * s);

返回：s 指向的字符串长度,不包括空字符。

11. strncat 函数：有限制的字符串的连接

原型：char * strncat(char * s1, const char * s2, size_t n);

功能：把来自 s2 所指向的数组的字符连接到 s1 指向的字符串后边。当遇到空字符或已复制了 n 个字符时,则复制操作停止。

返回：s1(指向连接后字符串的指针)。

12. strncmp 函数：有限制的字符串比较

原型：int strncmp(const char * s1, const char * s2, size_t n);

返回：负整数、0 还是正整数,依赖于 s1 所指向的数组的前 n 个字符是小于、等于还是大于 s2 所指向的数组的前 n 个字符。如果在其中某个数组中遇到空字符,则比较都会停止。

13. strncpy 函数：有限制的字符串复制

原型：char * strncpy(char * s1, const char * s2, size_t n);

功能：把 s2 指向的数组的前 n 个字符复制到 s1 所指向的数组中。如果在 s2 指向的数组中遇到一个空字符,则 strncpy 函数为 s1 指向的数组添加空字符,直到写完 n 个字符的总数量。

返回：s1(指向目的的指针)。

14. strrchr 函数：反向搜索字符串中的字符

原型：char * strrchr(const char * s, int c);

返回：指向字符的指针,此字符是 s 所指向字符串中最后一个遇到的字符 c。如果没有找到 c,则返回空指针。

15. strstr 函数：搜索子字符串

原型：char * strstr(const char * s1, const char * s2);

返回：指针,此指针指向字符串 s2 第一次出现在字符串 s1 中的位置。如果没有发现匹配,则返回空指针。

C.5　ctype.h 中的常用函数

1. tolower 函数：转换为小写字母

原型：int tolower(int c);

返回：如果 c 是大写字母，则返回相应的小写字母；如果 c 不是大写字母，则返回无变化的 c。

2. toupper 函数：转换为大写字母

原型：int toupper(int c);

返回：如果 c 是小写字母，则返回相应的大写字母；如果 c 不是小写字母，则返回无变化的 c。

3. isalnum 函数：测试字母或数字

原型：int isalnum(int c);

返回：如果 isalnum 是字母或数字，则返回非 0 值；否则，返回 0。如果 isalph(c)或 isdigit(c)为真，则 c 是字母或数字。

4. isalpha 函数：测试字母

原型：int isalpha(int c);

返回：如果 isalnum 是字母，则返回非 0 值；否则，返回 0。如果 islower(c)或 isupper(c)为真，则 c 是字母。

5. iscntrl 函数：测试控制字符

原型：int iscntrl(int c);

返回：如果 c 是控制字符，则返回非 0 值；否则，返回 0。

6. isdigit 函数：测试数字

原型：int isdigit(int c);

返回：如果 c 是数字，则返回非 0 值；否则，返回 0。

7. isgraph 函数：测试图形字符

原型：int isgraph(int c);

返回：如果 c 是显示字符(除了空格)，则返回非 0 值；否则，返回 0。

8. islower 函数：测试小写字母

原型：int islower(int c);

返回：如果 c 是小写字母，则返回非 0 值；否则，返回 0。

9. isprint 函数：测试显示字符

原型：int isprint(int c);

返回：如果 c 是显示字符(包括空格)，则返回非 0 值；否则，返回 0。

10. ispunct 函数：测试标点字符

原型：int ispunct(int c);

返回：如果 c 是标点符号字符，则返回非 0 值；否则，返回 0。除了空格、字母和数字字符外，所有显示字符都可以看成标点符号。

11. isspace 函数：测试空白字符

原型：int isspace(int c);

返回：如果 c 是空白字符，则返回非 0 值；否则，返回 0。空白字符有空格(' ')、换页符('\f')、换行符('\n')、回车符('\r')，横向制表符('\t')和纵向制表符('\v')。

12. isupper 函数：测试大写字母

原型：int isupper(int c);

返回：如果 c 是大写字母，则返回非 0 值；否则，返回 0。

C.6 conio.h 中的常用函数

1. cgets 函数：从控制台读取字符串

原型：char * cgets(char * str);

功能：str[0]必须包含读入字符串的最大长度，str[1]则相应地设置为实际读入字符的个数，字符串从 str[2]开始。

返回：&.str[2]。

2. cprintf 函数：在屏幕上的文本窗口中格式化输出

原型：int cprintf(const char * format,…);

功能：输出一个格式化的字符串或数值到窗口中。与 printf 函数的用法完全一样，区别在于 cprintf 函数的输出受窗口限制，而 printf 函数的输出为整个屏幕。

返回：输出的字节个数。

3. cputs 函数：在屏幕上的文本窗口中书写字符串

原型：int cputs(const char * str);

功能：输出一个字符串到屏幕上，与 puts 函数用法完全一样，cputs 函数只是受窗口大小的限制。

返回：打印的最后一个字符串。

4. cscanf 函数：从控制台执行格式化输入

原型：int cscanf(char * format [,argument,…]);

返回：成功处理的输入字段数目。如果函数在文件结尾处读入，则返回值为 EOF。

5. getch 函数：从控制台得到字符，但是不回显

原型：int getch(void);

功能：直接从键盘获取键值，不等待用户按回车键，只要用户按一个键，getch 函数就立刻返回键值。getch 函数常用于程序调试中，在调试时，在关键位置显示有关的结果以待查看，然后用 getch 函数暂停程序运行，当按任意键后程序继续运行。

返回：用户输入的 ASCII 码。

6. getche 函数：也从控制台得到字符，但同时回显在屏幕上

原型：int getche(void);

功能：从键盘上获得一个字符，在屏幕上显示时，如果字符超过了窗口右边界，则会被自动转移到下一行的开始位置。

返回：用户输入的 ASCII 码。

7. kbhit 函数：检查最近的键盘输入

原型：int kbhit(void);

返回：如果存在键盘输入，则返回一个非 0 整数。

8. putch 函数：在屏幕上的文本窗口中输出字符

原型：int putch(int ch);

返回：显示字符 ch。

C.7 time.h 中的常用函数

1. asctime 函数：把日期和时间转换为 ASCII 码

原型：char * asctime(const struct tm * timeptr);

返回：指向以空字符结尾的字符串的指针，其格式为 Mon Jul 15 12:30:45 1996\n。

2. clock 函数：处理器时钟

原型：clock_t clock(void);

返回：自程序开始执行起所经过的处理器时间（按照"时钟嘀嗒"来衡量）。用 CLOCKS_PER_SEC 除以此时间来转换成秒，如果时间无效或无法表示，则返回(clock_t)−1。

3. ctime 函数：把日期和时间转换成字符串

原型：char * ctime(const time_t * timer);

返回：指向字符串的指针，此字符串描述了本地时间，此时间等价于 timer 指向的日历时间。等价于 asctime(localtime(timer))。

4. difftime 函数：时间差

原型：double difftime(time_t time1, time_t time0);

返回：time0（较早的时间）和 time1 之间的差值，此值按秒来衡量。

5. gmtime 函数：转换成格林威治标准时间

原型：struct tm * gmtime(const time_t * timer);

返回：指向结构的指针，此结构包含的分解的 UTC（协调世界时间——从前的格林威治时间）值等价于 timer 指向的日历时间。如果 UTC 无效，则返回空指针。

6. localtime 函数：转换成区域时间

原型：struct tm * localtime(const time_t * timer);

返回：指向结构的指针，此结构含有的分解时间等价于 timer 指向的日历时间。

7. mktime 函数：转换成日历时间

原型：time_t mktime(struct tm * timeptr);

功能：把分解的区域时间（存储在由 timeptr 指向的结构中）转换为日历时间。结构的成员不要求一定在合法的取值范围内，而且会忽略 tm_wday（星期的天号）的值和 tm_yday（年份的天号）的值。调整其他成员到正确的取值范围内之后，mktime 函数把值存储在 tm_wday 和 tm_yday 中。

返回：日历时间对应 timeptr 指向的结构。如果无法表示日历时间，则返回(time_t)−1。

8. time 函数：当前时间

原型：time_t time(time_t * timer);

返回：当前的日历时间。如果日历时间无效，则返回(time_t)−1。如果 timer 不是空指针，也把返回值存储到 timer 指向的对象中。

附录 D

练习题参考答案

通过扫描下面相应各章的二维码,可以查看该章练习题的参考答案。

第 2 章　C 语言基础

第 3 章　程序的控制结构

第 4 章　数组

第 5 章　函数

第 6 章　指针

第 7 章　结构体与链表

第 8 章　文件

参 考 文 献

[1]   BRIAN W K,DENNIS M R. The C Programming Language[M]. 2nd,ed. Prentice Hall,1988.

[2]   张孝祥. 计算机科学技术百科全书[M]. 2 版. 北京:清华大学出版社,2005.

[3]   武雅丽,王永玲,解亚利,等. C 语言程序设计[M]. 北京:清华大学出版社,2007.

[4]   谭浩强. C 程序设计[M]. 3 版. 北京:清华大学出版社,2005.

[5]   严蔚敏,吴伟民. 数据结构[M]. 北京:清华大学出版社,1997.

[6]   苏小红,陈惠鹏,孙志岗,等. C 语言大学实用教程[M]. 北京:电子工业出版社,2004.

[7]   罗坚,王声决. C 语言程序设计[M]. 3 版. 北京:中国铁道出版社,2009.

[8]   李丽娟,马淑萍. C 语言程序设计[M]. 2 版. 北京:中国铁道出版社,2009.

[9]   张宗杰,张明亮. C 语言中浮点数的存储格式及其有效数字位数[J]. 计算机与数字工程,2006,34
       (1):84-90.

[10]   张开成. 大学计算机基础[M]. 北京:清华大学出版社,2014.

[11]   山东省教育厅编写组. 计算机文化基础[M]. 12 版. 青岛:中国石油大学出版社,2020.

[12]   王元. 华罗庚[M]. 2 版. 南昌:江西教育出版社,1999.

[13]   丘成桐,杨乐,季理真. 传奇数学家华罗庚——纪念华罗庚诞辰 100 周年[M]. 北京:高等教育出版
       社,2010.

[14]   雷勇. 慈云桂传[M]. 长沙:国防科技大学出版社,2018.

[15]   韩承德,唐志敏,祁威. 恬淡人生:夏培肃传[M]. 北京:中国科学技术出版社,2020.

[16]   从中笑. 王选传[M]. 北京:学苑出版社,2012.

[17]   陈玉新. 倪光南:大国匠"芯"[M]. 北京:华文出版社,2020.

[18]   刘瑞挺. 图灵奖首位华裔得主:姚期智教授[J]. 计算机教育,2004,(5):13-15.

[19]   李舒亚. 王小云:密码学家的人生密码[J]. 决策与信息,2010,(01):48,49.

[20]   祝传海. 知易行难 重塑安全:记未来科学大奖"数学与计算机科学奖"获得者王小云[J]. 科学中国
       人,2019(24):22,23.

图书资源支持

感谢您一直以来对清华版图书的支持和爱护。为了配合本书的使用，本书提供配套的资源，有需求的读者请扫描下方的"书圈"微信公众号二维码，在图书专区下载，也可以拨打电话或发送电子邮件咨询。

如果您在使用本书的过程中遇到了什么问题，或者有相关图书出版计划，也请您发邮件告诉我们，以便我们更好地为您服务。

我们的联系方式：

地　　址：北京市海淀区双清路学研大厦 A 座 714

邮　　编：100084

电　　话：010-83470236　010-83470237

客服邮箱：2301891038@qq.com

QQ：2301891038（请写明您的单位和姓名）

资源下载：关注公众号"书圈"下载配套资源。

资源下载、样书申请

书 圈

图书案例

清华计算机学堂

观看课程直播